Klaus Kannemann, M. Sc.

UNIX™
Das Betriebssystem und die Shells

Programmierbücher für den anspruchsvollen Leser

Microsoft C-Programmierhandbuch
Ein Microsoft Press/Vieweg-Buch
von K. Jamsa

Grafikprogrammierung mit C
Ein Microsoft Press/Vieweg-Buch
von K. Jamsa

Vieweg Turbo C++ Toolbox
von M. Rebentisch

OOP mit Turbo C++
von M. Aupperle

UNIX™
Das Betriebssystem und die Shells
von K. Kannemann, M. Sc.

Vom Prozessorkonzept zur Programmierung
von St. Fedtke

AT-Betriebssysteme
von St. Fedtke

Modula-2 von A..Z
von A. Liebetrau

Profi-Tools für Turbo Pascal
von A. Liebetrau

Vieweg

Klaus Kannemann, M. Sc.

UNIX™

Das Betriebssystem und die Shells

Eine grundlegende Einführung

Die Deutsche Bibliothek – CIP-Einheitsaufnahme

Kannemann, Klaus:
UNIX: das Betriebssystem und die Shells; eine grundlegende Einführung / Klaus Kannemann. – Braunschweig; Wiesbaden: Vieweg, 1992
ISBN 978-3-322-83048-7

Das in diesem Buch enthaltene Programm-Material ist mit keiner Verpflichtung oder Garantie irgendeiner Art verbunden. Der Autor und der Verlag übernehmen infolgedessen keine Verantwortung und werden keine daraus folgende oder sonstige Haftung übernehmen, die auf irgendeine Art aus der Benutzung dieses Programm-Materials oder Teilen davon entsteht.

Softcover reprint of the hardcover 1st edition 1992
Der Verlag Vieweg ist ein Unternehmen der Verlagsgruppe Bertelsmann International.

Umschlag: Schrimpf und Partner, Wiesbaden
Gedruckt auf säurefreiem Papier

ISBN-13: 978-3-322-83048-7 e-ISBN-13: 978-3-322-83047-0
DOI: 10.1007/ 978-3-322-83047-0

Vorwort

Zwei Vorsätze haben beim Verfassen der *Einführung* Pate gestanden. Einerseits sollte jene EDV-Fachleserschaft angesprochen werden, die eine grundlegende Behandlung der UNIX-Thematik erwartet. Insbesondere sollten die Erwartungen genau jener Fachleute erfüllt werden, die aus einem anderen Systembereich kommend in eine UNIX-Umgebung eintreten wollen. Zum anderen aber sollte die Thematik sowohl gründlich als auch lesbar und damit verständlich dargeboten werden, um anspruchsvollen Lesern aus anderen Ingenieurs- und Fachbereichen einen intellektuell angemessenen Einstieg in die UNIX-Begriffswelt zu ermöglichen. Dem schloß sich das Desideratum an, daß selbst gestandene UNIX-Fachleute dem Buch eine weitere Vertiefung ihrer Detailkenntnisse abgewinnen mögen.

Die *Einführung* sollte aber auch lesbar und verständlich sein, und falls es so etwas wie eine *Ergonomie des Lesens* gibt, dann sollte sie auch ergonomisch lesbar sein. Denn Lesen ist doch wohl immer noch die wirtschaftlichste und nachhaltigste Form der Wissensübertragung. Gemessen an den oft demotivierenden Umständen, den hohen Kosten sowie den sonstigen Unbequemlichkeiten des programmierten und konzertierten Lernens muten die Voraussetzungen zur Wissensvermittlung durch Lesen fast bescheiden an.

Und eben darin liegt die Hauptaufgabe dieses Buches: Das UNIX-Betriebssystem und die beiden ursprünglichen Shells sowohl einführend als auch eingehend zu beschreiben und zu erklären. Dem Leser sollte dabei nicht zugemutet werden, ein ungeduldig blinkendes Terminal ständig vor oder neben sich zu haben. Die *Einführung* ist nicht als Bedienungsanweisung des UNIX-Systems konzipiert! Sie soll fundiertes technisches Wissen durch genaue Beschreibung und Erklärung der Sachverhalte und Zusammenhänge vermitteln, anstelle zu versuchen, durch mehr oder weniger künstliche Etüden eine mehr oder weniger illusorische Fingerfertigkeit auf der Tastatur zu erzeugen. In diesem Sinne bleiben dem Leser denn auch langatmige Programmauflistungen erspart.

Anstelle dessen wird der grundlegende Themenkomplex — die funktionalen Strukturen des Betriebssystems und die operativen Aspekte der beiden ursprünglichen UNIX-Shells — in den klassischen Begriffskategorien des *applied systems engineering* dargestellt, wobei sowohl der thematische Zusammenhang als auch die Konsistenz der Einzelheiten den Kern der Vorgabe bilden, dem Leser ein ausgewogenes und dabei gründliches Gesamtverständnis des UNIX-Systems zu vermitteln, das sowohl beim Programmieren unter UNIX als auch in der Systemanalyse und im technischen Management in einer UNIX-Umgebung voll zum Tragen kommen soll. Womit denn auch die Verpflichtung eines technischen Autors gegenüber seinem Leser erwähnt sei: Dessen kostspieligsten Einsatz — nämlich die zum Lesen aufgewendete Zeit — mit grundlegendem und nachhaltigem Wissen zu vergüten.

An dieser Stelle möchte ich Frau A. Kumbartzky für ihre geduldige und unermüdliche Mitarbeit bei der Gestaltung und Überprüfung des Textes danken. Frank Kannemann übernahm die Vertiefung und Verifizierung zahlreicher technischer Einzelheiten. Thomas Kannemann trug entscheidend zur Gliederung — sprich Bändigung — des Themenkomplexes bei.

Vanier, Canada
September 1991 K. K.

Inhaltsverzeichnis

Prolog

In der zeitgenössischen globalen Techno-Kultur spielt der UNIX-Komplex die Rolle einer Subkultur, deren Ursprung auf das Ende der bewegten sechziger Jahre in Nordamerika zurückgeht; eine Epoche, die der Autor als wacher Zeitgenosse unmittelbar miterlebt hat. Als Höhepunkte verbleiben in der Erinnerung zwei sicherlich gegensätzliche, aber sich auch gegenseitig ergänzende Ereignisse: Der erste bemannte Mondflug im Juli 1969 und das Woodstock-Festival knapp einen Monat später.

Kühnheit und Protest, wenngleich auf einer anderen Bühne, mit anderen Protagonisten und Antagonisten, kennzeichnen denn auch den Ursprung des UNIX-Systems. Die leicht verbrämenden Historien über die Schöpfungsgeschichte des UNIX mögen sich ja unterhaltsam lesen — indes, sie gehen an der Realität jener Zeit und ihrer Umstände schlechthin vorbei. UNIX ist wohl kaum aus einem vollausgearbeiteten Konzept heraus entstanden und zielstrebig weiterentwickelt worden. Man kann sich unschwer vorstellen, daß damals wie vielleicht auch heute noch ein derartiges Unterfangen mit viel Skepsis und wenig Enthusiasmus begrüßt werden würde. Die Bewilligungskommitteen von Forschungsinstituten würden vielleicht noch heute wie damals irritiert ihre Köpfe schütteln, würde man mit dem vorstellig werden, was einst an vorgefaßten Ideen vorhanden gewesen sein mag. Doch die drei Weisen aus der Wüste fanden Unterschlupf. Die Herberge hieß *Bell Systems Laboratory* und die Wirtin *Ma(ma) Bell*. Danke der Nachfrage: Wirtin und Herberge sind auch heute noch wohlauf und prosperieren in der großen Gemeinde der *American Telegraph and Telephone Company*, gemeinhin als **AT&T** bekannt. Und die venerablen Weisen haben inzwischen ihren verdienten Platz in *The Computer's Hall of Fame* eingenommen und halten Hof für ehrfürchtige Pilger aus aller Welt.

Nein, UNIX würde auch heute wohl kaum von einen Hallelujah-Chorus begrüßt werden, wie es auch damals nicht ward. In den Lehrbüchern der *Computer Science* der siebziger Jahre wurde zwar jedes damals bekannte Betriebssystem von *EXEC-8* bis *SCOPE* behandelt, doch hatte man Schwierigkeiten, UNIX wenigstens in einigen abstrusen Fußnoten zu finden. Und selbst die 1976er Ausgabe der veritablen *Encyclopedia of Computer Science*, die zahlreiche Verweise auf den Quasi-Vorläufer *MULTICS* enthält, schweigt sich über UNIX vornehm aus. Dem Verfasser präsentierte sich 1976 eine frühe Version des UNIX in den Form von 8-Zoll-Disketten, in einen Schuhkarton verpackt, der unausgepackt herumgereicht wurde, wie etwas höchst Sonderbares, das keiner anrühren möchte, mit der aufgeklebten Notiz, jemand möge sich doch, bitte schön, endlich einmal damit befassen, um die freundlichen Absender im sonnigen Kalifornien — die mit dem artikulierten *drawl* — nicht unnötig zu kränken. Nach zahllosen Stunden einsamen Selbststudiums — Kurse über UNIX am Kamin wurden damals leider noch nicht angeboten — brachte man das (Un)Ding endlich auf einer PDP11 zum Laufen. Die mitgelieferte frühe Version des C-Kompilers war weniger mysteriös: Die Programmiersprache erschien wie ein abstruser Mix aus ALGOL68 und PL/I. Und siehe da, irgendwann hatte man schließlich auch das für PAL11 projektierte Frontend-Programm in C fertiggebracht, mit dem die venerable PDP dann fleißig zwischen dem Zentralrechner und einer Batterie von Terminals nebst Druckern multiplexte und demultiplexte. Indes kein Erfolg ohne Bedenken: Mißtrauische Zeitgenossen witterten sogleich eine neue Art von *kingpin* — nein, nicht die beim Kegeln, auch nicht ein *Pate* besonderer Art, sondern die im Steuermechanismus einer klassischen Dampfmaschine. Zog der versierte alte englische Maschinenmeister den Königsbolzen heraus, blieb die Maschine stehen ... *and all the King's horses, and all the King's men ... etc.*

Ach ja, um noch einmal darauf zurückzukommen: Die Schöpfer des UNIX-Systems! Echte, unerschütterliche Individualisten, fast Rebellen gegen die dominierenden *ocre, vert und bleu* jener Jahre, selbst wenn sie es fertigbrachten, sich zumindest zeitweilig als Team zu verstehen. Dem mit dem Milieu vertrauten Zeitgenossen verbleibt nur die ad hoc Erkenntnis, daß sie *outsiders* an der *inside* waren, zumindest während der ersten sechs Schöpfungstage. War die Schöpfung denn rein und vollständig gelungen? Nein, gab in einen Augenblick der echten Reue einer der Schöpfer zu, es gäbe da schon einige kleine Schönheitsfehler. Zum Beispiel? Ja, man hätte wohl *creat* mit einen weiteren 'e' schreiben können, wie sich das gehört, und *grab* anstelle von *grep* wäre vielleicht auch etwas sinnfälliger gewesen. Ja — sicher — es gäbe da schon einige Dinge, die man anders hätte machen können. Aber daß *cat* ein misnomer sei, müsse entschieden zurückgewiesen werden. Schließlich gäbe es im UNIX-System ja keine *catalogs. Of course not!*

Ja natürlich, der ursprüngliche UNIX-Jargon. Kind seiner Zeit. Wie auch anders? *Woodstock and all that!* Kohorten von Anglizisten könnten — werden — darüber gelehrte Artikel schreiben — sind schon dabei. Der Streit um das Phonetikum ist gelegentlich schon deutlich hörbar: Soll dieses *creat* denn als "krieht" oder als "kräh-att" ausgesprochen werden? Und warum sagen und schreiben diese UNIX-Leute denn immer *loader*, wenn doch alle anderen vernünftigen Leute *linker* schreiben und sagen? Und wenn sie schon *link* sagen, dann meinen sie wieder etwas ganz anderes! *Etc.* Es spricht für den Genius der Schöpfer, daß ihre originäre Nomenklatur sich nicht nur fast unverändert erhalten hat, sondern sich auch in der Fachsprache — egal, welche umgebende Nationalsprache — ständig weiter durchsetzt. Das originäre UNIX-Schrifttum hat zusammen mit seiner eigenwilligen Nomenklatur eine neue und unkonventionelle UNIX-Begriffswelt geschaffen, die weitgehende schöpferische Freiheiten gewährt und demgegenüber etablierte Begriffssysteme sich wie Betten des Prokrustes ausnehmen.

Sowohl das originäre als auch das offizielle UNIX-Schrifttum ist — gelinde gesagt — nicht leicht zu lesen. Die Originaltexte verblüffen selbst solche Leser, gestandene Fachleute wie Neophyten, die durch Herkunft oder Bildung dem nordamerikanischen Kulturbereich nahestehen. Die techno-literarische Aufbereitung der UNIX-Begriffswelt ist also gewissermaßen zu einer zeitgenössische Aufgabe geworden. Der Verfasser hat diese Herausforderung mit Faszination aufgegriffen.

1 Vorbesprechungen

Die vier Themen in diesem Kapitel sollen einer ersten Orientierung des Lesers dienen. Zuerst wird ein einführender Überblick über das aktuelle UNIX-Umfeld gegeben, wobei die wichtigsten Verzweigungen des UNIX-Stammbaumes sowie die gegenwärtigen Bemühungen zur Standardisierung kurz besprochen werden. Dem folgt ein morphologischer Ansatz zur Darstellung der funktionalen Strukturen des UNIX-Systems. Im dritten Abschnitt wird ein kurzer Überblick über den Umfang des ursprünglichen UNIX-Systempaketes gegeben.

Die Gliederung der originären UNIX-Systemdokumentation wird im vierten Abschnitt vorgestellt. Im letzten Abschnitt wird eine vorbereitende Erläuterung der symbolischen Schreibweise für die Befehls- und Programmiersyntax der Shells gegeben, die für den weiteren Verlauf dieses Buches verbindlich ist.

1.1 Einführende Betrachtungen

UNIX ist weder ein Akronym noch ein Anagramm, sondern eine einst wohl mehr als spielerische Erwiderung auf den Namen *MULTICS* [1] aus der Luft gegriffene Wortschöpfung zur Bezeichnung eines Betriebssystems, dessen Entwicklung Ende der sechziger Jahre unter der Federführung von Ken Thompson und Dennis Ritchie et al. in den *BELL Laboratories* (USA) begann. Daß daraus einst eine ernsthafte Herausforderung an die Betriebssysteme der neunziger Jahre erwachsen würde, war damals wohl kaum vorauszusehen. Inzwischen ist UNIX das international eingetragene und respektierte Warenzeichen des nordamerikanischen Telekommunikations-Konzerns *American Telephone and Telegraph Company*, der alle Rechte bezüglich des UNIX-Systempaketes besitzt.

Das UNIX-Systempaket von **AT&T** stellt den Stamm eines sich in zahlreichen Varianten und Derivaten verzweigenden Baumes dar. Vom ursprünglichen UNIX-Stamm ausgehend, hatten sich Anfang der achtziger Jahre zwei divergierende Hauptzweige gebildet: Der von der Lizensstelle *BSD der Universität von California* (Berkely Systems Distribution), USA, verwaltete **BSD**-Zweig, mit der Ausgangsversion 4.1, und der von der amerikanischen Firma *MicroSoft* [2] weiterentwickelte **XENIX**-Zweig mit der Ausgangsversion 1.

1. *MULTICS* war ein von dem *Massachusetts Institute of Technology* (MIT), USA, entwickeltes frühes Mehrbenutzersystem (time sharing system)

2. Bekannt durch das Betriebssystem MS-DOS.

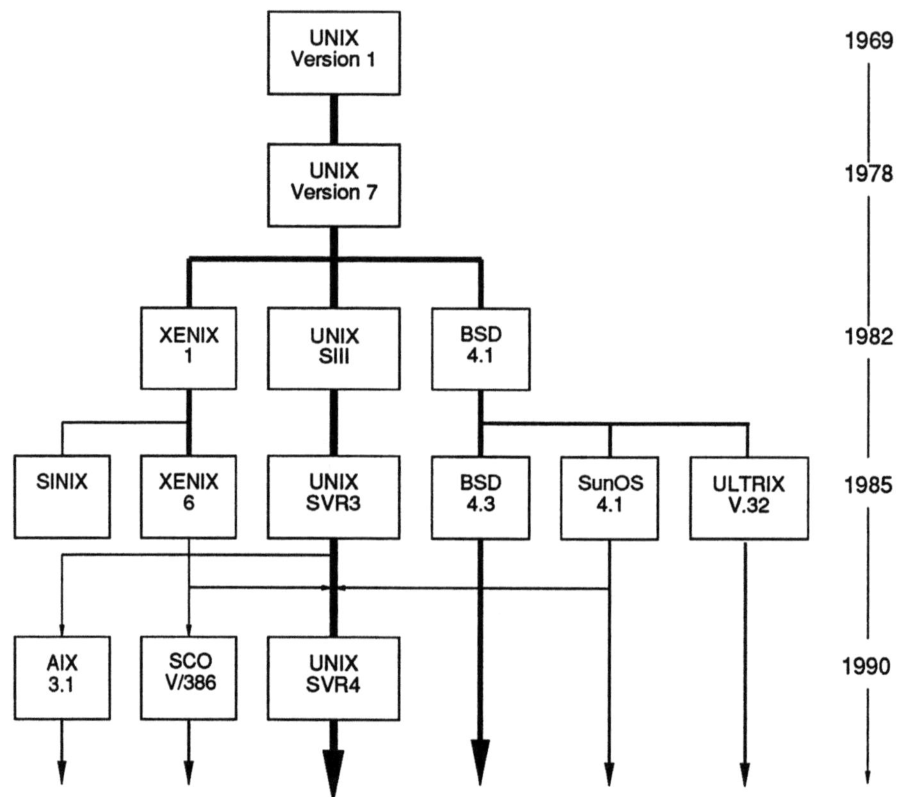

Bild 1.1: Der UNIX-Stamm und seine wichtigsten Hauptzweige

Aus dem frühen AT&T-Stamm und den beiden Hauptzweigen waren Mitte der achtziger Jahre dann zahlreiche weitere Derivate entsprungen. Bild 1.1 zeigt die wichtigsten Verzweigungen.

Erst mit dem **System III** begann UNIX Anfang der achtziger Jahre seinen erfolgreichen Einzug in die kommerzielle Datenverarbeitung in Europa. Die ersten serienmäßig ausgelieferten Betriebssysteme waren hauptsächlich Varianten des Systems III, darunter das respektable **UNIPLUS**, das von dem Lizenzträger *UNISOFT* in die M68000-Rechner PE7350 von *Perkin-Elmer* (USA) und MATRIX68K von *United Technologies* (USA) installiert wurde. Ein **System IV** hat eigentlich nie das Licht der kommerziellen Welt erblickt; es wurde bereits in der Entwicklungsphase vom erweiterten Konzept des System V überholt.

Mit der Ausgabe 3 des Systems V, kurz **SVR3** (System V, Release 3), das unter AT&T-Lizenz als serienmäßig installiertes Betriebssystem mit den leistungsfähigen Rechnern der TOWER-Klasse (ALTOS, NCR, UNISYS, u.a.) ausgeliefert wurde, etablierte sich UNIX während der zweiten Hälfte der achtziger Jahre auch in Europa. Mit der Einführung des **SVR4** im November 1989 ist die gegenwärtige Phase in der kommerziellen Anwendung erreicht worden.

Auf dem BSD-Zweig aufbauend, entwickelte die *Digital Equipment Corporation* (USA) im Laufe der frühen achtziger Jahre das Betriebssystem **ULTRIX** für ihre Rechner der MicroVAX-Klasse. Ebenfalls vom BSD ausgehend, entwickelte etwas später die *SUN Corporation* (USA) das Betriebssystem **SunOS** für ihre leistungsstarken und inzwischen recht bekannten Arbeitsplatzrechner (workstations). Auf der anderen Seite des UNIX-Baumes, im wesentlichen vom **XENIX** ausgehend, entwickelte die deutsche Firma *SIEMENS AG* das Betriebssystem **SINIX** für ihre Rechner der mittleren Datentechnik. Allerdings ist die inzwischen entstandene *SIEMENS-NIXDORF*-Gruppe bereits zum AT&T-Stamm zurückgekehrt, um beim SVR4 wieder anzuknüpfen.

Von einer frühen Version des System V ausgehend, führte die *IBM Corporation* (USA) Anfang 1986 das Betriebssystem **AIX** zuerst für ihre Rechner der RT-Klasse und etwas später für den PS/2 ein. IBM hat das AIX seither stetig und eigenständig für seine Mittel- und Großrechner weiterentwickelt. Anfang 1989 trat die bis dahin verhältnismäßig unbekannte Firma *Santa Cruz Operation* (USA) mit ihren UNIX-Versionen **SCO V/386** und **SCO XENIX** auf den Plan, wobei die erstere ebenfalls vom SVR3 ausgeht und mit der angekündigten Ausgabe V/486 ihre Fortentwicklung nimmt. Wie die Kürzel andeuten sollen, strebt SCO einen besonders hohen Anpassungsgrad mit den bekannten *Intel*-Prozessoren an.

Wie im Bild 1.1 angedeutet ist, stellt das **SVR4** nicht nur die lineare Weitentwicklung des **SVR3** dar, sondern übernimmt auch wesentliche Bestandteile des **XENIX**, der **BSD**-Varianten und des **SunOS**, was einer teilweisen Synchronisierung gleichkommt und die Portierung innerhalb dieser Systemgruppe in Zukunft ungemein erleichtert (assured migration paths). Allerdings läuft die eigenständige Fortentwicklung dieser Betriebssysteme weiter.

Nomen est omen. Das Wort "UNIX" hat im sehr onomatopöischen nordamerikanischen Englisch sowohl den Beiklang von "unique" als auch von "unity" und "unify". Dahinter steht ein vielleicht nicht einzigartiges, aber sicherlich vereinheitlichtes und vereinheitlichendes Konzept, dessen Zeit gekommen ist, weil es den irgendwie in seinem Namen mitschwingenden wirtschaftlichen, technologischen und soziologischen Imperativen der kontemporären EDV-Industrie entgegenkommt. Die soziologische Imperative erfährt auch der stolzeste Fachmann in genau dem Moment, wo seine mühsam erworbenen systemspezifischen Kenntnisse und Erfahrungen durch ein neues oder auch nur anderes System vom Tisch gefegt werden. Kein anderes Produkt der zeitgenössischen Technologie ist mit soviel willkürlicher Unstetigkeit behaftet wie — *ausgerechnet* — der Computer.

Die beiden anderen Imperativen diktieren den gegenwärtigen Trend der Entwicklung, wobei die technologische mehr den endogenen, und die wirtschaftliche mehr den exogenen Bereich betrifft. Im endogenen Bereich verläuft die Weiterentwicklung in drei Hauptspuren, von denen die erste die zu erwartende ständige Verfeinerung des eigentlichen Betriebssystems hinsichtlich Durchsatz und Zuverlässigkeit ist. Auf der zweiten Spur wird die Abwandlung zum deterministischen (predictable) Echtzeit-System mit großem Eifer betrieben, nicht zuletzt um die zahlreichen Renegaden, die sich auf dem exklusiven Gebiet der Prozeß- und Fertigungssteuerung tummeln, endlich unter dem UNIX-Banner zu vereinen. Auf der dritten Spur schließlich läuft die Erweiterung zum echten Multiprozessor-Betriebssystem, was schon durch den gegenwärtigen Trend in der Hardware-Entwicklung diktiert wird.

Im exogenen Bereich dominiert das Problem und Politikum der Standardisierung des UNIX-Systempakets, wobei diverse Protagonisten am Werk sind. Die allgemeine Zielvorstellung ist jedoch, eine genormte System-Plattform verbindlich zu definieren, auf der normenkonforme Anwendersoftware problemlos aufgesetzt werden kann. Hier ist zumeist von *open systems* die Rede, worunter herstellerübergreifende Grundsatznormen zu verstehen sind. Besondere Aufmerksamkeit wird dabei den System-Schnittstellen und Funktionsbibliotheken sowie der Verbundfähigkeit mit anderen Systemen (connectivity) gewidmet. Diese Entwicklung richtet sich eindeutig gegen die herkömmlichen *closed systems*, die durch eigene und überdies oft noch systemspezifische Standards effektiv gegen herstellerunabhängige Software abgeschottet wurden. Dagegen anzukommen erwies sich bei den meisten unabhängigen Software-Erstellern weniger als ein Problem der technischen Kompetenz als eine Frage der (Un)Wirtschaftlichkeit.

Die etablierten und federführenden Protagonisten im Kreuzzug der UNIX-Standardisierung sind zwei amerikanische Gremien, die sich hauptsächlich der Festlegung von Industrie-Normen widmen: das **IEEE** (Institute of Electrical and Electronic Engineers) und die **OSF** (Open Software Foundation).[3] Beide proponieren ihr eigenes Modell eines abstrakten, hersteller- und maschinenunabhängigen UNIX-Prototypen, IEEE das **POSIX**, und OSF das **OSF/1**, die unter Lizenzbindung von Herstellern

3. Bei den Normen-Gremien sollte zwischen *Konsortien* und *Komitteen* unterschieden werden. Erstere sind Hersteller-Interessenverbände, deren Mitgliedsfirmen gemeinsam Normen vorschlagen, wie zum Beispiel die OSF und das X/Open, sowie das erst 1988 gegründete UNIX International(UI). Im Gegensatz dazu verstehen sich Normen-Komitteen wie das ANSI, die IEEE und die ISO als unabhängige Gremien.

als normenkonforme POSIX- beziehungsweise OSF/1-Systempakete serienmäßig installiert und ausgeliefert werden können.

Dem schließen sich weitere Normen-Gremien an, darunter das **X/Open** (Open Software Foundation), das die Portierbarkeitsnorm **XPG3** (Portability Guide) herausgibt; das **ANSI** (American National Standards Institute), das die anwendungsorientierte Norm **X3J11** herausgibt; sowie die **ISO** (International Standards Organization), deren Normenvorgaben insbesondere im Bereich der Datenübertragung und Rechnerverbunde federführend sind. Daß sich nur eines der teilweise gegeneinander konkurrienden Modelle und Standards auf Kosten der anderen marktbeherrschend durchsetzen wird, ist bei der diversen Interessenlage aller Beteiligten kaum zu erwarten. Die gelegentlich sehr intensive Debatte wird sicherlich auch in Zukunft viel Interessantes zu bieten haben.

1.2 Ein erster morphologischer Ansatz

Morphologie ist die Kunst und Methode, Strukturen zu erkennen und zu analysieren, um so zu einem Verständnis eines komplexen Systems zu gelangen. Sie ist das fast unentbehrliche Hilfsmittel eines außenstehenden oder nachträglichen Betrachters, der zu einem ausreichend gründlichen Verständnis eines komplexen Systems gelangen will, ohne jedoch an dessen Schöpfung oder Gestaltung beteiligt gewesen zu sein oder wenigstens Zugang zu den grundlegenden Konstruktionsplänen und Funktionsschemata zu haben. An der Entwicklung des UNIX-Systems waren und sind nur sehr wenige beteiligt, und nur wenige mehr haben Zugang zu den grundlegenden Schemata.

Ein modernes Betriebssystem ist durch eine Anzahl von Strukturen charakterisiert, welche die Arbeitsteilung innerhalb des Systems widerspiegeln und sich gegenseitig zum geordneten und funktionalen Ganzen ergänzen. Durch die Wahl eines geeigneten Gesichtspunktes kann der methodisch vorgehende Beobachter bestimmen, welche Funktionsstruktur jeweils in den Vordergrund seiner Betrachtungen rücken soll. Gesichtspunkte (oder Aspekte) sind daher unentbehrliche Wegweiser zum Systemverständnis. Unser erster Gesichtspunkt ist die Aufgliederung des UNIX-Systems in Hauptfunktionalbereiche, aus denen sich dann weitere Aspekte ergeben sollen.

1.2.1 Die UNIX-Hauptfunktionalbereiche

Bild 1.2 zeigt die vier Hauptfunktionalbereiche und deren gegenseitige Abgrenzungen, so wie sie sich aus der Benutzerperspektive darbieten. Im innersten Bereich befindet sich die statische und an sich leblose Hardware, der erst von dem umgebenden *kernel* Leben eingehaucht wird. Der Kernel, selbst taub und stumm, ist von den *shells* umgeben, die als standardmäßige Benutzerschnittstellen zum System fungieren. Die weitaus meisten Anwendungs- und Dienstprogramme, wie auch die Entwicklungs- und Programmierwerkzeuge, bedürfen der Dienstleistungen einer Shell.

Bestimmte und entsprechend programmierte Anwendungsprogramme können allerdings auch unmittelbar auf dem Kernel aufsetzen. Bild 1.2 zeigt den Grundriß des UNIX-Systems, so wie er sich sowohl dem allgemeinen Benutzer als auch dem Fachmann darbietet.

Somit kann also zuerst der prinzipielle Unterschied zwischen dem Kernel und den Shells klargestellt werden: Der Kernel ist das eigentliche Betriebssystem im engeren Sinn des Begriffes, wogegen die Shells lediglich Benutzeroberflächen sind, die den allgemeinen Benutzerdialog mit dem Betriebssystem ermöglichen. Obwohl die Shells eine flexible Befehls- und Programmiersprache zur Verfügung stellen, können sie im allgemeinen nicht den Komfort anwendungsspezifischer Dienstleistungen bieten. Dafür werden dann speziell zugeschnittene Anwendungsprogramme benutzt. Vom rein technischen Standpunkt aus stellen die Shells jedoch nichts weiter als Anwendungsprogramme dar. Sie sind also keinesfalls Bestandteile des Betriebssystems im engeren Sinne des Begriffes!

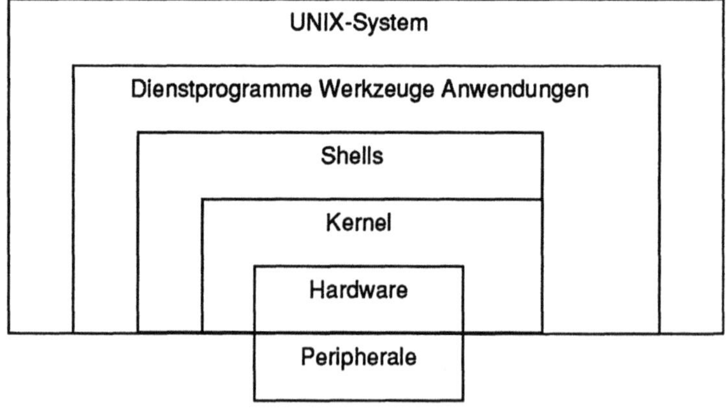

Bild 1.2: Funktionalbereiche und deren Abgrenzungen

Im vorhergehenden wurde von *den Shells* gesprochen. In der Tat stellt das ursprüngliche UNIX-Systempaket zwei Shells zur Verfügung: Die etwas ältere und wesentlich prominentere *BOURNE-Shell* und die jüngere und etwas exotischere *C-Shell*. Ein erster Überblick wird im Abschnitt 4.4 gegeben.

Anwendungsprogramme können sowohl in ein System hinein portiert als auch ursprünglich darin entwickelt und eingebunden werden. Für die Entwicklung ursprünglicher Software bedarf es der *compiler* und *interpreter*, um maschinenunabhängig in einer Hochsprache wie C oder BASIC programmieren zu können, sowie des einheimischen *assembler*, um maschinennahe, aber damit auch zumeist maschinengebundene Spezialprogramme und -module erstellen zu können. Compiler und Assembler erzeugen maschinenspezifischen Objektkode, der mit dem *linker* (unter UNIX *loader* genannt) zum systemspezifischen Ausführkode editiert und gebunden wird. (Interpreter erzeugen keinen Objektkode.)

Die Grundwerkzeuge, wie Übersetzer und Lader, werden durch *tools* und *utilities* erweitert, darunter die *debuggers* zum Entfehlern von Programmen; die *text editors* zur Eingabe und Veränderung von Quellkode; sowie Datei- und Modul-Verwaltungssysteme zur Projektausführung.

Software-Entwicklung ist ein Bereich in dem das UNIX-Systempaket allein durch seine hochspezialisierten Programmierwerkzeuge hervorragt. Zahlreiche Dienst- und Hilfsprogramme für allgemeine Zwecke vervollständigen die *UNIX-Werkzeugkiste*. Ein anderer, vielleicht etwas weniger bekannter Bereich ist die *lexikalisch-assoziative* Informationsverarbeitung, die durch die lexikalischen Leistungsmerkmale der Shells und der Editoren sowie durch spezielle Dienstprogramme und Bibliotheksfunktionen der Programmiersprache C ermöglicht wird. Dem schließen sich die Einrichtungen zur Textverarbeitung und zur Erstellung und Verwaltung von Dokumenten an. Ein erster Überblick über die ursprünglichen UNIX-Einrichtungen wird im Abschnitt 1.3 gegeben

1.2.2 Funktionale Strukturen

Die drei grundlegenden Begriffe *Benutzer, Prozeß* und *Datei* sowie die sich daraus ergebenden Gesichtspunkte bilden die ersten Schlüssel zum Verständnis der Arbeitsweise des UNIX-Systems (und eines modernen Betriebssystems überhaupt). Wir betrachten zuerst die *user structure* und die *process structure*, deren logische Hierarchie als Verschachtelung in Bild 1.3 dargestellt ist.

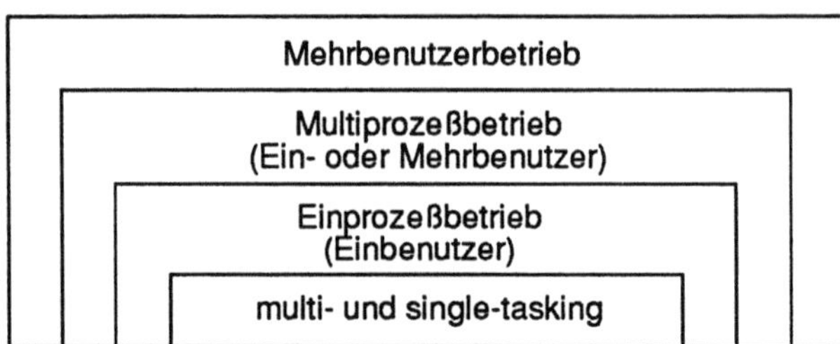

Bild 1.3: Funktionale Hierarchie

Ein Mehrbenutzersystem benötigt Steuer- und Verwaltungsfunktionen, die in einem Einzelbenutzer-System im allgemeinen gar nicht vorhanden sein müssen. Schon der Begriff *Benutzer* ist im letzteren im allgemeinen überflüssig, da es zu jedem Zeitpunkt ja nur einen Benutzer geben kann. In einem Mehrbenutzersystem muß der *user* dagegen als eine abstrakte Einheit (entity) formalisiert werden, der Zugriffsrechte und Systemressourcen auf formale Weise zugeordnet werden können. Daraus ergibt sich die *user control structure*, die im Abschnitt 2.2 formal vorgestellt wird.

Der Mehrbenutzerbetrieb kann aber nur in einem Mehrprozeß-System stattfinden, denn jedem Benutzer müssen ja theoretisch mindestens ein Prozeß, tatsächlich aber mehrere beilaufende Prozesse (multiple concurrent processes) zugeordnet werden. Ein solches System benötigt seinerseits wiederum Steuer- und Verwaltungsfunktionen, die in einem Einprozeß-System im allgemeinen nicht vorhanden sein müssen. Schon der Begriff *Prozeß*, im Sinne von *beilaufenden Prozessen* [4], ist in letzterem gegenstandslos oder zumindest überflüssig. In einer Mehrprozeß-Umgebung muß dagegen der *Prozeß* wiederum als *abstrakte Entity* formalisiert werden, der Systemressourcen und Zugriffsrechte auf formale Weise zugeordnet werden können. Daraus ergibt sich die *process control structure*, die im Kapitel 4 eingeführt wird.

Die dritte funktionale Hauptstruktur ist das Dateisystem, das nicht nur die Verwaltung der klassischen Speicherobjekte, wie Dateien, Verzeichnisse und aufsetzbarer Datenträger, innehat, sondern auch über funktionale Objekte — die Datenkanäle — den allgemeinen Datenaustausch zwischen Prozessen und peripheren Geräten steuert. Das UNIX-Dateisystem ist streng hierarchisch als eine invertierte Baumstruktur gegliedert, wobei alle Zugriffe über ein einziges Ursprungsverzeichnis erfolgen müssen. Das *einheimische* Dateisystem kann durch *einhängbare* Dateisysteme fast beliebig erweitert werden. Kapitel 3 ist ausschließlich dem UNIX-Dateisystem gewidmet.

4. Die Wortwahl wird im Unterabschnitt 4.1.1 begründet. Der begriffliche Unterschied zwischen *task* und *process* wird im Abschnitt 4.1 aufgegriffen.

1.3 Ursprüngliche UNIX-Einrichtungen

Die im ursprünglichen UNIX-Systempaket enthaltenen *native facilities* decken einen breiten Leistungsbereich ab:

- Individuelle Steuerung und Verwaltung der Arbeitsumgebung einschließlich der Terminals und anderer peripheren Geräte.
- Globale Verwaltung der Zugriffsrechte auf Speicherobjekte und Systemressourcen sowie deren Aufrechnung.
- Globale und individuelle Steuerung der Benutzerprozesse, was auch den zwischenprozeßlichen Signal- und Datenaustausch sowie die asynchrone Ablaufsteuerung einschließt.
- Einrichtungen zur erweiterten Text- und Informationsverarbeitung mit hochentwickelten lexikalischen Leistungsmerkmalen, die assoziative Datenverknüpfungen ermöglichen.
- Steuerprogramme und Verwaltungseinrichtungen für Datenübertragung und -fernverarbeitung.
- Werkzeuge, Dienstprogramme und Spezialbibliotheken zur professionellen Software-Entwicklung und -pflege sowie Einrichtungen zur eigenständigen Anpassung des Betriebssystems und dessen Instandhaltung.

Ein bestechendes Leistungsmerkmal des UNIX-Systempaketes ist die engmaschige Abdeckung des Dienstleistungsbereiches durch eine Vielzahl von Spezial- und Hilfsprogrammen mit zweckentsprechend hochspezialisierten Leistungsmerkmalen. Das UNIX-Systempaket stellt also keine ausgesprochenen *Alleskönner*-Einrichtungen zur Verfügung, was gelegentlich mit Benutzerunfreundlichkeit verwechselt wird. Es mag ja andere Systeme geben, die benutzerfreundlicher erscheinen oder wenigstens so angepriesen werden, aber dann wiederum gibt es eben nur ein UNIX-System mit seinem enormen Anwendungspotential und der damit einhergehenden technologischen und intellektuellen Herausforderung.

Das Hervorragende ist jedoch, daß die UNIX-Spezialprogramme sich schnell, einfach und fast beliebig zu größeren Funktionsmodulen mit erweiterten Leistungsmerkmalen verknüpfen lassen. Die dazu benötigte Funktional-Ebene wird von den *native shells*, der BOURNE-Shell und der C-Shell, gestellt. Neben ihrer offensichtlichen Funktion als Dialog-Interpreter stellen die Shells auch leistungsfähige Programmiersprachen zur Verfügung. Die gemeinsamen Leistungsmerkmale der beiden UNIX-Shells werden in Kapitel 5 besprochen. Die jeweils besonderen Eigenschaften werden dann in den Kapiteln 6 und 7 weiterführend behandelt.

1.4 Das UNIX-Dokumentationssystem

Wer sich mit einem neuen Betriebssystem vertraut machen muß, wird diese anspruchsvolle Aufgabe wohl damit beginnen, die vorhandene Benutzer- und System-Dokumentation zu sichten. Sicherlich würde man es gar nicht erst versuchen wollen, die zahlreichen und voluminösen Ordner wie durchgehend geschriebene Lehrbücher von Klappe zu Klappe durchzulesen, sondern man wird sich zuerst einen Überblick über die Gliederung und den Inhalt verschaffen. Die offizielle UNIX-Dokumentation ist der einzige zuverlässige Schlüssel zu den zahlreichen originären Spezial- und Sonderfunktionen, die das UNIX-Systempaket zur Verfügung stellt. Schon bei mittleren Systemen im kommerziellen Anwendungsbereich werden etwa zwei Stapel-Meter offizieller UNIX-Dokumentation mitgeliefert. (Die vom Hersteller abhängige Hardware-Dokumentation ist dabei noch nicht eingeschlossen.)

Der Zweimeter-Stapel kann schon beim Auspacken in zwei Meter-Stapel aufgeteilt werden:

- *Handbücher* (Reference Manuals), die in erster Linie zum schnellen Nachschlagen dienen.
- *Leitfäden* (System Guides), die Produktbeschreibungen sowie Problemerklärungen und -lösungen enthalten.

Für den ernsthaften Benutzer ist eine sich ständig erweiternde und zugleich vertiefende Kenntnis der Dokumentation unumgänglich, wobei die Fähigkeit, schnell eine bestimmte Einzelheit oder eine Problemlösung zu finden, das wesentliche ist. Eine kurze bibliografische Beschreibung folgt.

1.4.1 Das Verweis- und Verzeichnisschema

Das formale Verweisschema der offiziellen UNIX-Dokumentation benutzt einen in Rundklammern gesetzten Index, der den Hauptabschnitt in den Handbüchern angibt, in dem der Eintrag beschrieben ist. Typische Beispiele sind *date(1)*, *read(2)*, *printf(3S)*, *curses(3X)*, *passwd(4)*, *ascii(5)*, *wumpus(6)* sowie *termio(7)* und *crash(8)*. Diese quasifunktionale Schreibweise ist für das internationale UNIX-Schrifttum verbindlich. Allerdings können mehrfache Einträge unter dem gleichen Namen vorkommen, die nicht unbedingt verwandt sein müssen, wie zum Beispiel *write(1)* und *write(2)*.

Die mit einem numerischen Index versehenen Bezeichner und Begriffe sind ausschließlich in den Handbüchern zu finden, wobei der Hauptabschnitt "(1)" die allgemeinen Benutzerbefehle enthält, die als die eigentlichen

UNIX-Befehle zu verstehen sind. Ist bei einem Namen der numerische Index "(1)" nicht angegeben, so besteht bei nicht näher beschriebenen Befehlen und Anweisungen eine sehr hohe Wahrscheinlichkeit, daß sie unter ihren Bezeichnern im Benutzer-Handbuch aufgeführt sind.

Eine beträchtliche Anzahl von Befehlen und Anweisunge sind jedoch fest in die UNIX-Shells eingebunden und können nur in der jeweiligen Shell benutzt werden. Man spricht dann von *eingebauten Shell-Anweisungen* (builtin shell commands and directives); sie sind im allgemeinen nicht unter ihren Bezeichnern als eigenständige Einträge im Handbuch vorhanden. Fehlt also der entsprechende Hinweis, so kann das gelegentlich zu frustierenden Suchen führen.

Shell-Anweisungen müssen zuerst der *richtigen* Shell zugeordnet werden, um dann unter deren Eintrag im Benutzer-Handbuch gefunden werden zu können. Die BOURNE-Shell ist unter dem Eintrag **sh(1)**, und die C-Shell unter **csh(1)** im Benutzer-Handbuch beschrieben.

Um unnötigen Mißverständnissen vorzubeugen, soll im weiteren Verlauf dieses Buches entweder explizite von *Shell-Anweisungen* die Rede sein oder aber implizite durch indexierte Schreibweise wie *export(sh)* und *alias(csh)* die Zugehörigkeit zu einer Shell angezeigt werden. Auch hier können mehrfache Einträge unter demselben Bezeichner vorkommen, wie zum Beispiel mit *echo(sh)* unter sh(1), und *echo(csh)* unter csh(1), die übrigens beide Varianten des UNIX-Befehls *echo(1)* sind.

1.4.2 Die UNIX-Handbücher

Die zum Nachschlagen dienenden UNIX-Handbücher sind in drei Hauptvolumen gegliedert, die zusammen acht Hauptabschnitte enthalten.

Band I: Benutzer-Handbuch (User Reference Manual)

(1) Allgemeine Benutzerbefehle, die in jeder der beiden UNIX-Shells ausgeführt werden können.

Band II: Programmier-Handbuch (Programmer Reference Manual)

(2) Systemaufrufe der Kernelschnittstelle

(3) Bibliotheksaufrufe höherer Programmiersprachen:

(3C) Die Standardfunktionen in C

(3F) F77 FORTRAN-Subroutinen

(3M) Mathematische und statistische Funktionen

(3S) E/A-Standardfunktionen in C

(3X) Erweiterte Funktionen in C

(4) Dateiformate und -inhalte

(5) Der ASCII-Zeichensatz in Oktal-, Dezimal- und Hexadezimal-Schreibweise. Makros für die Textformatierung mit nroff(1) sowie Normen und Vereinbarungen zur Steuerung von Terminals und anderen peripheren Geräten.

(6) Spiele und Zerstreuungen (why not!)

Band III: Systemverwalter-Handbuch (Administrator Reference Manual)

(1m) Superuser-Befehle und -Anweisungen

(7) Eine für das jeweilige System verbindliche Beschreibung der Gerätekanäle für den Zugriff auf Massenspeicher (z.B. Festplatte und Magnetband), externe Anschlußports, virtuelle Gerätekanäle sowie Bereiche des Arbeitsspeichers.

(8) Funktionen und Anweisungen zur Systempflege

Im folgenden soll die Schreibweise **cat(1)/BHB, mount(1m)/SHB** und **open(2)/PHB** als Verweis auf die entsprechenden Einträge im Benutzer- (BHB), Systemverwalter- (SHB) und Programmier-Handbuch (PHB) benutzt werden.

Bei benutzerorientierten UNIX-Systemen stehen die Handbücher zumindest teilweise im Direktabruf oder zum Ausdrucken zur Verfügung. Falls keine anderen Vereinbarungen gelten, kann der Befehl **man(1)** benutzt werden, um Einträge nach Namen und Index abzurufen. Als Einstieg kann *man* mit seinem eigenen Namen oder ohne jegliche Argumente aufgerufen werden:

```
$ man   man
```

oder

```
$ man
```

1.4.3 Die UNIX-Leitfäden

Die Leitfäden dienen dem Studium abgegrenzter Themenkomplexe, die als abgeschlossene Artikel dargestellt werden, wobei es kaum Übergänge oder Querverweise zwischen den verschiedenen Artikeln gibt. Ein Teil des Inhalts beruht auf den originären technischen Berichten und Artikeln, die von den (inzwischen schon legendären) Urhebern des UNIX-Systems während der siebziger Jahre veröffentlicht wurden (und von mitfühlenden Dokumentationsredakteuren inzwischen zum Wohl des Lesers geringfügig redigiert wurden). Die fast klassischen Beschreibungen von *lex(1)* und *yacc(1)* im *Support Tools Guide* sind Beispiele dafür.

Die folgenden vier Leitfäden gehören zum Grundstock der offiziellen UNIX-Dokumentation. Sie werden je nach Hersteller und Auslieferer durch Anweisungen zur Aufstellung und Inbetriebnahme des Systems, Richtlinien für den Systembetreuer sowie Beschreibungen der Hardware ergänzt.

1. Leitfaden für den Systemverwalter (Administrator Guide):
Der Leitfaden enthält Empfehlungen zur Benutzer- und Dateiverwaltung, Richtlinien für die Ressourcen-Kontrolle und -Aufrechnung (system accounting) sowie Anweisungen für die Pflege des Betriebssystems. Von besonderer Bedeutung für den Systembetreuer sind die Richtlinien zur Pflege des Dateisystems (File System Maintenance) sowie eine eingehende Beschreibung des Druckauftragsverwalters (LP Spooling System).

2. Programmier-Leitfaden (Programmer Guide):
Dieser Leitfaden ist hauptsächlich für Anwendungsprogrammierer gedacht. Er enthält die verbindlichen Beschreibungen der Programmiersprache C, der zugehörigen Funktionsbibliotheken sowie der Hilfsprogramme *lint(1)* und *sdb(1)* zum Prüfen und Entfehlern. Das für die Bildschirm-Steuerung in Anwendungsprogrammen wichtige Funktionspaket *curses(3X)* wird, von Beispielen unterstützt, eingehend beschrieben. Darüber hinaus werden die unter UNIX unterstützten Programmiersprachen **RATFOR** (rational fortran) und **FORTRAN-77** (ANSI) beschrieben. Eine Einführung in die Anwendung und Programmierung der BOURNE-Shell wird ebenfalls gegeben.

3. Leitfaden der Software-Entwicklungswerkzeuge (Support Tools Guide):
Dieser Leitfaden ist sowohl für den System- als auch für den Anwendungsprogrammierer wichtig. Er enthält ausführliche Beschreibungen der UNIX-eigenen, höheren Programm-Entwicklungswerkzeuge wie *lex(1)* und *yacc(1)*, des Makro-Entwicklers *m4(1)* und des *loader ld(1)*, der übrigens hier wieder als *linkeditor* bezeichnet wird. Für Projektentwicklungen ist die Beschreibung des Quellkode-Verwaltungssystems *sccs(1)* sowie des Modul-Monteurs *make(1)* wichtig.

Zumeist enthält dieser Leitfaden auch die für das jeweilige System verbindliche Beschreibung des *einheimischen* (resident) Assemblers, was für maschinennahes Arbeiten wichtig ist. Mit Portierungs-, Anpassungs- und Wiederherstellungsproblemen befaßte Programmierer finden die ausführliche Beschreibung des Standard-Formats von Objektdateien (Common Objekt File Format) von besonderem Interesse. Darüberhinaus enthält der Leitfaden eine Beschreibungen des Text- und Informationsverarbeitungsprogramms *awk(1)* sowie der Kommunikationseinrichtung *uucp(1)* (UNIX-to-UNIX communications program).

4. Benutzer-Leitfaden (User Guide):
Der Leitfaden gibt eine auf den allgemeinen Benutzer ausgerichtete, allerdings etwas komprimierte Systembeschreibung mit interessanten Einstiegsstudien und nützlichen Übungen (tutorials) zum Gebrauch der BOURNE-Shell und der ursprünglichen UNIX-Editoren.

Zumeist (aber nicht immer) wird auch der systemspezifische Leitfaden zur Programmierung von Gerätetreibern (Device Driver Programming Guide) mit der Systemdokumentation ausgeliefert (und zuweilen eifersüchtig unter Verschluß gehalten). Dieser Leitfaden zeichnet sich vor allem durch eine besonders esoterische technische Prosa aus, die dem exklusiven Thema voll entspricht. Nichtsdestoweniger sei dieses Dokument auch dem technisch interessierten Allgemeinbenutzer zumindest zur Einsicht empfohlen — gibt es doch Einblicke in die zeitgenössisch techno-kulturelle Problematik, hochkomplizierte Sachverhalte mit einer natürlichen Sprache noch darstellen zu können. Dem Systemingenieur und -programmierer ist das Dokument ein *sine qua non.* [5]

5. EGAN and TEIXEIRA (1988) geben eine pragmatische Einführung in die Thematik und Problematik.

1.5 Formale Schreibweise der Shell-Syntax

Beide *native shells*, sowohl die BOURNE-Shell als auch die C-Shell, fungieren als Interpreter einer zeilenorientierten Hochsprache, die vom einfachen Befehlsdialog bis zum hochstrukturierten Ablaufprogramm reicht. Die Shell-Sprachen besitzen also eine Syntax, die durch eine formale Schreibweise sinnvoll und unzweideutig dargestellt werden kann. Die für den weiteren Verlauf dieses Buches verbindliche Schreibweise soll daher bereits hier kurz erläutert werden. Dabei werden Begriffe wie *Name, Wort, Ausdruck* usw. im naiv-intuitiven Sinn benutzt.

A. Worte in spitzen Klammern,

   <Befehl>, <Argumente>, <Dateiname>, usw.

stellen *unbestimmte* Syntaxelemente dar, die lediglich lexikalischen Beschränkungen unterliegen. Sie dürfen zum Beispiel keine ungeschützten Sonderzeichen enthalten.

B. Verbale Syntaxelemente werden immer in Klartext ausgeschrieben,

   if, else, fi, for, while, do, done, usw.

   Sie dürfen nur in einem festgelegten Zusammenhang benutzt werden.

C. Worte, die auch ausgelassen werden können, werden durch eckige Klammern angezeigt,

   [<Argumente>] [<Dateiname>]

D. Unbestimmte Wiederholbarkeit wird durch drei Punkte angezeigt,

   <Name_1>, <Name_2>, ...

E. Unbestimmte Auslassung wird ebenfalls durch drei Punkte angezeigt,

   <Name> ...

F. Der senkrechte Strich entspricht dem logischen *Entweder-Oder* (XOR),

   <Wort_1> | <Wort_2> ...

Das Schema entspricht einer vereinfachten Auslegung der bekannten *BACKUS-NAUR*-Schreibweise.

Eckige Klammern werden im folgenden auch zur symbolischen Darstellung von Sondertasten und Steuerzeichen benutzt:

Eingabe: [RETURN] oder [RET]

Zeichenlöschen: [BS]

Tabulator: [TAB]

ASCII-Fluchtzeichen: [ESC]

Steuertaste zum Erzeugen von ASCII-Steuerzeichen: [CTL]

ASCII-Steuerzeichen EOT: [CTL_D]

Die Bedeutung der Sondertasten und Steuerzeichen wird im Zusammenhang mit der Terminalsteuerung im Abschnitt 2.3.3 besprochen.

2 Die UNIX-Mehrbenutzerumgebung

Drei Hauptgesichtspunkte liegen diesem einführenden Kapitel zugrunde. Erstens, in einer Mehrbenutzerumgebung (multiuser environment) muß der Begriff *Benutzer* zuerst als abstrakte Einheit (entity) definiert und formalisiert werden. Dieser *Entity* können dann Speicherobjekte und Systemressourcen durch formale Regeln zugeordnet werden. Erst nach diesen Begriffsbestimmungen kann die eigentliche Arbeitsumgebung des individuellen Benutzers ins Auge gefaßt werden.

Der zweite Aspekt ergibt sich daraus, daß die UNIX-Benutzerumgebung grundsätzlich interaktiv ist und somit das Benutzerterminal zum Mittelpunkt hat, von dem aus praktisch die gesamte Anwendungsverarbeitung initiiert und gesteuert werden kann. Daraus entsteht wiederum die Notwendigkeit, den eigentlichen Arbeitsvorgang am Benutzerterminal zu definieren: Eine *Session* beginnt mit dem erfolgreichen Einloggen und endet normalerweise mit dem Ausloggen; sie kann allerdings auch unter den verschiedensten Umständen durch Abbruch abnormal enden.

Der dritte Gesichtspunkt ist dann die eigentliche interaktive Arbeitsumgebung (session environment), welche durch spezielle Befehle und Anweisungen (session commands and directives) verwaltet und gesteuert wird. Eine Übersicht wird in den nachfolgenden Unterabschnitten gegeben. Abschließend werden einige häufig benutzte Dienstprogramme sowie die ursprünglichen UNIX-Texteditoren einführend vorgestellt.

2.1 Ein erster Einstieg

Wir gehen davon aus, daß das Benutzerterminal entweder unmittelbar an einem örtlichen Rechner (local host system) angeschlossen oder daß eine Verbindung mit einem entfernten Rechner (remote host) durch Anwahl oder Verbund (z.B. DATEX-L beziehungsweise DATEX-P) bereits hergestellt ist. Bei bestehender Verbindung zeigt das in *multiuser mode* arbeitende Host-System seine Dienstbereitschaft durch den *login prompt* an:

```
login: Hubert
```

Der Benutzer antwortet auf die Einlog-Aufforderung mit seiner *Login-Kennung* — hier 'Hubert' —, die dann unverzüglich mit den Benutzereinträgen in der Paßwortdatei (Abschnitt 2.2) verglichen wird, wobei sich genau eine von zwei logisch komplementären Möglichkeiten ergibt. Erstens, die Login-Kennung wird als legitim erkannt und das Paßwort-Feld im Benutzereintrag ist leer, in welchem Fall die Session unverzüglich beginnt.

Zweitens, entweder das Paßwort-Feld ist belegt oder aber eine unzulässige, fehlerhafte oder schon verfallene Login-Kennung wurde eingegeben, in welchem Fall die eigentliche Paßwort-Aufforderung erscheint:

password: <Login-Paßwort>

Aus offensichtlichen Gründen wird das eingegebene Paßwort nicht zum Terminal zurückgespiegelt — der Benutzer muß es also blind eingeben. Mit der Akzeptanz des Paßwortes hat dann die eigentliche Session begonnen. Der Einlog-Versuch wird also sowohl bei einem unzulässigen Paßwort als auch bei einer unzulässigen Login-Kennung ohne Angabe des tatsächlichen Grundes abgewiesen, worauf der Login-Zyklus erneut beginnt. Die bei einer unzulässigen Login-Kennung nur anscheinend überflüssige Paßwort-Abfrage dient dazu, schrittweises Eindringen zu verhindern. Bei erfolglosen Einlog-Versuchen kann zwischen einer falschen Login-Kennung und einem falschen Paßwort *nicht kausal unterschieden* werden, wodurch ein Eindringen durch *trial and error* ungemein erschwert wird.

Beim Beginn der eigentlichen Session werden gelegentlich allgemeine Bekanntmachungen ausgegeben, die vom Systembetreuer eingegeben werden:

Arbeitsbesprechung morgen um 14 Uhr in ...

Postlagernde Mitteilungen von anderen Benutzern werden ebenfalls gleich nach dem Einloggen angezeigt ,

you have mail

wobei der Befehl **mail(1)** sowohl zum Lesen als auch zur Eingabe von Mitteilungen (mail) benutzt werden kann. Dies wird im Abschnitt 2.4.3 weitergeführt.

Nach dem Einloggen wird zumeist eine der beiden UNIX-Shells automatisch aufgerufen, die nun mit dem *shell prompt* ihre Dialogbereitschaft anzeigt:

$

wobei das Dollarzeichen das normale Aufforderungszeichen der BOURNE-Shell ist (die auch für den weiteren Verlauf dieses Kapitels vorausgesetzt wird). Der Benutzer kann jedoch sein eigenes Promptzeichen setzen, was weiter unten wieder aufgegriffen wird.

Der Dialogbetrieb kann jetzt beginnen. Zum Beispiel wird mit dem Befehl **date(1)** der vollständige Datumsvektor ausgegeben, worauf das Shell-Prompt erneut erscheint:

```
$ date
Tue Oct 22, 19:90:46 EDT 1987
$
```

Der Befehl **who(1)** mit einer nachgestellten und sinnigen Optionsklausel,

```
$ who am i
Hubert    tty03    May 16  19:58
$
```

zeigt die aktuelle Login-Kennung des Benutzers und den TTY-Dienstport seines Terminals sowie das Datum an, was keinesfalls banal ist, denn abgesehen von vergeßlichen Benutzern mag sich ein Vorgesetzter für die Kennung eines verlassenen (aber eben noch eingeloggten) Terminals interessieren.

In seiner einfachsten Anwendung listet der Befehl **ls(1)** die Namen von Objekten im aktuellen Verzeichnis auf, die sowohl einfache Dateien als auch Unterverzeichnisse darstellen können:

```
$ ls
abba  babba ... zappa
$
```

Schon an dieser Stelle muß auf einen wichtigen Unterschied hingewiesen werden. Einerseits stellen *Befehle* wie *date(1), who(1)* und *ls(1)* selbständige Dienstprogramme dar, die in jeder der beiden UNIX-Shells aufgerufen werden können. Zum anderen aber enthält jede der beiden UNIX-Shells einen Satz von eingebauten *Anweisungen*, die im allgemeinen nur in der jeweils einen, nicht aber in der anderen Shell zur Verfügung stehen. Es muß daher zwischen *UNIX-Befehlen* (native UNIX commands) und *Shell-Anweisungen* (builtin shell commands and directives) unterschieden werden. Erstere werden durch die Indexe "(1)" und "(1m)" gekennzeichnet, letztere durch "(sh)" und "(csh)".[1]

Ein Beispiel aus der zweiten Kategorie ist die Shell-Anweisung **pwd(sh)** (print working directory), mit welcher das aktuelle Arbeitsverzeichnis (current working directory) festgestellt werden kann:

```
$ pwd
/Hubert/Arbeit
$
```

1. Die begriffliche Differenzierung zwischen *Befehl* (command) und *Anweisung* (directive) liegt im wesentlichen darin, daß ein Befehl eine vorgegebene Aktion mit erwartetem Resultat ausführt, während mit einer Anweisung die Modalitäten der Ausführung bestimmt werden. Etwa wie ein Adverb sich zum Verb verhält.

Ein weiteres Beispiel ist die Anweisung **cd(sh)** (change directory) mit der ein Arbeitsverzeichnis ausgewählt werden kann:

```
$ cd /Hubert/Projekt1
```

Diese und andere Shell-Anweisungen sind unter den Einträgen sh(1)/BHB für die BOURNE-Shell und unter csh(1)/BHB für die C-Shell beschrieben. Eine Zusammenfassung wird in den Abschnitten 6.8 (sh) und 7.8 (csh) gegeben.

Eventuell wird der Benutzer seine Session ordnungsgemäß beenden und sich vom Host-System verabschieden wollen. In der BOURNE-Shell erfolgt dies durch gleichzeitiges Drücken der Steuertaste **CTL** und des Buchstaben **D**, was hier wie auch im folgenden symbolisch dargestellt wird:

```
$ [CTL_D]
```

wobei das ASCII-Zeichen **EOT** mit dem Oktalwert 04 erzeugt wird, womit normalerweise die Eingabe zur aktuellen Shell beendet wird. Eine verbale Alternative ist die Shell-Anweisung **exit(sh)**, die auch dann benutzt werden kann, wenn das EOT aus technischen Gründen (z.B. wegen einer MODEM-Verbindung) nicht übertragen werden kann:

```
$ exit
```

2.2 Die formale Benutzerstruktur

Im UNIX-Mehrprozeßbetrieb läuft ausnahmslos jedes Programm als *Prozeß* unter einer Benutzer-Kennung **UID** ab. Diese UID kann sowohl reale als auch abstrakte Benutzer darstellen. Bestimmte Dienstprozesse — auch *Heinzelmännchen* (demons) genannt — werden abstrakten Benutzern zugeordnet. Die Ressourcen sowie die Zugriffs- und Eingriffsrechte, die einem Benutzer gewährt (oder entzogen) werden, müssen daher dem System auf formale Weise kenntlich gemacht werden. Dem dient die Benutzerstruktur (user structure).

Die formale *user structure* basiert auf einen vektorartigen Eintrag, dessen Komponenten Kennungen und Verweise sind:

```
[<LID>:<UID>:<GID>:<Eigenverzeichnis>:<Login-Programm>]
```

Die Hauptkennung eines Benutzers ist eine *numerische* **UID**, welche ihn formal darstellt und ausweist. Jeder UID wird eine *namentliche Login-Kennung* **LID** und eine *numerische Login-Gruppen-Kennung* **LGID**

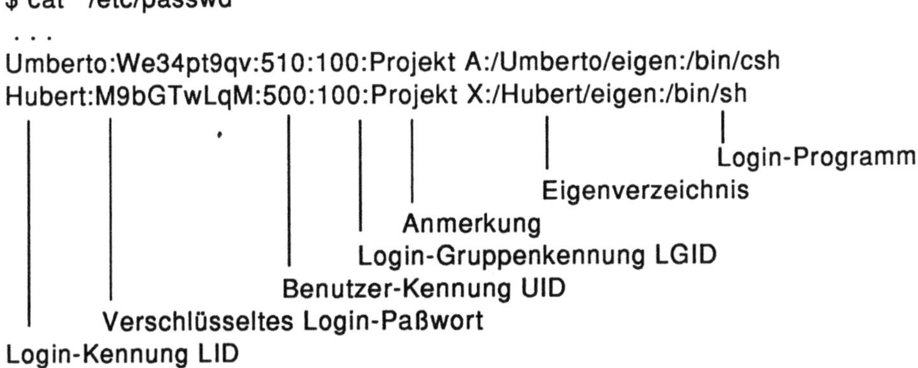

Bild 2.1: Benutzereinträge in der Paßwortdatei

zugeordnet, sowie ein *Eigenverzeichnis* und ein *Login-Programm.* Bild 2.1 zeigt die Einträge für die Benutzer "Hubert" und "Umberto" in der Paßwortdatei '/etc/passwd', die unter **passwd(4)/PHB** eingehend beschrieben ist.

Jeder Benutzereintrag in der Paßwortdatei besteht also aus 7 Feldern, die durch *Doppelpunkte* von einander getrennt sind. Die Felder haben folgende Bedeutung:

Login-Kennung **LID**:
(login ID) Sie besteht aus maximal 14 Zeichen gemäß ascii(5).

Verschlüsseltes Login-Paßwort:
(encrypted login password) Das mit dem DES-Algorithmus verschlüsselte ursprüngliche Paßwort darf bis zu 8 Zeichen gemäß **ascii(5)** haben, wobei systemspezifische lexikalische Regeln gelten.

Benutzer-Kennung **UID**:
(user ID) Eine Ganzzahl, wobei die UID '0' dem Super*user* zugeordnet ist.

Login-Gruppen-Kennung **LGID**:
(login group ID) Eine Ganzzahl, wobei die LGID '0' ebenfalls dem *Superuser* zugeordnet ist.

Anmerkung:
(description) Eine Kurzbeschreibung des Eintrags ohne jegliche Funktionalität.

Eigenverzeichnis:
(home directory) Der absolute Verweis des Eigenverzeichnisses.

Login-Programm:
Verweis des Eingangsprogramms, das unmittelbar nach dem Einloggen automatisch aufgerufen wird.

Die jedem Benutzer zugewiesene *namentliche Login-Kennung* **LID** (z.B. 'Hubert') sollte nicht mit der eigentlichen und *numerischen Benutzer-Kennung* UID (z.B. '500') verwechselt werden! Nicht die *LID,* sondern einzig die **UID** bestimmt den Benutzer unzweideutig. Es können zwar verschiedene LIDs mit genau derselben UID existieren, aber nicht umgekehrt! Befinden sich mehrere Einträge mit gleicher LID, aber unterschiedlichen UID in der Paßwortdatei, so wird nur der erste Eintrag benutzt; alle nachfolgenden Einträge werden einfach übergangen.

Das Login-Paßwort ist optional. Wenn das zweite Feld des Benutzereintrags leer ist, erfolgt keine Paßwort-Abfrage beim Einloggen. Die Login-Kennung ist dann ungeschützt und dem Mißbrauch anheimgegeben. Das Login- Paßwort kann vom Benutzer mit dem Befehl **passwd(1)** während seiner Session gesetzt und verändert werden (es kann schon wegen der Verschlüsselung nicht unmittelbar in die Paßwortdatei eingetragen oder darin verändert werden). Beim Setzen eines neuen Paßwortes gelten bestimmte systemspezifische Regeln, die für das jeweilige System unter passwd(1)/BHB beschrieben sind. Alle Paßworte sollten *regelmäßig* und *drastisch* variiert werden, was bei manchen Systemen durch *automatischen Verfall* (password aging) und *erzwungene Differenzierung* (enforced differentiation) bei der Paßwort-Eingabe gewährleistet wird.

Einzig die Benutzer-Kennung **UID** — und nicht die Login-Kennung *LID* ! — weist den Benutzer als Eigentümer seiner Speicherobjekten im Dateisystem aus, und bestimmt die Zugriffsrechte seiner Prozesse. Die UID '0' (Null) und die LID 'root' bestimmen zusammen den *Superuser*, der sich unbegrenzter Zugriffsrechte auf Speicherobjekte und unbegrenzter Eingriffsrechte in System- und Benutzerprozesse erfreut. Diese Art von *Verwaltungsdiktatur* findet sicherlich ebensoviel Zustimmung wie Vorbehalte in der Fachwelt und unter Benutzern. Die Verwaltung der objektbezogenen Zugriffsrechte wird im Abschnitt 3.8.1 eingehend besprochen. Die Eingriffsrechte für Prozesse werden im Abschnitt 4.2.2 behandelt.

Die Login-Gruppen-Kennung **LGID** bestimmt die *aktuelle Gruppen-Kennung* **EGID** (effective group ID) unmittelbar nach dem Einloggen, wodurch das Gruppenzugriffsrecht auf Objekte im Dateisystem gleich am Anfang einer Session bestimmt wird. Obwohl jeder UID nur eine LGID zugewiesen werden kann, dürfen verschiedene UIDs durchaus dieselbe LGID haben. Die EGID kann während der Session vom Benutzer auf eine andere zulässige Gruppen-Kennung umgeschaltet werden. Dies wird im Abschnitt 3.8.5 im Zusammenhang mit der Gruppenverwaltung eingehend behandelt.

Das *Eigenverzeichnis* (home directory) stellt den Hauptbezugspunkt des Benutzers im Dateisystem dar, zu dem er von jedem anderen *Arbeitsverzeichnis* (current directory) durch die Anweisung **cd(1)** ohne Namensangabe zurückkehren kann. Unmittelbar nach dem Einloggen sind Eigenverzeichnis und Arbeitsverzeichnis identisch. Das Eigenverzeichnis enthält unter anderen die Einlog-Steuerdateien '.profile' (BOURNE-Shell) und '.login' (C-Shell). Dies wird in den Kapiteln 6 und 7 im Zusammenhang mit der jeweiligen Shell weitergeführt.

Das *Login-Programm*, das unmittelbar nach dem Einloggen automatisch aufgerufen wird, kann eine der beiden UNIX-Shells, eine Menue-Shell oder ein spezielles Anwendungsprogramm sein, das ohne jegliche Benutzereingriffe vom Einloggen bis zum Ausloggen abläuft. Die interaktive Arbeitsweise benötigt dagegen im allgemeinen ein Terminal-Steuerprogramm (terminal monitor), das im UNIX-Sprachgebrauch *shell* genannt wird. Die BOURNE-Shell wird automatisch zum Login-Programm wenn das entsprechende Feld im Paßwort-Eintrag leer bleibt. Eine Beschreibung der beim Einloggen ablaufenden Folge von Prozessen wird im Abschnitt 4.3 gegeben.

2.3 Die interaktive Arbeitsumgebung

Die interaktive Verarbeitung ist die vorherrschende Art der Anwendung des UNIX-Systems, wobei der Benutzer das eigentliche Betriebssystem, den *Kernel* also, nur durch eine Shell ansprechen kann, die als *terminal monitor* seine Befehle und Anweisungen interpretiert und gegebenfalls deren Ausführung initiiert, wobei die eigentliche Ausführung zumeist Sache des Kernels ist. Das originäre UNIX-Systempaket stellt lediglich zwei Shells zur Verfügung, die *BOURNE-Shell*, **sh(1)**, und die *C-Shell*, **csh(1)**. Darüberhinaus stehen verschiedene kommerzielle Produkte zur Verfügung, darunter die zumeist zweckgebundenen Menue- und Window-Shells.

Die beiden UNIX-Shells sind *Interpreter* mit einer eigenen prozedurellen Hochsprache. Ihre Anwendung reicht vom einfachen Befehlsdialog bis zur Ausführung komplexer und strukturierter Anwenderprogramme. Die gemeinsamen Leistungsmerkmale der beiden Shells werden im Kapitel 5 vorgestellt, während die spezifischen Leistungsmerkmale und jeweiligen Besonderheiten in den Kapiteln 6 (sh) und 7 (csh) eingehend behandelt werden. Bei einer vielseitigen Benutzergemeinschaft wird zumeist die BOURNE-Shell als Login-Shell benutzt, was auch weiterhin vorausgesetzt werden soll.

2.3.1 Der Terminaldialog

Gestandene Fachleute ziehen meist den freien Zeilendialog mit positionsfreier und möglichst wortkarger Eingabe und entsprechend kurzen Meldungen dem langatmigen Menue-Auswahlverfahren vor. Die beiden UNIX-Shells kommen dieser Voreingenommenheit weitgehend entgegen. Der Befehlsdialog ist kurz und bündig, Bestätigungen werden kaum zurückgegeben und etwaige Fehlermeldungen sind knapp, um nicht zu sagen manchmal etwas rätselhaft.

Beide Shells zeigen ihre *Dialogbereitschaft* mit einem *Aufforderungszeichen* (primary prompt, command prompt) an, wobei zwischen dem Superuser und allgemeinen Benutzern unterschieden wird. In der BOURNE-Shell fungiert das Dollarzeichen **$** als Befehlsprompt für den allgemeinen Benutzer, in der C-Shell das Prozentzeichen **%**. Der Superuser erfreut sich des Dur-Zeichens # (sharp sign) in beiden Shells. Die Vorbelegungen können vom Benutzer verändert werden, was durch Zuweisung eines anderen Zeichens oder einer Zeichenkette an die Promptvariable '$PS1' erfolgt:

```
$ PS1=?
?
```

Ein weiteres Promptzeichen wird von der BOURNE-Shell ausgegeben, wenn eine Befehlszeile unvollständig ist oder über mehrere Eingabezeilen fortgesetzt wird. Dieser *Fortsetzungsprompt* (secondary prompt, continuation prompt) erscheint zum Beispiel wenn eine *zitierte* Zeichenkette nicht mit dem einleitenden Zitat abgeschlossen wird; wie zum Beispiel mit dem *Doppelzitat* "(double quote) in:

```
$ echo "Ein Ausdruck, der zu lang ist,  [RET]
> um auf eine einzige Zeile zu passen"  [RET]
Ein Ausdruck, der zu lang ist, um auf eine einzige Zeile zu passen
$
```

wobei die Shell mit dem Winkelzeichen > zur fortgesetzten Eingabe auffordert. Die Eingabe endet mit dem nachfolgenden Doppelzitat.

Der *continuation prompt* erscheint auch bei der Fortsetzung längerer Befehlszeilen,

```
$ <Befehl> [viele Optionen]  [erster Parameter] \
> [weitere Parameter] ...
```

wobei der Rückstrich \ (backslash) die Zeilenfortsetzung ermöglicht. In beiden Shells können längere Befehlszeilen mit dem Backslash über mehrere Eingabezeilen fortgesetzt werden, bis zu einer rein theoretischen Gesamtlänge von etwa 5120 Zeichen.

Der Fortsetzungsprompt kann durch Neubelegung der Promptvariablen '$PS2' ebenfalls verändert werden:

```
$ PS2=mehr:
$
$ echo "Ausprobieren [RET]
mehr: des Fortsetzungspromptes" [RET]
Ausprobieren des secondary prompt
$
```

Die beiden Promptvariablen '$PS1' und '$PS2' sind *Shell-Variable*, die im Abschnitt 5.3 für beide Shells vorgestellt und dann in den Abschnitten 6.3 (sh) und 7.3 (csh) für die jeweilige Shell weiterführend besprochen werden.

Anmerkungen und Kommentare können als nützliche Hilfen bei Vorführungen oder zu Dokumentationszwecken in den Dialog eingefügt werden, was insbesondere dann nützlich ist, wenn ein Projektionsterminal benutzt wird oder wenn ein Protokollier-Programm den Terminaldialog mitschreibt. Nur die BOURNE-Shell erlaubt das Einfügen von Kommentaren im Terminaldialog. Ein Kommentar beginnt mit dem *Dur*-Zeichen #, entweder gleich am Zeilenanfang oder nach mindestens einem Leerzeichen in einer Befehlszeile, und erstreckt sich bis zum Zeilenende.

```
$ # Eine Kommentarzeile [RETURN]
$
$ date # Anmerkung: date(1) gibt Datum+Zeit aus [RETURN]
Fri Jan 23 10:46:23 MET 1990
```

Die C-Shell erlaubt keine Kommentare im Terminaldialog. Die zusätzliche Funktion des # als Löschzeichen für Eingabezeilen wird im Abschnitt 2.3.3 besprochen.

2.3.2 Einfache Befehlssyntax

Die allgemeine Form des einfachen Befehlsaufrufs ist identisch in beiden Shells:

```
<Befehlsname> [<Optionen>] [<positionale Parameter>]
```

wobei der Befehlsname den lexikalischen Regeln für *Bezeichner von Objekten* genügen muß, was im Abschnitt 3.6.2 weitergeführt wird.

Mit dieser grundlegenden und einheitlichen Befehlssyntax können alle UNIX-Befehle, Shell-Anweisungen sowie alle ausführbaren Programmdateien aufgerufen werden. Die im ursprünglichen UNIX-Systempaket enthaltenen *native commands* der Indexgruppen "(1)" und "(1m)" sind zumeist als ausführbare Dateien in den Systemverzeichnissen '/bin', '/etc' und '/usr/bin' abgelegt.

Die *Optionen* der ursprünglichen UNIX-Befehle werden im allgemeinen durch Buchstaben und Ziffern dargestellt, die dem Befehlsnamen unmittelbar nachgestellt werden. Die Optionen werden meistens durch ein vorgestelltes Minuszeichen '–' , seltener durch ein Pluszeichen '+' und gelegentlich durch überhaupt kein Vorzeichen gekennzeichnet. Es gibt dabei also kein einheitliches (oder sinnvolles) Schema; die jeweilige Bedeutung eines Optionszeichens hängt fast immer vom jeweiligen Befehl selbst ab. Sinnvolle *Auslassungswerte* (defaults) sind jedoch zumeist vorgegeben.

Die *positionsgebundenen Parameter* müssen den Optionen unmittelbar folgen, wobei es wiederum von der Art des Befehls abhängt, ob die Reihenfolge von Bedeutung ist. Da wo es der Klarheit nicht abträglich ist, sollen der Kürze halber die Optionen und Parameter gemeinsam als *Argumente* bezeichnet werden:

```
<Befehl>  [<Argumente>]
```

Je nach Art des Befehls sind Argumente entweder verbindlich vorgeschrieben oder können teilweise oder ganz weggelassen werden. Überflüssige Argumente werden zuweilen einfach ignoriert:

```
$ pwd a b c                    # keine Argumente erwartet, ignoriert
/Hubert/Arbeit
```

Zum anderen gibt es zahlreiche Befehle, die eine bestimmte Anzahl von Argumenten in einer genau vorgegebenen Reihenfolge erwarten. Solche Befehle brechen bei fehlenden oder falsch plazierten Argumenten bestenfalls die Ausführung ab ohne irgendwelchen Schaden anzurichten, wobei möglicherweise eine nur knappe Fehlermeldung erscheint. Ein typisches Beispiel ist der Kopierbefehl **cp(1)**, der sowohl eine Ursprungs- als auch eine Zieldatei erwartet:

```
$ cp datei1                    # Zieldatei fehlt
Usage: {mv|cp|ln} f1 f2
       {mv|cp|ln} f1 ... fn d1
        mv d1 d2
```

Die gemeinsame Befehlssyntax der beiden UNIX-Shells wird im Abschnitt 5.2.1 weiterbesprochen. Eine zusammenfassende Kurzbeschreibung ist unter **intro(1)/BHB** gegeben.

2.3.3 Terminalsteuerung

Komfortables und produktives Arbeiten mit einem interaktiven System setzt ausreichende Kenntnis der Terminal-Steuerfunktionen voraus. Dies schließt sowohl die allgemeinen Betriebsfunktionen handelsüblicher ASCII-Terminals ein als auch die Steuerfunktionen, die das UNIX-System zur Verfügung stellt. Ein neuer Benutzer wird sich daher zuerst mit den Grundfunktionen seines Terminals vertraut machen wollen, was auch die Tastaturbelegungen einschließen muß. Dabei sind folgende Tastengruppen zu unterscheiden:

1. Tasten zur unmittelbaren Gerätesteuerung, wie z.B. das Aktivieren eines Beistelldruckers, Löschen und Rücksetzen des Bildschirms, usw.

2. Festbelegte Funktionstasten: Eingabe **[RETURN]**, Zeichenlöschen mit Rücksetzen **[BS]**, Zeilenlöschen **[DEL]**, Tabulator **[TAB]**, das ASCII-Fluchtzeichen **[ESC]** sowie die Schreibmarken-Treiber.

3. Freibelegbare Funktionstasten: **[F1]**, **[F2]**, **...** , deren jeweilige Belegung als bekannt vorausgesetzt wird.

4. Die ASCII-Steuertaste **[CTL]**.

5. Die eigentlichen ASCII-Zeichentasten.

wovon nur die beiden letzten Gruppen im folgenden von Interesse sind. Beide Shells unterscheiden zwischen Groß- und Kleinbuchstaben gemäß dem ASCII-Zeichensatz, der unter ascii(5)/PHB verbindlich definiert ist.

Praktisch alle handelsüblichen ASCII-Terminals besitzen die universelle Steuertaste CTL(oder CNTL), welche die ersten 26 ASCII-Steuerzeichen SOH=CTL_A, STX=CTL_B, ... , SUB=CTL_Z durch gleichzeitiges Drücken des entsprechenden Buchstaben a, b, ..., z erzeugt. Groß- und Kleinbuchstaben erzeugen dabei dieselben Steuerzeichen. Eine alternative, in der ursprünglichen UNIX-Literatur sehr oft vorkommende Schreibweise ist ^a, ^b, ..., ^z, wobei CTL durch das vorgestellte *caret* ^ impliziert wird. Tabelle 2.1 listet die wichtigsten ASCII-Steuerzeichen und deren Bedeutung auf.

Die am häufigsten benutzten Steuerzeichen werden zumeist mit Sondertasten erzeugt, die mit einem sinnfälligen Kürzel oder Symbol gekennzeichnet sind. Bei manchen Terminals erzeugt die Eingabetaste **RETURN** nicht nur den Zeilenvorschub (LF, line feed), sondern auch zusätzlich einen Zeilenanfang (CR, carriage return). Alle anderen Steuerzeichen müssen mit der CTL-Taste erzeugt werden, wie zum Beispiel die beiden Flußsteuerzeichen CTL_Q=DC1 (X-OFF) und DC3=CTL_S=DC3 (X-ON), mit denen

ASCII	CTL	Taste	Funktion	stty
ETX	^C	BREAK	Interrupt	intr
DEL	^?	DEL	Interrupt	intr
EOT	^D		Eingabe-Stop	eof
BS	^H	BS	Zeichenlöschen	erase
HT	^I	TAB	Tabulator	
LF	^J	RETURN	Zeilenvorschub	
CR	^M		Zeilenanfang	
DC1	^Q		Ausgabe-Start	start
DC3	^S		Ausgabe-Stop	stop
CAN	^X		Zeile löschen	kill
FS	^4		Abbruch	quit
FS	^| ^\		Abbruch	quit
SUB	^Z		Mode-Schalter	swtch

Tabelle 2.1: Terminal-Steuerzeichen

die Übertragung angehalten beziehungsweise fortgesetzt werden kann (handshake).

Die mit *stty* gekennzeichnete Spalte in Tabelle 2.1 enthält die entsprechenden Schlüsselworte des Befehls **stty(1)**, mit dem das Übertragungsschema der seriellen Anschlußports dar- und eingestellt werden kann. Insbesondere kann der Benutzer damit das Verhalten seines Terminals überprüfen und gegebenfalls die *Übertragungsvereinbarung* (line protocol) sowie die *Verarbeitungsvereinbarung* (line discipline) des TTY-Dienstports seines Terminals verändern. Ohne jegliche Argumente gibt *stty* die aktuellen Vereinbarungen in Kurzform aus:

```
$ stty
speed 9600 baud; ... intr ^c; quit = ^|; erase = ^h; kill = ^x;
eof = ^d; start = ^q; stop = ^s; ... parenb parodd cs7 ...
```

Die jeweilige Übertragungsvereinbarung wird durch Parameter bestimmt. Die wichtigsten sind die *Übertragungsrate in Baud* (speed, wie 9600 baud), die *Bitzahl der Zeichenübertragung* (character size, 5, 6, 7, 8; wie in cs5, cs6, cs7, cs8), die *Paritätsprüfung* (parity enabled, wie parenb) und die zu *prüfende Parität* (ungerade = parity odd, wie parodd) sowie die *Flußsteuerung* (handshake; wie start = ^q = X_ON, stop = ^s = X_ON).

Die Übertragungsvereinbarung kann jederzeit vom Terminal aus an veränderte Übertragungsbedingungen angepaßt werden:

```
$ stty -parenb  cs8
```

womit die Paritätsprüfung abgestellt und die Zeichenübertragung auf 8 Bits eingestellt wird. Eine eingehende Beschreibung der für das jeweilige System möglichen Einstellungen ist unter stty(1)/BHB und termio(7)/SHB zu finden. Die Anwendungsformen von *stty* werden im Abschnitt 5.12 ausführlich besprochen.

Die im obigen Beispiel ausgegebenen Schlüsselworte *erase, kill, intr, quit* und *eof* beziehen sich auf die unmittelbare Verarbeitung der Tastatureingabe durch den im Kernel integrierten Gerätetreiber für den Dienstport des jeweiligen Benutzerterminals. Falls der Befehlsdialog nicht zur reinen Sisyphos-Arbeit werden soll, müssen mindestens zwei *Korrekturfunktionen* vorhanden sein: Das Löschen des *zuletzt* eingegebenen Zeichens und das Löschen der *aktuellen* Zeile. Diese zwei Korrekturfunktionen können mit der jeweiligen Zeichenbelegung von *erase* beziehungsweise von *kill* ausgeführt werden; ihnen entsprechen bei ASCII-Terminals die Vorbelegung mit der Zeichenlöschtaste **[BS]** beziehungsweise der Tastenkombination **[CTL_X]**. Dazu einige einfache Beispiele mit der Anweisung **echo(sh)**, welche die Tastatureingabe so widerspiegelt, wie sie von der Shell gesehen wird:

```
$ echo  Loeschen des zuletzt eingebenen Zeichens X [BS]
Loeschen des zuletzt eingebenen Zeichens
$
$ echo  Loeschen der aktuellen Zeile  [CTL_X]
$
```

Im Befehlsdialog ist selbst das Löschen einer hoffnungslos vertippten Zeile einer sorglos-saloppen Eingabe vorzuziehen, da sonst das System nur unnötig provoziert wird.

Um diese minimalen aber unabdingbaren Korrekturfunktionen auch für solche Terminals zu gewährleisten, die keine Lösch- und CTL-Tasten besitzen (z.B. ältere Fernschreibgeräte), können zwei gewöhnliche Zeichen willkürlich zu Korrekturzeichen umfunktioniert werden. Die für solche Fälle typische Vereinbarung besteht darin, *erase* mit dem Dur-Zeichen #, und *kill* mit dem "at"-Zeichen @ (nach der engl.Präposition "at") zu belegen. Diese beiden alternativen Korrekturzeichen können mit *stty* einfachst gesetzt werden:

```
$ stty  erase  "#"   kill "@"
```

Die Zeichen- und Zeilenkorrektur kann jetzt mit den beiden Korrekturzeichen durchgeführt werden:

```
$ echo Loeschen des zuletzt eingebenen Zeichens X#
Loeschen des zuletzt eingebenen Zeichens
$
$ echo Loeschen der aktuellen Zeile @
$
```

Doppel- (") oder Einzelzitate (') oder der *backslash* (\) müssen dann zum Abschirmen von # und @ bei der Eingabe benutzt werden. Die lexikalischen Schutzregeln für Sonderzeichen werden im Abschnitt 5.11 besprochen.

Die ASCII-Norm kann dann ebenso einfach wiederhergestellt werden:

```
$ stty erase "^h" kill "^x"
```

wobei das als CTL-Symbol fungierende *caret* mit umgebenden Doppelzitaten (") geschützt werden muß.

Im Gegensatz zur Stapelverarbeitung ergeben sich beim interaktiven Betrieb gelegentlich Situationen wo der Benutzer — egal ob Einsteiger oder Fachmann — aktiv in einem am Terminal ablaufenden Prozeß eingreifen muß. Ein typisches Beispiel ist eine Datenflut, die schneller aus dem Bildschirm läuft als sie gelesen werden kann. Der Benutzer hat hier zwei Eingriffsmöglichkeiten, von denen die mildeste das zeitweilige Anhalten und Fortsetzen der Ausgabe ist.

Die Ausgabe über den TTY-Dienstport des jeweiligen Terminals kann je nach Bedarf angehalten und fortgesetzt werden, indem die ASCII-Flußsteuerzeichen DC3=X-OFF beziehungsweise DC1=X-ON vom Terminal ausgesandt werden, wozu normalerweise die CTL-Taste benutzt wird. Ein Beispiel mit dem Befehl **cat(1)**, mit dem Dateien jeglicher Art ausgegeben werden können, mag dies veranschaulichen:

```
$ cat Dateix                    # Ausgabe einer großen Datei ...
  ...                           # zu viel, zu schnell ...
  ...                           # Bildschirm überflutet ...
[CTL_S]                         # Ausgabe anhalten
  ...                           # Zeit zum Lesen
[CTL_Q]                         # Ausgabe fortsetzen
  ...
$
```

Diese Art der Ausgabesteuerung hat keinerlei Auswirkungen auf die logische Form des Befehls- oder Programmablaufs; sie kann willkürlich wiederholt werden.

Ein wesentlich drastischerer Eingriff wird benötigt, wenn irgend etwas "schiefzugehen" scheint. Ein ungutes Gefühl sollte auch am Terminal nicht leichtfertig abgetan werden, denn jeglicher Eingriff kommt gewöhnlich zu spät, wenn der Schaden schon entstanden ist. In solchen Situationen sollte der ablaufende Befehlsprozeß unverzüglich unterbrochen werden. Das folgende etwas künstliche Beispiel mag dies veranschaulichen:

```
$ cat /etc/termcap          # sehr große Textdatei ...
  ...                       # zu viel ...
  ...                       # hoffnungslos ...
[DEL]                       # Unterbrechung ...
$                           # zurück zur Shell
```

Nach der Unterbrechung des Befehlsprozesses zeigt die Shell normalerweise ihre Dialogbereitschaft sofort mit dem Befehlsprompt an. Die weitaus meisten UNIX-Befehle brechen die Ausführung bei Unterbrechung unverzüglich ab. Die UNIX-Editoren gehören zu den wenigen Ausnahmen.

In den UNIX-Shells steht sowohl ein *Interrupt*- als auch ein eigentliches *Abbruch*-Signal zur Verfügung. Ersteres wird mit der Taste oder der Tastenkombination erzeugt mit der das Schlüsselwort *intr* belegt ist. Bei den meisten ASCII-Terminals wird hierzu die DEL-Taste (auch ABBR, BREAK, BRK oder CANCEL) benutzt. Das eigentliche Abbruch-Signal wird mit der Belegung von *quit* erzeugt, wozu zumeist eine CTL-Kombination wie CTL_4 benutzt wird. Beim Abbruch wird normalerweise ein Abbild des jeweils im Arbeitsspeicher ablaufenden Ausführkodes in einer Auffangdatei namens 'core' (core dump) abgelegt, die sich im aktuellen Arbeitsverzeichnis befindet.

Falls keine gekennzeichnete DEL-, BREAK- oder ABBR-Taste vorhanden ist, muß eine CTL-Kombination benutzt werden. Im Einklang mit der ASCII-Norm ist es allgemein üblich, CTL_C als Interrupt und CTL_4 als Abbruch zu definieren:

```
$ stty  intr "^c"   quit "^4"
```

Zwei alternative Definitionen für den Abbruch sind in Tabelle 2.1 angegeben.

Bei der ständig laufenden Verarbeitung der Tastatureingabe im Gerätetreibersegment der Kernels wird beim Eintreffen des Interrupt- und des Abbruchzeichens sofort ein internes Unterbrechungssignal an den am Terminal ablaufenden Benutzerprozeß gesandt, der dann auf vorprogrammierte Weise über den weiteren Verlauf entscheiden kann, wobei der endgültige Abbruch nur eine der möglichen Reaktionen ist. Das Interrupt- und das Abbruch-Signal gehören dem ursprünglichen UNIX-Signalvorrat an, welcher der *asynchronen Prozeßsteuerung* und der *zwischenprozeßlichen Kommunikation* dient. Dies wird im Zusammenhang mit der UNIX-Multiprozeßumgebung im Abschnitt 4.1.4 einführend behandelt, dann im Zusammenhang mit der Hintergrundausführung im Abschnitt 5.7.3 wieder aufgegriffen und schließlich im Zusammenhang mit der asynchronen Ablaufsteuerung in Shell-Programmen in den Abschnitten 6.7.5.4 (sh) und 7.7.5.4 (csh) weitergeführt.

Einsteigern kann es gelegentlich passieren, daß das Terminal schweigend alle Eingaben "verschluckt" ohne auch nur im geringsten darauf zu reagieren. Dies geschieht häufig bei solchen Befehlen, die alle weiteren Eingaben solange vom Terminal erwarten bis das Abschlußzeichen eintrifft, mit dem das Schlüsselwort *eof* aktuell belegt ist, also üblicherweise CTL_D.

Ein typisches Beispiel ist *cat(1)*. Wird der Befehl ohne jegliche Argumente aufgerufen, so verschluckt er fast alles was vom Terminal aus eingegeben wird — eben solange bis das Abschlußzeichen eintrifft:

```
$ cat                       # Kein Dateinamen angegeben,
  ...                       # die Eingabe wird
  ...                       # daher  schweigend
                            # absorbiert ...
[CTL_D]                     # bis EOF eigegeben wird.
  ...                       # Eingabe wird zurückgespiegelt
  ...
$                           # Shellprompt
```

worauf die gesamte Eingabe zum Terminal zurückgespiegelt wird.

Andere UNIX Befehle verhalten sich ähnlich. Zu beachten ist allerdings, daß mit einen weiteren Abschlußzeichen — also normalerweise mit einen weiteren CTL_D — die Eingabe der BOURNE-Shell terminiert und somit die Session beendet wird.

2.4 Befehle und Anweisungen zur Arbeitsumgebung

Das UNIX-Systempaket und die beiden UNIX-Shells stellen dem Benutzer zahlreiche Befehle und Anweisungen zur Verfügung, die der Verwaltung und Kontrolle seiner interaktiven Arbeitsumgebung und der Ausführungsbedingungen von Befehlsprozessen dienen. Diese Aspekte liegen den beiden ersten Unterabschnitten zugrunde.

In einer Mehrbenutzerumgebung — insbesondere wenn eine größere Benutzergemeinschaft dezentral arbeitet — stellt das UNIX-Host-System die Nabe eines sternförmigen Verbundes dar, der wie ein kompaktes *local area network* sowohl den Echtzeit-Austausch als auch die Postfachablage von Mitteilungen ermöglicht. Die wichtigsten dieser *user communication facilities* werden im dritten Unterabschnitt vorgestellt.

2.4.1 Paßwort und Login

Der Benutzer kann mit der Anweisung **passwd(1)** sein Paßwort setzen und nachträglich verändern. Dabei wird zuerst eine informative Meldung ausgegeben (a), gefolgt von der Aufforderung, das neue Paßwort einzugeben (b), welches dann noch einmal bestätigt werden muß (c):

```
$ passwd
Changing password for Hubert                    # a
New password: <neues Paßwort>                   # b
Re-enter new password: <neues Paßwort>          # c
$
```

wobei das neue Paßwort aus offensichtlichen Gründen nicht zum Terminal zurückgespiegelt wird (was zwar einen harmlosen Neugierigen frustrieren mag, keinesfalls aber einen gewieften Kibbitzer, der selbst das Spiel flinker Finger lesen kann).

Die Eingabe-Korrekturfunktionen sind während dieser Phase außer Kraft gesetzt, so daß ein korrigiertes Paßwort die Doppelprüfung nicht besteht. Dabei ist allerdings nicht auszuschließen, daß ein zweifach aber identisch korrumpiertes Paßwort durchschlüpft — wonach der Benutzer sich zumeist nicht mehr einloggen kann. Der Superuser muß dann das verschlüsselte Paßwort aus dem Benutzereintrag in der Paßwortdatei '/etc/passwd' löschen — korrigieren oder verändern kann auch er es nicht!

Das Login-Paßwort unterliegt bestimmten, aber keinesfalls einheitlichen Regeln. Bei den meisten Systemen besteht die lexikalische Vorschrift, daß das Paßwort mindestens sechs Zeichen gemäß **ascii(5)** enthalten muß, darunter mindestens zwei Buchstaben und eine Ziffer oder aber ein

Sonderzeichen. Andere Regeln schreiben einen hohen Verschiedenheitsgrad zwischen dem Paßwort und der Login-Kennung sowie turnusmäßigen Verfall des Paßworts (password aging) vor. Die für das jeweilige System verbindlichen Vorschriften sind unter passwd(1)/BHB und passwd(4)/PHB zu finden.

Der Befehl **login(1)** kann zum Beenden der aktuellen und gleichzeitigem Starten einer neuen Session benutzt werden:

```
$ login  [<Login-Kennung>]
```

wobei die neue Login-Kennung gleichzeitig als Argument miteingegeben werden kann. Andernfalls erfolgt eine Aufforderung zur Eingabe. Eine Paßwort-Aufforderung erscheint auch hier nur dann, wenn ein Paßwort für die LID bereits gesetzt wurde.

2.4.2 Orientierungsbefehle und -anweisungen

System-Mitteilungen können mit dem Befehl **news(1)** abgefragt und ausgegeben werden, wobei die Option 'n' sich auf neue, noch ungelesene Mitteilungen bezieht:

```
$ news -n
news: neue_Kollegen  Systemzeiten ...
```

Neuen Mitteilungen können dann wahlfrei abgefragt werden:

```
$ news   Systemzeiten
Vom 2.3. an, wird das System täglich ab 8:00 Uhr ...
```

Beim Aufruf ohne Argumente gibt *news* nur jene Mitteilungen aus, die seit der letzten Abfrage neu eingegangen sind. Mit der Option 'a' werden alle vorliegenden Mitteilungen ausgegeben. Der Vorgang wird durch das jüngste Veränderungsdatum der leeren Pseudo-Datei '.news_time' gesteuert, die sich dazu im Eigenverzeichnis des Benutzers befinden muß.

Der Befehl **date(1)** gibt den von der internen Systemuhr ständig aktualisierten Datums- und Zeitvektor aus. Die Ausgabe kann formatiert werden:

```
$ date "+%D  %r"
05/17/90  02:19:15 PM
```

wobei das Pluszeichen '+' als Format-Effektor den beiden Untervariablen %D (Datum) und %r (Zeit) vorangestellt wird. Die Formatanweisung muß

muß mit Doppelzitaten (") umschlossen werden. Das Formatierungsschema ist unter date(1)/BHB eingehend beschrieben. Nur der Superuser kann die Systemzeit neu bestimmen:

```
# date mmddhhmmyy
```

wozu das System erst in den Einzelbetriebszustand (single user mode) heruntergefahren sollte.

Die Kennungen, unter denen die jeweilige Session abläuft, können mit dem Befehl **id(1)** abgefragt werden:

```
$ id
uid=500(Hubert)  gid=100(Team1)
```

wobei die LID 'Hubert' und die UID '500' der Paßwortdatei entnommen wurden. Die GID '100' entspricht der Login-Gruppen-Kennung LGID, deren Gruppenname 'Team1' der Gruppendatei '/etc/group' entnommen wurde. Die angezeigte LID muß allerdings nicht unbedingt mit der aktuellen LID des Benutzers übereinstimmen, da sie nur die jeweils erste von möglicherweise mehreren LIDs ist, die mit derselben UID in der Paßwortdatei assoziiert sein können, was Anlaß zu Verwirrung geben kann. Die aktuelle LID kann jedoch mit dem Befehl **logname(1)** abgefragt werden:

```
$ logname
Hubert
```

Die aktuellen LIDs der jeweils eingeloggten Benutzer können mit dem Befehl **who(1)** abgefragt werden:

```
$ who
root        ttya      May 17 13:50
Hubert      tty03     May 17 14:10
  ...
```

wobei die Dienstports und die Einlog-Zeiten ausgegeben werden. Der bereits vorgestellte Befehlsausdruck 'who am i' ist nur eine Optionsvariante von *who.* Nützliche andere Optionen werden unter who(1)/BHB beschrieben.

Der jeweilige TTY-Dienstport des Benutzerterminals kann mit dem Befehl **tty(1)** abgefragt werden:

```
$ tty
tty03
```

Die im Laufe einer Session verbrauchte CPU-Rechenleistung kann mit der Shell-Anweisung **times(sh)** ausgegeben werden:

```
$ times
5m11s   2m9s
```

was besagt, daß bisher 5:11 Minuten CPU-Zeit im *Benutzerzustand* (user mode), und 2:09 Minuten im *Systemzustand* (system mode) verbraucht wurden. Die beiden Arbeitszustände werden im Abschnitt 4.1.3 im Zusammenhang mit der Kernelschnittstelle beschrieben.

Eine etwas verzögerte Momentaufnahme des Querschnitts durch das jüngste Prozeß-Spektrum wird mit dem Befehl **ps(1)** ausgegeben:

```
$ ps -ef
UID     PID PPID  C      STIME   TTY     TIME   COMMAND
root      0    0  44  09:08:58     ?   190:06   swapper
root      1    0  0   09:08:58     ?     0:06   /etc/init
...
root     55    1  1   13:49:58    01     0:10   [csh]
root     10    1  0   09:09:06    02     0:01   [getty]
root     11    1  0   09:09:07    03     0:01   [getty]
...
Gast    231    1  0   15:05:11    05     0:01   [sh]
...
Hubert  456    1  0   14:10:01    03     0:01   [getty]
Hubert  475  456  25  14:37:06    03     0:01   ps -ef
...
```

wobei die Optionskombination 'ef' (extended-full) die erweiterte Auflistung aller jeweils *aktiven Prozesse* erzeugt. Die **UID**-Spalte enthält nicht die eigentlichen UIDs, sondern lediglich die Login-Kennungen, unter denen die Prozesse initiiert wurden. Die **PID**-Spalte enthält die Prozeßnummer, und die **PPID**-Spalte die Nummer des erzeugenden Mutterprozesses. Die **C**-Spalte gibt den prozentuellen Anteil der Prozesse an der CPU-Auslastung, und die **TIME**-Spalte die kumulativen CPU-Sekunden an. **STIME** gibt die Prozeß-Startzeit und **TTY** den Dienstport bei terminal-abhängigen Prozessen an. Eine weiterführende Beschreibung ist unter ps(1)/BHB gegeben. Die Bedeutung der Prozeßattribute wird im Zusammenhang mit der UNIX-Prozeßverwaltung im Kapitel 4 besprochen.

Der *absolute Verweis* (pathname) des Arbeitsverzeichnisses kann mit der Shell-Anweisung **pwd(sh)** abgefragt werden:

```
$ pwd
/Hubert/arbeit
```

Mit **cd(sh)** kann ein anderes Verzeichnis zum neuen Arbeitsverzeichnis (current working directory) bestimmt werden:

```
$ cd /Umberto/travail
$ pwd
/Umberto/travail
```

Ohne jegliches Argument führt *cd* unmittelbar zum Eigenverzeichnis zurück:

```
$ cd
$ pwd
/Hubert/eigen
```

Der Zugriff auf Verzeichnisse wird im Abschnitt 3.7.3 behandelt.

Mit dem Befehl **ls(1)** können alle Objekte aufgelistet werden, die sich im aktuellen Arbeitsverzeichnis befinden:

```
$ ls   -a
.profile ...  .news_time  ... abba ...  zappa
```

wobei die Option 'a' die Ausgabe jener sonst "unsichtbaren" Namen erzwingt, die mit einen Punkt beginnen, darunter die Steuerdateien '.profile' und '.news_time'. Die mit *ls* darstellbaren Attribute von Dateien werden im Abschnitt 3.8 besprochen. Die zahlreichen Optionen sind unter ls(1)/BHB beschrieben.

2.4.3 Benutzer-Kommunikation

Der Befehl **write(1)** dient dem Echtzeit-Austausch von Meldungen unter den gegenwärtig eingeloggten Benutzern. Die Anwendung ist einfach:

```
$ write   Umberto
Lieber Freund, wie Du sicherlich weisst, ...
 ...
Bis dann, Hubert.
[CTL_D]
$
```

wobei die *aktuelle LID* des Empfängers benutzt werden muß, da mehrere Benutzer mit verschiedenen LIDs unter derselben UID eingeloggt sein können. Mit who(1) können gesuchte Adressaten einfachst festgestellt werden. Der Meldungstext wird zeilenweise eingegeben und mit der jeweiligen Tastenbelegung von *eof* — also normalerweise CTL_D — abgeschlossen. Dem Empfänger wird ein Meldungskopf mit der Absender-Kennung gefolgt vom Meldungstext zugesandt:

```
Message from Hubert (tty03) [Thu May 17 15:51:19 ]
Lieber Freund, ...
 ...
Bis dann, Hubert.
<EOT>
```

Mit dem Aufruf kann jeweils nur eine einzige LID adressiert werden, was den Mißbrauch zwar erschwert, aber nicht verhindern kann. Eine Fehlermeldung erscheint, falls der Empfänger nicht eingeloggt ist. Die Meldung kann dann gar nicht erst eingegeben werden.

Unerwünschte Kontaktaufnahme kann mit dem Befehl **mesg(1)** abgeblockt werden:

```
$ mesg n
```

und auf gleiche Weise mit der Option 'y' wieder freigegeben werden. Das Abblocken kann nicht willkürlich betrieben werden; es betrifft alle Absender gleichermaßen.

Nur der Superuser kann Rundmeldungen absenden, wozu der entsprechend eingeschränkte Befehl **wall(1m)** (write all) dient:

```
# wall
Heute genau 18:30 Feierabend ...
Bitte rechtzeitig ausloggen ...
[CTL_D]
```

der auch nicht mit mesg(1) abgeblockt werden kann.

Postfach-Meldungen (mailbox) können mit dem Befehl **mail(1)** sowohl abgesandt als auch abgefragt und gelesen werden. Der Absender kann mehrere LIDs gleichzeitig adressieren:

```
$ mail <LID> [<LID> ... ]
Meldungstext ...
[CTL_D]
$
```

wobei die jeweiligen LIDs der Empfänger benutzt werden müssen. Der Meldungstext wird wiederum zeilenweise eingegeben und auch wieder mit der aktuellen Belegung von *eof* — also CTL_D — abgeschlossen. Dem Empfänger wird ein Meldungskopf mit der Absenderkennung, gefolgt vom Meldungstext, zugesandt. Eine Fehlermeldung erscheint, falls eine LID nicht in der Paßwortdatei eingetragen ist. Die eingegebene Meldung wird dann in der Datei 'dead.letter' im Arbeitsverzeichnis des Absenders abgelegt. Die Adressaten werden durch die Meldung "You have mail" benachrichtigt, welche die Empfänger spätesten beim nächsten Einloggen erreicht. Eingeloggte Adressaten können innerhalb eines Zeitintervalls benachrichtigt werden, das mit den Shell-Variablen **$MAILCHECK** (sh) und **$mail** (csh) für die periodische Überprüfung eingegangener Meldungen festgelegt werden kann. Shell-Variable werden im Abschnitt 5.3 einführend und dann in den Abschnitten 6.3.3 (sh) und 7.3.4 (csh) weiterführend behandelt.

Die eingegangenen Mitteilungen können mit *mail* abgerufen und gesichtet werden. Das Postfach arbeitet nach dem *LIFO-Prinzip*, wobei die jüngste Mitteilung zuerst ausgegeben wird:

```
$ mail
From ... date ...
Text der jüngsten Meldung ...
?
```

Das Fragezeichen fordert den Benutzer zur Verfügung über die eben ausgegebene Sendung auf; die vorhandenen Verfügungsbefehle können jederzeit mit 'h' (help) abgefragt werden:

```
? h
 ...
d   delete   Löschen anmelden
q    quit    Beenden mit Löschen
x   exit     Beenden ohne Löschen
+   next     weiter
 ...
```

Die Verfügung 'd' meldet die jeweils ausgegebene Mitteilung zum Löschen an, worauf die vorhergehende Mitteilung ausgegeben wird:

```
? d
Text der vorhergehenden Mitteilung ...
 ...
? q
$
```

Sind keine weiteren Sendungen vorhanden, dann beenden die Verfügungen 'd' und 'q' den Abrufvorgang, wobei dann auch das eigentliche Löschen ausgeführt wird. Mit 'x' kann jederzeit ausgestiegen werden, ohne daß das mit 'd' vorbestellte Löschen erfolgt. Die übrigen Verfügungsbefehle sowie die Aufrufoptionen sind unter mail(1)/BHB beschrieben, wo auch auch die Varianten rmail(1) (remote mail) und xmail(1) (extended mail) aufgeführt sind.

2.5 Einfache Ausgabebefehle

Die in den folgenden zwei Abschnitten vorgestellten UNIX-Befehle werden zur Ausgabe von regulären Dateien und zum Anzeigen von Shell-Variablen benutzt. Das UNIX-Typenschema unterscheidet zwischen *regulären* Dateien, die Speicherobjekte im herkömmlichen Sinn darstellen, und anderen Objekten, darunter den *Datenkanälen*, die zuweilen sehr grob vereinfacht als *Sonderdateien* bezeichnet werden. Diese Aspekte werden im Abschnitt 3.5 behandelt. Shell-Variable werden im Abschnitt 5.3 einführend und dann in den Abschnitten 6.3 (sh) und 7.3 (csh) für jede Shell weiterführend besprochen.

Zwei besondere Einrichtungen der UNIX-Shells, *Umlenkung* der Ein- und Ausgabe von Befehlen sowie *Prozeßkanäle* (pipes), die die Ein- und Ausgabe von Befehlsprozessen verknüpfen, werden im folgenden nur kurz und heuristisch vorgestellt; eine formale Einführung wird in den Abschnitten 5.4 beziehungsweise 5.5 gegeben.

2.5.1 Die Ausgabe von Dateien

Bei regulären Dateien, die *Datenkörper* im klassischen Sinn enthalten, muß zwischen *Textdateien* und *Binärdateien* unterschieden werden (Abschnitt 3.5.1). Textdateien, die aus darstellbaren ASCII-Zeichen mit 7 Bits bestehen, können mit einfachen Ausgabebefehlen am Terminal dargestellt werden. Kleinere Textdateien werden einfachst mit dem Befehl **cat(1)** direkt ausgegeben:

```
$ cat Dateix
Text ...
 ...
$
```

wobei der Inhalt originalgetreu dargestellt wird. *cat* kann zur zusammenhängenden (concatenated) Ausgabe mehrerer Dateien benutzt werden:

```
cat [-<Optionen>] <Datei_1> <Datei_2> ...
```

wobei die Reihenfolge der Dateinamen die Ausgabe bestimmt. Die verschiedenen, für das jeweilige System gültigen Optionen sind unter cat(1)/BHB aufgeführt.

Größere Textdateien können mit dem Sichtbefehl **more(1)** seitenweise eingesehen werden:

```
$ more Dateiz
erste Bildschirmseite ...
 ...
--More--(12%)
```

wobei die Ausgabe nach jeweils einer Bildschirmseite angehalten wird, die dann in Ruhe betrachtet werden kann. Die ausgegebene Textmenge wird dabei prozentuell angezeigt. Mit der Leertaste kann die Ausgabe fortgesetzt, mit 'b' die vorhergehende Seite zurückgerufen und mit 'q' die Ausgabe abgebrochen werden. Die Optionen und zahlreichen manipulativen Anweisungen sind unter more(1)/BHB aufgeführt. Der Sichtbefehl **pg(1)** (paginator) ist eine Weiterentwicklung von *more*.

Eine vorgegebene Anzahl 'n' von Zeilen am Anfang oder Ende einer Textdatei können einfachst mit den Befehlen **head(1)** und **tail(1)** ausgegeben werden:

```
head | tail   [-n]     <Dateiname>
```

Beide Befehle sind Überbleibsel aus der früheren Version 7 von AT&T.

Binärdateien, die entweder Objekt- oder Ausführkode oder aber binäre Daten in Oktett-Darstellung enthalten, können mit dem Interpretierbefehl **od(1)** (octal dump) oktal, dezimal oder hexadezimal interpretiert werden:

```
$ od  [-csx]  <Dateiname>
```

wobei die Option 'c' (character) die im Wertebereich von 7 Bits (0 - 0177) liegenden Oktetts auf den ASCII-Zeichensatz abbildet, wodurch eingebettete ASCII-Zeichenketten naturgetreu dargestellt werden können. Höherwertige Oktetts werden auf je einen 3-stelligen Oktalwert abgebildet. Mit den alternativen Optionen 's' und 'x' werden jeweils 16 Bits auf einen signierten Dezimalwert beziehungsweise auf einen Hexadezimalwert abgebildet.

Bei größeren Dateien können die Befehle od(1) und more(1) zu einer *pipeline* zusammengefügt werden, um ein seitenweises Sichten zu ermöglichen:

```
$ od  [<Argumente>]  |  more
```

wobei der Vertikalstrich '|' die Shell anweist, einen *Prozeßkanal* (pipe) zwischen den beiden Befehlen zu öffnen, durch den die Ausgabe von *od* unmittelbar in *more* eingespeist wird. Die beiden Befehlsprozesse werden dabei intern synchronisiert.

Falls eine gründlichere Analyse vorgenommen oder das Resultat ausgedruckt werden soll, kann die Ausgabe in eine Auffangdatei *umgelenkt* werden:

```
$ od [<Argumente>] > <Auffangdatei>
```

wobei das rechtsseitige Winkelzeichen '>' die Umlenkung der Ausgabe von *od* bewirkt. Die Auffangdatei steht dann als Textdatei zur Verfügung.

In einer Mehrbenutzerumgebung wird die Druckausgabe zumeist von dem Druckauftragsverwalter **lp(1)** gesteuert, der die Druckaufträge in eine Warteschlange einreiht, die von einem selbständig arbeitenden Dienstprozeß (printer demon) der Reihenfolge nach abgearbeitet wird. Falls keine anderen Vereinbarungen bestehen, können Druckaufträge mit dem Befehl *lp* nach dem folgenden Schema eingegeben werden:

```
$ lp [-<Optionen>] <Dateiname> ... <Druckerkennung>
Auftragsnummer ...
```

wobei eine laufende Auftragsnummer ausgegeben wird. Die zahlreichen Optionen zur Disposition der Druckaufträge, darunter die Wahl des Druckers bei mehreren Geräten, der Titel sowie die Anzahl der Kopien, sind unter lp(1)/BHB ausführlich beschrieben.

Ein Druckauftrag kann unter Angabe der Auftragsnummer mit dem Befehl **cancel(1)** storniert oder noch in der Ausführung abgebrochen werden:

```
$ cancel <Auftragsnummer>
```

wobei der Benutzer nur Zugriff auf seine eigenen Druckaufträge hat. Die Warteschlange kann mit **lpstat(1)** eingesehen werden:

```
$ lpstat [<Optionen>]
```

Mit den reziproken Befehlen **disable(1)** und **enable(1)**,

```
$ disable | endable <Druckerkennung>
```

kann der Druckvorgang zeitweilig angehalten beziehungsweise fortgesetzt werden ohne daß ein Datenverlust eintritt, was bei Papiernachschub oder Druckbandwechsel wichtig ist. Beide Befehle sind gemeinsam unter dem Eintrag enable(1)/BHB beschrieben.

Die Installations- und Verwaltungsfunktionen von lp(1) sind ausschließlich dem Superuser vorbehalten; eine systemspezifische Beschreibung ist unter dem Eintrag lpadmin(1m)/SHBzu finden. Die Installation und Pflege sowie die interne Arbeitsweise der Druckauftragsverwaltung wird im Systemverwalter-Leitfaden unter dem Eintrag *LP Spooling System* ausführlich beschrieben.

Leider prüft das Druckauftragssystem nicht, ob eine Datei tatsächlich auf dem angesprochenen Drucker ausgedruckt werden kann. Manche ASCII-Drucker können durch vereinzelte unglückliche Oktetts mit einer Oktalwertigkeit > 0177 in eine regelrechte Art von "Veitstanz" versetzt werden. Eine recht zuverlässige Vorprüfung kann jedoch mit dem Befehl **file(1)** durchgeführt werden:

```
$ file  Brief  shellprog
Brief:  ascii text
shellprog: command text
```

Da bei UNIX-konformen Textdateien das Wort 'text' immer in der von *file* ausgegeben Beschreibung vorkommt, kann eine Vorprüfung in einem Shell-Programm (shell script) vorprogrammiert werden. Ein Ansatz dazu wird im Abschnitt 6.7.5.2.1 im Zusammenhang mit der Bedingungsprüfung gegeben.

2.5.2 Das Anzeigen von Shell-Variablen

Shell-Variable sind *transiente* Speicherobjekte, die nicht an Dateien gebunden sind, sondern in *internen Puffern* der Shell abgelegt werden. Sie können daher während einer Session fast beliebig angelegt, belegt, gelesen und gelöscht werden, gehen aber beim Exit der Shell, spätestens aber beim Beenden der Session unwiderruflich verloren. Beide Shells unterstützen lokale und globale Variable; letztere werden als *Environmentvariable* bezeichnet. Eine weitere Unterteilung erfolgt gemäß Verwendungszweck und Status in System- und Standardvariable, Argumentvariable und frei verfügbare Benutzervariable. Shell-Variable werden zuerst im Abschnitt 5.3 gemeinsam für beide Shells einführend und dann in den Abschnitten 6.3 (sh) und 7.3 (csh) für jede Shell weiterführend besprochen.

Die in der *aktuellen Shell* definierten *lokalen* Variablen können mit der Anweisung **set(sh)** aufgelistet werden:

```
$ set
IFS=
 ...
PS1=$
PS2=>
 ...
Benvar=543766
```

Im Gegensatz dazu muß der Befehl **env(1)** benutzt werden, um die *Environmentvariablen* aufzulisten:

```
$ env
 ...
HOME=/Hubert/eigen
Namvar=Hubert Hummel
PATH=:/bin:/usr/bin/Hubert/befehle
 ...
```

Die Ausgabe-Anweisung **echo(sh)** kann zum Anzeigen von jedweden Shell-Variablen benutzt werden:

```
$ echo  $HOME                    $ echo  $Namvar
/Hubert/eigen                    Hubert Hummel
```

wobei das Dollarzeichen '**$**' dem eigentlichen Namen der Shell-Variablen vorangestellt werden muß. Trotz des bescheidenen Namens ist *echo* eine der universellsten Anweisungen. Sie fungiert als eine vereinfachte Ausgabefunktion, etwa im Sinne von *print* oder *display* in anderen Programmiersprachen.

Die *Shell-Anweisungen* **echo(sh)** und **echo(csh)** unterscheiden sich von dem *Befehl* **echo(1)**, der mit dem Verweis '/bin/echo' seiner ausführbaren Binärdatei aufgerufen werden muß, was weiter unten noch einmal aufgegriffen wird. Ohne zusätzliche Einschränkung wird im folgenden jedoch immer die Shell-Variante unterstellt. In der einfachsten Anwendung spiegelt *echo* eine eingegebene Zeichenkette zum aufrufenden Terminal zurück.

```
$ echo  Hallo Freunde
Hallo Freunde
$
```

Im interaktiven Gebrauch kann *echo* dazu benutzt werden, die lexikalische Interpretation von *Metazeichen* und *lexikalischen Mustern* widerzuspiegeln:

```
$ echo  *
abba  babba  ...  zappa
$
```

wobei der Asterisk '*' als *Metatzeichen* eine Klasse von Bezeichnern im aktuellen Verzeichnis darstellt, was im Abschnitt 3.7.1 einführend besprochen wird. Die *Klassendarstellung* von Datei- und Verzeichnisnamen durch *Metazeichen* und *lexikalische Muster* gehört zu den wichtigsten Leistungsmerkmalen der UNIX-Shells. Dies wird im Abschnitt 5.10 für beide Shells einführend und dann in den Abschnitten 6.1 (sh) und 7.1 (csh) weiterführend behandelt.

ASCII	C	Bedeutung
BS	\b	Rückschritt (backspace)
FF	\f	Seitenvorschub (form-feed)
LF	\n	Zeilenvorschub (linefeed, new-line)
CR	\r	Zeilenanfang (carriage return)
HT	\t	Horizontaler Tabulator
VT	\v	Vertikaler Tabulator
BEL	\07	Ton-Signal (Bell)
	\c	Zeilenvorschub entfällt
	\0n	erzeugt mit 0 < 0n < 0377 jedes 8-bit Muster

Tabelle 2.2: Symbolische Darstellung von ASCII-Steuerzeichen

Der *Befehl* echo(1) und die *Shell-Anweisung* echo(sh) interpretieren eine symbolische Darstellung von ASCII-Steuerzeichen, die der Programmiersprache C entlehnt ist. Tabelle 2.2 listet das Kodierschema.

Mit echo(1) und echo(sh) können somit ASCII-Steuerzeichen symbolisch in Zeichenketten eingebettet und dann zum Terminal ausgegeben werden:

```
$ echo "Hallo\n\twie geht's\07"
Hallo
        wie geht's [Piep!]
$
```

wobei die symbolischen Steuerzeichen mit dem Rückstrich '\' (backslash) beginnen müssen; wie in diesem Beispiel der Zeilenvorschub '\n', das Tabulatorzeichen '\t' sowie das Tonsignal '\07'. Die Zeichenkette muß dazu mit Doppelzitaten umgeben werden. Einzelne und ganze Ketten von Gerätesteuerzeichen können auf diese Weise zum Terminal ausgegeben werden:

```
$ echo "\033[H\033[2J\c"
$
```

womit z.B. Terminals vom Typ VT220 in den Grundzustand versetzt werden.

2.6 Eine Kurzbeschreibung der UNIX-Texteditoren

Mit den Texteditoren eines neuen Systems wird sich wohl ein jeder Benutzer alsbald vertraut machen wollen. Das UNIX-Systempaket stellt einen Satz von wechselseitig kompatiblen und sich funktionell ergänzenden Allgemeinzweck-Texteditoren zur Verfügung, die nach den folgenden operativen Merkmalen eingeordnet werden können:

1. Dialog-orientiertes Editieren
- Befehlsorientiertes Zeileneditieren
- Tastengesteuertes Vollschirm-Editieren
- Wahlweises Dualmode-Editieren

2. Prozedurelles Editieren
- Programmierbare Durchlauf-Editoren
- Programmieren des Zeilen-Editors

Texteditoren dienen ausschließlich der Eingabe, Korrektur und lexikalischen Manipulation von symbolischen Daten — also zumeist *Text* im herkömmlichen Sinne — und sollten daher nicht mit *Textverarbeitungssystemen* (word processors), und schon gar nicht mit *Drucksatzsystemen* (desktop publishers, DTP) verglichen werden. Der Hauptzweck dieser hochspezialisierten Systeme liegt in der *Darstellung* und *Formatierung* von Text und weniger in dessen Erstellung und lexikalischer Bearbeitung. Man würde wohl kaum den Quellkode eines COBOL-Programmes mit einem Textverarbeitungssystem bearbeiten wollen. Längere Dokumente können sehr produktiv mit einem Texteditor erstellt werden, um dann mit einem DTP-System druckfertig gemacht zu werden. [2]

Bei Zugrundelegung der seit einem guten Vierteljahrhundert etablierten Vergleichsmaßstäbe für produktionsorientierte Allgemeinzweck-Editoren, erweisen sich die UNIX-Editoren als ausgereifte und leistungsstarke Einrichtungen, die mit fast gleicher Effizienz sowohl im Programmierbereich als auch in der kaufmännischen und verwaltungsmäßigen Textverarbeitung eingesetzt werden können. Der tatsächliche Anwendungsspielraum geht jedoch weit darüber hinaus, denn die Texteditoren können als Bestandteile eines übergeordneten UNIX-Informationsverarbeitungspakets betrachtet werden, dessen besondere Stärke *lexikalische Leistungsmerkmale* sind. Diese Leistungsmerkmale bilden die Grundlage für eine *assoziative Informationsverarbeitung* — und eben darin liegt ein weiteres enormes Anwendungspotential des UNIX-Systempaketes.

---

2. Das Manuskript dieses Buches wurde mit dem nachfolgend besprochenen Texteditor vi(1) erstellt und redigiert und dann mit einem DTP-System formatiert.

2.6.1 Dialog-Editieren

Das kommerziell verfügbare UNIX-Systempaket stellt hierzu zwei Editiersysteme zur Verfügung:

- Den befehlsorientierten Zeileneditor **ed(1)** und dessen eingeschränkte Variante red(1) (restricted editor).
- Den zweiweg Editor **ex(1)/vi(1)**, der wahlfrei als befehlsorientierter Zeileneditor (ex) oder als tastengesteuerter Vollschirm-Editor (vi) benutzt werden kann. Die eingeschränkte Variante ist edit(1).

Die Stärken und Schwächen — von Nachteilen und Vorteilen soll hier weniger die Rede sein — der beiden Haupteditoren können auf objektive Gesichtspunkte bezogen werden. Dabei wird man zu dem Schluß kommen, daß weder der eine noch der andere Editor vollkommen verworfen werden sollte.

Die Stärken des Zeileneditors ed(1) liegen in seiner ausgesprochenen Anspruchslosigkeit und Zuverlässigkeit selbst unter widrigsten Bedingungen. Er ist nicht auf ansteuerbare Vollschirm-Geräte angewiesen und kann ebensogut mit Schreibmaschinen-Terminals und sogar alten Fernschreibern benutzt werden. Dabei ist sein Verbrauch an "Rechenkraft" minimal, da er wegen seiner geringen Größe schneller geladen werden kann und wesentlich weniger Auslagerungs-E/A (sowohl *swapping* als auch *paging*) beansprucht. Schließlich kann *ed* auch bei niedrigsten Übertragungsgeschwindigkeiten und selbst bei gestörter Verbindung noch sinnvoll und zuverlässig eingesetzt werden, was bei Notreparaturen am Betriebssystem ein entscheidender Faktor sein kann.

Die Schwächen von *ed* spiegeln sich auch am Benutzer wider. Manche mögen ihn einfach nicht, wofür es durchaus objektive Gründe gibt. Erstens muß man sich seinen Befehlssatz verinnerlichen, bevor man wirklich produktiv damit arbeiten kann. Zweitens kann das Editieren von zahlreichen in einem größeren Textkörper verstreuten Einzelheiten tatsächlich recht mühsam werden, denn wer die weitreichenden lexikalischen Leistungsmerkmale des *ed* nicht auszunutzen versteht, muß sowohl die Zielworte als auch deren Substitutionen jedesmal vollständig und korrekt eingeben Die befehlsgesteuerte Darstellung ist bei größeren Textkörpern ebenfalls recht unbequem. Tastengesteuerte Seitenausgabe ist bei *ed* nicht vorhanden.

Der folgende Dialog stellt den typische Arbeitszyklus beim Anlegen einer neuen Datei mit ed(1) dar:

```
$ ed  brief                    # Aufruf von ed(1) mit neuer Datei 'brief'
?                              # Datei noch nicht bekannt
a                              # Anweisung zur Texteingabe
Hallo Umberto,                 # erste Textzeile
 ...
 ... und hier benutze ich den Zeileneditor  ed(1) ...
 ...
Bis bald                       # letzte Textzeile
.[RET]                         # ein Punkt am Zeilenanfang gefolgt
                               # von RETURN beendet die Texteingabe
w                              # Text abspeichern
563                            # Anzahl der Zeichen
q                              # Editor verlassen
$                              # zurück in der Shell
```

ed arbeitet mit zwei Betriebsmodi. Mit der Anweisung 'a' wird vom anfänglichen Befehlsmodus zum Eingabemodus übergegangen. Mit einem Punkt am Anfang einer Zeile wird der Befehlsmodus wiederhergestellt.

Das bestechende Leistungsmerkmal des Dualmode-Editors **ex(1)/vi(1)** ist, daß beim Editieren beliebig zwischen Zeilen- und Vollschirm-Modus hin- und hergeschaltet werden kann ohne daß ein erneuter Programmaufruf erfolgen muß. Der Zeilenmodus **ex(1)** stellt eine Erweiterung von **ed(1)** dar; d.h. im Grundbereich sind Arbeitsweise und Befehlssatz im wesentlichen identisch. Im erweiterten Leistungsbereich stellt *ex* Textpuffer sowie eine wesentlich leistungsfähigere Schnittstelle zu den Shells zur Verfügung, die eine unmittelbare Weiterverarbeitung des Textkörpers mit direkter Rückführung ermöglicht ohne daß der Editor verlassen werden muß.

Im Vollschirmmodus **vi(1)** kommen die hinlänglich bekannten Vorteile zum Tragen, insbesondere also die tastengesteuerte Arbeitsweise, die mehr auf manueller Geschicklichkeit als auf der Kenntnis formaler Regeln beruht und schon deswegen populärer ist. Ein weniger bekanntes und noch seltener ausgenutztes Leistungsmerkmal des Vollschirmmodus ist dessen Anpassungsfähigkeit, die es erlaubt, einzelne oder verkettete Editierbefehle je nach Bedarf auf programmierbare Funktionstasten abzubilden.

Die Schwächen des Vollschirm-Editors entsprechen in Umkehrung fast genau den oben aufgeführten Stärken des Zeileneditors. Insbesondere wird die E/A-Kapazität und der Arbeitsspeicher sehr stark in Anspruch genommen, was beim Mehrbenutzerbetrieb selbst bei größeren Systemen mit autonomer E/A-Verarbeitung zu deutlicher Verlangsamung der Anwortzeiten führen kann. Bei niedrigen Übertragungsraten, insbesondere bei asynchronener MODEM-Übertragung, kann ein Vollschirm-Editor kaum noch sinnvoll und produktiv eingesetzt werden.

Der folgende Dialog stellt den typische Arbeitszyklus beim Anlegen einer neuen Datei mit vi(1) dar:

```
$ vi  brief2                  # Aufruf von vi(1)
"brief2" [new file]           # Datei noch nicht vorhanden
a                             # Anweisung zur Texteingabe
Hallo Umberto!                # erste Textzeile
 ...
 ... jetzt benutze ich  den Vollschirm-Editor vi(1) ...
 ...
alles Gute ...                # letzte Textzeile
[ESC]                         # Eingabe mit ESC-Taste beenden
:w                            # Eingabe des Doppelpunktes öffnet
                              # Befehlszeile, um mit 'w' abzuspeichern
569                           # Anzahl der Zeichen
:q                            # Editor verlassen
$                             # zurück in der Shell
```

vi(1) arbeitet ebenfalls mit zwei Betriebsmodi. Mit der Anweisung 'a' wird auch hier vom anfänglichen Befehlsmodus zum Eingabemodus übergegangen, der mit der ESCAPE-Taste wieder verlassen wird. Im Befehlsmodus werden verbale Anweisungen wie 'w' (write) zum Abspeichern und 'q' (quit) zum Beenden mit dem Doppelpunkt ':' eingeleitet.

2.6.2 Prozedurelles Editieren

Diese Form des Editierens wird hauptsächlich bei der serienmäßigen Bearbeitung einer größeren Anzahl von diversen Textdateien sowie beim systematischen Variieren einer Stammdatei angewandt. Im Gegensatz zum Dialog-Editieren kann dabei eine sorgfältig programmierte und entfehlerte Befehlsdatei benutzt werden.

Das UNIX-Systempaket stellt für derartige Anwendungen den Durchlauf-Editor (stream editor) **sed(1)** zur Verfügung, dessen Editierbefehle und lexikalische Leistungsmerkmale weitgehend mit dem Zeileneditor ed(1) übereinstimmen und der darüberhinaus noch eine zweckentsprechende Ablaufsteuerung besitzt.

Der Zeileneditor ed(1) kann ebenfalls prozedural eingesetzt werden, wobei eine vorprogrammierte Befehlsfolge in einer Textdatei abgelegt wird. Durch Umlenkung der Befehlseingabe vom Terminal auf die Befehlsdatei läuft der Editier-Vorgang dann vorprogrammiert ab. Dies wird im Abschitt 6.5.1 im Zusammenhang mit der E/A-Umlenkung noch einmal aufgegriffen.

3 Das UNIX-Dateisystem

Wie sich im weiteren Verlauf dieses Kapitels herausstellen wird, stehen hinter der Bezeichnung *Dateisystem* (file system) zwei zwar eng verwandte, aber doch unterscheidbare Begriffe. Erstens, im sprachlichen Singular und im weiteren Sinn stellt das UNIX-Dateisystem eine strukturierte Anordnung von Objekten dar, die mit einem Satz von Dienst- und Hilfsprogrammen manipuliert werden können. In diesem weiteren Sinn unterscheidet sich das UNIX-Dateisystem in keiner Weise von den Dateisystemen anderer herkömmlicher Systeme. Zweitens, im sprachlichen *Plural* und im engeren Sinne der UNIX-Begriffswelt stellen *Dateisysteme* selbst Objekte dar, die manipuliert, *dem* Dateisystem wahlweise hinzugefügt und wieder entnommen werden können. Damit wäre auch zugleich eine jener zahlreichen semantischen Zweideutigkeiten auf die deutsche Sprache abgebildet, die im originären UNIX-Schrifttum auch den einheimischen Leser verblüffen — sofern er eben noch nicht UNIX-"belesen" ist.

In diesem Kapitel soll das UNIX-Dateisystem in drei thematischen Hauptkategorien beschrieben werden:

Architektur: (Struktur)	Die Anordnung der Objekte und die dabei bestehenden logischen Beziehungen zwischen den Objekten.
Objekte:	Dateisysteme, Verzeichnisse, Dateien sowie Prozeß- und Gerätekanäle.
Verwaltung:	Manipulationen und Zugriffskontrolle.

3.1 Die Architektur des UNIX-Dateisystems

Die Architektur der Dateisysteme herkömmlicher Groß- und Mittelrechner beruht zumeist auf der parallelen Anordnung von hochleistungsfähigen Plattenlaufwerken mit festen oder aufsetzbaren Plattenspeichern, die den Direktzugriff auf den aktiven Datenbestand ermöglichen. Die logische Struktur spiegelt diese räumliche Anordnung wider, indem ihre oberste Ebene aus einer Reihe von wechselseitig unabhängigen *Volumen* besteht, auf deren Inhalt durch *Volumenverzeichnisse* (VTOC: volume table of contents) direkt und wahlfrei zugegriffen werden kann. Ein struktureller Zusammenhang zwischen den einzelnen Volumen besteht nicht. Ein "klassisches" Computersystem besitzt genau ein derartiges *Dateisystem* (Bild 3.1).

Im Gegensatz dazu beruht die *sichtbare* Architektur des UNIX-Dateisystems auf der *invertierten Baumstruktur*, die in genau einem Wurzelverzeichnis

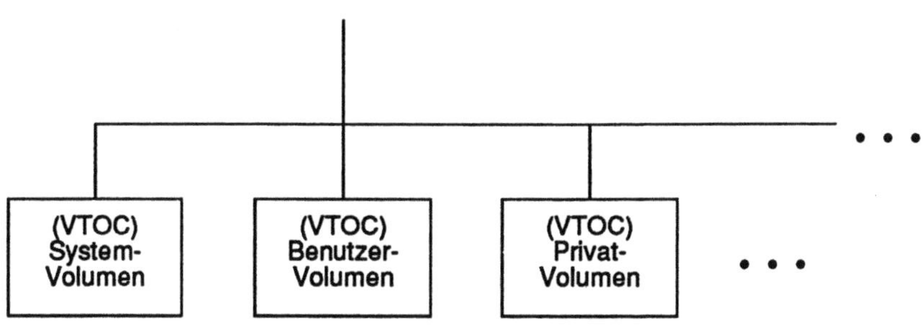

Bild 3.1: Herkömmliche Anordnung

(root) ihren Ursprung hat. Obgleich ein UNIX-System nur ein einziges *einheimisches Dateisystem* (resident file system) haben kann, können theoretisch fast beliebig viele *einhängbare Dateisysteme* (mountable file systems) an speziellen *Hakenverzeichnissen* (mount point directories) in die Baumstruktur eingehängt werden. Zwischen dem einheimischen Dateisystem und den einhängbaren Dateisystemen besteht kein struktureller Unterschied, obzwar das erstere die zum Systemstart notwendigen Daten enthalten muß. Das einheimische Dateisystem wird oft noch als *eingeschraubt* (permanently mounted) bezeichnet, was im Gegensatz zu *einhängbar* (mountable) und *abnehmbar* (removable) verstanden werden sollte. Im engeren Sinne (und Plural) sind Dateisysteme also manipulierbare Objekte in der UNIX-Begriffswelt.

UNIX-Dateisysteme sind an solche Massenspeicher gebunden, die den Direktzugriff auf den Datenbestand über physische Adressen erlauben (DA media: direct access storage media). Das einheimische Dateisystem ist zumeist auf einer *eingebauten Festplatte* (hard disk) angesiedelt. Größere Platteneinheiten können oft mehrere Dateisysteme beherbergen; man spricht dann von einer *logischer Aufteilung* der Platteneinheit (logical disk partitioning). Kleinere Dateisysteme können auch auf Disketten untergebracht werden.

Im folgenden sollen die zwei sich überlagernden Grundstrukturen des UNIX-Dateisystems besprochen werden:

- Die unsichtbare *topologische Struktur*, auf welcher die physischen Zugriffsfunktionen beruhen.
- Die sichtbare *logische Struktur*, auf welcher sich die Benutzer-Zugriffsmethoden aufbauen.

3.1.1 Die topologische Struktur: Funktionsbereiche

Die physische Grundstruktur eines Dateisystems besteht aus wahlfrei adressierbaren Sektoren, genannt *physische Blöcke* (physical blocks), die eine feste Größe von normalerweise 512 Bytes haben. Darauf baut sich die erste Ebene der logischen Struktur auf, deren Bausteine die *logischen Blöcke* (logical blocks) sind, die eine typischen Größe von 1024 Bytes haben und sich aus zwei physischen Blöcken zusammensetzen. Die logischen (nicht die physischen!) Blöcke stellen die Grundeinheiten für die Verwaltung der Speicherkapazität dar.

Die grundlegende *physische* Sektorstruktur wird durch *Formatieren* (formatting) angelegt, was im Abschnitt 3.3 im Zusammenhang mit dem Anlegen von neuen Dateisystemen weitergeführt wird. Die Sektorstruktur des jeweiligen Systems wird unter dem Eintrag fs(4)/PHB beschrieben.

Die auf der physischen Sektorstruktur aufbauende *topologische Struktur* besteht aus 4 Regionen, von denen die beiden ersten eine festliegende Größe von typischerweise je einen Sektor haben. Bild 3.2 stellt dies dar.

Die topologische Struktur wird beim Anlegen des Dateisystems in einem zweiten Schritt nach dem Formatieren erzeugt, was im Abschnitt 3.3 näher besprochen wird. Eine ausführliche Beschreibung der topologischen Struktur wird ebenfalls unter fs(4)/PHB gegeben.

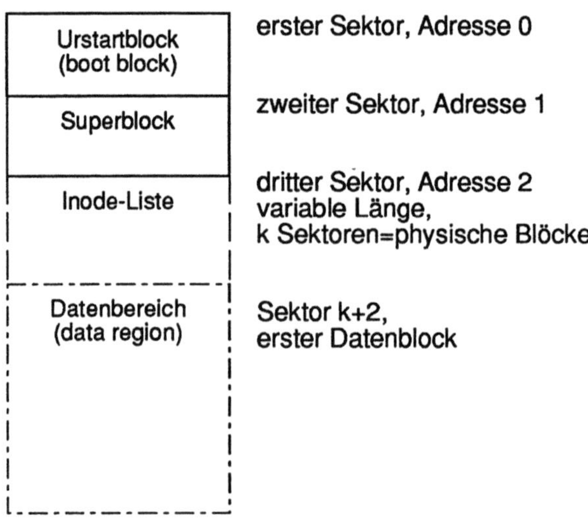

Bild 3.2: Die topologische Grundstruktur

3.1.1.1 Der Urstartblock

Der *Urstartblock* (boot block) belegt normalerweise den gesamten ersten Disk-Sektor (Adresse 0). Er enthält entweder das absolut ausführbare Kodesegment des *Urstartprogrammes ISL* (initial system loader) oder aber dessen absolute Sektoradresse und Größe. Desweiteren enthält der Urstartblock die Parameter der Gerätetreiber sowie die absoluten Sektoradressen der zum Systemstart benötigten Ausweich- und Zustandstabellen, die unter anderem die absoluten Adressen von defektiven und daher zu umgehenden Sektoren (bad block table) sowie andere Zustandsdaten des Systems (diagnostic area) enthalten.

In einem UNIX-Dateisystem muß der Urstartblock immer reserviert bleiben, selbst wenn er nicht belegt ist, was bei einhängbaren Dateisystemen häufig der Fall ist. Wenn das Dateisystem jedoch zum *booting* benutzt werden soll, dann muß der *boot block* mit den Urstartdaten belegt sein, wie das ja auch beim einheimischen Dateisystem immer der Fall ist.

3.1.1.2 Der Superblock

Der *Superblock* folgt unmittelbar dem Urstartblock und nimmt den gesamten zweiten Sektor ein. Er ist in jedem UNIX-Dateisystem vorhanden und enthält alle Informationen, die zu dessen Verwaltung notwendig sind, darunter die aktuellen Kapazitäts- und Auslastungsdaten, wie die Anzahlen der insgesamt vorhandenen und davon jeweils noch verfügbaren Datenblöcke (total blocks, free blocks) und der Objektzeiger (total inodes, free inodes); die Steuerparameter für den Gerätetreiber des einheimischen Dateisystems; und schließlich auch den Datumsvektor (time stamp) der jüngsten Aktualisierung des Dateisystems.

Während des Betriebszustandes wird der Superblock ausschließlich vom Kernel verwaltet, obgleich eine Aktualisierung vom Benutzer jederzeit mit dem Befehl **sync(1)** erzwungen werden kann, wie zum Beispiel einem außerordentlichen Abschalten des Systems. Die Strukturvorlage des Superblocks kann in der C-Zusatzdatei '/usr/ include/sys/filsys.h' eingesehen werden.

3.1.1.3 Die Inode-Liste

Im UNIX-Dateisystem wird ohne Ausnahme jedes Objekt eineindeutig durch einen Objektzeiger, genannt *inode* (index node), dargestellt, der alle Zugriffsparameter und Attribute enthält. Der Benutzer kann auf ein Objekt nur mittelbar über dessen Inode zugreifen. Die Inode-Liste folgt unmittelbar dem Superblock und beginnt daher normalerweise mit dem dritten Sektor.

Im Gegensatz zum Superblock ist die Inode-Liste von *variabler* Länge, da sich die Anzahl der Objekte und damit die Zahl der benötigten Inodes ständig verändert.

Die auf dem Plattenspeicher abgelegten Inodes werden *disk inodes* genannt, was im Gegensatz zu den weiter unten kurz besprochenen *memory inodes* verstanden werden muß, welche im Arbeitsspeicher gehalten werden und eine etwas andere Struktur aufweisen. Die Disk-Inodes haben eine konstante Länge von 64 Bytes, so daß ein Sektor genau 8 Inodes enthalten kann. Tafel 3.1 zeigt das Inhaltsschema. Die Strukturvorlage kann in der C-Zusatzdatei '/usr/include/sys/ino.h' eingesehen werden; sie wird unter inode(4)/PHB beschrieben. Die einzelnen Attribute werden im Abschnitt 3.8 eingehend besprochen.

Byte	Länge	Inhalt
1	2	Typ, Status-und Zugriffsvektor
3	2	Link-Zähler
5	2	Eigner-Kennung
7	2	Gruppen-Kennung
9	4	Dateigröße (Bytes)
13	40	Vektor von 13 Blockadressen
52	4	Jüngstes Zugriffsdatum
57	4	Jüngstes Veränderungsdatum
61	4	Erzeugungsdatum

Tafel 3.1: Schema der Disk-Inodes

Von besonderer Bedeutung ist der Link-Zähler, der die Zahl der *Namensbindungen* (links) an das Objekt enthält. Bis zu 65535 Basisnamen können an ein Objekt gebunden werden. Wird der Link-Zähler durch Löschen der *einzigen* oder der *letzten* noch verbleibenden Namensbindung auf Null gesetzt, so hört das Objekt endgültig auf zu existieren; seine Inode wird in die Liste der verfügbaren Inodes (free inode list) eingereiht. Die Blockadressen des gelöschten Datenkörpers werden in die Liste der verfügbaren Datenblöcke (free block list) zur Wiederverwendung zurückgeführt. Die Bedeutung der Namensbindungen wird im Abschnitt 3.1.2.3 besprochen.

Systemintern werden die Inodes ganzzahlig beginnend mit '1' indexiert, wobei die erste Inode leer und unbenutzt bleibt und die zweite (2) dem Ursprungsverzeichnis des Dateisystems (root directory) fest zuordnet wird. Jedem anderen Objekt wird mit seiner Erzeugung genau eine der jeweils verfügbaren Inodes zugewiesen, die beim Löschen wieder freigesetzt wird und dann erneut zur Verfügung steht. Die Inode-Indexe nehmen daher reine *Zufallswerte* an.

Die Verwaltung der Inodes obliegt ausschließlich dem Kernel. Beim Hochfahren des Systems wird die Inode-Liste teilweise oder vollständig in den Systembereich des Arbeitsspeichers eingelesen und steht somit dem Kernel unmittelbar zur Verfügung. Alle Objekt-Manipulationen werden auf diese *memory inodes* abgebildet, die periodisch, spätestens jedoch beim Herunterfahren des Systems, vom Kernel wieder in die Inode-Liste auf dem Speichermedium eingetragen werden. Das Format dieser *memory inodes* unterscheidet sich vom Format der *disk inodes* durch zusätzliche Felder, die der Beschreibung des Objekt-Zustandes dienen; darunter ein Zähler für die jeweils aktiven Dateibindungen (open files) und die Sperrfelder der Zugriffskontrolle (file locking). Die *memory inodes* werden in der Form von zweifach verketteten Listen (doubly linked lists) verwaltet und enthalten daher auch die zwei Zeiger, die für diese Art der Listenverwaltung notwending sind (hash chain pointers). Die Strukturvorlage kann in der C-Zusatzdatei '/usr/include/sys/inode.h' eingesehen werden.

Ebenso wie die Gesamtzahl der Datenblöcke die insgesamt verfügbare Speicherkapazität darstellt, stellt die Gesamtzahl der Inodes die insgesamt mögliche Anzahl von Objekten dar. Datenblöcke und Inodes sind konstante und daher begrenzte Systemressourcen. Die jeweilige Gesamtzahl der Inodes wird beim Anlegen des Dateisystems festgelegt, wobei zumeist ein Verhältnis von 4 logischen Blöcken pro Inode zugrunde gelegt wird, was einer durschnittlichen Dateigröße 4096 Bytes entspricht. Der Befehl **df(1)** (disk free) listet die Anzahl der jeweils verfügbaren Blöcke und Inodes für alle aktiven Dateisysteme auf:

```
$ df
mounted on    device       blocks   i-nodes
/             /dev/hd0a    5234      2782
/usr          /dev/hd0b    19255    7410
/benutzer     /dev/hd0c    3721     1038
 ...
```

wobei es sich hier übrigens um die *logische Aufteilung* einer größeren Festplatte in mehrere Dateisystem handelt (logical partitioning), wo der Schrägstrich '/' das einheimische Dateisystem bezeichnet, während '/usr' und '/benutzer' eingehängte Dateisysteme sind. Dies wird im Abschnitt 3.2 weitergeführt.

3.1.1.4 Der Datenbereich

Der ebenfalls im Superblock abgelegte Zähler der belegten Sektoren, einschließlich der Inode-Liste, stellt zugleich die Anfangsadresse des Datenbereiches dar (Bild 3.2). Von den vier grundlegenden UNIX-Objekttypen beanspruchen nur die *regulären Dateien* und die *Verzeichnisdateien* Speicherplatz, welcher in der Form von logischen Blöcken zugewiesen wird. Bei älteren Systemen wurden dabei nur ganze Blöcke vergeben, so daß kleinere Dateien eine unvermeidliche Verschwendung von Speicherplatz verursachten. Dabei stellte sich jedoch in der Praxis heraus, daß diese unvermeidbaren Verwaltungsverluste (overhead) im statistischen Durchschnitt verhältnismäßig gering waren. Bei jüngeren Systemen wird eine unverhältnismäßige Verschwendung dadurch vermieden, daß ganze Blöcke vorzugsweise an ausreichend große Dateien vergeben werden, während kleine Dateien nach Möglichkeit in den unvollständig belegten Endblöcken größerer Dateien untergebracht werden.

Eine andere Art des Verlustes ergibt sich aus der allmählichen Verschlechterung der Zugriffsleistung, die durch die sich unvermeidlich ausbreitende Streuung der wiederverfügbaren Dateiblöcke über den gesamten Datenbereich entsteht. Das dadurch erhöhte Suchspiel der Schreib- und Leseköpfe erhöht wiederum die Zugriffszeit. Es gibt sowohl Spezialprogramme als auch Methoden mit denen ein derart *poröses* Dateisystem *komprimiert* werden kann. Dies wird im Zusammenhang mit der Pflege von Dateisystemen im Abschnitt 3.1. 5.1.2 weitergeführt.

Die Inodes von regulären Dateien enthalten 13 Adressierfelder, von denen 10 mit den *direkten Adressen* von Datenblöcken belegt werden können. Die übrigen 3 Felder werden zur *indirekten Adressierung* mit einfacher, zweifacher und dreifacher Staffelung über zusätzliche Adressenblöcke von je 256 möglichen Adressen benutzt. Daraus ergeben sich:

$$10 + 256 + 256^2 + 256^3 = 16{,}843{,}018$$

mögliche Blockadressen, was bei einer Blockgröße von 1024 Bytes eine maximale Dateigröße von etwas mehr als 16 Gigabytes bedeutet.

3.1.2 Die logische Grundstruktur: Der Verzeichnisbaum

Im herkömmlichen Sinn wird ein Dateisystem als eine Anordnung von Katalogen verstanden, die einzelne Dateien nach integrierenden Kriterien wie Sachgebiet und Kontext, Verwendungszweck, Eigentümer, Zugriffsvereinbarungen und Vertraulichkeitsstufen einordnen. Ein Katalog beinhaltet also eine Gruppe verwandter Dateien. Die Kataloge der unteren Ebene werden ihrerseits in Hauptkatalogen zusammengefaßt und verwaltet, wobei übergeordnete Kriterien angewandt werden. Wird dieses Prinzip nach oben fortgesetzt, so ergibt sich schließlich das herkömmliche Schema eines invertierten Baumes, der in dem Volumenverzeichnis (VTOC) einer Massenspeichereinheit wurzelt.

Im originären UNIX-Sprachgebrauch wird der Terminus *Verzeichnis* (directory) anstelle von Katalog (catalog) oder Ordner (folder) benutzt, wobei die Wortwahl mehr in der originären Idiomatik als in irgendeiner versteckten Bedeutung zu suchen ist. Ein UNIX-Verzeichnis kann sowohl vollkommen leer sein als auch Dateien oder *Unterverzeichnisse* (subdirectories) enthalten; es muß aber auf jeden Fall selbst in einem übergeordneten Verzeichnis enthalten sein. Der originäre UNIX-Sprachgebrauch benutzt hier die sinnigen Termini *Tochterverzeichnis* (child directory) beziehungsweise *Mutterverzeichnis* (parent directory). Wir schließen uns diesem sprachlich bequemen und idiomatisch gesunden Gebrauch an.

Die logische Grundstruktur des UNIX-Dateisystems beruht auf einer invertierten Baumstruktur, deren Knotenpunkte die Verzeichnisse sind und deren Zweige die innerhalb der Struktur gegebenen Zugriffswege darstellen. Die sich nach oben verjüngende Baumstruktur läuft in genau einem *Ursprungsverzeichnis* (root directory) aus, welches im folgenden denn auch als *Root-Verzeichnis* bezeichnet werden soll. Bild 3.3 stellt dies dar. Der Vollständigkeit halber sei noch bemerkt, daß die Mutter-Tochter-Beziehung zwar notwendig, aber nicht hinreichend für eine invertierte Baumstruktur ist. Erst die unumgängliche praktische Notwendigkeit, beim Aufbau des Dateisystems mit einem Verzeichnis — eben dem Root-Verzeichnis — anfangen zu müssen, erzwingt dann die invertierte Baumstruktur.

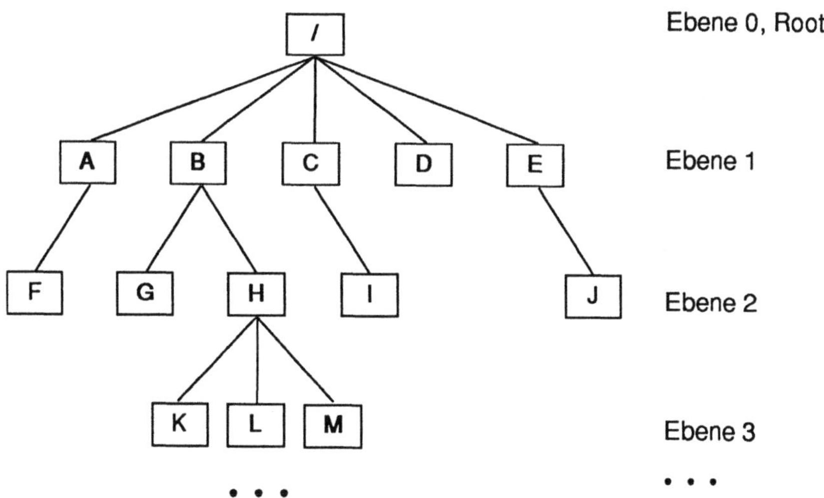

Bild 3.3: Der UNIX-Verzeichnisbaum

Alle anderen Verzeichnisse sind *lineare Abkömmlinge (linear descendents)* des Root-Verzeichnisses. Wegen der logischen Konsistenz und der damit verbundenen rekursiven Programmierbarkeit stellt das Root-Verzeichnis sein eigenes Mutterverzeichnis dar. Jedes andere Verzeichnis ist in genau einem übergeordneten Mutterverzeichnis enthalten und kann seinerseits Tochterverzeichnisse enthalten. Die Gesamtheit der von einem gemeinsamen Vorgängerverzeichnis ausgehenden Verzeichnisse wird als *Teilbaum* (subtree) bezeichnet.

Geschwisterverzeichnisse (sibling directories) haben dementsprechend ein gemeinsames Mutterverzeichnis; sie liegen auf derselben Ebene in der Baumstruktur (wobei die Umkehrung allerdings nicht zutrifft!). Verzeichnisse, die keine Tochterverzeichnisse enthalten, werden als *Terminalknoten* bezeichnet. Die drei Knoten 'K', 'L' und 'M' im Bild 3.3 sind also Geschwisterverzeichnisse, wogegen 'F', 'G', ... Terminalknoten sind.

Während das Root-Verzeichnis durch seine absolute Position allen Benutzern gegenüber eindeutig bestimmt ist, sind zwei weitere Verzeichnisse nur dem jeweiligen Benutzer gegenüber eindeutig bestimmt: Das *aktuelle Arbeitsverzeichnis* (current working directory) und das *Eigenverzeichnis* (home directory). Jeder Benutzer und jeder Prozeß geht von genau einem aktuellen Arbeitsverzeichnis aus, das zwar im Rahmen der jeweiligen Zugriffsrechte variiert werden kann, aber zu jedem Zeitpunkt eindeutig bestimmt ist. Das Eigenverzeichnis ist Teil der Benutzerdefinition in der Paßwortdatei (Abschnitt 2.2), und wird unmittelbar nach dem Einloggen zum aktuellen Arbeitsverzeichnis. Der Zugriff auf Verzeichnisse wird im Abschnitt 3.7.3 beschrieben.

Mit der Ausnahme des Root-Verzeichnisses, das allein mit dem Schrägstrich '/' eindeutig gekennzeichnet ist, muß jedes Verzeichnis in seinem Mutterverzeichnis mit mindestens einem *Basisnamen* (basename) eindeutig gekennzeichnet sein. Ein Basisname kann in anderen Verzeichnissen jeweils einmal auftreten, ohne dabei an dasselbe Objekt gebunden zu sein. Die für Basisnamen geltenden lexikalischen Regeln werden im Abschnitt 3.6.2 eingehend besprochen.

Zwischen einem Mutterverzeichnis und jedem seiner linearen Abkömmlinge besteht immer genau eine durchlaufende und geradlinige Verbindung, die zugleich die kürzeste ist. Zwischen Verzeichnissen, die sich dieses Verwandtschaftsgrades nicht erfreuen, besteht genau eine kürzeste Verbindung, die über den nächstliegenden gemeinsamen Vorfahren laufen muß. Aus dieser inneren Logik der Baumstruktur ergibt sich, daß auf jedes Verzeichnis über einen *eindeutig bestimmten kürzesten Weg* zugegriffen werden kann, wobei das Ausgangsverzeichnis bestimmt, ob es sich dabei um einen *absoluten* oder *relativen* Zugriffsweg handelt. Ein absoluter Zugriffsweg (absolute path) geht immer vom Root-Verzeichnis aus und läuft geradlinig zum Zielverzeichnis durch. Ein relativer Zugriffsweg (relative path) geht dagegen immer entweder vom aktuellen Arbeitsverzeichnis oder aber von dessen Mutterverzeichnis aus und muß im weiteren Verlauf nicht unbedingt einer geraden Linie folgen. Die grundlegende Baumstruktur kann jedoch durch *netzartige Assoziativ-Strukturen* überlagert werden, durch die zusätzliche und verzeichnisübergreifende Zugriffswege entstehen. Dies wird im Abschnitt 3.1.2.4 besprochen.

Im originären UNIX-Sprachgebrauch werden die Namensfolgen der Zugriffswege als *paths* bezeichnet, was sich sinnfällig als *Weiser* ausdrücken (und bequem aus *Wegweiser* ableiten) läßt . Es gibt also sowohl *absolute* als auch *relative Weiser*. Deren Syntax und Semantik sollen gleich nachfolgend besprochen werden.

3.1.2.1 Syntax und Semantik von Weisern

Das Root-Verzeichnis wird durch den Schrägstrich '/' dargestellt. Für alle anderen Weiser gilt das allgemeine Rekursiv-Muster:

... /<Mutter>/<Tochter>/ ...

Da das Root-Verzeichnis der gemeinsame Ursprung aller anderen Verzeichnisse ist, muß ein absoluter Weiser immer mit dem Schrägstrich beginnen:

/<erstes Zwischenverzeichnis> / ... /<Ziel>

wie z.B. '/B/H/M' in Bild 3.3.

Ein relativer Weiser hat zwei mögliche Ausgangspunkte, die durch implizite Verweise dargestellt werden:

Das aktuelle Arbeitsverzeichnis: . (single dot)

dessen Mutterverzeichnis: .. (double dot)

Ein vom aktuellen Arbeitsverzeichnis ausgehender, Tochter- und Enkelverzeichnisse durchlaufender relativer Weiser hat die folgende Form:

./<Tochter>/<Enkel>/ ... /<Ziel>

wie z.B. ' ./H/K' wenn 'B' das aktuelle Arbeitsverzeichnis ist (Bild 3.3).

Ein relativer Weiser, der vom aktuellen Arbeitsverzeichnis ausgeht und ein Schwesterverzeichnis durchläuft, muß zwangsläufig auch das gemeinsame

Mutterverzeichnis durchlaufen. Er beginnt also mit zwei Punkten:

../<Schwester>/ ... /<Ziel>

wie z.B. '../H' oder '../H/M', wenn 'G' das aktuelle Arbeitsverzeichnis ist (Bild 3.3).

Wiederholtes Setzen der zwei Punkte entspricht einem linearen Aufstieg zu den übergeordneten Vorgängerverzeichnissen. Damit können relative Weiser konstruiert werden, die über Großmutterverzeichnisse führen, um Tanten- und Cousinenverzeichnisse zu erreichen:

../../<Tante>/ ... /<Ziel>

wie z.B. '../../G' wenn 'M' das Arbeitsverzeichnis ist.

Die strukturellen Beziehungen können also mit genealogischen Begriffen bequem und sinnfällig dargestellt werden, wie das ja auch im originären UNIX-Schrifttum der Fall ist.

3.1.2.2 Zugriff über Verzeichnisse: Namensbindungen

Wie weiter unten im Abschnitt 3.5.2 eingehend dargelegt wird, sind Verzeichnisse vom rein funktionalen Standpunkt aus gesehen nichts weiter als Dateien mit Sonderstatus. In Anlehnung an den originären UNIX-Sprachgebrauch soll da wo es der Klarheit dient von *Verzeichnisdateien (directory files)* die Rede sein.

Eine Verzeichnisdatei ist im wesentlichen eine Liste der Basisnamen aller in einem Verzeichnis enthaltenen Objekte, wobei jeder Name an genau einem Inode-Index gebunden ist. Die Einträge werden daher als *Namensbindungen* (links) bezeichnet. Der Selbsteintrag '.' sowie der Eintrag '..' für das Mutterverzeichnis sind immer vorhanden; erst durch diese beiden Einträge werden die relativen Weiser auf das aktuelle Arbeitsverzeichnis und sein Mutterverzeichnis ermöglicht. Beide Einträge werden beim Anlegen eines Verzeichnisses automatisch erzeugt und können vom Benutzer nicht gelöscht werden. Eine Verzeichnisdatei kann daher niemals vollkommen leer sein.

Der Zugriff auf ein Speicherobjekt im Arbeitsverzeichnis erfolgt mittelbar vom Basisnamen ausgehend über die durch die Namensbindung zugeordnete Inode zu den Blockadressen des eigentlichen Datenkörpers. Bild 3.4 stellt dies etwas vereinfacht dar.

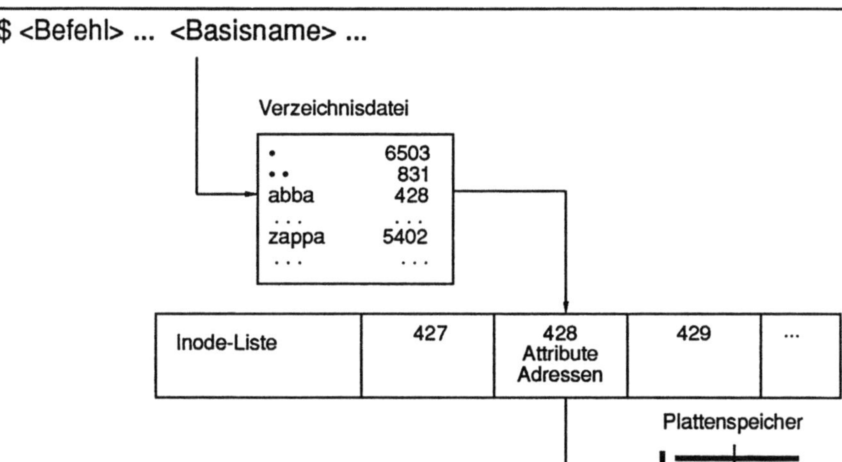

Bild 3.4: Zugriff über Basisnamen im aktuellen Verzeichnis

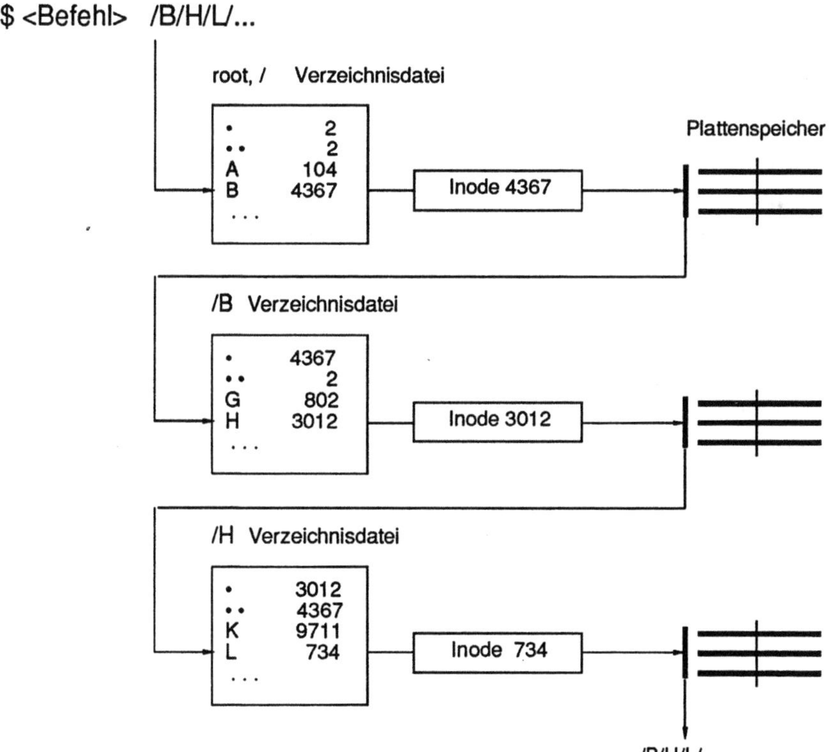

Bild 3.5: Zugriffsweg bei absoluten Verweisen

Der Zugriff auf Objekte, die sich nicht im Arbeitsverzeichnis befinden, erfolgt durch *Verweise*, die sich aus Weisern und Basisnamen zusammensetzen (Abschnitt 3.6.1):

<Verweis> : <Weiser>/<Basisname>

wobei auf die in den Weisern enthaltenen Zwischenverzeichnisse rekursiv über ihre Basisnamen zugegriffen werden muß. Bild 3.5 stellt dies für den absoluten Weiser '/B/H/M' in der Baumstruktur in Bild 3.3 dar.

Beim Durchlaufen eines Weisers muß der Benutzer beziehungsweise der Benutzerprozeß das Suchrecht 'x' für alle Zwischenverzeichnisse haben; Lese- und Schreibrechte reichen allein oder zusammen nicht aus. Eine eingehende Besprechung der Zugriffsrechte erfolgt im Abschnitt 3.8.1.

3.1.2.3 Mehrfache Namensbindungen

Da jedes Objekte innerhalb eines UNIX-Dateisystems eineindeutig durch seine Inode vertreten ist, können mehrere Basisnamen an eine Inode und damit an ein Objekt gebunden werden. Die aktuelle Anzahl der Namensbindungen wird im *Link-Zähler* der Inode (Tafel 3.1) festgehalten. Mehrfache Namensbindungen können fast beliebig erzeugt und gelöscht werden, ohne daß das Objekt selbst gelöscht wird. Erst mit dem Löschen der letzten Namensbindung wird der Link-Zähler auf Null gesetzt, was zur Freisetzung der Inode und damit bei Dateien zur Freisetzung der Datenblöcke führt, womit das Objekt endgültig gelöscht wird. Namensbindungen können mit den Befehlen **ln(1)** und **link(1m)** erzeugt und mit **rm(1)** und **unlink(1m)** gelöscht werden, was im Abschnitt 3.9.1 eingehend besprochen wird.

Mehrfache Namensbindungen können sowohl *innerhalb* eines Verzeichnisses als auch *verzeichnisübergreifend* angelegt werden. Innerhalb eines Verzeichnisses können jedoch nur unterschiedliche Basisnamen zugewiesen werden. Bild 3.6 stellt eine dreifache Namensbindung dar.

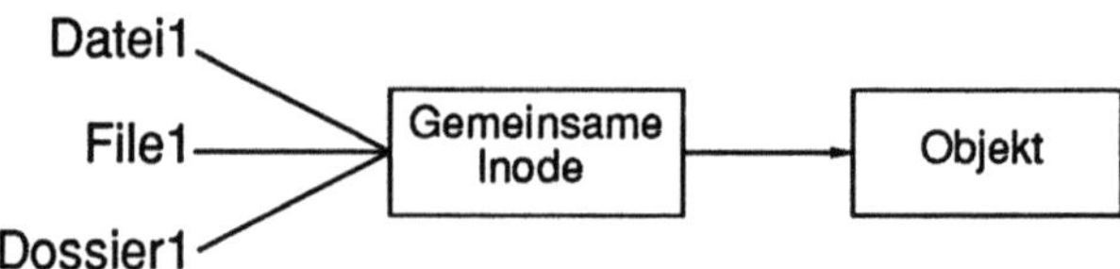

Bild 3.6: Dreifache Namensbindung an ein Objekt

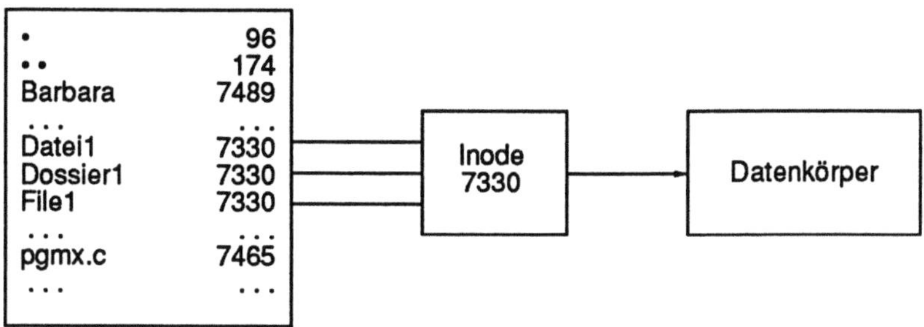

Bild 3.7a: Namensbindung in einer Verzeichnisdatei

Mehrfache Namensbindungen *innerhalb* eines Verzeichnisses erscheinen in der Verzeichnisdatei als Einträge mit genau demselben Inode-Index. Bild 3.7a stellt dies für das vorhergehende Beispiel dar.

Bei *verzeichnisübergreifenden* mehrfachen Namensbindungen bestehen einfache oder mehrfache Einträge mit derselben Inode in verschiedenen Verzeichnissen. Solche mehrfachen Namensbindungen können als Kreuz- und Querverbindungen zur Vereinfachung von Zugriffswegen benutzt werden und um die grundlegende hierarchische Baumstruktur mit zusätzlichen *assoziativen Strukturen* zu überlagern. Dies wird im nachfolgenden Abschnitt 3.1.2.4 wieder aufgegriffen.

Sowohl die Inode-Indexe als auch die Anzahl der Namensbindungen können mit dem Befehl **ls(1)** und der Optionskombination 'aigo' angezeigt werden. Bild 3.7b zeigt dies in für die drei Basisnamen in Bild 3.7a (untere Hälfte).

```
$ ls -aigo .

  96 drwxrwxrwx   3   464  May  9 14:56   ./
7489 drw-rw-rw-   2    76  May 28 09:57   Barbara
 ...
7330 -rw-rw-rw-   3   279  Apr 11 16:06   datei1
7330 -rw-rw-rw-   3   279  Apr 24 09:57   dossier1
7330 -rw-rw-rw-   3   279  Apr 24 09:57   file1
 ...
7465 -rw-rw-rw-   1  2942  Apr 11 19:22   pgmx.c
 ...
```

Bild 3.7b: Inode-Indexe und Anzahl der Namensbindungen

Die obere Hälfte von Bild 3.7b zeigt zwei Verzeichnisse: das aktuelle Arbeitsverzeichnis '.' und dessen einziges Tochterverzeichnis 'Barbara'. Das Arbeitsverzeichnis ist mit drei Namensbindungen behaftet, was sich folgendermaßen erklärt: Die erste Namensbindung ist sein eigener

Basisname im übergeordneten Mutterverzeichnis. Die zweite ist der selbstbezogene Punkt-Eintrag in seiner eigenen Verzeichnisdatei. Die dritte ist sein Zwei-Punkte-Eintrag in der Tochterverzeichnis-Datei von 'Barbara'. Jedes weitere Tochterverzeichnis erhöht die Anzahl der Namensbindungen und somit den Link-Zähler um Eins. Auf eine sehr einfache Formel gebracht:

Link-Zahl = 2 + Anzahl der Tochterverzeichnisse

Jedes Verzeichnis besitzt also mindestens zwei Namensbindungen, was hier auf das Tochterverzeichnis 'Barbara' unter der Annahme keiner eigenen Töchter zutrifft.

Mehrfache, über verschiedene Verzeichnisse verteilte Namensbindungen stellen eine verhältnismäßig einfache und sichere Methode dar, Objekte gegen unabsichtliches Löschen zu schützen. Sie gewähren jedoch keinerlei Schutz gegen unabsichtliche oder nachlässige Veränderungen der *Objekt-Inhalte.*

Mehrfache Namensbindungen an Inodes müssen immer innerhalb eines Dateisystems verlaufen, da der gemeinsame Inode-Index in einem anderen Dateisystem generell auf ein anderes Objekt verweisen würde. Einige Versionen des System V ermöglichen *symbolische Namensbindungen* (symbolic links) mit dem Befehl sln(1), wobei der absolute Weiser des auf einem anderen Dateisystem liegenden Objektes zur Namensbindung benutzt wird.

3.1.2.4 Assoziative Struktur-Überlagerungen

Die hierarchische Grundstruktur des Verzeichnisbaumes kann durch Namensbindungen mit assoziativen Zusatzstrukturen überlagert werden, wobei das ursprüngliche Mutter-Tochter-Verhältnis unbeschadet erhalten bleibt, da der Zwei-Punkte-Eintrag des ursprünglichen Mutterverzeichnisses durch die zusätzlichen Namensbindungen überhaupt nicht berührt wird.

Bild 3.8 zeigt das Resultat einer zweifachen Namensbindung an ein Verzeichnis, welches ursprünglich als Tochterverzeichnis 'E' in 'B' angelegt und dann nachträglich mit der Namensbindung 'F' in 'C' eingetragen wurde. Die soliden Linien deuten die Strukturlinien der grundlegenden Baumstruktur und die gestrichelten Linien die der resultierende Überlagerungsstruktur an.

Die ursprünglichen Mutter-Tochter-Beziehungen bestimmen sowohl den Weiser des aktuellen Arbeitsverzeichnisses als auch die aufsteigenden relativen Weiser. Mit 'K' als aktuelles Arbeitsverzeichnis gibt pwd(1) den ursprünglichen Weiser aus:

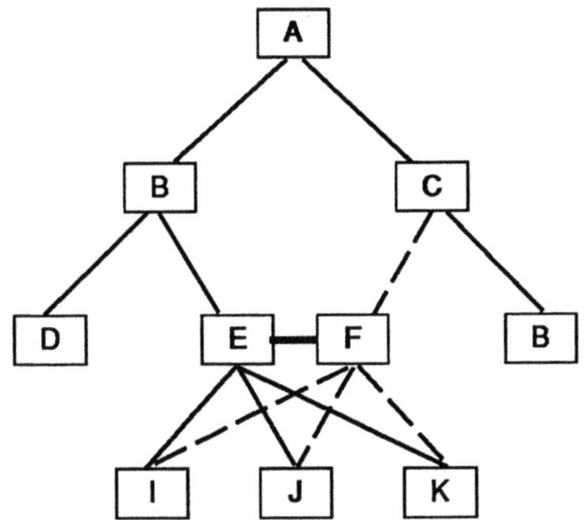

Bild 3.8: Assoziative Strukturüberlagerungen

```
$ pwd
/A/B/E/K
```

während cd(1) zum ursprünglichen Großvaterverzeichnis '/B' zurückführt:

```
$ cd ../../
$ pwd
/B
```

Zum anderen aber führen nun die zwei Weiser '/A/C/F/J' und '/A/B/E/J' zum gleichen Zielverzeichnis.

Das Beispiel zeigt auch, daß die an sich offen auslaufende Baumstruktur sogar zu einer geschlossenen assoziativen Netz-Struktur vervollständigt werden kann (z.B. einen Toroiden). Das eigentliche Anlegen und Löschen von Namensbindungen wird im Abschnitt 3.9.1 im Zusammenhang mit anderen Objekt-Manipulationen eingehend behandelt.

3.2 Einhängbare Dateisysteme

Ein funktionsfähiges UNIX-System benötigt mindestens ein einheimisches Dateisystem (resident file system), das normalerweise auf einer leistungsstarken Festplatte angesiedelt ist, die entweder fest eingebaut oder permanent angeschlossen ist. Das einheimische Dateisystem wird daher oft als *eingeschraubt* (permanently mounted) bezeichnet.

Zusätzliche Dateisysteme können an besonders dafür eingerichteten *Hakenverzeichnissen* in das einheimische Dateisystem eingehängt (mounted) und abgenommen (unmounted) werden. Vom Betriebssystem her erfolgt dies durch *Gerätekanäle* (device files), die als Objekte in dem Systemverzeichnis '/dev' enthalten sind. Von der Geräteseite her wird entweder ein Laufwerk mit integrierten Datenträgern angeschlossen oder die Datenträger werden bei eingebauten Laufwerken einzeln eingeschoben oder aufgesetzt, wie das bei Disketten beziehungsweise Wechselplatten der Fall ist. Da wo im folgenden besondere Klarheit vonnöten ist, soll in Anlehnung an den originären UNIX-Sprachgebrauch einerseits vom *physischen* Aufsetzen und Abnehmen (physical mount, physical unmount) und andererseits vom *logischen* Einhängen und Abnehmen (logical mount, logical unmount) die Rede sein.

Größere Festplatteneinheiten (etwa > 80Mb) können oft mehrere Dateisysteme tragen. Dabei wird die vorhandene Gesamtspeicherkapazität in Teilbereiche (partitions) aufgeteilt, auf die dann über besondere Gerätekanäle zugegriffen werden kann. Nach dem erstmaligen physischen Aufsetzen der Platte kann jedes auf einen Teilbereich liegende Dateisystem sofort logisch eingehängt werden. Bei größeren Systemen wird häufig schon die systemeigene Festplatte so aufgeteilt, daß das einheimische Dateisystem nur das UNIX-Systempaket und die Systemverwaltung enthält, während die diversen Benutzergruppen ihre eigenen Dateisysteme haben, die individuell verwaltet und gesichert werden können.

Das originäre UNIX-Systempaket stellt keine einheitlichen Werkzeuge für die logische Aufteilung einer Festplatte zur Verfügung, was auch wegen der zahlreichen unterschiedlichen Typen von Laufwerken kaum möglich wäre. Üblicherweise werden spezielle Werkzeuge und Wartungsprogramme für die jeweilige Festplatteneinheit von den Hersteller- oder Auslieferfirmen zur Verfügung gestellt. Ein Beispiel ist **dkpart(1m)** in den TOWER-Systemen von NCR und UNISYS. Das Anlegen von einhängbaren Dateisystemen wird im nachfolgenden Abschnitt 3.3 beschrieben. Die Pflege und Sicherung von Dateisystemen wird im Abschnitt 3.4 besprochen.

Mit dem *logischen Einhängen* wird ein aufgesetztes Dateisystem zum *strukturellen Bestandteil* des einheimischen Dateisystems, indem es als ein Teilbaum erscheint, der von einem Hakenverzeichnis ausgeht.

Hakenverzeichnisse (mount point directories) sind zwar eingeschränkte, aber technisch ganz normale Verzeichnisse im einheimischen Dateisystem. Die Einschränkung besteht im allgemeinen darin, daß diese Verzeichnisse weder Dateien noch Unterverzeichnisse enthalten und mit besonderen Zugriffsrechten geschützt sind.

Nach dem logischen Einhängen überdeckt das Hakenverzeichnis das Root--Verzeichnis des eingehängten Dateisystems und übernimmt dessen Inhalt, wodurch letzteres in der Struktur des einheimischen Dateisystems aufgeht. Von dem Moment an kann vom einheimischen Dateisystem aus unmittelbar auf die Objekte des eingehängten Dateisystems zugegriffen werden, wobei alle Weiser über das Hakenverzeichnis führen müssen.

Bild 3.9 zeigt ein am Hakenverzeichnis '/dhaken' eingehängtes Dateisystem, dessen Root-Verzeichnis somit von diesem überdeckt wird. Zum logischen Einhängen wird der Superuser-Befehl **mount(1m)** benutzt. In diesem Beispiel wird von einer bereits einliegenden Diskette ausgegangen:

```
# mount   /dev/mf1   /dhaken  -r
```

wobei der Verweis '/dev/mf' den Gerätekanal des Diskettenlaufwerkes bezeichnet und '/dhaken' das Hakenverzeichnis, an dem das Disketten-Dateisystem eingehängt wird. Mit der nachgestellten Option 'r' (read only) kann das Dateisystem zwar gelesen, aber nicht beschrieben werden. Nur ein Dateisystem kann jeweils an einen Gerätekanal eingehängt werden.

Der Zugriff auf die Objekte des eingehängten Dateisystems erfolgt nun über den Weiser '/dhaken', der somit zum Teil der absoluten Weiser aller sich darin befindlichen Objekte wird: '/dhaken/K', ... '/dhaken/M/Q', ... usw.

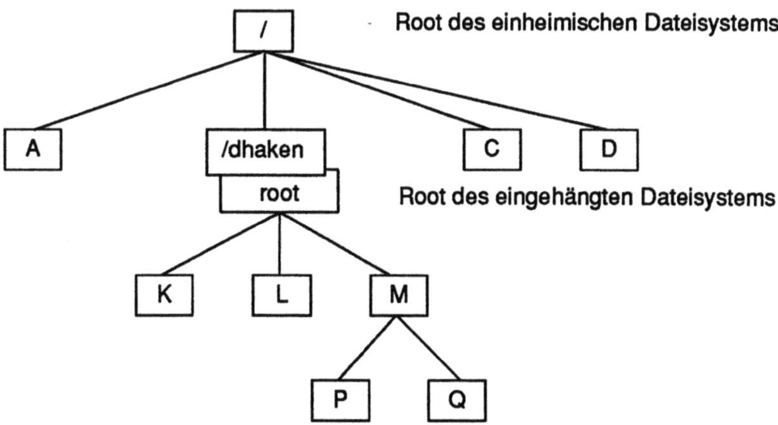

Bild 3.9: Logisches Einhängen eines Dateisystemes

Ohne jegliche Argumente zeigt *mount* alle jeweils logisch eingehängten Dateisysteme und deren Hakenverzeichnisse an; einschließlich des am Root-Verzeichnis aufgehängten einheimischen Dateisystems:

```
# mount
/         on   /dev/hd00   read/write   Mon May 14 ...
/Ben1     on   /dev/hd01   read/write   ...
/dhaken   on   /dev/mf1    read only    ...
  ... ...
```

Der Superuser-Befehl **umount(1m)** wird zum logischen Abnehmen eines eingehängten Dateisystems benutzt:

```
# umount /dev/mf1
```

wobei lediglich der Gerätekanal angegeben wird. Danach kann der Datenträger auch physisch abgenommen werden.

Beim Aufruf von *unmount* entsteht ein Fehlerzustand, falls kein Dateisystem an den angebenen Gerätekanal logisch eingehängt ist oder wenn einige Objekte eines logisch eingehängten Dateisystems noch unter Zugriff stehen, wie zum Beispiel beim Editieren. Eine besonders schwierige Situation ensteht, wenn ein logisch eingehängtes Dateisystem ohne vorhergehenden *umount* einfach physisch abgenommen wird. Falls der Datenträger noch zur Verfügung steht, kann er physisch wieder eingehängt, und dann logisch abgenommen werden, bevor er endgültig entfernt wird. Steht der Datenträger nicht mehr zur Verfügung, dann muß der Eintrag in der Steuerdatei '/etc/mnttab' gelöscht werden, der den betreffenden Gerätekanal blockiert, damit der Gerätekanal wieder zur Verfügung steht. Weitere Einzelheiten sind unter den Einträgen setmnt(1m)/SHB und mnttab(4)/PHB zu finden.

3.3 Das Anlegen von Dateisystemen

UNIX-Dateisysteme werden in zwei separaten *Schritten* angelegt, die aus jeweils mehreren *Ausführungsphasen* bestehen. Der Datenträger wird dazu physisch eingehängt und über besondere, dem Speichermedium zugeordnete Gerätekanäle angesprochen. Beim Anlegen eines neuen Dateisystems gehen alle sich noch auf dem Datenträger befindlichen Informationen praktisch unwiderruflich verloren.

Im ersten Schritt wird mit dem Superuser-Befehl **format(1m)** das Speichermedium formatiert, wobei die physische Grundstruktur der wahlfrei adressierbaren Sektoren (physische Blöcke) erzeugt wird; mit einer für

Festplatten typischen Größe von 512 Bytes. Der Urstartblock (boot block) wird ebenfalls während dieser Phase angelegt. Dem schließt sich eine Prüf- und Korrekturphase (certification phase) an, wobei defektive Sektoren erkannt und ausgegrenzt werden, deren Adressen in eine Ausweichtabelle (bad block table) eingetragen werden, die sich im Urstartblock befindet. Der Formatiervorgang verläuft verhältnismäßig langsam und kann bis zu 2 Minuten pro Megabyte dauern. Eine für das jeweilige System *verbindliche* Beschreibung der Formatierphasen ist unter format(1m)/SHB zu finden.

Das eigentliche Dateisystem wird mit dem Superuser-Befehl **mkfs(1m)** (make file system) in einem zweiten Schritt angelegt, wobei zuerst die topologische Funktionsstruktur erzeugt wird, indem der Urstartblock, der Superblock und die Inode-Liste abgegrenzt werden. Das Root-Verzeichnis wird in einer weiteren Phase angelegt. Die gewünschte Anzahl von Inodes (und damit die maximal Anzahl von Objekten) sowie die Größe der logischen Datenblöcke kann zuammen mit anderen Parameteren beim Aufruf von *mkfs* vorgegeben werden. Die Anzahl der verfügbaren Datenblöcke wird dabei automatisch berechnet. Der Vorgang verläuft wesentlich schneller als das Formatieren und dauert selten länger als 2 Minuten für ein Dateisystem. Der Vorgang wird unter mkfs(1m)/SHB und fs(4)/PHB für das jeweilige System *verbindlich* beschrieben.

Das einheimische Dateisystem wird in der Regel zur Aufnahme des UNIX-Systempakets installiert und dann auf der Anlage mitausgeliefert. Viele OEM-Hersteller stellen Prozeduren für das Anlegen einhängbarer Dateisysteme zur Verfügung, welche die beiden Schritte menügesteuert oder automatisch ausführen.

Einhängbare Dateisysteme können vom Superuser nach Bedarf angelegt werden, wobei die beiden Schritte in der beschriebenen Reihenfolge ausgeführt werden müssen. Zu beachten ist, daß eventuell auf dem Datenträger noch vorhandene Daten dabei nahezu hoffnungslos verloren gehen.

Einhängbare Dateisysteme können bei Bedarf zum Urstart hergerichtet werden, was jedoch zwei weitere Schritte erfordert. Erstens muß der Urstartblock mit dem Startprogramm belegt werden, was als Zusatzoption mit mkfs(1m) oder als separater Schritt mit dem Blockkopierbefehl **dd(1)** durchgeführt werden kann. Zweitens muß im Root-Verzeichnis eine Kopie der ausführbaren Binärdatei des Kernels (normalerweise '/unix') angelegt werden, wozu der Dateikopierbefehl **cp(1)** benutzt werden kann. Das Dateisystem muß dazu logisch eingehängt sein, da entsprechende Einträge im Superblock, in der Inode-Liste und im Root-Verzeichnis gemacht werden müssen.

3.4 Die Pflege und Sicherung von Dateisystemen

In produktionsorientierten Arbeitsumgebungen mit größeren Benutzergemeinschaften kommt der vorbeugenden Systempflege, Reparatur und Datensicherung eine besondere Bedeutung zu. In den folgenden Abschnitten werden die wichtigsten Prozeduren kurz beschrieben.

3.4.1 Überprüfung und Reparatur

Zwei Zustände können auf besondere Weise die Verwendbarkeit eines Dateisystems beeinträchtigen, was zwar nicht unbedingt dessen funktionalen Ausfall bedeutend muß, aber dennoch zu einer derartigen Verschlechterung der Zugriffsleistung führen kann, daß das Dateisystem praktisch unbrauchbar wird.

Auf Grund ihrer besonderen Architektur sind UNIX-Dateisysteme der Gefahr der Beschädigung durch Stromausfall (einschließlich des unachtsamen Abschaltens) oder durch zeitweilige oder ständige interne Gerätestörungen besonders ausgesetzt. Eine weitere Gefahrenquelle liegt in der schleichenden Zersetzung des im Arbeitsspeicher liegenden Ausführkodes des Kernels, was bei ununterbrochenem Betrieb statistisch nicht ausgeschlossen werden kann. Dateisysteme sind häufig die ersten Opfer eines derartig *senil* gewordenen Betriebssystems.

Unerfahrenheit oder ausgesprochene Unachtsamkeit des Superusers stellt eine nicht mindergroße Gefahrenquelle dar, die zur Beschädigung oder hoffnungslosen Zerstörung eines Dateisystems führen kann. Das unbedachte Löschen mit unlink(1m) der Namensbindungen eines Verzeichnisses, von dem ein größerer Teilbaum ausgeht, ist ein klassisches Beispiel.

Weniger offensichtlich und nur scheinbar harmloser ist der langsam einsetzende Abfall der Zugriffsleistung, der durch die Streuung der Datenblöcke über die Datenregion ensteht, was insbesondere beim Mehrbenutzerbetrieb der Fall ist, wo zahlreiche Dateien ständig angelegt, vergrößert und verkleinert und dann wieder gelöscht werden. Das wahrnehmbare Anzeichen für diese Art des Verfalls eines Dateisystems ist eine schleichende Erhöhung der Antwort- und Verarbeitungszeiten, oft verbunden mit einem fast klagenden Geräusch aus dem Plattenlaufwerk.

3.4.1.1 Beschädigte Dateisysteme

Aus der besonderen Architektur des UNIX-Dateisystems ergeben sich drei potentielle hauptsächliche Schadenszonen:

- Die physische Struktur der Objekte und deren Attribute, die durch den Inhalt der Inodes bestimmt werden.

- Die logische Struktur, deren innere Geschlossenheit (connectivity) durch die Namensbindungen (links) zwischen Inodes und Verzeichniseinträgen bestimmt wird.

- Die Vorratsliste der verfügbaren Datenblöcke.

Das mit dem UNIX-Systempaket ausgelieferte Spezialprogramm **fsck(1m)** deckt die potentiellen Schadenszonen durch 5 Prüf- und Reparaturphasen ab:

<u>1. Check Blocks and Sizes</u>
Überprüfen der Richtigkeit und der Beständigkeit der Inode-Attribute; insbesondere die Anzahl und die Adressen der zugewiesenen Datenblöcke.

<u>2. Check Pathnames</u>
Festellen von Namensbindungen an jene Inodes, die unter (1) als defektiv erkannt wurden.

<u>3. Check Connectivity</u>
Feststellen von belegten Inodes, die keine Namensbindungen mehr haben, oder nie hatten; also von *verwaisten* Objekten (orphaned objects).

<u>4. Check Reference Counts</u>
Vergleich der vorgefundenen Anzahl von Namensbindungen an die Inodes mit dem aktuellen Wert ihrer Link-Zähler.

<u>5. Check Free List</u>
Durchlaufen der verketteten Liste von verfügbaren Datenblöcken (linked list of free data blocks), wobei die darin enthaltenen Blockadressen hinsichtlich der zulässigen Bereiche überprüft werden, was auch Vergleiche mit der Ausweichtabelle für defektive Blöcke (bad block table) miteinschließt sowie eine Prüfung auf mehrfaches Auftreten von Blockadressen in der Blockvorratsliste, wobei die überzähligen Adressen aus der Liste gelöscht werden.

Schließlich wird die Gesamtzahl der zugewiesenen und der noch verfügbaren Blöcke mit der zulässigen Gesamtzahl für das Dateisystem verglichen, wodurch die Anzahl eventuell fehlender Blöcke festgestellt wird, welche dann in einem weiteren Schritt wieder in die Liste eingeliedert werden.

fsck(1m) ist für den interaktiven Gebrauch bestimmt, gibt seine Befunde zum Terminal aus und fordert den Benutzer zum Annehmen oder Ablehnen der Korrekturschritte auf, die durch ein heuristisches Prüfverfahren bestimmt werden. Das Dateisystem sollte *logisch* abgenommen werden, bevor die eigentlichen Reparaturen durchgeführt werden (wobei es natürlich *physisch* aufgesetzt bleiben muß). Falls das logische Abnehmen nicht möglich ist (wie beim einheimischen Dateisystem), sollte das Betriebssystem zum Einzelbetriebszustand (single user mode) heruntergefahren werden, um die Anzahl der Prozesse auf ein Minimum zu reduzieren.

Einzelheiten bezüglich der Anwendung von fsck(1m) sind unter dessen Eintrag im Systemverwalter-Handbuch zu finden. Eine ausführliche Beschreibung der möglichen Schadenszustände sowie der Prüfmeldungen und Korrektur-Prompte wird im Systemverwalter-Leitfaden gegeben.

3.4.1.2 Poröse Dateisysteme

Ein *poröses* (degraded) Dateisystem braucht durchaus nicht im Sinne von fsck(1m) beschädigt zu sein. Tatsächlich haben unbeschädigt langlebende Dateisysteme eine besonders hartnäckige Tendenz porös zu werden.

Ein poröses Dateisystem braucht im allgemeinen einen Kopiervorgang, um die Anordnung und Verteilung der belegten Datenblöcke hinsichtlich der Zugriffsleistung des Laufwerks zu optimieren. Dabei kann auf zweierlei Weise verfahren werden, wobei die Wahl des Verfahrens von den vorhandenen Massenspeicherlaufwerken und Dienstprogrammen abhängt.

Bei größeren Anlagen, die neben dem Träger eines porösen Dateisystems noch ein weiteres Plattenlaufwerk haben, kann ein Disk-Kopierprogramm wie **dcopy(1m)** benutzt werden, um eine *komprimierte* (compressed) Kopie des alten Systems anzulegen, die dann entweder unmittelbar anstelle des alten Dateisystems weiterbenutzt oder mit dem Volumen-Kopierprogramm **volcopy(1m)** (Abschnitt 3.4.3.2) auf den Träger des alten Dateisystems zurückkopiert wird. Die beiden Dateisysteme beziehungsweise ihre Träger werden dabei *nur physisch*, nicht aber logisch eingehängt!

Bei kleineren Systemen, wo keine zusätzlichen Laufwerke zur Verfügung stehen, muß anders verfahren werden. Das alte Dateisystem wird dabei zuerst über das mit Sicherheit vorhandene Datensicherungslaufwerk je nach Anlage auf Magnetband oder eine (eventuell größere) Anzahl von Disketten kopiert. Dann wird auf dem Trägermedium des alten Dateisystems ein neues angelegt, in das die gesicherten Objekte dann zurückkopiert werden. Drei zuverlässige UNIX-Einrichtungen stehen hierfür zur Verfügung:

- fdump(1m)/restore(1m), mit dem ein Dateisystem als Ganzes gehandhabt werden kann (Abschnitt 3.4.3.1).

- cpio(1) und tar(1), mit denen sowohl ganze Teilbäume als auch einzelne Verzeichnisse und Dateien kopiert werden können (Abschnitt 3.9).

Ein besonderes Problem entsteht bei den einheimischen Dateisystemen kleinerer Anlagen. Das offensichlich einfachste Verfahren wäre, Sicherungskopien aller Benutzerdateien — sowohl Daten als auch importierte Software — anzulegen, dann das originäre UNIX-Systempaket neu zu installieren und schließlich die Sicherungskopien einfach zurück zu kopieren. Falls auch diese Prozedur nicht mehr möglich ist (ältere Systeme), müssen Sicherungskopien der zu erhaltenden Objekte angelegt und auf Brauchbarkeit hin überprüft werden (doppelte Kopien sind ratsam). Alle Benutzerobjekte und alle nicht funktionsgebundenen Systemobjekte werden dann gelöscht. Das Systemverzeichnis '/dev', welches die unabdinglichen Gerätekanäle enthält sowie das Systemverzeichnis '/bin', welches die Ausführdateien der UNIX-Befehle und insbesondere die notwendigen Kopierbefehle enthält, müssen dabei auf jeden Fall unbeschadet erhalten bleiben; andere Systemverzeichnisse wie '/etc' und '/usr' sollten nach Möglichkeit erhalten bleiben. Erst nachdem alle für das weiterlaufende Betriebssystem nicht absolut funktionswichtigen Objekte gelöscht und somit die größtmögliche Anzahl von Datenblöcken freigesetzt wurden, werden die Sicherungskopien wieder eingespielt. Das Dateisystem wird auf diese Weise zumindest teilweise komprimiert. Dieses Verfahren sollte nur im Einzelbetriebszustand und dann ohne jegliche Benutzerprozesse durchgeführt werden.

3.4.2 Das Sichern von Dateisystemen

Bei einer größeren Anzahl von Benutzern ist die Wiederherstellung eines zusammengebrochenen Dateisystems durch stückweises Einspielen der persönlichen Sicherungskopien der einzelnen Benutzer schon wegen des Aufwands an Zeit und Mühe praktisch unmöglich. Bei konzertierten Projekten führt das stückweise Einspielen der einzelnen Moduln aus verstreuten Quellen häufig zu einem hohen Grad von Inkonsistenz bei dem wiederhergestellten Produktsystem. Der Hauptgrund ist, daß erfahrungsgemäß die individuelle Datensicherung durch die Benutzer zumeist nur sporadisch und unkoordiniert durchgeführt wird.

Das ursprüngliche UNIX-Systempaket stellt zwei Dateisicherungsverfahren zur Verfügung: **fdump(1m)/restore(1m)** und **volcopy(1m)**. Beide Verfahren sind speziell für die massive Sicherung und Wiederherstellung vollständiger Dateisysteme gedacht, wobei Magnetbandspulen (reels) oder -kassetten (streaming tapes) die herkömmlichen Datenträger für diese Art der Massenspeicherung sind. Disketten können nur bei sehr kleinen Dateisystemen sinnvoll eingesetzt werden und erfordern zumeist eine größerere Anzahl von Fortsetzungsvolumen.

Die nachfolgenden zwei Unterabschnitte beschreiben kurz die Anwendungs- und Wirkungsweise von fdump(1m)/restore(1m) und volcopy(1m), wobei im Auge behalten werden muß, daß es sich hier um die Bewegung *ganzer Dateisysteme* handelt. Das selektive Aus- und Einlagern von Verzeichnissen und Dateien wird im Abschnitt 3.10 besprochen.

3.4.2.1 fdump(1m) und restore(1m)

Die zwei *reziproken* Dienstprogramme **fdump(1m)** und **restore(1m)** werden für die integrale Sicherung beziehungsweise Wiederherstellung ganzer Dateisysteme unter Erhaltung der logischen Strukturen benutzt. *fdump* legt die Objekte als zusammenhängende Ketten logischer Blöcke auf dem Datenträger ab. Das Dateisystem kann dann mit *restore* ganz oder teilweise wiederhergestellt werden. Auf diese Weise können auch *poröse* Dateisysteme komprimiert werden. Eine eingehende Beschreibung der beiden Superuser-Befehle ist im Systemverwalter-Handbuch zu finden.

fdump ist ein *intelligentes* Datensicherungsprogramm, das nach genauen Vorgaben selbstständig bestimmt, welche Dateien zum jeweiligen Zeitpunkt gesichert werden müssen. Dabei werden nur neuangelegte oder jüngst modifizierte Dateien erstmalig beziehungsweise erneut gesichert; schon gesicherte aber seither unveränderte Dateien werden übergangen — weshalb der Vorgang auch als *incremental* bezeichnet wird. Ein vom Systemverwalter vorgegebenes *zyklisches Fälligkeitsschema* (dump levels) steuert die jeweilige Dateiauswahl.

Das Befehlspaar fdump(1m)/restore(1m) ist ein zählebiges aber stets nützlich gebliebenes Überbleibsel aus der früheren Version 7 (ca. 1979). Verschiedene Varianten werden von OEM-Auslieferfirmen als Bestandteil des UNIX-Systempakets mitgeliefert. Bei einigen Systemen werden die Funktionen von *dump/restore* durch das verallgemeinerte Kopierprogramm **cpio(1)** (copy in/out) wahrgenommen. *cpio* wird in den Abschnitten 3.9.4 und 3.10.1 besprochen.

3.4.2.2 volcopy(1m)

Im Gegensatz zu *fdump* legt **volcopy(1m)** ein naturgetreues topologisches Abbild der gesamten Trägereinheit (volume) eines Dateisystems auf dem Sicherungsmedium ab, wobei die physischen Blöcke in *topologischer* (nicht logischer!) Reihenfolge kopiert werden. Die physische Struktur des Dateisystems bleibt dabei voll erhalten, so daß *volcopy* nicht zum Komprimieren poröser Dateisysteme benutzt werden kann. Durch Rückkopieren kann das Dateisystem in seinen Originalzustand wiederhergestellt werden. Einzelne Objekte können jedoch nicht kopiert werden.

Bei der Anwendung von *volcopy* wird ein Dateisystem durch einen Systemnamen wie 'root', 'benutzer', 'arbeit' usw. gekennzeichnet, wobei zumeist der Name des tragenden Hakenverzeichnisses benutzt wird. Größere Dateisysteme werden häufig über mehrere Datenträger (Volumen) verteilt. Das Bezeichnerpaar (<Systemname>, <Volumen>) stellt dabei die Volumen-Kennung (volume label) dar, die vor dem eigentlichen Kopieren von *volcopy* genauestens überprüft wird; bei etwaiger Inkonsistenz wird der Kopiervorgang gar nicht erst eingeleitet. Dementsprechend muß beim Neuanlegen von Sicherungskopien das *volume label* zuerst auf das Sicherungsmedium eingetragen werden.

Das beigeordnete Hilfsprogramm **labelit(1m)** wird zum Eintragen und Abfragen des *volume label* benutzt. Wird zum Beispiel eine nichtgekennzeichnete (unlabelled) Bandkassette in das durch den Gerätekanal '/dev/mt1' angesprochene Laufwerk eingelegt, so kann mit *labelit* abgefragt werden:

```
$ labelit /dev/mt1
labelit: tape not labelled
```

Um die Volumen-Kennung '(arbeit, teil1)'auf einer bereits einliegenden Bandkassette einzutragen, muß die Option 'n' (new) benutzt werden:

```
$ labelit  /dev/mt1  arbeit  teil1   -n
Skipping label check!
NEW fsname = arbeit, NEW volname = teil1
--DEL if wrong!!
```

wobei der Schreibvorgang innerhalb einer Gnadenfrist (etwa 10 Sekunden) mit der Interrupt-Taste (DEL oder CTL_C) storniert werden kann, da mit der neuen Kennung alle sich noch auf dem Band befindlichen alten Daten im allgemeinen *unwiderruflich verloren* gehen. Die neue Kennung kann nun abgefragt werden:

```
$ labelit  /dev/mt1
Current fsname: arbeit, Current volname: teil1
Blocks: 0 ... Date last mounted: Sat Aug  2 22:17:01 1988
```

Mit *volcopy* kann nun das Trägermedium eines Dateisystems auf eine derartig vorbereitete Bandkassette kopiert werden. Als unser fortgesetztes Beispiel sei das am Hakenverzeichnis '/arbeit' noch logisch eingehängte Dateisystem betrachtet, dessen Plattenlaufwerk durch den Gerätekanal '/dev/md0' angesprochen wird:

```
$ volcopy  /arbeit  /dev/md0  teil1  /dev/mt1  teil1
 ...
```

Nach dem Befehlsaufruf prüft *volcopy* die Kennung und fragt dann Bandlänge und Schreibdichte (recording density) ab, die nach der Eingabe auf Verträglichkeit mit dem Medium überprüft werden. Der Kopiervorgang läuft mit einer Durchschnittsgeschwindigkeit von 0,3 - 0,6 MB/min. ab, so daß das Kopieren größerer Dateisysteme mehrere Stunden brauchen kann. Bei normaler Beendigung wird die Anzahl der tatsächlich kopierten Blöcke ausgegeben. Der Kopiervorgang kann jederzeit mit der Interrupt-Taste beendet werden.

Jeder erfolgreiche Kopiervorgang wird von *volcopy* in eine Berichtsdatei (logfile) eingetragen:

```
$ cat /etc/log/filesave.log
Tue Sep 14 14:32:33 1988
/dev/md0;arbeit;teil1,7965 -> /dev/mt1;arbeit;teil1,7965
 ...
```

wobei neben den Datum und den Gerätekanälen auch die Volumen-Kennung sowie die Anzahl der Blöcke (7965) festgehalten wird.

volcopy arbeitet vollkommen symmetrisch hinsichtlich des Kopierens und Wiederherstellens eines Dateisystems, da nur die Namen der Gerätekanäle in der Argumentliste ausgetauscht werden müssen. Im Grunde genommen besteht kein Unterschied zwischen den beiden Kopiervorgängen. Die für das jeweilige System verbindlichen Einzelheiten sind unter volcopy(1m)/SHB beschrieben.

3.5 UNIX-Objekte

Im inzwischen schon "klassischen" Sinne wird der Begriff *Datei* zumeist eng mit einem Datenträger verbunden, schon deshalb weil ein gewisser Inhalt vorausgesetzt wird — eben die Daten —, der irgendwo gespeichert werden muß. Dagegen hat das überwiegend als "Datei" übersetzte Wort "file" eine wesentlich umfassendere Bedeutung, die im originären UNIX-Sprachgebrauch allgemein unterstellt und erst im konkreten Zusammenhang spezifisch verengt wird. [1]

Die UNIX-"Philosophie" geht jedoch über den Sprachgebrauch hinaus, indem sie den Begriff der *file* zu einen vereinheitlichenden Konzept erhebt, unter dem *files* in erster Linie als *Quellen* und *Senken* von Datenströmen zu verstehen sind, deren physischer Ursprung und physisches Ziel von untergeordneter Bedeutung sind. Tatsächlich liegt hier der Schwerpunkt bei den prozeduralen Aspekten der Verwaltung und Steuerung der aus Quellen eintretenden und in Senken austretenden Datenströme —, die eben die *files* im erweiterten UNIX-Sinn sind. Das praktische Resultat dieses vereinheitlichenden Konzeptes ist eine weitgehende Standardisierung und Vereinfachung der bisher zahllosen und unterschiedlichen Zugriffsmethoden.

Diesen Betrachtungen zufolge sollte das Wort "Datei" in erster Linie konform mit seiner klassischen Bedeutung als Datenkörper gebraucht werden. Im Gegensatz dazu muß "file" als der erweiterte Begriff verstanden werden, der hier mit dem Wort "Objekt" ausgedrückt werden soll.

Das UNIX-Konzept postuliert vier Haupttypen von Objekten:

- [–] reguläre Dateien (ordinary data files)
- [d] Verzeichnisdateien (directory files)
- [b,c] Gerätekanäle (device files)
- [p] permanente Prozeßkanäle (named pipes)

wobei die eingeklammerten Zeichen die Typen-Kennungen darstellen.

*Reguläre Datei*en und *Verzeichnisdateien* sind speichergebundene Datenkörper, die sich im wesentlichen nur durch Inhalt und Verwendung unterscheiden. *Gerätekanäle* stellen dagegen reine Quellen und Senken von Datenströmen dar, wie zum Beispiel die seriellen und parallelen Anschlußports, die direkten Zugriffskanäle zum Arbeitsspeicher und zu den Platten-, Disketten- sowie Bandlaufwerken. *Permanente Prozeßkanäle* sind dagegen

1. Eine konkretere Alternative ist der im originären IBM-Schrifttum oft verwendete Terminus "data set".

transiente *FIFO-Schlangen* (first in, first out) mit kooperierenden Prozessen als Quellen und Senken an den Endpunkten.

Der Grundtyp von Objekten kann mit dem Befehl **ls(1)** festgestellt werden:

```
$ ls -dog /bin /bin/ed /dev/tty03
drwxrwxr-x   2   1648    Oct 28  1989    /bin
-rwxr-xr-x   2   34796   Apr 14  1986    /bin/ed
crw--w--w-   1   11, 3   May  4  14:01   /dev/tty03
\
 \_________ Objekttyp
```

wobei die Optionskombination 'dog' nur das Verzeichnis, nicht aber seinen Inhalt auflistet, während 'o' und 'g' die Ausgabe von 'owner' und 'group' unterbinden.

Eine Kurzbeschreibung von Objekten kann mit dem Befehl **file(1)** abgefragt werden:

```
file [<Optionen>]  <Objektname>  [<Objektname> ... ]
```

wobei Kombinationen von Attributen ausgegeben werden, die nach dem folgenden Schema zeilenweise assoziiert sind:

```
[ empty | data | directory | fifo | ... ]
[ ascii | commands | English | ... ]  text
[ assembler | c | cobol | fortran | ... ]  program text
[ block | character | ... ]  special (major, minor)
<generic type>  [ object | executable ] [[not] stripped]
  ...
```

Die für das jeweilige System gültigen Attribute können in der Datei '/etc/magic' eingesehen werden. Die Bedeutung von 'fifo' und 'special' wird im Zusammenhang mit den Datenkanälen im Abschnitt 3.5.3 besprochen. Ein typisches Aufrufbeispiel wäre:

```
$ file  /bin  /bin/ed  /etc/passwd
/bin:           directory
/bin/ed:        executable stripped
/etc/passwd:    ascii text
```

3.5.1 Reguläre Dateien

Reguläre Dateien sind entweder vollkommen leer oder enthalten ausschließlich Nutzdaten; sie enthalten also keinerlei beschreibende Informationen und insbesondere weder Kennungssätze (header, labels) noch Abschlußmarken (trailing marks). Reguläre Dateien werden als eine logische Anreihung von direkt adressierbaren Datenblöcken gespeichert, die mehr oder weniger zufallsmäßig über den gesamten Datenbereich des Datenträgers verstreut sind.

Die zur Verwaltung der Dateien benötigten Parameter und Attribute, einschließlich der Blockadressen, befinden sich ausschließlich in den Inodes (Abschnitt 3.1.1.3). Auf der untersten Ebene der UNIX-Programmierlogik werden reguläre Dateien nur als *lineare Aggregate* einer vorgegebenen Anzahl von Bytes behandelt. Höheren Datenstrukturen und Zugriffsverfahren bauen sich erst darauf auf.

Reguläre Dateien werden zwar durch ls(1) gemeinsam mit dem Minuszeichen '–' bezeichnet, müssen aber nach Inhalt und Verwendungszweck nochmals in *Textdateien* und *Binärdateien* unterteilt werden, was jedoch mit *ls* nicht festgestellt werden kann:

```
$ ls –dog  /bin/ed  /etc/passwd   /etc/wtmp  pgmx.o
–rwxr–xr–x    2    247     Apr 14  1986     /bin/basename
–r––r––r––    1    471     Apr 13 10:49     /etc/group
–r––r––r––    1    38765   May  4 16:21     /etc/wtmp
–rw-rw-rw–    1    142     May  7 10:17     pgmx.o |
\
 \__________  reguläre Dateien (–)
```

Anstelle dessen muß auch hier der Befehl file(1) benutzt werden:

```
$ file  /bin/basename  /etc/wtmp  pgmx.o
/etc/group:      commands text
/etc/wtmp:       data
pgmx.o:          5000 object not stripped
```

Reguläre Dateien können innerhalb der durch die jeweils noch verfügbaren Datenblöcke und Inodes gesetzten Grenzen nach Bedarf von Benutzern angelegt werden, wobei allerdings eine gewisse administrative Kontrolle geboten ist. Das ursprüngliche UNIX-Systempaket stellt kein ausgesprochenes Quotenverwaltungssystem zur Verfügung, was jedoch von vielen OEM-Auslieferfirmen durch Zusatzprogramme ausgeglichen wird.

Die Maximalgröße von regulären Dateien kann jedoch mit der Anweisung setulimit(1) für jeden Benutzer individuell festgelegt werden, wobei die

Maximalzahl von Datenblöcken angegeben werden muß. Die tatsächliche Größe einer regulären Datei kann mit ls(1) und der Option 's' (size) abgefragt werden, wobei zu ganzen Datenblöcken (1024 Bytes) aufgerundet wird:

```
$ ls –s ...
total 1932
124 abba   99 babba ... 2 zappa ...
$
```

Reguläre Dateien können mit dem Befehl **rm(1)** gelöscht werden:

```
$ rm   abba   babba ...
$ rm   /Hubert/arbeit/program.o ...
```

wobei das *Schreibrecht* 'w' für das *entsprechende Verzeichnis* vorhanden sein muß (Abschnitt 3.8.1). Das endgültige Löschen erfolgt allerdings erst mit dem Löschen der letzten oder einzigen Namensbindung, da erst dann die Inodes und Datenblöcke freigesetzt werden (Abschnitt 3.9.1). Im Mehrbenutzerbetrieb, insbesondere während des Hochbetriebs, geht eine endgültig gelöschte reguläre Datei fast immer unwiderruflich verloren. Eine teilweise Wiederherstellung einer Datei, die während einer sehr ruhigen Periode im Einzelbetrieb versehentlich gelöscht wurde, ist unter günstigen Umständen und mit sehr viel Glück möglich, wobei der Blockkopierbefehl **dd(1)** zum blockweisen Absuchen des Dateisystems benutzt werden kann.

3.5.1.1 Textdateien

Textdateien, auch ASCII-Dateien genannt, sind durch folgende Eigenschaften gekennzeichnet:

- Der Datenkörper ist ein lineares Aggregat von Bytes, deren Inhalt 7-bit ASCII-Zeichen mit einer binären Oktalwertigkeit von 00-0177 sind, was einem Vorrat von 128 Zeichen entspricht. Das höchstwertige Bit bleibt dabei logisch unbenutzt (obgleich es bei manchen Systemen und insbesondere bei Kommunikationsprogrammen zur Paritätsprüfung benutzt wird). Der für UNIX verbindliche ASCII-Zeichensatz wird in tabellarischer Form unter ascii(5)/PHB aufgeführt. Textdateien werden daher oft auch als "ASCII- Dateien" bezeichnet. [2]

2. Das Internationale Alphabet Nr. 5, das unter der CCITT-Norm V.3 beschrieben wird, entspricht in seiner Grundform dem ASCII (American Standard Code for Information Interchange).

- Die logische Dateistruktur entspricht dem herkömmlichen Schreibmaschinentext: *Zeilen* von variabler Länge, die mit dem Zeilenvorschub LF(012) abgeschlossen werden; *Worte* von variabler Länge, die durch Leerzeichen SP(040) oder Tabulatorzeichen HT(011) getrennt sind.

Textdateien können mit den UNIX-Texteditoren **ed(1)** oder **ex(1)/vi(1)** angelegt und modifiziert werden oder mit jedem anderen ausgesprochenen ASCII-Editor. Editoren und andere Textverarbeitungssysteme, die mit einem erweiterten ASCII-Zeichensatz arbeiten oder aus anderen Gründen Oktetts mit einer Wertigkeit > 0177 einfügen (z.B. Terminal- oder Druckersteuerung), arbeiten nicht mit Textdateien im Sinne der UNIX-Definition!

Konforme Textdateien können mit allen ursprünglichen UNIX-Einrichtungen zur Text- und Dokumentverarbeitung weiterverarbeitet werden, darunter der Durchlaufeditor sed(1), die Formatierprogramme awk(1) und nroff(1)/troff(1) sowie das universelle Sortierprogramm sort(1). Textdateien werden als Steuerdateien von zahlreichen Werkzeugen, Dienst- und Hilfsprogrammen benutzt. Die Quellkode-Dateien der überaus meisten Kompiler und Interpreter sowie des einheimischen Assemblers müssen als Textdateien angelegt werden. Insbesondere müssen Shell-Programme (shell script), die von den UNIX-Shells interpretiert werden sollen, als konforme Textdateien angelegt werden. [3] Textdateien sind auf allen ASCII-Bildschirmen und -Druckern darstellbar und können unter Paritätsprüfung sowohl seriell als auch asynchron übertragen werden.

Textdateien werden nochmals gemäß Inhalt unterteilt, wozu wiederum der Befehl file(1) dient:

```
$ file /etc/passwd  /etc/rc  /etc/Hubert/progx.c
/etc/passwd:        ascii text
/etc/rc:            commands text
/Hubert/progx.c:    c program text
```

Daten müssen nicht unbedingt in Textdateien abgelegt werden. Rein numerische Daten, wie Meßdaten, die ausschließlich der digitalen Präzisionssteuerung oder sehr genauen Berechnungen dienen müssen, werden kaum als Ziffernfolgen in Textdateien abgelegt, da dann jedesmal eine Umwandlung zu dem internen Binärformat des jeweiligen Datentypes notwendig ist, was nicht nur ineffizient, sondern bei inkommensurablen Dezimalbrüchen auch mit beträchtlichen Präzisionsverlust verbunden wäre. Darüberhinaus wird bei numerischen Textdaten wesentlich mehr Speicherplatz benötigt. Zum Beispiel beansprucht die vorzeichenfreie Ganzzahl '32768' als Ziffernfolge genau 5 Bytes, aber nur 2 Bytes als Datentyp 'short' in 'C'.

3. Das auf der BSD-Variante aufbauende Betriebssystem SunOS 4.1 erlaubt vollwertige Oktetts in Textdateien (8-bit clean environment), was der Darstellung nationaler Zeichen gemäß dem Zeichensatz ISO 8859 (ISO Latin 1) dient.

3.5.1.2 Binärdateien

Die Datenkörper von Binärdateien sind lineare Aggregate von Bytes, deren Inhalt 8-bit Oktetts mit einer binären Oktalwertigkeit von 00-0377 sind, was einen Wertevorrat von 256 Oktetts entspricht. Das höchstwertige Bit wird dabei zwangsläufig ab 0177 belegt.

Im Gegensatz zu Textdateien besitzen Binärdateien keine gemeinsame logische Struktur, sondern nur individuelle topologische Strukturen, die durch die Verwendung bestimmt werden, und häufig sehr komplex sind. Für die Programmiersprache C werden die Strukturvorlagen (structure specifications) von binären System- und Standard-Dateien in besonderen Zusatzdateien (header files) im Systemverzeichnis '/usr/include' abgelegt.

Binärdateien werden ebenfalls gemäß Inhalt unterteilt:

```
$ file a.out progx.o messdaten
a.out:        executable
progx.o:      object
messdaten:    data
```

Binärdateien, die Objekt- oder Ausführkode enthalten, werden von Kompilern wie cc(1) und dem einheimischen Assembler as(1) erzeugt. Mit dem Linker ld(1) (loader) werden Objektmodule unter Einbindung von System- und Bibliotheksfunktionen zu ausführbaren Dateien zusammengebunden. Das generelle Format von Objektdateien wird im Leitfaden der Software-Entwicklungswerkzeuge unter dem Eintrag "Common Object File Format" eingehend beschrieben. Die Struktur von ausführbaren Binärdateien wird unter a.out(4)/PHB eingehend beschrieben; die entsprechende Strukturvorlage kann in der C-Zusatzdatei '/usr/include/a.out.h' eingesehen werden.

Binärdateien mit dem Attribut 'data' enthalten zumeist numerische Daten in den internen Darstellungsformen ('short', 'integer', 'real', 'float', usw.) von Anwendungsprogrammen. Bei solchen Dateien entfällt die E/A-Umwandlung zu und von ASCII-Ziffernfolgen, was wiederum nicht nur die Präzision sichert, sondern darüberhinaus auch den Bedarf an Speicherplatz wesentlich verringert.

3.5.2 Verzeichnisdateien

Verzeichnisdateien (directory files) werden von ls(1) mit dem Buchstaben 'd' gekennzeichnet:

```
$ ls -og /bin /dev /etc
drwxrwxr-x    2   1648   Oct 28  1989     /bin
drwxr-xr-x    10  2160   May  7 10:01     /dev
drwxrwxr-x    6   2112   May  7 09:20     /etc
\
 \____________ Verzeichnisdateien (d)
```

und von file(1) als solche beschrieben:

```
$ file /bin /dev /etc
/bin:   directory
/dev:   directory
/etc:   directory
```

Verzeichnisdateien enthalten die Bindungen von Basisnamen an Inodes (links) sowie die impliziten Verweise '.' und '..' (Abschnitt 3.1.2.3). Sie unterscheiden sich hinsichtlich ihrer physischen Speicherung in keiner Weise von den regulären Dateien. Der Unterschied liegt einzig in der Verwaltung: Nur der Kernel kann Namensbindungen eintragen und löschen, oder sonstige Veränderungen vornehmen. Verzeichnisdateien können jedoch von Benutzern mit dem Zugriffsrecht 'r' gelesen werden.

Verzeichnisse können mit den Benutzerbefehlen **mkdir(1)** und **rmdir(1)** angelegt beziehungsweise gelöscht werden:

```
mkdir | rmdir  <Verzeichnisname>
```

wobei die eigentlichen Verzeichnisdateien erzeugt beziehungsweise gelöscht werden. Nur vollkommen leere Verzeichnisse können mit *rmdir* gelöscht werden. Im Gegensatz dazu kann ein nichtleeres Verzeichnis mit dem allgemeinen Löschbefehl **rm(1)** und der Option 'r' gelöscht werden:

```
rm -r <Verzeichnisname>
```

wobei der gesamte von dem zu löschenden Verzeichnis ausgehende Teilbaum rekursiv gelöscht wird, beginnend mit der untersten Ebene. Das eigentliche Verzeichnis wird dabei zuletzt gelöscht.

Die eigentlichen Verzeichnisdateien enthalten die Namensbindungen an die Inode-Indexe. Die Einträge sind als Sätze mit zwei Feldern und einer Gesamtlänge von 16 Bytes strukturiert:

Byte	Länge	Inhalt
1	2	Inode-Index
3	14	Basisname

woraus auch die festgelegte *Maximallänge* von 14 Zeichen für die Basisnamen ersichtlich ist. Die Strukturvorlage kann in der C-Zusatzdatei '/usrc/include/dir.h' eingesehen werden und wird unter dir(4)/PHB beschrieben. Da der Inode-Index in binärer Form abgelegt wird, kann eine Verzeichnisdatei nicht wie eine Textdatei unmittelbar auf dem Bildschirm oder Drucker dargestellt werden. Zur Interpretation kann der Befehl od(1) mit der Option 'c' verwandt werden.

Die in einen Verzeichnis enthaltenen Namensbindungen können mit ls(1) und der Optionskombination 'ia' aufgelistet werden:

```
$ ls -ia
7087 .
7931 ..
5678 abba  8901 bappa ... 6732 zappa ...
```

wobei durch die Option 'a' der Selbsteintrag '.' und der Eintrag des Mutterverzeichnisses '..' mitausgegeben wird.

Die Rationale der Namensbindungen wurde bereits im Abschnitt 3.1.2.3 besprochen. Die Darstellung und die Interpretation der in den Inodes enthaltenen Attribute wird im Abschnitt 3.8 eingehend besprochen.

3.5.3 Datenkanäle

Hier ist oft von "Sonder-" oder " Spezialdateien" die Rede, was eine etwas vereinfachte Wiedergabe des originären UNIX-Begriffes "special files" wäre. Tatsächlich aber entspricht die generische Funktion einer *special file* der eines Datenkanals, der Datenquellen (sources) und -senken (sinks) verbindet. Dabei muß zwischen *Gerätekanälen* (device files) und *Prozeßkanälen* (pipes) unterschieden werden.

Gerätekanäle leiten die Datenströme zwischen Prozessen und den Anschlußports physischer oder virtueller Geräte (real or virtual devices). Die typischen Gerätekategorien sind:

- Platten-, Disketten- sowie Magnetbandlaufwerke.

- Serielle (tty) Ports, die gemäß CCITT-Norm V.24 (RS-232C) zum Anschluß von peripheren Geräten dienen, die mit niedrigen bis mittlereren Übertragungsraten arbeiten: Terminals, Drucker, PADs, MODEMs usw.

- Parallele Ports für hohe Übertragungsgeschwindigkeiten: IEEE-488, CENTRONICS, SCSI usw.

- Pufferartige Bereiche im Arbeitsspeicher, die zur Darstellung von Prozeßfenstern (process windows) und virtueller Geräte dienen.

- Transiente Puffer- und Ablagedateien (core files), die im Systembereich des Arbeitsspeichers angelegt werden.

- Systemuhren, Tongeneratoren, Taktgeber und andere integrierte Funktionsmoduln.

- Eine oder mehrere Nulldateien (null files, dummy files), die als leere Quellen und endlose Datensenken fungieren.

Im Gegensatz zu den Gerätekanälen dienen Prozeßkanäle dem Datenaustausch zwischen mehreren kooperiernden Prozessen (IPC: interprocess communication; Abschnitt 4.1.4):

- Ursprünglich im Kernel eingebundene permanente Halbduplexkanäle (named pipes), die nach dem Prinzip der Einweg-FIFO-Schlangen arbeiten.

- Benutzerprogrammierte Duplex- und Multiplexkanäle, die nach anwendungsspezifischen *Protokollen* arbeiten; darunter fallen auch die *mail boxes*.

Das originelle UNIX-Konzept der *device file* bedeutet einen enormen Schritt hin zur Vereinheitlichung und Vereinfachung eines bisher exklusiv der Systemprogrammierung vorbehaltenen, fast mysteriösen Bereiches. Was bisher in esoterischen Makro- und Systemaufrufen versteckt war, steht dem Benutzer nun auf der rein prozedurellen Ebene der Programmiersprachen — insbesondere der C-Sprache — offen zur Verfügung, wobei einheitliche Zugriffsvereinbarungen gelten. Insbesondere können nun die Geräte- und Prozeßkanäle genauso angebunden, eingelesen, beschrieben und freigesetzt werden wie herkömmliche Dateien.

Die Gerätekanäle werden durch die Buchstaben 'b' und 'c' als Blockbeziehungsweise als Zeichenkanäle gekennzeichnet sowie durch ein Kennungspaar, das aus zwei ganzzahligen Werten besteht: *Hauptwert* (major device number) und *Nebenwert* (minor device number). Der Typ und die Kennungen werden von ls(1) angezeigt:

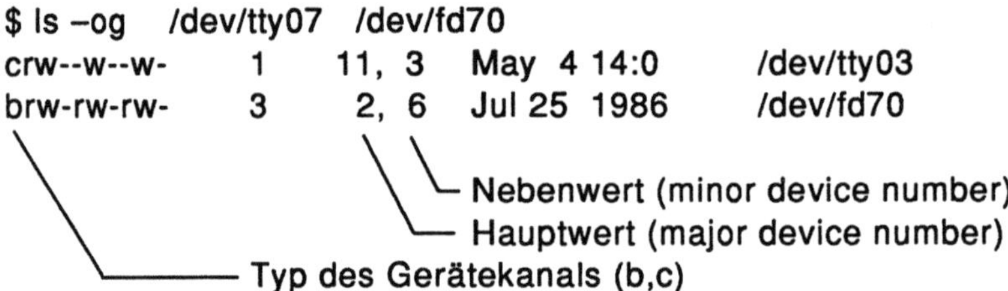

$ ls –og /dev/tty07 /dev/fd70
crw--w--w- 1 11, 3 May 4 14:0 /dev/tty03
brw-rw-rw- 3 2, 6 Jul 25 1986 /dev/fd70
Nebenwert (minor device number)
Hauptwert (major device number)
Typ des Gerätekanals (b,c)

Der Typ und die Kennung können mit file(1) abgefragt werden:

```
$ file /dev/fd70
/dev/fd70:    block special (2/6)
```

wobei der Hauptwert den Typ des Gerätes bezeichnet, das mit dem Gerätekanal angesprochen wird: Terminals, Laufwerke für Platten, Disketten sowie Magnetbänder usw. Der Nebenwert gibt sowohl die Position gleichartiger Geräte (erstes, zweites, ... Bandlaufwerk) als auch deren mögliche Varianten an (mit oder ohne Rückspulen usw.). Die für das jeweilige System verbindlichen Vereinbarungen sind unter intro(7)/SHB beschrieben. Der manchmal etwas unklar dargestellte Zusammenhang zwischen *Gerätekanälen* und *Gerätetreibern* wird im Abschnitt 3.5.3.7 noch einmal aufgegriffen.

Die Kennzeichnungen 'b' und 'c' entsprechen einer weiteren Unterteilung gemäß des Übertragungsquantums in *Blockkanäle*, (block device files) und *Zeichenkanäle* (character device files), was gleich nachfolgend weitergeführt wird.

3.5.3.1 Zeichenkanäle

Die wohl typischsten Beispiele von Zeichenkanälen sind die seriellen TTY-Ports, die gemäß der CCITT-Norm V.24 arbeiten und über die Terminals, Drucker, MODEMs, PADs und andere periphere Geräte angeschlossen werden können. [4]

Bei den TTY-Kanälen wird zumeist das asynchrone STOP/START-Verfahren angewandt, wobei die Zeichenübertragung mehr oder weniger sporadisch erfolgt und jederzeit angehalten werden kann, ohne daß dabei

4. Das CCITT V.24 entspricht weitgehend der nordamerikanischen EIA-Norm RS-232C. Die Schnittstelle, die hauptsächlich bei der seriell-asynchronen Datenübertragung benutzt wird, wird überwiegend als Steckverbindung mit 9, 15, oder 25 Stiften implementiert. "TTY" ist das herkömmliche Kürzel für "teletype" (Fernschreiber).

Zeichen verloren gehen und mithin neu übertragen werden müssen. Die Übertragung von geschlossenen Zeichenblöcken wäre zum Beispiel bei der Dialogverarbeitung oder Menü-Auswahl äußerst unpraktisch, da hierbei sehr häufig einzelne Zeichen in beiden Richtungen ausgegeben werden.

Zeichenkanäle werden aber auch für den *Rohzugriff* (raw I/O)auf unformatierte oder als solche zu behandelnde Datenträger benutzt, wobei die Bytes als stetiger Strom in rein physischer Reihenfolge eingelesen oder ausgeschrieben werden, was im folgenden als *Roheingabe* beziehungsweise als *Rohausgabe* bezeichnet werden soll. Zum Beispiel wird das Formatieren von Platten und Disketten im Rohzugriff über speziell dafür eingerichtete Zeichenkanäle ausgeführt.

Zeichenkanäle werden durch den Buchstaben 'c' in der Ausgabe von ls(1) gekennzeichnet:

```
$ ls -og ... /dev/hp00 ...
 ...
crw-rw-rw-    1   10, 0   Jul 25 1986    /dev/hp00
crw--w--w-    1   11, 3   May  4 14:01   /dev/tty03
crw--w--w-    1    2, 0   May  4 14:01   /dev/console
 \
  \_________  Zeichenkanal (c)
```

und werden als solche von file(1) beschrieben:

```
$ file /dev/hp00 ...
/dev/hp00:      character special (10/0)
/dev/tty03:     character special (11/3)
/dev/console:   character special (2/0)
 ...
```

3.5.3.2 Blockkanäle

Blockkanäle sind typisch für Massenspeichereinheiten, wo bei jedem Zugriff eine *größere und festliegende* Anzahl von Bytes als Block übertragen wird. Bei formatierten Platten und Disketten werden Transferblöcke von 512 bis 1024 Bytes verwendet; bei Magnetbandkassetten bis zu 4896 Bytes.

Blockkanäle werden außerdem bei den mit seriellen Synchronverfahren (HDLC, SDLC) arbeitenden X.21-Anschlußports benutzt, welche dem Zugang zu paketvermittelnden öffentlichen Datennetzen (z.B. DATEX-P) dienen. Parallelports arbeiten zumeist mit variablen Blockgrößen, die nach gerätespezifischen Normen festgelegt werden. Bekanntere Beispiele sind die internationalen Normen IEEE-488, SCSI, CENTRONICS.

Blockkanäle von ls(1) mit den Buchstaben 'b' gekennzeichnet:

```
$ ls -og  /dev/fd70
brw-rw-rw-    3    2, 6    Jul 25  1986        /dev/fd70
\
 \__________ Blockkanal (b)
```

und werden als solche von file(1) beschrieben:

```
$ file  /dev/fd70
/dev/fd70:        block special (2/6)
```

3.5.3.3 Permanente Prozeßkanäle

Prozeßkanäle (pipes) dienen ausschließlich dem Datenaustausch zwischen Prozessen. Der UNIX-Kernel stellt zwei Grundtypen zur Verfügung: Interne Prozeßkanäle (internal pipes) und permanente Prozeßkanäle (named pipes). Beide Typen arbeiten als Einweg-FIFO-Schlangen (first-in-first-out queues) und stellen in der Anwendung transiente Datenströme zwischen entsprechend kooperierenden Prozessen dar.

Interne Prozeßkanäle stellen keine Objekte im Dateisystem dar; sie können von Prozessen mit dem Systemaufrufen pipe(2) und close(2) nach Bedarf angelegt und freigesetzt werden. Permanente Prozeßkanäle stellen dagegen benannte Objekte im Dateisystem dar und müssen daher wie Dateien behandelt werden.

Der von einen Prozeßkanal übertragene unstrukturierte Datenstrom wird im Systembereich des Arbeitsspeichers (oder im Auslagerungsbereich der Systemplatte) so lange zwischengespeichert, bis er von einem Partnerprozeß eingelesen und dabei aufgebraucht wird; ein mehrfaches Einlesen derselben Daten durch verschiedene Prozesse ist bei den ursprünglichen UNIX-Kanälen nicht möglich. Ungelesene Daten gehen bei der Freigabe des übertragenden Kanals, spätestens jedoch beim Exit des letzten Partnerprozesses sofort und unwiderruflich verloren.

Permanente Prozeßkanäle können mit den Superuser-Befehl **mknod(1m)** nach Bedarf angelegt werden:

```
# mknod  /dev/pkanal1  p
```

wobei die Option 'p' (pipe) angegeben werden muß. Sie werden von ls(1) ebenfalls durch ein 'p' gekennzeichnet:

```
$ ls -og /dev/pkanal1
prw-rw-rw-    1    0       May  7 09:59      /dev/pkanal1
\
 \__________ permanenter Prozeßkanal (p)
```

und von file(1) auch so beschrieben:

```
$ file  /dev/pkanal1
/dev/pkanal1:   fifo
```

3.5.3.4 Der virtuelle Terminalkanal

Unabhängig von den Gerätekanal des jeweiligen Dienstports kann jedes Benutzer-Terminal über den *virtuellen Terminalkanal* direkt angesprochen werden, sowohl zur Eingabe als auch zur Ausgabe. Der virtuelle Terminalkanal steht jedem Benutzer unter dem Verweis '/dev/tty' unabhängig von der Bezeichnung des eigenen Dienstports zur Verfügung und wird nur für die Dauer der Benutzung an diesen gebunden. In den Shells wird der virtuelle Terminalkanal häufig dazu benutzt, die Eingabe und Ausgabe von Befehlen und Programmen an das jeweilige Terminal zu binden. Dies wird in den Abschnitten 6.7.4 (sh) und 7.7.4 (csh) im Zusammenhang mit der Shell-Programmierung weitergeführt.

Der virtuelle Terminalkanal ist zwangsläufig ein Zeichenkanal, und hat somit die Kennung 'c':

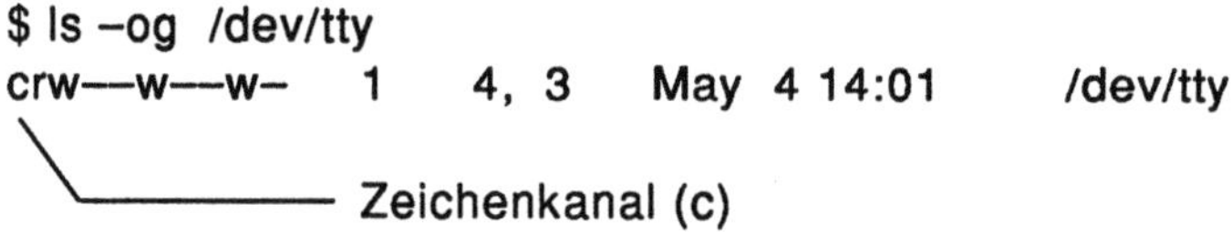

```
$ ls -og  /dev/tty
crw--w--w-    1    4, 3    May  4 14:01      /dev/tty
\
 \__________ Zeichenkanal (c)
```

und wird von file(1) auch so beschrieben:

```
$ file  /dev/tty
/dev/tty:         character special (4/0)
```

3.5.3.5 Die Nulldatei

Man könnte ebensogut von einen "Nullkanal" sprechen; auf jeden Fall handelt es sich dabei um eine *unendliche Datensenke*, die hauptsächlich zum unermüdlichen Auffangen von nebensächlicher oder unerwünschter Ausgabe dient. Bei der Eingabe erscheint sie als *Nullquelle*, d.h. als vollkommen leere Datei, was in einem sofortigen Dateiende (EOF: end-of-file) resultiert, wobei alle Systemaufrufe die Eingabe abbrechen.

Die Nulldatei wird formal als Zeichenkanal geführt:

```
$ ls -og  /dev/nul
crw-rw-rw-    1    1, 2   May  4 14:01      /dev/nul
\
 \_________ Zeichenkanal (c)
```

und als solcher durch file(1) beschrieben (wobei übrigens 'nul' mit nur einen 'l' buchstabiert wird):

```
$ file  /dev/nul
/dev/nul:         character special (1/2)
```

3.5.3.6 Andere Typen von Kanälen

Bei den meisten Allgemeinzweck-Anlagen sind gewöhnlich noch weitere Typen von Kanälen vorhanden, die systemspezifischen Zwecken dienen (z.B. der Ferndiagnose). Wissenschaftlichen Anlagen sowie Spezial- und Prozeßrechner sind zumeist mit speziellen Gerätekanälen zur Meßdatenerfassung und Echtzeit-Steuerung ausgestattet. Eine eingehende Beschreibung der auf dem jeweiligen System vorhandenen Datenkanäle ist normalerweise unter dem Thema "Special Files" im Abschnitt (7), beginnend mit intro(7), im Systemverwalter-Handbuch zu finden.

Bei vielen handelsüblichen Systemen der TOWER-Klasse sind im Systemverzeichnis '/dev' folgende oder ähnlich bezeichnete Datenkanäle zu finden:

```
$ ls -dog  /dev
cr--r--r--     1    1,  1   May  4 14:05     kmem
crw-r--r--     1    1,  0   Jul 25  1986     mem
br--r--r--     3    2, 60   Jul 25  1986     swap
crw-rw-rw-     2   27,  0   Apr 30 13:46     sxt000
crw-rw-rw-     2   27,  1   Apr 30 13:46     sxt001
 ...
```

deren genauer Status mit file(1) abgefragt werden kann:

```
$ file ...
kmem:    character special (1/1)
mem:     character special (1/0)
swap:    block special (2/60)
sxt000:  character special (27/0)
sxt001:  character special (27/1)
 ...
```

Über die Zeichenkanäle 'mem' und 'kmem' kann mit absoluten und virtuellen Adressen unmittelbar auf physische beziehungsweise virtuelle Bereiche des Arbeitsspeicher zugegriffen werden. Diese Kanäle bleiben zumeist der Systemprogrammierung und -reparatur vorbehalten. Über den Blockkanal 'swap' werden Prozesse (swapping) und Kodesegmente (paging) ein- und ausgelagert, was exklusiv vom Kernel durchgeführt wird, (der ja auch unter dem Prozeßnamen 'swapper' läuft). Der Kernel selbst ist stationär im Systembereich des Arbeitsspeichers angesiedelt.

Die durchnumerierte Serie 'stx000, stx001, ... ' stellt *virtuelle* TTY-Ports dar, die hauptsächlich zum Parallelbetrieb mehrerer Shells (concurrent shell processing) benutzt werden, wozu das Steuerprogramm **shl(1)** (shell layer manager) dient. Eine eingehende Beschreibung erfolgt im Abschnitt 5.9.

3.5.3.7 Mehr über Geräte- und Prozeßkanäle

Geräte- und Prozeßkanäle sind zwar als Objekte innerhalb des einheimischen Dateisystems definiert, enthalten aber im Gegensatz zu den regulären Dateien und den Verzeichnisdateien keine Daten. Sie stellen vielmehr über ihre Inodes *Eintrittsadressen* (entry points) zu *Kodesegmenten* (control sections) im Kernel dar, die erst mit *Systemaufrufen* wie open(2), read(2), write(2), close(2) und ioctl(2) zur Ausführung gebracht werden können. Der standardmäßig ausgeliefert UNIX-Kernel enthält die Kodesegmente für die vorgesehenen externen und internen physischen Geräteschnittstellen sowie für die reinen Prozeßkanäle. Nur diese Kodesegmente können im korrekten Sinne des Wortes als "Gerätetreiber" (device drivers) bezeichnet werden.

Bereits vorhandene oder neu installierte physische Geräteschnittstellen können mit zusätzlichen oder neuen Gerätekanälen belegt werden, wobei zuerst der eigentliche *Gerätetreiber* programmiert und in den Kernel eingebunden werden muß. Kanäle für virtuelle Geräte (virtual devices) sowie im Systembereich des Arbeitsspeichers angesiedelte Puffer- und Ablagedateien (core files) setzen keine physischen Geräteschnittstellen voraus, sondern nur entsprechend programmierte *Pseudotreiber* (pseudo device drivers). Prozeßkanäle, darunter Duplex- und Multiplexkanäle sowie Postfächer (mail boxes), werden im allgemeinen von *Protokoll-Maschinen* getrieben, die den Datenaustausch nach vorgegebenen Schemata steuern.

Um solche "Einrichtungen" zu installieren bedarf es mehrfacher Expertise. Erstens müssen die zugrundeliegenden physischen oder abstrakten Arbeitsprinzipien eines physischen beziehungsweise virtuellen Gerätes genau bekannt sein. Bei Prozeßkanälen muß das anzuwendende Datenaustausch-Protokoll festgelegt werden. Schon die damit zusammenhängenden grundlegenden Fragen und Probleme fallen in einen technischen Bereich eigener Geltung. Zweitens müssen diese Prinzipien und Protokolle als Module und Kodesegmente programmiert, getestet und entfehlert werden, wozu zumeist die C-Sprache und der einheimische Assembler benutzt werden. Schließlich müssen die fehlerfrei kompilierten Objektmodule sachgerecht in den Kernel eingebunden werden. Erst dann können die entsprechenden Kanäle eingerichtet werden! [5]

Erst unter diesen Voraussetzungen können mit dem Superuser-Befehl **mknod(1m)** neue oder zusätzlicher Geräte- und Prozeßkanäle angelegt werden, was nach dem folgenden Aufrufschema durchgeführt wird:

```
# mknod  /dev/<name>  b|c  m  n
# mknod  /dev/<name>  p
```

Mit den Optionen 'b' und 'c' werden Block- beziehungsweise Zeichenkanäle angelegt. Mit 'm' wird der *Hauptwert* (major device number) und mit 'n' der *Nebenwert* (minor device number) der zweiwertigen Geräte-Kennung festgelegt. Bei den standardmäßigen Prozeßkanälen wird nur die Option 'p' angegeben.

Geräte- und Prozeßkanäle können wie Dateien mit dem Befehl rm(1) gelöscht und mit mknod(1m) wiederhergestellt werden (letzteres eben nur durch den Superuser!). Versehentliches oder ahnungsloses Löschen von Gerätekanälen sollte daher kein Grund zu größerer Aufregung sein - vorausgesetzt allerdings, daß die Haupt- und Nebenwerte der Geräte-Kennung noch bekannt sind (oder wenigstens aus den zur Kernelgenerierung notwendigen Systemdateien eruiert werden können), wozu der Eintrag config(1m)/SHB konsultiert werden sollte.

---

5. Bei dem Betriebssystem SunOS, das auf der BSD-Variante aufbaut, können ausführbare Zusatzmodule (loadable kernel modules), darunter auch Gerätetreiber, während des Betriebs dynamisch zugeladen und auch wieder gelöscht werden, ohne daß eine vorhergehende Einbindung in den Kernel notwendig wäre.

3.6 Zugriffsvereinbarungen und -methoden

Verzeichnisse und reguläre Dateien sind die Objekte, die von den Benutzern am häufigsten manipuliert werden. Die meisten Anweisungen und Befehle benötigen zumeist die "Namen" von Objekten, was durch Angabe der *Basisnamen* oder *Verweise* erfolgt. Während Basisnamen nur einfache Bezeichner (identifiers) sind, stellen Verweise als Verknüpfung von Weisern und Basisnamen — und somit als Folgen von Bezeichnern — die logischen Zugriffswege zu jenen Objekten dar, die nicht im aktuellen Arbeitsverzeichnis angesiedelt sind. Die dabei zugrundeliegenden lexikalischen und syntaktischen Regeln werden in den folgenden zwei Unterabschnitten vorgestellt.

Namensvereinbarungen (naming conventions) dienen der Klassifizierung von Objekten nach Herkunft, Inhalt und Verwendungszweck. Die meisten ursprünglichen UNIX-Werkzeuge und andere Einrichtungen zur Entwicklung, Pflege und Verwaltung von Software arbeiten mit vorgegebenen Namensvereinbarungen. Ein Überblick wird im dritten Unterabschnitt gegeben.

In einem weiteren Unterabschnitt wird die *Klassendarstellung* von Bezeichnern durch *Metazeichen* sowie durch *Attributsbestimmung* einführend besprochen. Die Klassendarstellung dient der kollektiven Manipulation von Objekten und stellt eines der wichtigsten Leistungsmerkmale der UNIX-Shells dar. Im letzten Unterabschnitt wird der Zugriff auf Verzeichnisse besprochen.

3.6.1 Zugriffswege für Dateien und Verzeichnisse

Objekte, die sich im aktuellen Arbeitsverzeichnis befinden, können unmittelbar mit ihren Basisnamen angesprochen werden:

```
$ <Befehl> [<Optionen>]  <Basisname>
```

wobei auf das angesprochene Objekt mittelbar über dessen Namensbindung an einen Inode-Index in der Verzeichnisdatei zugegriffen wird (Abschnitt 3.1.2.2, Bild 3.4 und 3.5).

Auf Objekte, die sich in anderen Verzeichnissen befinden, kann vom Arbeitsverzeichnis aus nur mit dem vollständigen Verweis (fully qualified pathname) zugegriffen werden. Gemäß der Art des vorgestellten Weisers wird dabei zwischen *absoluten* und *relativen* Verweisen unterschieden. Der Schreibweise von Verweisen liegt das folgende rekursive Schema zugrunde:

```
        <Verweis>:  <Weiser>/<Basisname>
      <Basisname>: <Bezeichner>

          <Weiser>: /
                    | <Verzeichnisname>
                    | / <Verzeichnisname>
                    | <Weiser>/<Verzeichnisname>

<Verzeichnisname>: . | .. | <Bezeichner>
```

wobei ein Schrägstrich den Weiser vom Basisnamen trennt. Der Weiser zum Root-Verzeichnis besteht aus einem alleinstehenden Schrägstrich; das Root-Verzeichnis als Objekt hat selbst keinen Basisnamen.

Relative Verweise werden überwiegend zum Zugriff auf Objekte benutzt, die sich im engeren Verwandtschaftsbereich befinden:

```
./<Tochterverzeichnis>/ ... /<Basisname>
```

Bei relativen Verweisen, die über Tochterverzeichnisse führen, kann der führende Punkt-Schrägstrich ohne Zweideutigkeit ausgelassen werden:

```
<Tochterverzeichnis>/ ... /<Basisname>
```

Ärgerliche Zweideutigkeiten können entstehen, wenn der Unterschied zwischen Dateien und Tochterverzeichnissen nicht durch Weiser erzwungen wird, wie im folgenden Beispiel, wo eine Datei namens "Text1" aus einem anderen Verzeichnis in das Arbeitsverzeichnis kopiert werden soll:

```
$ cp /Projekt/Text1  Text1
```

Falls ein Unterverzeichnis 'Text1' bereits existiert, wird die gleichnamige Datei genau dahinein kopiert, d.h. eine neue Datei mit dem relativen Verweis './Text1/Text1' wäre entstanden. Falls jedoch ein gleichnamiges Unterverzeichnis nicht vorhanden ist, wird die Datei in das Arbeitsverzeichnis kopiert. Diese Zweideutigkeit kann im Sinne des beabsichtigten Resultates aufgelöst werden. Einerseits, um in das gleichnamige Tochterverzeichnis hinein zu kopieren:

```
$ cp /Projekt/Text1  Text1/.
```

was fehlschlägt falls 'Text1' nicht als Tochterverzeichnis bereits existiert. Andererseits aber, um die Datei einfach in das Arbeitsverzeichnis zu kopieren, wird kodiert:

```
$ cp /Projekt/Text1  .
```

was wiederum genau dann fehlschlägt, wenn 'Text1' als Unterverzeichnis existiert.

Mit relativen Verweisen kann einfachst auf Objekte zugegriffen werden, die in den Unterverzeichnissen gemeinsamer Vorfahren angesiedelt sind:

../<Schwesterverzeichnis>/ ... /<Ziel>/<Basisname>

wobei der zweifache Punkt über das Mutterverzeichnis des Arbeitsverzeichnisses führt.

Der zweifache Punkt kann wiederholt gesetzt werden:

../../<Tante>/ ... /<Ziel>/<Basisname>

Absolute Verweise sollten immer da benutzt werden, wo Zweideutigkeiten enstehen können und vermieden werden müssen:

/<Zwischenverzeichnis1>/ ... /<Zielverzeichnis>/<Basisname>

wobei der vollausgeschriebene Verweis mit dem Schrägstrich beginnend, und somit vom Root-Verzeichnis ausgehend, alle Zwischenverzeichnisse durchläuft. Selbst beim Zugriff auf eigene Objekte muß das Zugriffsrecht 'x' für alle im Weiser benannten Zwischenverzeichnisse sowie das Zielverzeichnis gewährleistet sein. Die Verwaltung von Zugriffsrechten wird im Abschnit 3.8.1 besprochen.

3.6.2 Die lexikalischen Regeln für Bezeichner

Das allgemein verbindliche lexikalische Schema eines *Bezeichners* (identifier) ist:

<Bezeichner>: <Präfix >.<Infix_1 > ... .<Infix_n >.<Suffix>

was im wesentlichen eine durch Punkte getrennte Reihenfolge von Wortzeichen (tokens) ist. Ein Bezeichner kann höchstens einen Präfix und einen Suffix enthalten und möglicherweise mehrere Infixe.

Im Kontext der Shell-Syntax stellen die Basisnamen von Objekten *Bezeichner* dar, für welche die folgenden lexikalischen Regeln gelten:

- Ein Bezeichner setzt sich aus Zeichen zusammen, die nur dem ASCII-Zeichensatz gemäß ascii(5) angehören dürfen.

- Die Maximallänge beträgt 14 Zeichen.
- Der Schrägstrich '/' und das NUL-Zeichen dürfen nicht benutzt werden.
- Sonderzeichen müssen lexikalisch geschützt werden.

Obwohl die Bezeichner von Objekten Sonderzeichen enthalten können, legen Vernunft und gute Praktiken nahe, dies nach Möglichkeit zu vermeiden. Wenn Bezeichner Sonderzeichen enthalten, dann müssen diese entweder individuell mit dem universellen Fluchtzeichen '\' (backslash) oder durch umgebende Einzel- oder Doppelzitate geschützt werden. Eine Einführung in die für beide UNIX-Shells gültigen lexikalischen Begriffe wird im Abschnitt 5.1.3 gegeben. Die lexikalischen Anwendungs- und Schutzregeln werden im Abschnitt 5.11 eingehend besprochen.

3.6.3 Namensvereinbarungen

Bei den meisten ursprünglichen UNIX-Werkzeugen und Dienstprogrammen bestehen verbindliche Vereinbarungen hinsichtlich der Basisnamen von Arbeitsdateien. Die meisten Kompiler, insbesondere der C-Kompiler, cc(1), sowie der einheimische Assembler, as(1), setzen bei den Eingabe bestimmte Suffixe in den Basisnamen der Quell-, Zusatz- sowie Bibliotheksdateien voraus und erzeugen bestimmte Suffixe in den Basisnamen ihrer Ausgabedateien. Diese Suffixe werden wiederum vom Linker ld(1) (loader) und anderen Werkzeugen und Hilfsprogrammen erwartet. Typische Beispiele sind der Modul-Monteur make(1), das Quellkode-Verwaltungssystem sccs(1), das Archivprogramm ar(1) sowie die Entfehlerhilfen (debugger) adb(1) und sdb(1).

Die im System V am häufigsten benutzten Suffixe sind:

<name>.a libm.a	Kompiler- und Linker-Bibliotheken. Die zugeordnete Mathematik-Bibliothek.
<name>.c program.c	C-Quellkode-Dateien zur Eingabe in den C-Kompiler und andere Werkzeuge der Programmiersprache C.
<name>.for program.for	Quellkode-Dateien zur Eingabe in den FORTRAN-Kompiler und andere FORTRAN-Werkzeuge.
<name>.s csect.s	Assembler-Quellkode-Dateien.
<name>.h stdio.h	C-Zusatzdatei (header file). Zusatzdatei für die standardmäßigen E/A-Funktionen der C-Sprache.

<name>.i kopf.i	Private Zusatzdatei (private header file). Eine private Zusatzdatei.
<name>.o progrm.o	Objektdateien zur Eingabe an den Linker (loader) und andere Programm-Installationswerkzeuge.
a.out	Vorgegebener Bezeichner der ausführbaren Binärdateien, die mit dem C-Kompiler oder dem Linker erzeugt werden.

Bei dem Quellkodeverwaltungssystem sccs(1) (source code control system) spielt der Präfix eine wichtige Rolle:

s.<name> s.projekt1	Namensvereinbarung für SCCS-Hauptdateien.
p.<name> p.projekt1	Schutz-Datei (protect), welche die jeweilige Bearbeitung einer SCCS-Programmdatei anzeigt.

Insgesamt benutzt *sccs* fünf festgelegte Präfixe. Einzelheiten dazu sind unter dem Eintrag get(1)/BHB zu finden.

Bei anderen Einrichtungen werden Präfix, Infix und Suffix festgelegt; wie zum Beispiel bei lex(1) and yacc(1):

y.tab.h	Wortliste, die von yacc(1) erzeugt wird.
lex.yy.c	Ausgabe-Datei, die von lex(1) erzeugt wird.

Das lexikalische Schema <Präfix>.<Infix>... .<Suffix> wird in den Befehlssprachen verschiedener herkömmlicher Betriebssysteme benutzt, wobei zumeist von *Qualifikationsebenen* (qualification by levels) die Rede ist.

Objekte, deren Basisnamen mit einen Punkt '.' beginnen, sind im allgemeinen "unsichtbar" und daher weitgehend gegen unbeabsichtigte Manipulationen geschützt. Zum Beispiel können mit dem Asterisk '*' keine gepunkteten (dotted) Dateien manipuliert werden; der Punkt muß erst explizite erzwungen werden (Abschnitt 3.7.1). Bei ls(1) muß die Option 'a' gesetzt werden, damit die gepunkteten Namen aufgelistet werden.

Bestimmte Steuerdateien sind durch gepunktete Bezeichner gegen unbeabsichtigtes Löschen und andere Manipulationen geschützt und müssen mit der Option 'a' von ls(1) angezeigt werden:

.profile	Einlog-Steuerdatei, BOURNE-Shell
.login	Einlog-Steuerdatei, C-Shell
.cshrc	Aufruf-Steuerdatei, C-Shell
.logout	Auslog-Steuerdatei, C-Shell
.exrc	Aufruf-Steuerdatei von ex(1)/vi(1)
.news_time	Datums-Semaphore von news(1)

3.6.4 Zugriff auf Verzeichnisse

Die Shell-Anweisungen cd(sh) und cd(csh) (change directory), die sowohl unter cd(1)/BHB als auch unter sh(1)/BHB beziehungsweise csh(1)/BHB aufgeführt sind, werden benutzt, um das *aktuelle Arbeitsverzeichnis* (current directory, working directory) neu festzulegen oder um zum *Eigenverzeichnis* (home directory) zurückzukehren. Es sei daran erinnert, daß jede Benutzer-Kennung UID eindeutig an ein Eigenverzeichnis gebunden ist, was durch den Eintrag in der Paßwortdatei gewährleistet ist, wobei allerdings mehreren Benutzern dasselbe Eigenverzeichnis zugeordnet werden kann. Das jeweilige Arbeitsverzeichnis wird über seinen Inode-Index von allen Benutzerprozessen als Attribut übernommen (Abschnitt 4.2.1.4) und kann erst in deren weiteren Verlauf mit dem Systemaufruf chdir(2) neu festgelegt werden.

Bei Auslassung des Zielverzeichnisses führt *cd* zum Eigenverzeichnis zurück:

```
$ cd
```

Der absolute Verweis des Eigenverzeichnisses ist immer in den Standard-variablen '$HOME' (sh) und '$home' (csh) enthalten:

```
$ echo $HOME
/Hubert/eigen
```

Shell-Variable werden im Abschnitt 5.3 für beide Shells einführend und dann in den Abschnitten 6.3 (sh) und 7.3 (csh) für jede Shell weiterführend besprochen.

Bei allen anderen Verzeichnissen muß der absolute oder relative Verweis angegeben werden:

```
$ cd  /Hubert/arbeit
$ cd  ../schwester
$ cd  unterverz1
```

Bei Unterverzeichnissen braucht nur der Basisname angegeben zu werden, wenn die Variable '$CDPATH' den NULL-Verweis enthält, was gleich nachfolgend besprochen wird. Auf jeden Fall aber muß das Zugriffsrecht 'x' auf der Zugriffsebene des Benutzers vorhanden sein (Abschnitt 3.8.1).

Bei häufigen Wechseln zwischen Verzeichnissen mit langen Verweisen kann eine wesentliche Erleichterung dadurch erzielt werden, daß die absoluten Verweise der jeweiligen Mutterverzeichnisse als Suchverweise (search paths) in den Shell-Variablen '$CDPATH' (sh) und '$cdpath' (csh) abgelegt werden, so daß beim Zugriff mit *cd* nur der Basisname angegeben werden muß. In der BOURNE-Shell hat die Zuweisung die Form:

```
$ CDPATH=:/Hubert/arbeit:/Hubert/projekt1: ...
```

wobei der *erste* Doppelpunkt den *NULL-Verweis* bedeutet: Erst dadurch können Tochterverzeichnisse des aktuellen Verzeichnisses mit dem einfachen Basisnamen angesprochen werden. Die anderen Doppelpunkte dienen als Trennzeichen zwischen den einzelnen Suchverweisen. Zuweisungen an Shell-Variable werden im Abschnitt 6.3 behandelt.

Die Shell-Variable sollte mit der Anweisung **export(sh)** *globalisiert* werden, um den in Subshells ablaufenden Prozessen zur Verfügung zu stehen:

```
$ export   CDPATH
```

und ihre aktuelle Belegung kann jederzeit mit echo(1) ausgegeben werden:

```
$ echo $CDPATH
:/Hubert/arbeit:/Hubert/projekt1: ...
```

Zwischen den Verzeichnissen kann jetzt bequem hin- und hergeschaltet werden:

```
$ cd  arbeit                          $cd projekt
/Hubert/arbeit                        /Hubert/projekt1
```

wobei die Shell mit dem absoluten Verweis des gefundenen Verzeichnisses antwortet. Die Standardvariable '$CDPATH' kann in der Einlog-Steuerdatei '.profile' angelegt werden.

In der C-Shell hat die Zuweisung der Suchverweise die Form:

```
% set cdpath=(/Hubert/arbeit  /Hubert/projekt1 ... )
```

Die Zuweisung kann in den Steuerdateien '.login' oder '.cshrc' eingetragen werden. Die Steuerdateien werden im Abschnitt 5.1.1 für beide Shells einführend, und dann in den Kapiteln 6 (sh) und 7 (csh) für jede Shell weiterführend besprochen.

3.7 Darstellung und Erzeugung von Objektnamen

Abgesehen vom Suchen und Auffinden bestimmter Objekte in dem veritablen Labyrinth eines größeren Dateisystems, wird die Darstellung und Erzeugung von Objektnamen bei jenen Aufgaben benötigt, wo ganze Objektklassen gemeinsam erfaßt und manipuliert werden müssen. Typische Beispiele sind das gemeinsame Versetzen, Kopieren und Löschen einer Gruppe von verwandten Dateien sowie deren gemeinsames Sichern. Solche und andere kollektiven Objekt-Manipulationen bedürfen der klassenweisen Darstellung und Erzeugung von Objektnamen.

Zur Darstellung und Erzeugung von Bezeichnern und Verweisen stehen drei grundsätzliche Methoden zur Verfügung:

- Erzeugung von Bezeichnerklassen durch Meta-Zeichen und lexikalische Muster.
- Erzeugung von Verweislisten durch gerichtetes Suchen nach bestimmten Objekt-Attributen wie Eigner-Kennung und Dateityp.
- Erzeugen von Verweislisten durch Absuchen von Dateien nach Zeichenketten, die durch *lexikalische Suchmuster* (regular expressions) vorgegeben werden.

Die beiden ersten Themen werden in den zwei nachfolgenden Abschnitten einführend besprochen. Eine umfassende, wenngleich etwas wortkarge Beschreibung der Syntax und Wirkungsweise lexikalischer Suchmuster ist unter ed(1)/BHB zu finden.

3.7.1 Universelle Darstellung durch den Asterisk

Beide UNIX-Shells, die BOURNE-Shell und die C-Shell, stellen leistungsfähige lexikalische Arbeitshilfen zur Darstellung ganzer Klassen von Bezeichnern durch Metazeichen und lexikalische Muster zur Verfügung. Die den beiden Shells gemeinsamen lexikalischen Leistungsmerkmale werden im Abschnitt 5.10 einführend, und dann in den Abschnitten 6.1 (sh) und 7.1 (csh) für jede Shell weiterführend besprochen.

Im folgenden soll lediglich die lexikalische Wirkungsweise des Asterisks '*' besprochen werden, der unter anderen als "Allquantor" oder "Allextender", sowie als "wildcard" von verschieden anderen System her bekannt ist. In beiden Shells ist der *Wertevorrat* (range) des Asterisks grundsätzlich auf ASCII-Zeichenketten beschränkt, wobei jedoch der Schrägstrich '/' und die

ASCII-NUL bedingungslos und der Punkt '.' bedingt ausgeschlossen sind. Aus Gründen, die im folgenden ersichtlich werden, schließt der Wertevorrat des Asterisks auch die leere Zeichenkette (null string) ein.

Der Wertevorrat wird zudem durch die relative Position bestimmt. Vollkommen freistehend stellt der Asterisk alle jene im Arbeitsverzeichnis vorhandenen Basisnamen dar, die nicht mit dem Punkt beginnen:

```
*       ..., a , ..., abba, ..., ax, ..., zappa
```

Am Anfang einer Zeichenkette erzeugt der Asterisk alle jene im aktuellen Verzeichnis enthaltenen konformen Basisnamen, die *nicht selbst* mit einem Punkt beginnen:

```
*c      ..., a.c, ..., abba.c, ..., ax.c, ...
*.c     .c, ..., a.c, ..., abba.c, ..., ax.c, ...
```

Ein anführender Punkt muß daher *explizite erzwungen* werden:

```
.*      .login, .logout, .profile, ...
```

In allen anderen Positionen vervollständigt der Asterisk eine unvollständige oder lückenhafte Zeichenkette zu allen vorhandenen Basisnamen, wobei auch der Punkt eingeschlossen ist:

a* Alle Basisnamen, die mit 'a' anfangen, einschließlich 'a' sowie 'a.', 'a.b' usw.

b.* Alle Basisnamen mit den Präfix 'b', einschließlich 'b.' selbst sowie 'b..' usw.

a*b Alle Baisnamen, die mit 'a' anfangen und mit 'b' enden, einschließlich 'ab' selbst sowie 'a.b' usw.

a.*.b Alle Basisnamen mit den Präfix 'a' und den Suffix 'b', wobei mindestens ein Infix erzwungen wird, der allerdings auch leer sein kann: 'a..b', 'a...b', 'a.c.b' usw.

Mit sehr einfachen lexikalischen Konstrukten können auf diese Weise ganze Klassen von Objekten erfaßt und manipuliert werden:

```
$ ls  *.o
abba.o ... pappa.o ...  zappa.o ...
```

Bei destruktiven Befehlen ist Vorsicht geboten, wie zum Beispiel bei diesem Tippfehler, der sehr unerwünschte Konsequenzen haben würde:

```
$ rm * .o
```

Die durch Metazeichen und andere lexikalische Konstrukte erzeugten Bezeichnerklassen können — sollten — zuerst mit der Anweisung echo(1) getestet werden, bevor möglicherweise destruktive Manipulationen ausgeführt werden:

```
$ echo *.o
abba .c ... pappa .c ...  zappa .c ...
abba.o ... pappa.o ...  zappa.o ...
...
abba.o ... pappa.o ...  zappa.o ...
```

Bei der Interpretation von Metazeichen wird die Reihenfolge der erzeugten Bezeichner durch die *Sortierfolge* (collating sequence) gemäß ascii(5) bestimmt.

Absolute und relative Verweise können durch implizites Festlegen der absoluten beziehungsweise der relativen Verzeichnisebene erzeugt werden:

```
$ echo /usr/spool/*/*
/usr/spool/cron/atjobs  /usr/spool/cron/crontabs ...
... /usr/spool/uucpublic/xanathon ...
...

$ cd /usr     ./
$ echo  ./spool/*/*
./spool/cron/atjobs   ./spool/cron/crontabs ...
./spool/uucpublic/xanathon ...
...

$ cd /usr/spool
$ echo ../*/*
../cron/atjobs   ../cron/crontabs ...
../uucpublic/xanathon ...
...
```

3.7.2 Erzeugen von Verweisen durch Attributsbestimmung

Mit dem Suchbefehl **find(1)** können, von einem Ursprungsverzeichnis ausgehend, ganze Teilbäume nach bestimmten Objekten abgesucht werden, was auch ganze Dateisysteme miteinschließt, wenn von den entsprechenden Root- oder Hakenverzeichnissen ausgegangen wird. Dabei wird die Verweisliste von jenen Objekten erzeugt, welche die mit Attributen formulierten logischen Bedingungen erfüllen. Im folgenden soll die Arbeitsweise von *find* kurz beschrieben werden.

Die zur reinen Objektsuche benutzte Aufrufsform ist:

```
find   <Verzeichnis>   [<Bedingung>]   -print
```

wobei '–print' eine notwendige Option ist, um die Ausgabe der Namensliste zu erzwingen. Der Verzeichnisname muß angegeben werden.

In seiner einfachsten Anwendung wird *find* dazu benutzt, eine Liste aller jener Verweise zu erzeugen, die in einem vorgegebenen Basisnamen enden, was der Suche nach einer im Labyrinth eines größeren Dateisystems "verlorengegangenen" Datei gleichkommt. Der entsprechender Aufruf ist:

```
$ find / -name Dateix -print
/Hubert/arbeit/Dateix
/projekt1/gruppe2/umberto/Dateix
 ...
```

wobei vom Root-Verzeichnis '/' ausgegegangen wird. Die Argument-Option '-name' wird von einem oder mehreren Basisnamen gefolgt; Metazeichen und lexikalische Muster sind zulässig, müssen allerdings mit Doppelzitaten (" ... ") umgeben werden.

Die Argument-Option '-type' wird benutzt, um die Verweise auf vorgegebene Objekttypen zu erzeugen; wie in diesem Beispiel.

```
$ find /dev -type p -print
/dev/pype1 /dev/pype2
 ...
```

wo alle Prozeßkanäle (pipes) in dem vom Systemverzeichnis '/dev' ausgehenden Teilbaum herausgesucht werden.

Durch Angabe der Login- oder Benutzer-Kennung können alle einem bestimmten Benutzer gehörenden Objekte gefunden werden:

```
$ find /  -user  Hubert  -print
/ben/Hubert/abba
  ...
```

Ein identisches Resultat wird durch Angabe der eigentlichen, numerischen UID erziehlt:

```
$ find /  -user  500  -print
  ...
```

Schließlich kann durch Auslassen jeglicher Suchbedingung der Inhalt eines ganzen Teilbaumes rekursiv aufgelistet werden:

```
$ find /ben  -print
/ben/Hubert
/ben/Hubert/abba
  ...
/ben/Hubert/zappa
  ...
/ben/team1
/ben/team1/projekt1
/ben/team1/projekt1/programm1
  ...
```

find(1) kann als *Verweiserzeuger* in Verbindung mit den Kopier- und Sicherungsprogrammen cpio(1) und tar(1) (Abschnitte 3.9.4 und 3.10) sowie mit dem vorschaltbaren Hilfsbefehl xargs(1) (Abschnitt 5.6.2) benutzt werden.

3.8 Objekt-Attribute

Mit Ausnahme der Inode-Indexe und Basisnamen, die als Namensbindungen in den Verzeichnisdateien enthaltenen sind, werden alle den Typ und Zustand eines Objekts beschreibenden Attribute und Parameter in den Inodes abgelegt. Das in Tafel 3.1 (Abschnitt 3.1.1.3) dargestellte Schema der Disk-Inodes gliedert sich logisch in folgende Attribute auf:

Objekt-Typ	Blockkanal (b) Zeichenkanal (c) Verzeichnisdatei (d) Reguläre Datei (–) permanenter Prozeßkanal (p)
Ausführungs-privilegien	Bestimmt bei ausführbaren Binärdateien, ob der Prozeß unter der Eigner- beziehungsweise Gruppen-Kennung anstelle der aufrufenden Benutzer-Kennung ausgeführt wird.
Eigner-Kennung	Benutzer-Kennung des Eigners, UID; wie in der Paßwortdatei eingetragen.
Gruppen-Kennung	Entweder die Login-Gruppen-Kennung LGID eines in der Paßwortdatei eingetragenen Benutzers oder die Kennung HGID einer in group(4) definierten Host-Gruppe.
Ausführungs-modus	Bestimmt, ob das Abbild einer ausführbaren Datei in Aufruf-Verfügungsbereitschaft (shared text hold-over mode) gehalten wird (sticky bit).
Zugriffsrechte	Des Eigners; der Gruppenmitglieder; der Benutzergemeinschaft insgesamt.
Link-Zahl	Anzahl der Namensbindungen an das Objekt.
Objektgröße	Bei *regulären Dateien* die Anzahl der belegten Datenblöcke. Bei *Verzeichnisdateien* die Anzahl der *insgesamt* belegten Blöcke. Bei *Geräte- und Prozeßkanälen* die Haupt- und Nebenkennungen.
Zugriffsdatum und -zeit	Des Anlegens; des jüngsten Zugriffs; der jüngsten Veränderung.
Inode-Index	Numerisches Abbild der Namensbindungen.

Der Suchbefehl find(1) kann zum Auffinden von Objekten nach vorgegebenen Attributen und deren Kombinationen benutzt werden (Abschnitt 3.7.2).

Die aktuellen Attribute können für jedes Objekt einzeln oder in verschiedenen Kombinationen mit dem Befehl ls(1) ausgegeben werden, der dafür mit einer Vielfalt von Auswahl- und Format-Optionen ausgestattet ist. Bild 3.10 zeigt die ausführliche Darstellung für ein aktuelles Arbeitsverzeichnis (.), die mit der Optionskombination '-abFil' erzeugt wurde. Eine eingehende Beschreibung der zahlreichen Optionen ist unter ls(1)/BHB gegeben.

Wie Bild 3.10 zeigen soll, erzwingt der Optionsbuchstabe 'a' (all) die Auflistung aller im Arbeitsverzeichnis enthaltenen Namensbindungen, also auch die *gepunkteten* Basisnamen, wie '.profile', den Selbsteintrag des Arbeitsverzeichnisses '.' sowie den impliziten Eintrag des Mutterverzeichnisses '..'.

Der Optionsbuchstabe 'b' erzeugt die Oktaldarstellung von nichtdarstellbaren ASCII-Zeichen in den Basisnamen. In dem gezeigten Fall muß auf die Datei mit Hilfe der CTL-Taste zugegriffen werden:

```
$ rm  zap\[CTL_A]
```

wobei das mit CTL erzeugte Sonderzeichen mit den Backslash '\' abgedeckt werden muß.

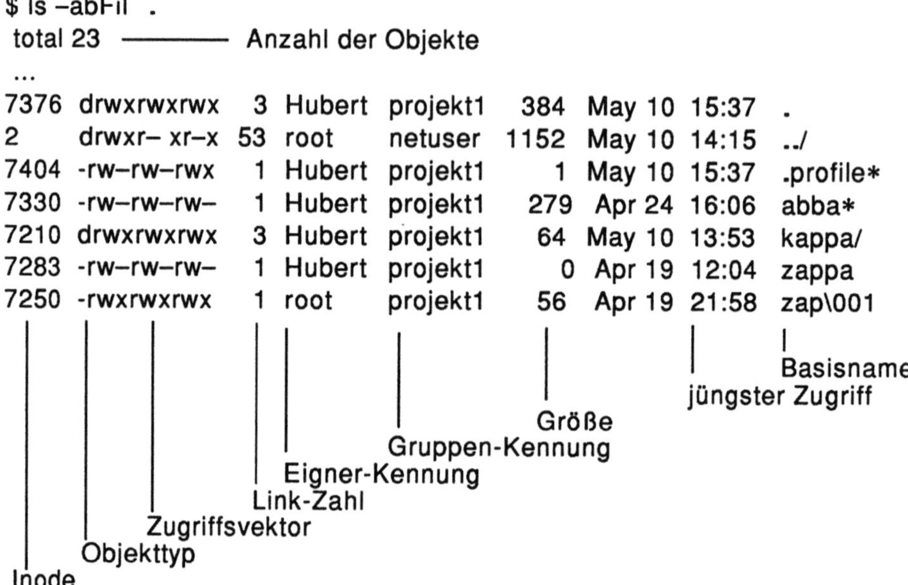

```
$ ls -abFil  .
 total 23 ——————— Anzahl der Objekte
 ...
7376 drwxrwxrwx   3 Hubert projekt1   384 May 10 15:37 .
2    drwxr- xr-x 53 root   netuser   1152 May 10 14:15 ../
7404 -rw-rw-rwx   1 Hubert projekt1     1 May 10 15:37 .profile*
7330 -rw-rw-rw-   1 Hubert projekt1   279 Apr 24 16:06 abba*
7210 drwxrwxrwx   3 Hubert projekt1    64 May 10 13:53 kappa/
7283 -rw-rw-rw-   1 Hubert projekt1     0 Apr 19 12:04 zappa
7250 -rwxrwxrwx   1 root   projekt1    56 Apr 19 21:58 zap\001
```


Bild 3.10: Anzeigen von Objekt-Attributen mit ls(1)

Mit den Optionsbuchstaben 'F' (flag) werden die Basisnamen von ausführbaren Dateien mit dem Asterisk und die von Verzeichnissen mit dem Schrägstrich gekennzeichnet, wie bei 'abba*' beziehungsweise 'kappa/'. Mit der Option 'i' werden die Inode-Indexe und mit 'l' (long) die Zugriffsrechte und andere Informationen angezeigt.

3.8.1 Zugriffsrechte auf Objekte

Zugriffsrechte sind als *Attribute* von Objekten zu verstehen, so daß das Objekt — und eben nicht der Benutzer — im Mittelpunkt der Betrachtung stehen muß. Bezüglich eines Objektes wird die gesamte Benutzergemeinschaft in vier verschachtelte Kategorien aufgeteilt, was durch das VENN-Diagramm in Bild 3.11 dargestellt werden soll.

Es gelten die folgenden Zugriffsregeln:

- *Der Superuser* hat uneingeschränkten Zugriff auf jedwedes Objekt im Dateisystem.
- *Der Eigner* (u) hat uneingeschränkten Zugriff auf die mit seiner Benutzer-Kennung versehenen Objekte.
- *Eine Gruppe* (g) gewährt ihren Mitgliedern gemeinsame Zugriffsrechte auf die mit der Gruppen-Kennung versehenen Objekte.
- *Die Allgemeinheit* (o) besteht aus allen übrigen Benutzern, deren Zugriffsrechte pauschal bestimmt sind.

Abgesehen vom Superuser, dessen Zugriffsrechte unbeschränkt sind, kann nur der Eigner eines Objektes die Zugriffsrechte der Gruppenmitglieder und der übrigen Benutzer bestimmen. In diesem Zusammenhang wird dann auch häufig von *privaten, restriktierten* und *ungeschützten* (public) Objekten

Bild 3.11: Objektbezogene Zugriffskategorien

gesprochen, womit zugleich die drei *Zugriffsebenen* (access levels) im UNIX-Dateisystem implizite definiert sind.

Jedes Objekt wird durch ein Kennungspaar (UID,GID) gekennzeichnet, das in seiner Inode enthalten ist. Die UID muß immer als Kennung eines realen oder abstrakten Benutzers in der Paßwortdatei eingetragenen sein, während die GID entweder die Login-Gruppen-Kennung LGID eines Benutzers ist oder aber die Host-Gruppen-Kennung HGID einer Benutzergruppe darstellt. Die Login-Kennungen wurden bereits im Abschnitt 2.2 besprochen; die Host-Gruppen werden im Abschnitt 3.8.5 eingehend besprochen.

Diese zwei attributiven Beziehungen sind voneinander logisch unabhängig: Die Eigentumsbeziehung ist nicht mit der Gruppenbeziehung verknüpft. Bild 3.12 stellt dies dar.

Bild 3.12: Eigner- und Gruppenbeziehung

Aus der Benutzerperspektive können die Objekt-Zugriffsrechte auf drei Ebenen kontrolliert werden:

Eigner (u: 'you') - Gruppe (g) - Allgemeinheit (o: 'others')

Die Befehl ls(1) zeigt die Zugriffsrechte in der Form eines Vektors an:

Die 3 Ebenen von Zugriffsrechten werden im ersten Feld des Inode-Schemas (Tafel 3.1) in 3 Gruppen zu je 3 Bits in den ersten 9 Bits eingetragen. Jede

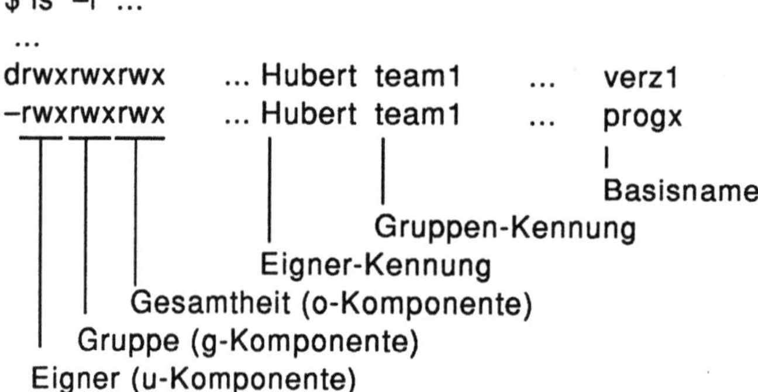

Bild 3.13: Anzeigen der Zugriffsrechte

Dreiergruppe von Bits steuert eine Zugriffsebene nach dem folgenden binären Schalter-Schema:

```
[read(r:4)] [write(w:2)] [exec/search(x:1)]
 |           |           |
 |           |           Ausführen/Suchen
 |           Schreiben
Lesen
```

wobei das Zugriffsrecht als ein Oktalwert kodiert wird, der 8 Werte annehmen kann, so daß für alle drei Ebenen insgesamt 512 mögliche Zugriffskombinationen bestehen. Die funktionelle Bedeutung der Zugriffsrechte unterscheidet zwischen Dateien und Verzeichnissen, was nachfolgend zusammengefaßt dargestellt ist.

Lesen: read (r:4)

Dateien — Der Inhalt darf zwar gelesen (und somit auch kopiert), aber nicht verändert werden. 'r' muß zur Ausführung von Befehlsdateien und Shell-Skripten sowie zur Auflistung von Attributen mit ls(1) vorhanden sein.

Verzeichnisse — Kein Zugang mit cd(1); weder Löschen noch Anlegen von Objekten; der Inhalt kann mit ls(1) in Kurzform aufgelistet werden. Auf Objekte kann nur mit bekannten Verweisen zugegriffen werden.

Schreiben: write (w:2)

Dateien — Der Inhalt darf zwar verändert und somit auch gelöscht, aber nicht gelesen und somit auch nicht kopiert werden.

Verzeichnisse — Objekte können angelegt oder gelöscht werden, was jedoch nur sinnvoll in Verbindung mit 'r' oder 'x' durchgeführt werden kann.

Ausführen/Suchen: exec (x:1)

Dateien — Alleine nur sinnvoll bei ausführbaren Binärdateien; bei ausführbaren Shell-Programmen und Befehlsdateien muß zusätzlich das Leserecht ('r') vorhanden sein; die Datei kann dann mit ihrem Namen als Befehl aufgerufen werden.

Verzeichnisse — Zugang mit cd(1), aber kein Auflisten des Verzeichnisinhaltes, obwohl auf bekannte Objekte über Verweise zugegriffen werden kann. Die Attribute von bekannten Objekten können aufgelistet werden. Kein Anlegen oder Löschen von Objekten.

3.8.2 Verwaltung der Zugriffsrechte

Neben dem Superuser kann nur der Eigner eines Objektes die objektbezogenen Zugriffsrechte verändern, wozu der Befehl **chmod(1)** benutzt wird. Die Objekte können durch absolute oder relative Verweise oder innerhalb des Arbeitsverzeichnisses durch Basisnamen angeben werden. Die Zugriffsrechte können für jede der drei Zugriffsebenen in absoluter oder relativer Form kodiert werden.

Mit der absoluten Form können die Zugriffsrechte auf jeder Ebene vollkommen neu gesetzt werden, wofür es zwei Schreibweisen gibt. Die erste benutzt Buchstaben:

```
chmod {u,g,o,a}={r,w,x} <Objekt-Liste>
```

wobei 'a' alle drei Zugriffsebenen zusammenfaßt. Um zum Beispiel zwei Dateien namens 'datei1' und 'datei2' sowohl auf der Gruppen- als auch auf der Allgemeinheitsebene zum Lesen und Ausführen freizugeben, ohne daß die bestehenden Eignerrechte verändert werden, wird kodiert:

```
$ chmod   go=rx   datei1  datei2
```

Das Lese- und das Ausführrecht auf allen drei Ebenen kann in zwei äquivalenten Formen kodiert werden:

```
$ chmod  ugo=rx  prozedur1
$ chmod     a=rx  prozedur1
```

Durch Auslassen der Kodes werden alle drei Zugriffsrechte entzogen:

```
$ chmod  go=    prog.c ...
$ chmod    a=    nogo.c ...
```

Die zweite Schreibweise benutzt 3-ziffrige Oktalwerte, deren Stellen die Zugriffsebenen darstellen:

```
chmod  <ijk>  <Objekt-Liste>
```

wobei die drei Ziffern 'i-j-k' von links nach rechts den drei Zugriffsebenen 'u-g-o' entsprechen. Jede Ziffer stellt die arithmetische Summe der jeweiligen Zugriffsrechte dar, die durch folgende Oktalwerte bestimmt werden:

```
0 = ---     kein Zugriff  (no access)
1 = --x     Nur Ausführen (execute only)
2 = -w-     Nur Schreiben (write only)
4 = r--     Nur Lesen (read only)
```

Die restlichen Kombinationen sind:

```
3 = -wx    Schreiben und Ausführen; aber kein Lesen
5 = r -x   Lesen und Ausführen; aber kein Schreiben
6 = rw-    Lesen und Schreiben; aber kein Ausführen
7 = rwx    Lesen, Schreiben und Ausführen
```

Auf jeder Zugriffsebene sind also 8 Kombinationen möglich, was ingesamt 512 mögliche Zugriffskombinationen für ein Objekt ergibt.

Zum Beispiel wird sowohl der Benutzergruppe als auch der Allgemeinheit mit

```
$ chmod 711  /verz1  /verz1/prog1
```

das Ausführen der Binärdatei 'prog1' in Verzeichnis 'verz1' ermöglicht. Durch den Nullwert werden die Zugriffsrechte auf allen drei Ebenen gelöscht:

```
$ chmod 0 nogo.c
```

Mit der relativen Kodierungsform können die bestehenden Zugriffsrechte differentiell variiert werden, ohne daß die Gesamtsumme neu bestimmt werden muß:

```
chmod {u,g,o,a} {+,-} {r,w,x} <Objekt-Liste>
```

wobei mit '+' zusätzliche Zugriffsrechte gewährt und mit '–' wieder entzogen werden. Zum Beispiel werden mit

```
$ chmod  go -wx  pdatei1
```

sowohl der Benutzergruppe als auch der Allgemeinheit die Schreib- und Ausführungsrechte für die Datei 'pdatei' entzogen. Der Buchstabe 'a' faßt auch hier alle drei Ebenen zusammen, was auch durch völliges Auslassen erreicht wird; wie zum Beispiel in:

```
$ chmod  a+x  cprogx
$ chmod   +x  cprogx
```

wobei der Allgemeinheit das Ausführungsrecht gewährt wird.

3.8.3 Voreinstellung der Zugriffsrechte

Mit den Shell-Anweisungen **umask(sh)** und **umask(csh)** können in beiden Shells die Zugriffsrechte bei der Erzeugung von Objekten voreingestellt werden:

```
umask [ijk]
```

wobei der 3-stellige Oktalwert 'ijk' von dem Grundwert '666' für Dateien, und von '777' für Verzeichnisse subtrahiert wird, so daß eine effektive Voreinstellung von '6–i 6–j 6–k' bei Dateien, und von '7–i 7–j 7–k' bei Verzeichnissen resultiert. Zum Beispiel wird durch

```
$ umask 027
```

eine automatische Voreinstellung in Kraft gesetzt, bei welcher neue Verzeichnisse mit '750' = 'rwxr–x—–', und neue Dateien mit '650' = 'rw–r——' angelegt werden.

Beim Aufruf ohne jegliche Argumente gibt umask die *aktuelle* Voreinstellung aus:

```
$ umask
27
```

Die Anweisung *umask* wird unter den Shell-Einträgen csh(1)/BHB und sh(1)/BHB aufgeführt.

3.8.4 Verändern von Eigner- und Gruppen-Kennungen

Neben dem Superuser kann nur der aktuelle Eigner die Eigner- und Gruppen-Kennungen seiner Objekte mit den Befehlen **chown(1)** und **chgrp(1)** verändern:

```
chown <UID>|<LID> <Objekt-Liste>
chgrp <GID>|<Gruppenname> <Objekt-Liste>
```

Bei beiden Anweisungen kann jeweils *nur eine* neue Kennung angegeben werden, die dann auf die Objekte übertragen wird. Eine neue Eigner-Kennung muß bereits als Benutzer-Kennung UID oder als Login-Kennung LID in der Paßwortdatei eingetragen sein. Eine neue Gruppen-Kennung GID muß entweder in der Paßwortdatei oder aber in der Gruppendatei existieren. Falls ein Eintrag in der Gruppendatei bereits existiert, kann anstelle der numerischen Kennung auch der eingetragene

Gruppenname benutzt werden. Die Paßwortdatei '/etc/passwd' und die Gruppendatei '/etc/group' werden unter den Einträgen passwd(4)/PHB beziehungsweise group(4)/PHB eingehend beschrieben. Die beiden Befehle werden gemeinsam unter dem Eintrag chown(1)/BHB aufgeführt.

Zum Beispiel werden mit den folgenden Aufrufen die Gruppen-Kennungen der benannten Dateien auf '555' beziehungsweise auf 'team1' gesetzt:

```
$ chgrp 555  dateix  dateiy
$ chgrp team1  programm1 programm2
```

Um ein Unterverzeichnis auf den Superuser zu übertragen, wird kodiert:

```
# chown  0   ./steuerverz1
```

Um der Möglichkeit des Mißbrauches von Zugriffsrechten bei ausführbaren Binärdateien vorzubeugen, werden beim Aufruf von *chown* und *chgrp* durch allgemeine Benutzer die Ausführungsmerkmale *set-user ID flag* und *set-group ID flag* gelöscht; sie bleiben nur beim Aufruf durch den Superuser (UID=0) erhalten. Die Ausführungsmerkmale von Binärdateien werden im nachfolgenden Abschnitt 3.8.6 besprochen.

3.8.5 Grundlagen der Gruppenverwaltung

Beim Mehrbenutzerbetrieb mit einer größeren Benutzergemeinschaft kann durch Gruppeneinteilung eine übersichtlichere und straffere Verwaltung der Dateien und Verzeichnisse, und somit eine erhöhte Datensicherheit erreicht werden. Objekt-bezogene Benutzergruppen können nach vielfältigen Kriterien bestimmt werden, darunter Abteilungs-, Projekt- und Fachzugehörigkeit, sowie Vertraulichkeitsstufen. Die technische Verwaltung obliegt zwangsläufig dem Superuser, der die Gruppen-Kennungen dem System gegenüber durch Einträge in der Gruppendatei definiert, und somit Mitgliedschaften vergeben und auch wieder einziehen kann.

Aus der *reinen Verwaltungsperspektive* sind zwei Arten von Gruppen und Gruppenzugehörigkeit zu betrachten:

- Die jeweilige *Login-Gruppe* eines Benutzers mit *automatischer* Mitgliedschaft.
- Die *Objekt-Gruppen* (Host-Gruppen) mit *selektiver* Mitgliedschaft.

Dem entsprechen aus der *Sicht des Benutzers*:

- Die eigene Login-Gruppe, die mit seiner Login-Kennung assoziiert ist.
- Host-Gruppen, denen er durch eingetragene Mitgliedschaft angehört.

Die Login-Gruppen-Kennung LGID wird als rein numerischer Kode in das Gruppenfeld im Benutzereintrag in der Paßwortdatei eingetragen; jedem Benutzer kann also nur eine, mehreren Benutzer jedoch diesselbe LGID zugewiesen werden. Die LGID wird unmittelbar nach dem Einloggen zur aktuellen Gruppen-Kennung des Benutzers, und damit zur RGID seiner Prozesse (Abschnitt 4.2.1.2). Das folgende Beispiel zeigt die Einträge in der Paßwort- und der Gruppendatei für ein einfaches Gruppenschema.

```
$ cat /etc/passwd
venus:lUZ786BosQ:52:12:inner planets: ...
earth:PLW34asXFk:53:12:inner planets: ...
mars:LHg98LOcxiD:54:12:inner planets: ...
 ...              ...     ...
saturn:HjkU675FRT:65:14:outer planets: ...
uranus:loIJBMpp0R:66:14:outer planets: ...
jupiter:89ztRrWEDx:67:14:outer planets: ...
|                  |  |
|                  |  LGID (Login-Gruppe
|                  UID (Benutzer-Kennung)
LID (Login-Kennung)
```

```
$ cat /etc/group
 inner ::12: saturn,uranus,jupiter, ...
 outer ::14: mercury,earth,mars, ...
space ::16: mercury,earth,mars,saturn,uranus,jupiter, ...
|     | |  |
|     | |  Mitgliedslisten (LIDs)
|     | HGID, Host-Gruppen-Kennungen
|     optionales Gruppen-Paßwort (hier leer)
Hostgruppen-Namen
```

Host-Gruppen können mit bereits existierenden Login-Gruppen zusammenfallen oder als *abstrakte Gruppen* neu definiert werden, ohne dabei mit bestimmen Benutzer-Kennungen assoziiert sein zu müssen. Abstrakte Host-Gruppen werden durch Einträge in der Gruppendatei '/etc/group' definiert; Login-Gruppen können zur Benennung eingetragen werden. In unserem fortgesetzten Beispiel stellt 'space' mit GID=16 eine abstrakte Host-Gruppe dar, die mit keiner UID assoziiert ist, während 'inner' (12) und 'outer' (14) Login-Gruppen in der Paßwortdatei sind.

Wie das Beispiel zeigen soll, werden die Login-Kennungen (LID) der teilhabenden Benutzer in die Mitgliedslisten der Host-Gruppen eingetragen. Das optionale Gruppen-Paßwort wird nur beim Gruppenwechsel abgefragt. Die Gruppendatei '/etc/group' wird unter group(4)/PHB beschrieben.

Mit dem Befehl **newgrp(1)** kann in eine andere Host-Gruppe hinübergewechselt werden, wobei die aktuelle GID der HGID gleich gesetzt wird. Zum Beispiel kann der Benutzer 'uranus' mit der LGID 'outer' zur Host-Gruppe 'space' hinüberwechseln,

```
$ newgrp   space
```

als deren Mitglied er in '/etc/group' eingetragen ist. Mit dem Gruppenwechsel erhält der Benutzer das Gruppenzugriffsrecht auf alle Objekte der angewählten Gruppe. Weitere Einzelheiten sind unter newgrp(1)/BHB gegeben.

3.8.6 Ausführungsmerkmale bei Binärdateien

Ausführbare Binärdateien werden entweder unmittelbar von Kompilern erzeugt, oder aber durch das Binden mehrerer Objekt-Moduln mit dem *loader* ld(1) angelegt. Um eine Binärdatei als Befehl aufrufbar zu machen, muß die Ausführberechtigung 'x' mit chmod(1) für die gewünschte Zugriffsebene gesetzt werden.

Während die ersten 9 Bits im Statusfeld einer Inode den Zugriffsvektor enthalten (Tafel 3.1, Abschnitt 3.1.1.2), sind die folgenden 3 Bits bei Binärdateien für drei besondere Ausführungsmerkmale reserviert: *Eignermode* (owner mode), *Gruppenmode* (group mode) und *Mehrfach-* beziehungsweise *Weiterbenutzung* des mit dem ersten Aufruf in den Arbeitsspeicher geladenen binären Ausführkodes (shared text hold-over mode). Dies soll jetzt näher erläutert werden.

Bei manchen Anwendungen ist es vorteilhaft oder sogar unerläßlich, daß bestimmte Programme zeitweilig solche Zugriffsrechte erhalten, die dem aufrufenden Benutzer normalerweise zwar nicht zustehen, aber zur Ausführung von speziellen Aufgaben notwendig sind. Bestimmte UNIX-Dienstprogramme laufen automatisch unter der Autorität des Superusers, selbst wenn sie von gewöhnlichen Benutzern aufgerufen werden. Ein typisches Beispiel ist der Druckauftragsverwalter lp(1) (line printer spooler), der die Druckaufträge der Benutzer in Warteschlangen zur späteren Ausführung einreiht, wobei der ausführende Dienstprozeß unabhängigen Zugriff auf die Druckdateien der verschiedensten Benutzer haben muß. Andere Beispiele sind die Auftragsverwalter cron(1m), at(1) und job(1)

(Abschnitt 5.8) sowie das Kommunikationsprogramm uucp(1). Die dabei ablaufenden Dienstprozesse werden zumindest zeitweilig unter der Superuser-Kennung ausgeführt.

Im allgemeinen werden Benutzer-Programme unter der tatsächlichen Kennung des aufrufenden Benutzers ausgeführt, die der ausführende Prozeß als die aktuelle Benutzer-Kennung (EUID) erhält und normalerweise auch beibehält. Der tatsächliche Eigner der aufgerufenen Binärdatei, beziehungsweise dessen Kennung, spielt dabei keine Rolle. Das gleiche Prinzip gilt für die aktuelle Gruppen-Kennung (EGID) (Abschnitt 4.2.1.2).

Indes kann durch Setzen von zwei Bit-Schaltern, des *set-user ID bit* und des *set-group ID bit*, sowohl die Eigner- als auch die Gruppen-Kennung auf den ausführenden Prozeß übertragen werden. Eine dem Superuser gehörende Binärdatei würde somit also unter dessen Kennung ausgeführt werden. Damit entsteht natürlich die Frage des möglichen Mißbrauches.

Die Möglichkeits des Mißbrauchs liegt konkret darin, daß ein unberechtigter Benutzer sich auf diese Weise Zugriffsrechte auf andersweitig gesperrte Objekte sowie Eingriffsvollmachten in andere Benutzerprozesse erschleichen kann. Die ultimate Gefahr besteht dabei darin, daß ein manipulatives Programm heimlich mit Superuser-Vollmacht ausgestattet wird, um dann auf das System und die übrige Benutzergemeinschaft "losgelassen" zu werden ("Trojanisches Pferd"). Dies kann nur im Ansatz effektiv verhindert werden, indem der Systemverwalter selbst ein volles Verständnis der Vorgehensweise hat. Diese wird gleich nachfolgend weiter unten beschrieben.

Die *shared text hold-over mode* ist im Mehrbenutzerbetrieb da von besonderer Bedeutung, wo mehrere Benutzer oft oder gleichzeitig mit demselben Programm arbeiten. Normalerweise wird eine Binärdatei bei jedem Benutzeraufruf erneut und individuell geladen und dann exklusiv für den aufrufenden Benutzer ausgeführt, wonach das Programm-Abbild (program image) im Arbeitsspeicher erlischt. Dies stellt bei gemeinsam benutzten Anwendungs- und Dienstprogrammen (z.B. Textverarbeitungssysteme) eine gewisse "Verschwendung" von Rechenleistung und anderen Systemressourcen dar. Demgegenüber bestehen zwei Möglichkeiten der Optimierung: Mit- und Weiterbenutzung des einmal geladenen Ausführkodes (shared text mode) und dessen Weiterverfügbarkeit durch Auslagern (shared text hold-over mode).

Die erste Möglichkeit (shared text mode) besteht darin, Programme so zu kompilieren beziehungsweise zu binden, daß der ausführbare Binär-Kode nur beim ersten Aufruf in den Arbeitsspeicher geladen wird, um dann bei weiteren Aufrufen einfach mit- oder weiterbenutzt zu werden (text sharing: eine Beschreibung wird unter ld(1)/BHB gegeben). Aber auch dabei erlischt mit dem Exit des letzten teilnehmenden Benutzerprozesses auch das Programm-Abbild im Arbeitsspeicher, so daß beim nächsten Aufruf erneut geladen werden muß.

Die damit eng verbundene zweite Möglichkeit (shared text hold-over mode) besteht darin, daß das Programm-Abbild durch naturgetreues Auslagern in unmittelbarer Verfügungsbereitschaft gehalten werden kann, um dann beim nächsten Aufruf einfach wieder eingelagert zu werden, wobei die zum Aus- und Einlagern von Prozessen (process swapping) dienende physische oder virtuelle Platteneinheit mitbenutzt wird, was natürlich einen äußerst schnellen Zugriff gewährleistet. Diese Ausführungsmerkmal wird mit einem weiteren Bit-Schalter, dem *sticky bit*, in Kraft gesetzt.

Die drei Ausführungsmerkmale können mit dem Befehl chmod(1) eingestellt werden, wobei wie bei den Zugriffsrechten verfahren wird (Abschnitt 3.8.2). Bei der absoluten Kodierung wird jetzt eine 4-stellige Oktalzahl benutzt:

```
chmod  <hijk>  <Binärdateien>
```

wo die oktale Ziffernfolge 'ijk' die bereits bekannten Zugriffsrechte darstellt, während die zusätzlich vorangestellte Oktal-Ziffer 'h' die arithmetische Summe der Ausführungsmerkmale ist:

1 (t)	sticky bit (nur der Superuser)
2 (s)	set group ID (jeder Benutzer)
4 (s)	set user ID (jeder Benutzer)
7	alle zusammen

Um zum Beispiel die Binärdatei 'progx' erstens für alle Mitglieder der Gruppe 'team1' ausführbar zu machen, und zweitens mit den Zugriffsrechten seines Eigners 'Hubert' auszustatten, wird kodiert:

```
$ chmod  4710  progx
```

Das Ausführungsmerkmal *set user ID* wird von ls(1) mit dem Kleinbuchstaben 's' anstelle des 'x' in der u-Komponente des Zugriffsvektors angezeigt:

```
$ ls –l
pgmx –rws––x–––   1  Hubert  team1  ...  progx
```

Bei den beiden anderen Kodierungsformen müssen die Buchstabenkombinationen gemäß der folgenden Schemata benutzt werden:

```
chmod  {u,g}={x,s}
chmod  +t
```

Das obige Beispiel könnte alternativ in zwei Schritten kodiert werden:

```
$ chmod  ug=x  progx
$ chmod  u+rws
```

Um auch die Gruppenzugriffsrechte von 'team1' auf die ausführbare Binärdateien zu übertragen, müßte hinzugefügt werden:

```
$ chmod g+s
```

Das Gesamtresultat hätte auch mit einer einzigen Oktal-Kodierung erzielt werden können:

```
$ chmod  6710  progx
```

Das Ausführungsmerkmal *set group ID* wird von ls(1) mit dem Kleinbuchstaben 's' anstelle des 'x' in der g-Komponente des Zugriffsvektors angezeigt:

```
$ ls –l
pgmx –rws––s–––   1   Hubert   team1   ... progx
```

Jeder Benutzer kann *set group ID* und *set user ID* nur bei seinen eigenen Binärdateien setzen. Beim Verändern der Eigner- oder Gruppen-Kennung mit chown(1) beziehungsweise mit chgrp(1) sowie beim Kopieren durch allgemeine Benutzer werden die beiden Ausführungsmerkmale gelöscht. Nur der Superuser kann diese beiden Merkmale für die ihm gehörenden Binärdateien setzen, beziehungsweise solche Dateien auf eine andere Eigner- oder Gruppen-Kennung übertragen; andere Benutzer können dies nicht. Eben deswegen sollte ein eingeloggtes Superuser-Terminal stets im Auge behalten werden und niemals — auch nicht für kürzeste Augenblicke — unbeaufsichtigt bleiben, denn die beiden Bits sind sehr schnell gesetzt. Bei Abwesenheit ist daher das Ausloggen die einzige sichere Alternative!

Der Suchbefehl find(1) (Abschnitt 3.7.2) sollte regelmäßig benutzt werden, um diejenigen Dateien zu finden, die mit den beiden Ausführungsmerkmalen versehen sind. Zum Beispiel können alle mit *set user ID* ausgestatteten und mit der Eigner-Kennung 'root' ausgezeichneten Dateien auf folgende Weise gefunden werden:

```
$ find /  –perm –4111  –user root  –print
/bin/find
/bin/mkdir
 ...
/etc/mount
 ...
```

Nur der Superuser kann das *sticky bit* bei einer ausführbaren Binärdatei setzen, die dadurch in Aufrufverfügungsbereitschaft (shared text hold-over mode) versetzt wird. Um zum Beispiel die Binärdateien 'progy' erstens für alle Benutzer ausführbar zu machen und zweitens mit den *sticky bit* zu versehen, wird kodiert:

```
$ chmod  1111  progy
```

Das *sticky bit* wird von ls(1) mit dem Kleinbuchstaben 't' anstelle des 'x' in der o-Komponente des Zugriffsvektors angezeigt:

```
$ ls –l  progy
–––x––x––t   1   Hubert  team1  ... progy
```

Bei einer bereits o-ausführbaren Datei kann die relative Kodierungsform benutzt werden:

```
# chmod  +t    progz
```

Zu beachten ist, daß die Binärdatei beim Setzen der drei Ausführungsmerkmale bereits ausführbar ist, oder aber dabei ausführbar gemacht wird, in welchem Fall der Kleinbuchstabe 's' das 'x' in der u- beziehungsweise g-Komponente und der Kleinbuchstabe 't' das 'x' in der o-Komponente des Zugriffsvektors ersetzt. Fehlt das 'x' in der entsprechenden Komponente, so werden die Großbuchstaben 'S' und 'T' angezeigt. Zwei Gegenbeispiele mögen dies verdeutlichen:

```
# chmod 7111   prog0
# ls –l  prog0
–––s––s––t   1   root  rootgrp  ... prog0

# chmod 7000   prog1
# ls –l  prog1
–––S––S––T   1   root  rootgrp  ... prog1
```

was den Hinweis einschließt, daß die Datei eigentlich gar nicht ausführbar ist!

3.9 Das Manipulieren von Objekten

Die in UNIX-Dateisystemen zulässigen und mit den ursprünglichen Dienstprogrammen ausführbaren Objekt-Manipulationen können in vier Hauptkategorien aufgegliedert werden:

- Erzeugen und Löschen von Namensbindungen
- Versetzen einzelner und gruppierter Objekte
- Kopieren einzelner und gruppierter Dateien
- Abbilden und Nachbilden von Verzeichnissen und ganzen Teilbäumen

Die dabei auftretenden Veränderungen reichen von einfachen Modifikationen der Namenseinträge in Verzeichnisdateien ohne jegliche strukturellen Veränderungen im Dateisystem bis zum Erzeugen und Löschen ganzer Teilbäume, und damit zu weitgehenden Strukturveränderungen. Die nachfolgend besprochenen konstruktiven Befehle zur Erzeugung von Namensbindungen und zum Versetzen und Kopieren von Objekten werden nach dem folgenden *von-nach* Schema kodiert:

```
$ <Befehl>  <Quellverweis>  [<Zielverweis>]
```

d.h. also nach dem *Links-Rechts-Schema*, wobei es zwar mehrere Quellverweise, aber immer nur einen Zielverweis geben kann, wie das zum Beispiel beim Kopieren einer Gruppe von Dateien in ein Zielverzeichnis der Fall ist. Bei *verzeichnisübergreifenden* Manipulationen, wie in

```
$ <Befehl> ...  /aa/bb/cc/datei1  /xx/yy/zz/datei2
```

müssen alle im Weiser enthaltenen Zwischenverzeichnisse existieren und dem Benutzer das Suchrecht 'x' gewähren. Für die beiden Mutterverzeichnisse 'cc' und 'zz' muß dazu noch das Leserecht 'r' beziehungsweise das Schreibrecht 'w' vorhanden sein.

Das in den Abschnitten 3.1.2.2 und 3.1.2.3 eingeführte Prinzip der Namensbindungen an Inodes (link) spielt bei den nachfolgend besprochenen Objekt-Manipulationen eine grundlegende Rolle.

3.9.1 Das Anlegen und Löschen von Namensbindungen

Beim Neuanlegen eines Objektes wird die erste Namensbindung automatisch in die jeweilige Verzeichnisdatei eingetragen. Zusätzliche Namensbindungen an bereits bestehende Objekte können mit den Befehlen **link(1m)** und **ln(1)** erzeugt werden, wobei lediglich neue Einträge in den jeweiligen Verzeichnisdateien entstehen.

Mit den Superuser-Befehl link(1m) können zusätzliche Basisnamen sowohl an Dateien als auch an Verzeichnisse gebunden werden. Er unterscheidet sich in dieser Hinsicht von dem allgemeinen Benutzerbefehl ln(1). Es gilt das folgende Aufrufschema:

```
# link  <Ausgangsverweis>  <Zielverweis>
```

wobei jeweils nur ein Ausgangs- und ein Zielverweis angeben werden können. Die im System V gegebene Version von link(1m) ist nicht destruktiv und terminiert klaglos bei einem Verweis auf ein bereits existierendes Objekt.

Wenn im aktuellen Arbeitsverzeichnis der Basisname 'pappa' schon an das Objekt mit dem Inode-Index '428' gebunden ist, dann kann mit *link* ein zweiter Basisname 'babba' an dieselbe Inode und somit an dasselbe Objekt gebunden werden. Bild 3.14 zeigt dies.

Der allgemeine Benutzerbefehl **ln(1)** unterscheidet sich von link(1m) in zweifacher Hinsicht. Erstens können nur Dateien, nicht aber Verzeichnisse mit zusätzlichen Namensbindungen versehen werden. Zweitens ist *ln* in dem Sinn *destruktiv*, daß die Namensbindung einer bereits existierende Datei

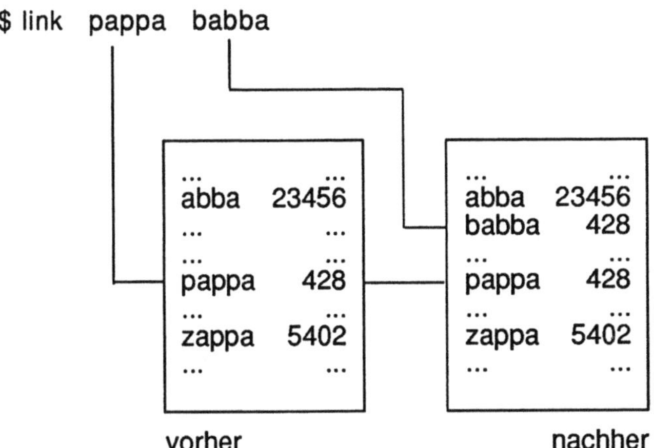

Bild 3.14: Anlegen einer zusätzlichen Namensbindung

(und damit möglicherweise das Objekt selbst) verlorengeht, wenn dessen Basisname als Zielverweis benutzt wird. Der erste Form des Aufrufs für Dateien ist:

```
$ ln  <Ausgangsverweis>  <Zielverweis>
```

wobei nur ein Ausgangs- und nur ein Zielverweis angegeben werden kann.

Die zweite Form "portiert" die Basisnamen einer oder mehrerer Dateien unverändert in ein vorgegebenes Verzeichnis:

```
$ ln  <Basisname> [<Basisname> ... ]  <Zielverzeichnis>
```

wobei die Namensbindungen *identisch* im Zielverzeichnis reproduziert werden. ln(1) ist unter dem Eintrag cp(1)/BHB aufgeführt.

Alle mit link(1m) und ln(1) erzeugten Namensbindungen müssen innerhalb eines Dateisystems verlaufen, da der gleiche Inode-Index in einem anderen Dateisystem auf eine vollkommen andere Inode und somit im allgemeinen auf ein anderes Objekt verweist. Einige Versionen des Systems V ermöglichen allerdings symbolische Namensbindungen (symbolic links), wobei der absolute Verweis des auf einem anderen Dateisystem liegenden Objektes benutzt wird. Der Befehl sln(1) ist ein Beispiel dafür.

Nur mit dem Löschen seiner *letzten* oder *einzigen* Namensbindung wird ein Objekt unter Freisetzung seiner Inode endgültig aus dem Dateisystem entfernt. Bei mehrfachen Namensbindungen werden nur die jeweiligen Einträge in den betroffenen Mutterverzeichnissen gelöscht (eigentlich nur als erloschen markiert). Multiple Namensbindungen können mit ls(1) festgestellt (Abschnitt 3.1.2.3) und mit dem Superuser-Befehl ncheck(1m) für einen vorgegebenen Inode-Index namentlich aufgelistet werden. Objekte mit einer vorgegebenen Anzahl von Namensbindungen können mit find(1) identifiziert werden.

Namensbindungen können mit dem Superuser-Befehl unlink(1m) nach Belieben und ohne Rücksicht auf den Typ des Objektes gelöscht werden:

```
# unlink  <Verweis>  [<Verweis> ... ]
```

unlink ist unter dem Eintrag link(1m)/SHB beschrieben, wo in früheren Versionen noch bemerkt wurde, daß "der Benutzer hoffentlich weiß, was er tut." Die aktuelle Version rät immerhin noch zur Vorsicht. Die eigentliche Gefahr liegt bei nichtleeren Verzeichnissen!

Wird *unlink* nämlich unachtsam auf ein nichtleeres Verzeichnis angewendet, so wird dessen Namensbindung im Mutterverzeichnis gelöscht, und wenn diese die einzige oder letzte noch bestehende Namensbindung war, dann ist der gesamte, von dem Verzeichnis ausgehende Teilbaum plötzlich anscheinend spurlos verschwunden. Mit dem Superuser-Befehl fsck(1m), der zur Diagnose und Reparatur von Dateisystemen benutzt wird (Abschnitt 3.4.1), muß dann versucht werden, die "verwaisten" Objekte zu "retten". Bei Erfolg (was nicht unbedingt der Fall sein muß) werden die "geretteten" Objekte im "Fundbüro"-Verzeichnis '/lost+found' abgelegt, wobei die Inode-Indexe als Basisnamen benutzt werden. Eben deswegen ist *unlink* auf den Superuser beschränkt.

Im Gegensatz zu unlink(1m) ist der allgemeine Löschbefehl **rm(1)** in dem Sinn "sicher", daß nichtleere Verzeichnisse erst rekursive ausgeschöpft werden, bevor die Namensbindung des Verzeichnisses selbst gelöscht wird. Dazu muß die Option 'r' benutzt werden:

```
$ rm -r <Verzeichnis>
```

Mit *rm* kann ein Verzeichnis im Abfrageverfahren bequem "ausgeräumt" werden:

```
$ rm –i  *

abba: ? [RET]
babba: ? y
 ...
zappa: ? ...
```

wobei nur mit der Eingabe 'y' die Namensbindung (beziehungsweise das Objekt selbst) gelöscht und mit jeder anderen Eingabe übersprungen wird. Vorsicht ist auch hier angebracht! Der Vorgang kann mit der Interrupt-Taste jederzeit abgebrochen werden.

Der eigentliche Verzeichnis-Löschbefehl **rmdir(1)** kann nur auf leere Verzeichnisse angewandt werden; andernfalls wird eine knappe Fehlermeldung ausgegeben:

```
$ rmdir VERZ
rmdir: VERZ  not empty
```

Die beiden Löschbefehle stehen den allgemeinen Benutzern uneingeschränkt zur Verfügung. Bei einigen Versionen des SVR3 ist rmdir(1) mit rm(1) zusammengelegt worden.

3.9.2 Das Versetzen von Objekten

Sowohl Dateien als auch Verzeichnisse können mit dem Befehl **mv(1)** (move) versetzt werden, wobei der Vorgang innerhalb eines Dateisystems nur auf eine Umbenennung hinausläuft, da die Inodes unverändert bleiben und nur die Namensbindungen in den Verzeichnisdateien verändert werden. Die betroffenen Objekte selbst bleiben stationär innerhalb des Dateisystems. Nur beim übergreifenden Versetzen zwischen zwei verschiedenen Dateisystemen werden die Objekte durch Kopieren auch physisch versetzt, wobei natürlich auch neue Inodes zugewiesen werden.

In der einfachsten Anwendung kann mit *mv* der Basisname eines Objektes in einem Verzeichnis verändert werden, wobei lediglich die betreffende Namensbindung umgewandelt wird. Bild 3.15 zeigt das zugrundeliegende Schema.

Dateien, nicht aber Verzeichnisse, können einzeln oder gruppenweise in andere Verzeichnisse versetzt werden:

```
$ mv datei1 datei2 ... /verzx
```

Mit Metazeichen und lexikalischen Mustern können Klassen von Bezeichnern erfaßt werden:

```
$ mv /progverz/*.c .
$ mv *.o ../objekte
```

wobei alle in 'progverz' enthaltenen C-Programmdateien in das aktuelle Arbeitsverzeichnis '.', beziehungsweise alle sich darin befindlichen

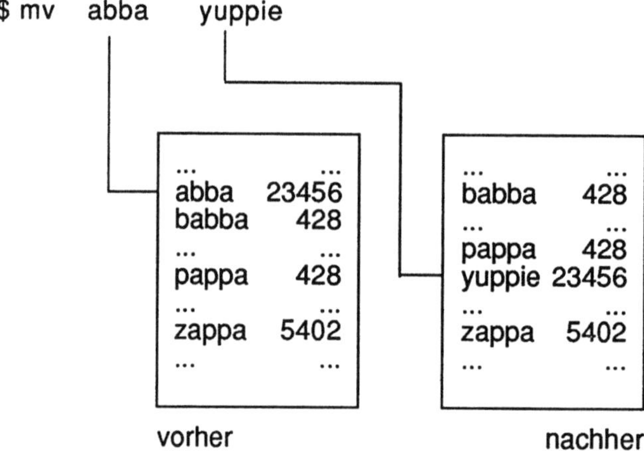

Bild 3.15: Umbenennen einer Datei mit mv(1)

Objektdateien in das Schwesterverzeichnis 'objekte' versetzt werden. In beiden Fällen bleiben die Basisnamen unverändert erhalten.

Beim Versetzen werden die Namensbindungen der Dateien im Ausgangsverzeichnis gelöscht und im Zielverzeichnis neu eingetragen, was mit der Zuweisung neuer Basisnamen kombiniert werden kann:

```
$ mv  /progverz/funktion.c   ../arbeit/progx.c
```

Allerdings kann jeweils nur eine Datei mit einem neuen Basisnamen versetzt werden. Tochterverzeichnisse können zwar innerhalb der Mutterverzeichnisse umbenannt, nicht aber in andere Verzeichnisse versetzt werden.

mv kann in dem Sinn *destruktiv* sein, daß die einzige oder letzte Namensbindung eines existierenden Objektes (und damit möglicherweise das Objekt selbst) zuerst gelöscht werden muß, bevor dessen Basisname als Zielname zugewiesen werden kann. Bei schreibgeschützten Objekten wird von *mv* jedoch eine Warnung mit Bestätigungsabfrage ausgegeben. Mit Ausnahme des jüngsten Zugriffs- und Veränderungsdatums bleiben die Attribute beim Versetzen unverändert erhalten, was insbesondere die Eigner- und Gruppen-Kennungen sowie die Zugriffsrechte einschließt. mv(1) wird unter dem Eintrag cp(1)/BHB beschrieben.

Zum Versetzen *nichtleerer* Verzeichnisse muß der Superuser-Befehl **mvdir(1m)** benutzt werden; wie zum Beispiel in:

```
# mvdir  ./verzx  /verza/verzx
```

wo das Tochterverzeichnis 'verzx' aus dem aktuellen Arbeitsverzeichnis in das Zielverzeichnis '/verza' versetzt wird. Allerdings müssen die beiden Verzeichnisse dabei unbedingt verschieden sein! Zum Beispiel wäre der rekursive Aufruf

```
# mvdir /verzy    /verzy/uverzy
```

zwar syntaktisch korrekt, würde aber mit Sicherheit zum Verlust der Namensbindung von '/verzy' im Root-Verzeichnis führen. Bei einer einzigen Namenbindung wäre dann der gesamte von '/verzy' ausgehende Teilbaum zwar nicht gelöscht, aber ebenso "verwaist", wie beim unachtsamen Gebrauch von unlink(1m) (Abschnitt 3.9.1). Verschachtelte Abbildungen und Nachbildungen von Teilbäumen können jedoch mit den Archivierprogrammen cpio(1) und tar(1) angelegt werden, was im folgenden Abschnitt 3.9.4 behandelt wird.

3.9.3 Das Kopieren einzelner und gruppierter Dateien

In der einfachen Anwendung kann der Befehl cp(1) zum Kopieren einer regulären Datei im aktuellen Arbeitsverzeichnis benutzt werden. Bild 3.16 zeigt das dabei zugrundeliegende Schema, wobei eine vollkommen neue Namensbindung an eine vollkommen andere Inode im Mutterverzeichnis angelegt wird. Abgesehen von den Eigner- und Gruppen-Kennungen, den Ausführungsmerkmalen *set user ID* und *set group ID* (Abschnitt 3.8.6) sowie den mit *umask* voreingestellten Zugriffsrechten (Abschnitt 3.8.3) wird eine völlig identische Kopie der Quelldatei angelegt.

Einzelne oder mehrere benannte Dateien,

```
$ cp  datei1  datei2 ...  /verzx
```

oder mit Metazeichen und lexikalischen Mustern erfaßte Klassen von Dateien,

```
$ cp  /progverz/*.c  .
$ cp  *.o  ../objekt
```

können kollektiv in ein Zielverzeichnis kopiert werden, wobei die ursprünglichen Basisnamen unverändert erhalten bleiben. Im zweiten Beispiel werden alle im Verzeichnis 'progver' enthaltenen C-Programmdateien in das aktuelle Arbeitsverzeichnis '.' kopiert; während im dritten Beispiel alle sich darin befindlichen Objektdateien in das Schwesterverzeichnis 'objekt' kopiert werden.

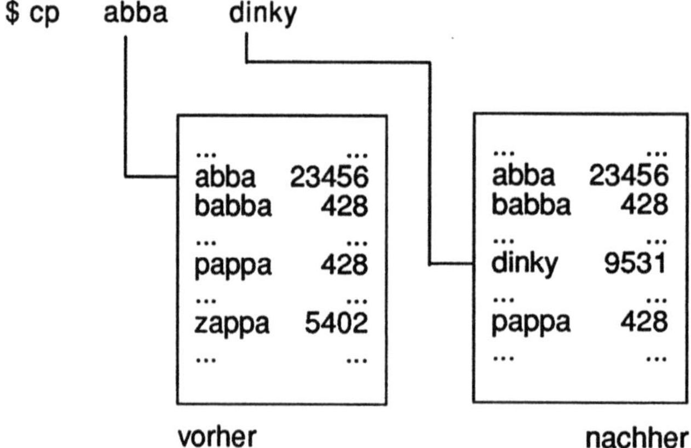

Bild 3.16: Kopieren einer Datei mit cp(1)

Beim Kopieren mit *cp* muß zwischen zwei Ausgangssituationen unterschieden werden: Entweder die Zieldatei existiert bereits oder sie wird durch den Kopiervorgang neu angelegt. Im ersten Fall wird die Zieldatei mit dem Inhalt der Quelldatei überschrieben, wobei der alte Inhalt unwiderruflich verlorengeht. Bei schreibgeschützten Dateien wird dabei jedoch eine Warnung mit Bestätigungsabfrage ausgegeben. Die Eigner- und die Gruppen-Kennungen sowie die Zugriffsrechte der Zieldatei bleiben jedoch unverändert; lediglich die Dateigröße und das jüngste Zugriffs- und Veränderungsdatum werden aktualisiert. Bei ausführbaren Binärdateien bleibt das *sticky bit* immer erhalten, und die beiden Ausführungsmerkmale *set user ID* und *set group ID* nur dann, wenn der Kopiervorgang unter der Superuser-Kennung erfolgt; in allen anderen Fällen werden die beiden Merkmale gelöscht.

Im zweiten Fall, wenn die Zieldatei durch den Kopiervorgang neu angelegt wird, bestimmen Benutzer- und Gruppen-Kennung des kopierenden Benutzers die Eigner- und die Gruppen-Kennung der Zieldatei. Die Zugriffsrechte werden durch die aktuelle Belegung von umask(sh) beziehungsweise umask(csh) bestimmt. Bei Binärdateien bleiben *sticky bit*, *set user ID* und *set group ID* nur dann erhalten, wenn der Kopiervorgang unter der Superuser-Kennung erfolgt; in allen anderen Fällen werden die drei Merkmale gelöscht. In beiden Fällen wird der Kopiervorgang beim Überschreiten der mit setulimit(1) festgesetzten Obergrenze für Dateigrößen abgebrochen, so daß eine unvollständige Datei resultieren kann.

Mit den Ausgabebefehl **cat(1)** (concatenate) können mehrere Quelldateien zusammengefaßt in eine Auffangdatei kopiert werden, wobei die Reihenfolge der *Verkettung* durch die Reihenfolge der Bezeichner bestimmt werden kann:

```
cat <Datei1> <Datei2> ... >  <Auffangdatei>
cat <Datei1> <Datei2> ... >> <Auffangdatei>
```

Die Symbole '>' beziehungsweise '>>' werden zur Umlenkung der Ausgabe von *cat* auf die Auffangdatei benutzt; ohne Umlenkung erfolgt die Ausgabe zum Terminal. Beide Umlenkungsformen erzeugen neue Dateien; bereits existierende Dateien werden mit '>' überschrieben, und mit '>>' erweitert. E/A-Umlenkung wird im Abschnitt 5.4 für beide Shells einführend, und dann in den Abschnitten 6.5 (sh) und 7.5 (csh) für die jeweilige Shell weiterführend besprochen. Hinsichtlich der Attribute und Ausführungsmerkmale gelten die oben für cp(1) aufgeführten Regeln. cat(1) besitzt eine Anzahl nützlicher Optionen, die unter seinem Eintrag im Benutzer-Handbuch beschrieben sind.

3.9.4 Das Abbilden und Nachbilden von Teilbäumen

Die im ursprünglichen UNIX-Systempaket enthaltenen Dienstprogramme **cpio(1)** und **tar(1)** können neben ihrer hauptsächlichen Anwendung in der Datensicherung und Archivierung (Abschnitt 3.10) auch dazu benutzt werden, ganze Teilbäume vor Verzeichnissen vollständig und strukturgetreu durch Namensbindungen innerhalb eines Dateisystems *abzubilden* (replicating) oder sie originalgetreu in einem anderen Dateisystem *nachzubilden* (duplicating), was echte Kopiervorgänge einschließt.

In der einfachsten interaktiven Anwendung kann cpio(1) dazu benutzt werden, eine Gruppe von Dateien in ein bereits vorhandenes Zielverzeichnis echt zu kopieren oder durch Namensbindungen abzubilden:

```
$ cpio   -pd[l]    <Zielverzeichnis>
/aa/bb/datei1
 ...
/yy/zz/dateix
[CTL_D]
```

wobei die Option 'p' (pass) für diese Anwendungsform notwendig ist, während mit 'd' (directory) die automatische Erzeugung der Zwischenverzeichnisse 'aa', ..., 'zz' innerhalb des Zielverzeichnisses erzwungen wird. Wird die Option 'l' (link) ausgelassen, so werden die Dateien kopiert; mit 'l' werden für die im selben Dateisystem angesiedelten Dateien nur Namensbindungen erzeugt, während Dateien aus einem anderen Dateisystem echt kopiert werden. Im interaktiven Gebrauch wird die Eingabe der Verweise mit der jeweiligen Belegung von *eof* — also normalerweise CTL_D — terminiert.

Zur strukturgetreuen Ab- oder Nachbildung eines Teilbaumes kann der Befehl find(1) vorgeschaltet werden, um eine vollständige Liste der absoluten Verweise zu erzeugen (Abschnitt 3.7.2), welche dann durch einen transienten Prozeßkanal in *cpio* eingespeist wird:

```
$ find <Ausgangsverzeichnis> -print | cpio -pdv[l] <Zielverzeichnis>
```

wobei der Vertikalstrich '|' den Kanal zwischen den beiden Prozessen herstellt. Solche Befehlszeilen werden daher auch als *pipelines* bezeichnet, was im Abschnitt 5.5 einführend, und dann in den Abschnitten 6.6 (sh) und 7.6 (csh) weiterführend behandelt wird. Die Option 'p' ist auch hier notwendig und mit 'd' werden wiederum die Zwischenverzeichnisse automatisch erzeugt, wodurch die ursprüngliche Struktur erhalten bleibt. Mit 'l' erfolgt auch hier lediglich eine Abbildung durch Namensbindungen; ohne 'l' wird eine Nachbildung durch Kopieren angelegt. Mit 'v' (verbose) werden die

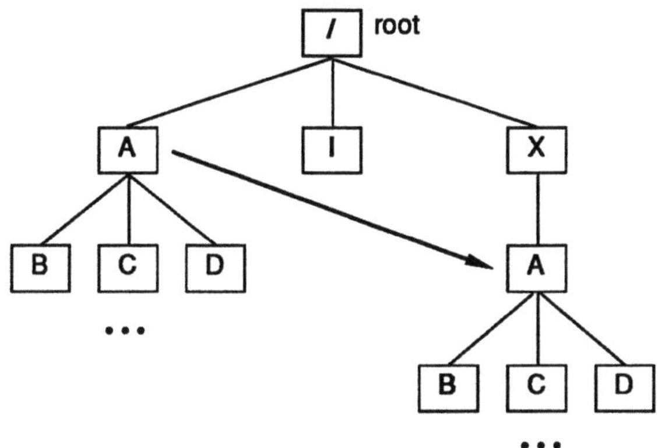

Bild 3.17: Nachbilden eines Teilbaumes mit cpio(1)

von *find* erzeugten und in *cpio* eingespeisten Verweise zum Terminal zurückgespiegelt. Zum Beispiel wird mit

```
$ find /A -print | cpio -pdv /X
```

der gesamte von '/A' ausgehende Teilbaum innerhalb von '/X' nachgebildet, was Bild 3.17 darstellt.

Die Wirkungsweise von tar(1) ähnelt der von cpio(1), indem auch hier ganze Teilbäume durch Kopieren naturgetreu nachgebildet werden können. Der Unterschied ist einerseits, daß das einfache Abbilden eines Teilbaums durch Namensbindungen hier nicht möglich ist, und andererseits, daß beim Kopieren die Nachbildung der Struktur relativ zum Mutterverzeichnis des Teilbaumes erfolgt.

Um einen vom aktuellen Arbeitsverzeichnis ausgehenden Teilbaum in einem bereits vorhandenen Zielverzeichnis vollständig nachzubilden, kann folgende *pipeline* benutzt werden:

```
$ tar cvf - . | (cd <Zielverzeichnis>; tar xvf - )
```

Die zweite (linke) Instanz von *tar* arbeitet das aktuelle Verzeichnis rekursiv ab und übergibt dabei seine Ausgabe durch die *pipe* an die erste (rechte) Instanz, deren aktuelles Arbeitsverzeichnis das zuvor mit *cd* angewählte Zielverzeichnis ist. Die beiden rechts der *pipe* liegenden Befehle müssen daher mit Rundklammern gruppiert werden. Befehlsgruppen werden im Abschnitt 5.2.5 einführend besprochen. Die Bezeichnungen 'erste' und 'zweite' Instanz ergeben sich aus der Reihenfolge der Prozeßinitiierung, die in einer *pipeline* von rechts nach links verläuft, was im Abschnitt 5.5 behandelt wird.

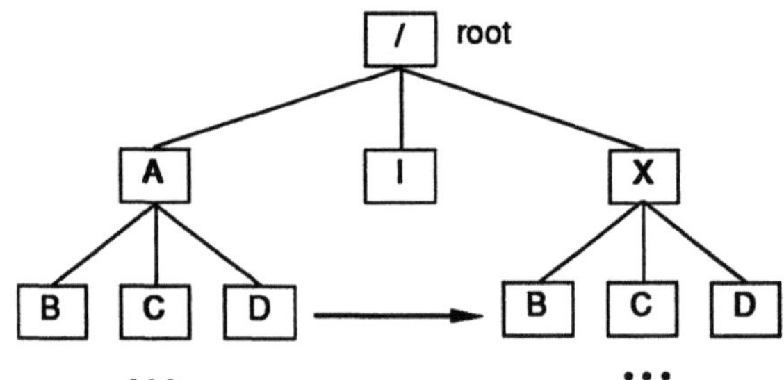

Bild 3.18: Nachbilden eines Teilbaumes mit tar(1)

In der zweiten Instanz von *tar* muß dabei die Option 'c' (create) gesetzt werden, um die Ausgabe zu bewirken; während in der ersten Instanz 'x' (extract) gesetzt werden muß, um die Eingabe zu bewirken. Die Option 'f' (file), unmittelbar gefolgt von einem Minuszeichen, muß in beiden Instanzen gesetzt werden, um die Ausgabe beziehungsweise die Eingabe über den Prozeßkanal zu erzwingen. Mit der Option 'v' werden die Verweise in der ablaufenden Reihenfolge zum Terminal zurückgespiegelt.

Das in Bild 3.18 gezeigte Resultat wird mit den folgenden zwei Schritten erziehlt:

```
$ cd /A
$ tar cvf - . | (cd /X ; tar xvf - )
```

3.10 Sicherung und Wiederherstellung von Objekten

Der Hauptzweck der beiden Dienstprogramme **cpio(1)** und **tar(1)** liegt in der zuverlässigen und effizienten Archivierung, Sicherung und Wiederherstellung von einzelnen und gruppierten Dateien und Verzeichnissen sowie von ganzen Teilbäumen, deren logische Struktur dabei voll erhalten bleibt. Beide Programme arbeiten gleichermaßen zuverlässig mit so unterschiedlichen Massenspeichern wie Magnetbandspulen (reels), Magnetbandkassetten (streaming tapes), Wechselplatten (disk packs) und Disketten.

Direktzugriffsmedia wie Disketten und Plattenspeicher müssen zwar formatiert werden (Abschnitt 3.3), aber die Struktur eines Dateisystems braucht nicht angelegt werden, da beide Programme kein logisches Einhängen (Abschnitt 3.1.3) erfordern. Bei diesen Datenträgern ist eine nachträgliche Aktualisierung möglich. Lineare Massenspeicher wie Bandspulen und -kassetten erfordern keinerlei Vorbehandlung und können auch nicht nachträglich aktualisiert werden; sie müssen daher jeweils vollkommen neu beschrieben werden.

Die Objekte, die zwecks späterer Wiederherstellung gesichert werden sollen, werden über den Gerätekanal des Laufwerks auf den nur physisch aufgesetzten Datenträger kopiert, beziehungsweise daraus eingelesen. Die Beschreibungen von cpio(1) und tar(1), insbesondere die verschiedenen und teilweise systemspezifischen Optionen, sind im Benutzer-Handbuch gegeben.

Zwei weitere Methoden der Abspeicherung und Wiederherstellung von regulären Dateien werden weiter unten im dritten Unterabschnitt kurz besprochen.

3.10.1 Archivierung mit cpio(1)

Das Archiv-Verwaltungsprogramm **cpio(1)** (copy in/out) wird in jeweils nur einer von drei möglichen Phasen angewendet: Durchlauf (p:pass), Auslagern (o:output) und Einlagern (i:input). Die Durchlauf-Phase wurde bereits im Zusammenhang mit dem Abbilden und den Nachbilden von Teilbäumen vorgestellt (Abschnitt 3.9.4); sie wird im allgemeinen nur zum Durchlaufkopieren zwischen Dateisystemen eingesetzt, wobei das Kopieren innerhalb eines Dateisystems durch Namensbindungen ersetzt werden kann. Die beiden anderen Phasen können nur zum Kopieren von Dateien zwischen einem logisch eingehängten Dateisystem und einem physisch aufgesetzten Datenträger benutzt werden, wobei mehrfache Namensbindungen als jeweils eigenständige Objekte behandelt werden.

Beim einfachen interaktiven Auslagern wird eine Liste von Objekten eingegeben, die *cpio* dann über den angegebenen Gerätekanal auf den Datenträger kopiert:

```
$ cpio -o [-<andere Optionen>]  > /dev/<Laufwerk>
Verweis1
Verweis2
 ...
[CTL_D]
```

wobei die Eingabe mit der jeweiligen Belegung von *eof* — normalerweise also CTL_D — abgeschlossen wird. Das rechte Winkelzeichen '>' bewirkt, daß die Ausgabe von *cpio* auf den Gerätekanal des Laufwerks umgelenkt wird. Die Grundlagen der E/A-Umlenkung werden im Abschnitt 5.4 eingeführt.

Ein von einem untergeordneten Verzeichnis ausgehender Teilbaum oder ein von seinem Root-Verzeichnis ausgehendes vollständiges Dateisystem kann nach dem folgenden Aufrufsschema als Ganzes ausgelagert werden:

```
$ find <Ausgangsverzeichnis>  -print | \
cpio -o [-<andere Optionen>]  > /dev/<Laufwerk>
```

wobei mit dem Suchbefehl find(1) zuerst eine Liste der absoluten Verweise aller in dem angegebenen Ausgangsverzeichnis enthaltenen Dateien erzeugt wird (Abschnitt 3.7.2), die *cpio* über den Prozeßkanal einliest, um dann die entsprechenden Dateien auf das Speichervolumen zu kopieren. Die Ausgabe von *cpio* wird mit '>' wiederum auf den Gerätekanal des Laufwerks umgelenkt.

Das allgemeine Schema für das selektive Wiederherstellen von Dateien aus einem mit *cpio* angelegten Archiv ist:

```
$ cpio -i [-<andere Optionen>]  < /dev/<Laufwerk>    \
[<Verweisliste oder lexikalische Muster>]
```

wobei mit dem linken Winkelzeichen '<' die Eingabe von *cpio* auf den Gerätekanal des Laufwerks umgelenkt wird, auf dem der Datenträger physisch aufgesetzt ist. Die einzuspielenden Dateien können in einer Verweisliste oder durch lexikalische Muster angegeben werden. Bei lexikalischen Mustern wird hier ausnahmsweise der Schrägstrich '/' und der Punkt '.' von Metazeichen miterfaßt. Mit dem Asterisk '*' oder durch Auslassung der Namensliste, wie in

```
$ cpio -i[udr] [-<andere Optionen>]  < /dev/<Laufwerk>
```

werden alle auf dem Datenträger vorhandenen Dateien eingespielt, wobei allerdings bereits existierende gleichnamige Dateien überschrieben werden können, was mit der Option 'u' (update) nur für jüngere Dateien vermieden werden kann.

Bei der Einlager- (i) und der Durchlauf-Phase (p) werden durch die Option 'd' (directory) die in den Verweisen enthaltenen Zwischenverzeichnisse (soweit nicht schon vorhanden) automatisch erzeugt, wobei immer vom aktuellen Arbeitsverzeichnis ausgegangen wird, so daß Teilbäume oder ganze Dateisysteme innerhalb eines eigens dafür bestimmten Aufnahme-Verzeichnisses strukturgetreu wiederhergestellt werden können. Mit der Option 'r' (rename) können Dateien interaktiv ausgewählt und zugleich umbenannt werden, wodurch ein Überschreiben von bereits existierenden gleichnamigen Objekten vermieden werden kann.

Die nur in der Einlager-Phase zulässigen Optionen 's' und 'S' bewirken das Vertauschen von Bytes in Kurzworten mit 2 Bytes, beziehungsweise das Vertauschen von Kurzworten in Langworten mit 4 Bytes, was beim Transfer zwischen Systemen mit unterschiedlicher Speicherarchitektur unerläßlich ist. Die Option 'u' ist ebenfalls nur in der Einlager-Phase zulässig und ist auch nur dann sinnvoll.

Bei allen drei Phasen kann mit der Option 'v' (verbose) eine Auflistung der von *cpio* erfaßten Dateien erzeugt werden. Insbesondere kann ein ausführliches Inhaltsverzeichnis des Datenträgers mit der Optionskombination 'tv' abgefragt werden, dessen Format dem Listbefehl ls(1) entspricht:

```
$ cpio –itv < /dev/<Laufwerk>
```

Die für das jeweilige System verbindlichen Sonderoptionen sind zumeist unter cpio(1)/BHB beschrieben.

3.10.2 Archivierung mit tar(1)

Das ursprünglich lediglich als *tape file archiver* vorgesehene und dementsprechend benannte Archivprogramm **tar(1)** arbeitet inzwischen mit allen herkömmlichen Massenspeichermedia, insbesondere also auch mit Disketten und Platten, die allerdings formatiert sein müssen. In der Anwendung ähnelt tar(1) dem oben besprochenen cpio(1), indem ganze Teilbäume strukturgetreu aus- und eingelagert werden können. Ein bedeutender Unterschied besteht jedoch bei der Handhabung mehrfacher Namensbindungen: Beim Auslagern wird das Objekt nur einmal physisch kopiert; alle zusätzlichen Namensbindungen werden in Tabellen mitgeführt. Beim Einlagern werden dann alle Namensbindungen aus den Tabellen wiederhergestellt. Ein gewisses Maß an Datenintegrität wird überdies dadurch gewährleistet, daß beim Auslagern Prüfsummen (checksums) berechnet werden, die beim Einlagern erneut berechnet und dann verglichen werden.

Die auf Plattenspeichern und Disketten abgelegten Archive können laufend oder nachträglich aktualisiert werden, wobei die Datumseinträge gleichnamiger Dateien verglichen werden, so daß nur die jeweils jüngeren oder nur die jüngst modifizierte Dateien im Dateisystem ihre jeweils älteren Kopien im Archiv ersetzen. Bei Bändern und Bandkassetten ist dies nicht möglich; die Archive müssen jedesmal vollkommen neu angelegt werden.

tar kann jeweils nur in einer von drei möglichen Phasen angewendet werden: Anlegen eines Archives (c: create), Einspielen aus dem Archiv (x: extract) und Tabellierung (t: table). *tar* spiegelt die Verweise der erfaßten Objekte zum Terminal zurück; mit der Option 'v' (verbose) können in allen Phasen zusätzlich die Objekt-Attribute ausgegeben werden. *tar* ist übrigens einer der wenigen echten UNIX-Befehle, deren Optionen ohne Minuszeichen gesetzt werden müssen!

Das generelle Schema zum Anlegen eines Archives ist:

```
tar c[v][f] /dev/<Laufwerk>] <Verweisliste oder Muster>
```

wobei die Option 'f' nur bei der Angabe eines Gerätekanals notwendig ist; bei Auslassung wird zumeist ein speziell für *tar* reserviertes Laufwerk angesprochen (zumeist die Bandkassetteneinheit). Der Datenträger muß bei Befehlseingabe bereits physisch aufgesetzt sein.

Dateien und Verzeichnisse können einzeln, gruppiert oder nach lexikalischen Namensklassen erfaßt werden. Im Gegensatz zu cpio(1) werden bei *tar* weder der Punkt '.' noch der Schrägstrich '/' von Metazeichen und lexikalischen Mustern erfaßt; sie müssen daher nach Bedarf explizite in den Verweisen angegeben werden.

Ein *Teilbaum* wird durch Angabe seines *Ursprungsverzeichnisses* vollständig archiviert:

```
tar c[v] <Verzeichnis>
```

um dann als Ganzes im aktuellen Arbeitsverzeichnis wiederhergestellt zu werden:

```
tar x[v] <Verzeichnis>
```

Einzelne Dateien oder Unterverzeichnisse können je nach Bedarf aus den archivierten Verzeichnis in das aktuelle Arbeitsverzeichnis eingespielt werden, wobei alle notwendigen Zwischenverzeichnisse automatisch erzeugt werden.:

```
tar xv <Verzeichnis>/<Datei> <Verzeichnis>/<Unterverzeichnis> ...
```

Ein vollständiges Inhaltsverzeichnis, mit einer der Ausgabe von ls(1) ähnelten Auflistung der Attribute, kann mit der Optionskombination 'tv' abgefragt werden:

```
tar tv
```

Weitere Optionen sind unter tar(1) im Benutzer-Handbuch aufgeführt, wobei auch hier die für das jeweilige System gegebenen Sonderoptionen zu beachten sind.

3.10.3 Andere Sicherungsmethoden

Die bereits im Abschnitt 3.9.3 besprochenen Befehle **cp(1)** und **cat(1)** können natürlich auch dazu benutzt werden, einzelne Dateien oder Gruppen von Dateien auf ein *logisch eingehängtes* Dateisystem zu kopieren, das dann als Sicherungsvolumen oder Archiv behandelt wird. Diese Verfahrensweise stellt zwar eine einfache und zuverlässige Art der Datensicherung dar, ist aber an verhältnismäßig teuere DA-Media, wie Disketten und Platten, gebunden und außerdem mit einem latenten Mangel an Portabilität behaftet. Im folgenden sollen einige einfache, aber ausbaufähige alternative Methoden der Abspeicherung und Wiederherstellung kurz umrissen werden, die sowohl bei Magnetbändern als auch bei Disketten und Platten anwendbar sind, wobei letztere allerdings formatiert sein müssen.

Eine zwar primitive, aber sowohl verhältnismäßig sichere als auch sehr portable Methode der Abspeicherung besteht darin, mit cp(1) eine Datei über den Gerätekanal eines Laufwerks auf einen physisch aufgesetzten Datenträger zu kopieren:

```
$ cp dateix /dev/<Laufwerk>
```

Mehrere kompatible Dateien können mit cat(1) als ein zusammenhängender Datenkörper abgelegt werden:

```
$ cat datei1 datei2 ... > /dev/<Laufwerk>
```

wobei die Ausgabe von *cat* auf den Gerätekanal umgelenkt werden muß (Abschnitt 5.4). Die Dateien werden dann in der angegebenen Reihenfolge zusammenhängend auf dem Datenträger abgelegt, so daß für eine spätere

Trennung vorgesorgt werden muß, was durch Größenbestimmung und/oder durch ausreichend unverwechselbare Trennungsmarken am Anfang und/oder am Ende jeder Datei erreicht werden kann.

Sowohl das *Verhalten* des Gerätetreibers, der mit dem Gerätekanal assoziiert ist (Abschnitt 3.5.3.7), als auch das *Aufzeichnungsverfahren* des Laufwerks sollten in Betracht gezogen werden, wenn ein hoher Grad an Portabilität und andersweitige Verwendbarkeit der gespeicherten Daten erforderlich ist. Nach Möglichkeit sollte dann ein Zeichenkanal benutzt werden, der im Rohzugriff (raw I/O) arbeitet (Abschnitt 3.5.3.1) und dessen Rückspul-Verhalten (rewind characteristics) wiederholtes Kopieren zuläßt.

Bei der Wiederherstellung wird dann umgekehrt verfahren:

```
$ cp /dev/<Laufwerk>  dateix
```

beziehungsweise

```
$ cat  /dev/<Laufwerk>  >  dateix
```

wobei die Ausgabe von *cat* auf eine Auffangdatei umgelenkt werden muß. Da weder *cp* noch *cat* das logische Ende des abgespeicherten Datenkörpers erkennen können, muß der Einspielvorgang rechtzeitig mit der Interrupt-Taste abgebrochen werden, wobei zu frühes Abbrechen zu Datenverlusten führt, während ein zu spätes oder ganz unterlassenes Eingreifen in einer gigantisch aufgeblähten Datei resultieren kann, wie das zum Beispiel bei einer ununterbrochen ablaufenden 100Mb-Bandkassette passieren kann. Falls dabei noch das einheimische Dateissystem "überflutet" wird, so kann es zu bösartigen Lähmungserscheinungen im Betriebssystem kommen.

Diese einfachen Arten der Datensicherung und Archivierung können natürlich durch Shell- oder C-Programme verbessert oder ersetzt werden, wobei der Erfahrungssatz *Einfachheit gleich Portabilität* gilt.

4 Der Multiprozeßbetrieb unter UNIX

Die Betriebssysteme der weitaus meisten herkömmlichen Groß- und Zentralrechner (mainframes) unterstützen traditionell zwei zwar komplementäre, aber dennoch grundsätzlich verschiedene Verarbeitungsarten: *Stapelverarbeitung* (batch processing) und *Mehrbenutzer-Dialogbetrieb* (time-sharing).

Unter Stapelverarbeitung ist eine mit Zeit- und Dringlichkeitsvorgaben (scheduled bzw. prioritized) disponierte Verarbeitungsart zu verstehen, die im allgemeinen von eigenständigen Teilsystemen verwaltet wird. Bekannte Beispiele sind JES/JCL (IBM), EXEC-8 (SPERRY, jetzt UNISYS) sowie NOS/BE (CDC). Bei der Stapelverarbeitung werden einzelne, zumeist einander bedingende Verarbeitungsschritte (steps) zu einem Auftrag (job, run) zusammengefaßt, der dann mit Zeit- und Dringlichkeitsvorgaben zur Verarbeitung übergeben wird, wobei eine komplexe Warteschlangen-Verwaltung zur Anwendung kommt. Ein bereits eingegebener Auftrag ist im allgemeinen der unmittelbaren Benutzereinwirkung entzogen, obwohl die meisten Systeme Stornierung (cancellation), bedingungslosen Abbruch (abort) sowie zeitliches Versetzen (rescheduling) durch den auftraggebenden Benutzer ermöglichen.

Von solchen Eingriffen abgesehen, nimmt die Ausführung von Stapelaufträgen normalerweise einen festgelegten Verlauf, der über Steuerprozeduren in speziellen Prozedursprachen vorprogrammiert werden kann. Die Prozedursprache JCL (job control language) des Auftragseingabe-Systems JES (job entry system) von IBM ist ein klassisches Beispiel dafür. Da die von einem Auftrag angeforderten Systemleistungen und -ressourcen im allgemeinen von den Eingabe-Parametern vorausberechnet oder zumindest abgeschätzt werden können, kann der Stapelbetrieb hochgradig optimiert werden, wobei ein adaptives Abgleichen zwischen den angeforderten Systemleistungen und den jeweils zur Verfügung stehenden Systemressourcen und -kapaziäten (CPU und Koprozessoren, Arbeitsspeicher, periphere Geräte usw.) stattfindet.

Im Gegensatz dazu stellt das *time-sharing* eine grundsätzlich interaktive Verarbeitungsart dar, die bei den meisten herkömmlichen Mainframes ebenfalls durch ein eigenständiges Teilsystem verwaltet wird, das dann auch eine eigene und zumeist grundverschiedene Befehlssprache besitzt. Klassische Beispiele sind TSO und CMS (IBM), DEMAND (UNISYS), INTERCOM (CDC) u.a.

Beim Time-Sharing wird die zwischen Benutzereingabe und Systemausgabe alternierende Dialogverarbeitung zugunsten des Benutzers optimiert, wobei minimale Antwortzeiten und schneller Zugriff auf einen breiten Fächer von Dienstleistungen und Systemressourcen im Vordergrund stehen. Das auf den größeren Mainframes betriebene Time-Sharing bedient oft hunderte von sprichwörtlich "konkurrierenden" Benutzern, die häufig fast gleichzeitig diverse Dienstleistungen und Systemressourcen anfordern. Da der tatsächliche Verlauf der individuellen Benutzerdialoge im allgemeinen nicht vorausberechnet oder auch nur ausreichend genau abgeschätzt werden kann, entstehen natürlich ganz andere Optimierungsprobleme im Vergleich zur Stapelverarbeitung. Beim Zweiweg-Betrieb ergeben sich auf Grund dieser völlig gegensätzlichen Anforderungen häufig ernsthafte Durchsatzprobleme. Bei größeren und zentralisiert arbeitenden Organisationen dominiert daher tagsüber zumeist das Time-Sharing, während der Stapelbetrieb auf die ruhigeren Abend- und Nachtstunden sowie auf das Wochenende verlegt wird.

Unter UNIX, wie auch unter den anderen modernen Betriebssystemen der mittleren Datentechnik (z.B. das VAX-VMS von DEC), gibt es auf der eigentlichen Systemebene weder eigenständige Teilsysteme noch unterschiedliche Prozedur- und Befehlssprachen für den Stapel- und den Dialogbetrieb. In der Tat besteht unter UNIX überhaupt kein operationeller Unterschied zwischen den beiden Verarbeitungsarten, da die gesamte Verarbeitung vom Benutzerterminal über interaktive Benutzeroberflächen — die sogenannten *shells* — initiiert und auch weitgehend gesteuert werden kann. Was dabei an Bedeutung gewinnt, ist der rein funktionelle Unterschied zwischen den Prozessen, die unter unmittelbarer Terminaleinwirkung im *Vordergrund* (foreground) der Benutzeroberfläche ausgeführt werden, und den Prozessen, die scheinbar unabhängig in deren *Hintergrund* (background) ablaufen, wobei diese beiden Begriffe allerdings noch genau zu definieren sind.

Der Terminus "Prozeß" wurde im Vorhergehenden schon wiederholt benutzt, und zwar im heuristischen Sinne. In der rein technischen Bedeutung stimmt das Wort weitgehend mit seinem englischen Gegenstück "process" überein, das im originären UNIX-Schrifttum begriffsbestimmend und verbindlich ist und daher nicht mit "task" gleichgesetzt oder alterniert werden sollte. Dies ist jedoch nicht selten der Fall, denn das UNIX-System wird häufig als ein "Multi-Tasking"-System bezeichnet, was im Sinne der originären Begriffsbestimmungen mißverständlich sein kann. Eine eher beiläufige Klarstellung mag daher angebracht sein.

Neben seiner umgangssprachlichen Bedeutung, etwa im Sinne von *Aufgabe* oder *Arbeit*, beschreibt das Wort "task" in der Computer-Science-Literatur eine Serie von eng zusammenhängenden Einzelschritten, die genau definierte Resultate innerhalb eines ebenfalls genau definierten Kontextes erzeugen. Typische Beispiele sind die *CPU-tasks* und *I/O-tasks* bei der Ausführung eines Programms. Solche Tasks, ob sequentiell, gleichzeitig oder unkorreliert ausgeführt, sind lediglich Bestandteile eines übergeordneten *process*, obgleich nicht alle Prozesse eindeutig in Reihenfolgen von wohldefinierten Tasks zerlegt werden können.

Intuitiv versteht man unter dem originären Terminus "process" eine Art von ständiger Veränderung, andauernde Aktivität, sogar Leben. Im engeren technischen Sinne, insbesondere aber in der UNIX-Begriffswelt, wird darunter der Vorgang eines ablaufenden Programmes verstanden. In diesem phänomenologischem Sinne folgen wir der Definition von BACH (1986), die einen *process* als *instance* eines sich in der Ausführung befindlichen Programmes beschreibt. Somit ergeben sich aus den beiden Grundbegriffen *Programm* und *Ausführung* zwei neue, nun übergeordnete wie auch assoziierte Begriffe: der *Prozeß* als die *Instanz* eines Programmes.

Da wo mehrere Prozesse — scheinbar — gleichzeitig ablaufen können, wie eben unter UNIX, ist dementsprechend vom *Multiprozeßbetrieb* [1] die Rede. In diesem Kapitel sollen die Grundlagen des Multiprozeßbetriebs unter UNIX einführend behandelt werden.

4.1 Die Multiprozeßumgebung

In diesem Abschnitt sollen vier grundlegende Gesichtspunkte des Multiprozeßbetriebs betrachtet werden. Die sich dabei herausstellenden Begriffe sind von unmittelbarer Bedeutung für den weiteren Verlauf dieses Buches.

Der erste Unterabschnitt beschreibt das *Phänomen* — denn als solches kann es ja zu Recht bezeichnet werden! — mehrfacher Prozesse, die in einem System mit nur einer Zentraleinheit anscheinend gleichzeitig ablaufen können. Selbst bei Multiprozessor-Systemen mit mehreren CPUs bleibt der phänomenologische Aspekt bestehen, da die Anzahl der dann möglichen Prozesse die zwangsläufig begrenzte Anzahl der Prozessoren um mehrere Größenordnungen übersteigen kann.

In enger Anlehnung daran sollen im zweiten Unterabschnitt die verschiedenen Prozeßzustände (process states) kurz beschrieben werden, die sich zwangsläufig in einer Multiprozeß-Umgebung ergeben. Von besonderer Bedeutung hinsichtlich der Ausführung von Benutzerprozessen sind dabei die verbindlichen Begriffsbestimmungen für Prozeßzustände, wie *aktiv*, *laufend* und *schlafend*.

1. Dem das Gerund "multiprogramming" im Englischen entspricht. Der naheliegende Terminus "multiprocessing" wird (leider) fast ausschließlich als Partizip im Sinne einer auf mehrere Prozessoren verteilten Verarbeitung verstanden.

Im dritten Unterabschnitt soll die Kernel-Schnittstelle einführend skizziert werden, über welche Prozesse jene systemnahen und systemspezifischen Dienstleistungen anfordern, die nur vom Kernel ausgeführt werden können. Im letzten Unterabschnitt sollen dann die Grundprinzipien des zwischenprozeßlichen Daten- und Signalaustausches kurz erläutert werden.

4.1.1 Beilaufende Prozesse

In einem Multiprozeßsystem, das sich auf ein einziges zentrales Rechenwerk (CPU, central processing unit) stützt, muß das Prinzip der Zeitaufteilung (time slicing) angewendet werden, um mehrfache Prozesse scheinbar gleichzeitig ablaufen zu lassen. Dabei wird das Echtzeit-Kontinuum der CPU in Arbeitsintervalle zerlegt, die den *beilaufenden Prozessen* (concurrent processes) nach bestimmten Regeln zugewiesen werden. Bild 4.1 veranschaulicht dies.

Als ein pragmatisches Gleichnis stelle man sich eine recht schnell rotierende Schneide vor, der ein Bündel von Rhabarberstengeln zugeführt wird. Jedem Stengel wird dabei — sozusagen — eine Scheibe abgeschnitten, wobei es jedoch sehr schwierig wäre festzustellen, welcher Stengel zuerst vollständig zerschnitten ist; also in diesem Fall von *früher* oder *später* zu reden, da ja das ganze Bündel *anscheinend gleichzeitig* verarbeitet wird. Und, je schneller die Schneide rotiert, desto schwieriger wäre es festzustellen, welcher eine Stengel denn gerade bearbeitet wird und welcher nicht.

Je feingradiger die Zeitaufteilung und je gleichförmiger die Echtzeitverteilung der Arbeitsintervalle, desto scheinbarer die"Gleichzeitigkeit" der beilaufenden Prozesse und umso schwieriger die Zustandsbestimmung durch physikalisches Beobachten und Messen. Letztendlich würden sich die deterministischen Bezugspunkte in der quantenmechanischen Unschärfe und

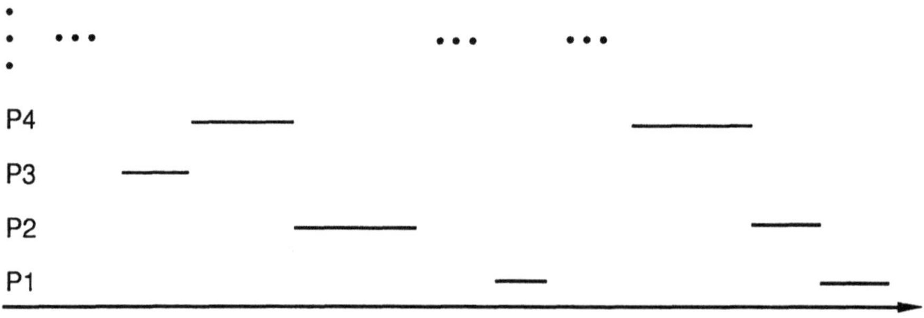

Bild 4.1: CPU-Aufteilung über beilaufende Prozesse

Unbestimmbarkeit einer virtuellen Gleichzeitigkeit auflösen. Da aber die letztendlich doch begrenzte Taktfrequenz einer elektronischen CPU eine echte Gleichzeitigkeit nicht zuläßt, wird in der originären Literatur der Terminus "concurrent" zur Bezeichnung des Kollektiv-Zustandes beilaufender Prozesse benutzt (concurrent processes), was im Gegensatz zu "simultaneous" verstanden werden sollte. [2]

4.1.2 Prozeßzustände

Aus dem Kollektiv aller beilaufenden Prozesse kann in einem Einprozessor-System jeweils also nur ein einziger Prozeß von der CPU bedient werden — oder, um es in enger Anlehnung an die originäre UNIX-Idiomatik auszudrücken, "die CPU übernehmen" (acquiring the CPU). Dieser eine Prozeß wird als der *laufende Prozeß* (running process) bezeichnet. Mit dem Ablauf seines Zeitquantums, durch nicht unmittelbar ausführbare Ressource-Anforderungen (wie E/A- und Koprozessor-Tasks oder Vergrößerung des Arbeitsspeichers) sowie durch bestimmte Systemaufrufe, wird der eine jeweils laufende Prozeß in den *Schlafzustand* (sleep state) versetzt, worauf ein inzwischen in *Laufbereitschaft* (ready-to-run) wartender Prozeß die CPU übernimmt. Zwischen diesen drei Hauptzuständen liegen kurzfristige Übergangszustände (transition states), die unter anderem durch Unterbrechungen, Systemaufrufe und Signale verursacht werden.

Den sich im Schlafzustand befindlichen Prozessen ist gemeinsam, daß sie auf *Ereignisse* (events) warten, die sie durch *Aufwecken* (wakeup) wieder in Laufbereitschaft versetzen. Typische Events sind Interrupts, welche die Ausführung von E/A-Tasks oder die Gewährung von Ressourcen anmelden, sowie Signale und Semaphoren, welche die Erfüllung programmierter Bedingungen melden.

Erst aus der Laufbereitschaft heraus kann ein Prozeß in den eigentlichen Laufzustand versetzt werden, was über die Einreihung in Prioritätswarteschlangen (priority queues) erfolgt, die vom Prioritätsverteiler (process scheduler) des Kernels verwaltet werden, wobei die Priorität nach einem Ausgleichsalgorithmus (fair share algorithm) berechnet wird.

Die sich in den Haupt- oder Übergangszuständen befindlichen Prozesse werden als "jeweils aktive Prozesse" (currently active processes) bezeichnet;

2. In dem Sinne, daß beilaufende Prozesse sich gleichzeitig um die Dienstleistung der CPU bewerben, könnte man zwar auch von "konkurrierenden Prozessen" sprechen, aber im gegebenen Zusammenhang wäre dann das Element des Wettbewerbs unverhältnismäßig hervorgehoben. Wir unterscheiden selbstverständlich zwischen "beilaufend" und "beiläufig".

wir wollen uns im folgenden mit "aktiven Prozessen" begnügen. Im Gegensatz dazu werden als "zombie processes" jene Prozesse bezeichnet, die zwar funktionell abgelaufen oder beendet sind, aber selbst nach ihren *exit* im formalen Sinne noch solange weiterexistieren, bis ihre Einträge in der Prozeßtabelle (Abschnitt 4.2) vom Kernel gelöscht worden sind. Ein Art von systeminternen "Karteileichen" also.

Bei akutem Platzmangel im Arbeitsspeicher werden die sich darin befindlichen Arbeitsdaten sowie gegebenfalls der Ausführkode eines schlafenden Prozesses auf dem Festplattenspeicher ausgelagert, um dann beim Übergang (wakeup) zur Laufbereitschaft (ready to run) wieder eingelagert zu werden (process swapping). In diesem Zusammenhang sei noch vermerkt, daß das durch begrenzten Speicherplatz bedingte Aus- und Einlagern von Programmsegmenten (demand paging) sich logisch innerhalb von Prozessen abspielt; d.h. *process swapping* und *demand paging* sind zwei logisch unterschiedliche Vorgänge, obwohl beide vom Kernel ausgeführt werden.

Im Multiprozeßbetrieb kann aus einem Programm eine fast beliebige Anzahl von beilaufenden Prozessen ins Leben gerufen werden, die dann als identische aber völlig unabhängige Instanzen beilaufen. Kooperierende und sich in ihren Funktionen gegenseitig ergänzende Prozesse entstehen dagegen häufig aus völlig verschiedenen, dafür aber aufeinander abgestimmten Programmen. Typische Beispiele sind mehrere über Prozeßkanäle (pipes) verbundene Prozesse. (Abschnitt 5.5).

4.1.3 Die Kernel-Schnittstelle

Alle System- und Benutzerprozesse sind auf die Dienstleistungen des Kernels angewiesen, in dessen exklusive Kompetenz alle systemnahen und -spezifischen Steuer- und Verwaltungsfunktionen fallen, was insbesondere auch die E/A-Funktionen sowie den zwischenprozeßlichen Daten- und Signalaustausch einschließt. Zur Ausführung einer Kernelfunktion wird der aufrufende "Klient"-Prozeß in einen exklusiven, als *kernel mode* bezeichneten Ausführungszustand versetzt, in dem sich jeweils nur ein Prozeß befinden kann. Nach Ausführung der Kernelfunktion kehrt der Prozeß unverzüglich in die allgemeine *user mode* zurück.

Die Kernelfunktionen können von Benutzerprozessen über Systemaufrufe (system calls) aufgerufen werden. Bild 4.2 zeigt den in der Programmiersprache C skizzierten schematischen Verlauf eines Systemaufrufes. Noch in *user mode* werden bei der Ausführung eines *syscall(...)* zunächst bestimmte CPU-Register mit der Aufrufsnummer (syscall number) und den Adressen der Aufrufsargumente geladen, worauf mit dem CPU-Befehl *trap* eine Eintrittsadresse im Ausführkode des Kernels (kernel entry point) angesteuert

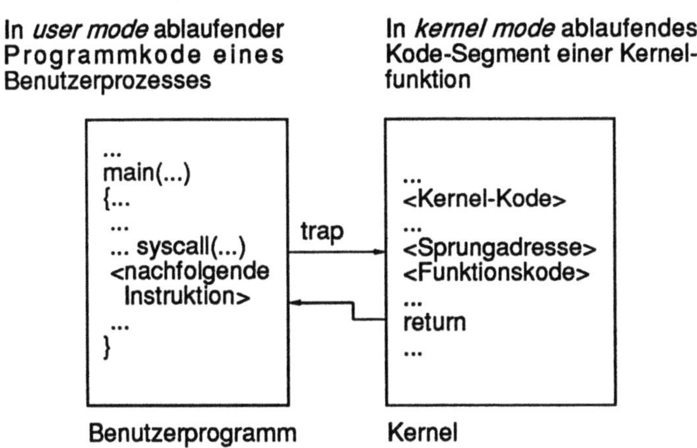

Bild 4.2: Schematischer Verlauf eines Systemaufrufes

wird. Damit ist der Prozeß in die *kernel mode* eingetreten und durchläuft nun das Ausführkode-Segment der Kernelfunktion. Mit dem CPU-Befehl *return* kehrt der Prozeß schließlich wieder in das Benutzerprogramm und somit in die *user mode* zurück und nimmt die Ausführung mit der Instruktion auf, die dem Systemaufruf unmittelbar folgt.

Das interne Ablaufschema der *syscalls* wird im Abschnitt "Assembler" im Leitfaden der Software-Entwicklungswerkzeuge (Support Tools Guide) unter Bezugnahme auf die für das jeweilige System geltenden Vereinbarungen und CPU-Befehle (resident assembler) beschrieben.

Der mit den Rechnern der TOWER-Klasse handelsüblich ausgelieferte UNIX-Kernel des System V von AT&T stellt etwa 80-90 Systemaufrufe zur Verfügung, von denen etwa 70 auf der allgemeinen Benutzerebene in der C-Programmierung zugänglich sind, während der Rest, die sogenannten *kernel routines* [3], nur in den Kode-Segmenten aufgerufen werden können, die in den Kernel eingebunden sind. Die Kernel-Routinen sind daher der Systemprogrammierung vorbehalten. Darunter fällt insbesondere die Programmierung von Gerätetreibern und Prozeßkanälen, was bereits im Abschnitt 3.5.3.7 besprochen wurde.

Für die unter UNIX vorherrschende Programmiersprache C werden die allgemeinen Systemaufrufe im Hauptabschnitt "(2)" des Programmier-Handbuches eingehend beschrieben. Die originären Begriffsbestimmungen sowie eine Auflistung und Erläuterung der Fehlerzustände und -meldungen werden in der Einführung intro(2)/PHB gegeben. Die auf den einheimischen

3. Die Kernel-Routinen werden im Leitfaden für Geräterteiber (Device Driver Guide) unter dem Index "(k)" aufgeführt. Eine pragmatische Einführung wird in TEIXERA (1988) gegeben.

(native) C-Kompiler genau abgestimmte Systembibliothek (link library) '/lib/libc.a' ist ein Archiv im Sinn des Verwaltungsprogramms **ar(1)**. Der Inhalt dieser und anderer Link-Bibliotheken, die mit dem Suffix 'a' gekennzeichnet sind, kann mit der Option 't' (table) von *ar* einfachst aufgelistet werden:

```
$ ar t /lib/libc.a
... chmod.o chown.o chroot.o ...
```

Interne Einzelheiten der einzelnen Moduln können mit dem der Analyse von Objektdateien dienenden Befehl nm(1) dargestellt werden. Methoden und Beispiele zur Anwendung von Systemaufrufen werden in ROCHKIND (1985) besprochen. BACH (1986) beschreibt die zugrundeliegenden Algorithmen.

4.1.4 Zwischenprozeßliche Kommunikation

Erst bei echten Multiprozeßsystemen besteht die Notwendigkeit der zwischenprozeßlichen Kommunikation (IPC, interprocess communication). Unter UNIX stehen IPC-Einrichtungen sowohl auf den prozedurellen Ebenen der C- und Shell-Programmierung als auch auf den interaktiven Shell-Ebenen zur Verfügung, wodurch ein breiter Anwendungsspielraum entsteht, der Echtzeit-Anwendungen, wie Telekommunikation, Meßdatenverarbeitung sowie industrielle Prozeßsteuerung, unterstützt.

Die IPC umfaßt sowohl Daten- als auch Signalaustausch, wobei innerhalb beider Kategorien noch einmal zwischen *asynchroner* und *synchroner* Übermittlung unterschieden werden muß. In diesem Zusammenhang könnten die Termini "synchron" und "asynchron" auch völlig zutreffend durch Ausdrücke wie "erwartet" oder "in der Reihenfolge" beziehungsweise durch "unerwartet" oder "außer der Reihe" ersetzt werden.

4.1.4.1 IPC-Signalaustausch

Jegliche Form des zwischenprozeßlichen Signalaustausches, soll sie sinnvoll sein, setzt bei den empfangenden Prozessen voraus, daß eventuell eintreffende Signale eine genau vorprogrammierte Reaktion auslösen können. Der Unterschied zwischen dem synchronen und dem asynchronen Signalaustausch besteht nur aus der Sicht des empfangenden Prozesses; auf der Seite des sendenden Prozesses erfolgt die Signalausgabe immer als ein synchroner Schritt innerhalb einer Folge von Befehlen oder Programm-Instruktionen.

Der UNIX-Kernel stellt zwei Formen des Signalaustausches zur Verfügung: das ältere aber inzwischen erweiterte Signalpaket **signal(2)**, das dem asynchronen Signalaustausch dient, und die erst mit dem System V eingeführten Semaphor-Funktionen, die dem synchronen Signalaustausch dienen. Letztere können nur auf der prozedurellen Ebene der C-Programmierung angewendet werden, nicht aber auf den Shell-Ebenen. Eine zusammenfassende Beschreibung der Semaphor-Funktionen ist unter der Einführung **intro(2)** im Programmier-Handbuch zu finden; eine recht pragmatische Beschreibung nebst Anwendungsbeispielen wird von ROCHKIND (1985) gegeben.

Das Signalpaket kann sowohl auf den prozedurellen Ebenen der C- und Shell-Programmierung als auch auf der interaktiven Shell-Ebene angewandt werden. Auf der prozedurellen Ebene der C-Programmierung werden die zwei Systemaufrufe **kill(2)** und **signal(2)** zum synchronen Senden von Signalen beziehungsweise zur deren asynchroner Verarbeitung benutzt. Bild 4.3 skizziert dies im Rahmen zweier C-Programme.

Wie das Schema zeigt, wird der Prozeß B auf das Eintreffen des Interrupt-Signals '2' (SIGINT) vorbereitet, indem mit dem Systemaufruf signal(2) die Interrupt-Funktion 'intr(...)' auf die Signalnummer eingestellt wird. Ob und wann das Signal eintrifft, kann natürlich nicht im voraus festgelegt werden. Wenn jedoch das von Prozeß A mit dem Systemaufruf kill(2) abgesendete Interrupt-Signal bei dem durch seine Prozeßnummer PID (Abschnitt 4.2) identifizierten Prozeß B eintrifft, dann wird die Interrupt-Funktion asynchron vom Kernel aufgerufen und führt eine vorprogrammierte Reaktion auf das Signal aus. Danach kann die synchrone Ausführung nach dem Punkt der Unterbrechung im Hauptprogramm wieder aufgenommen werden.

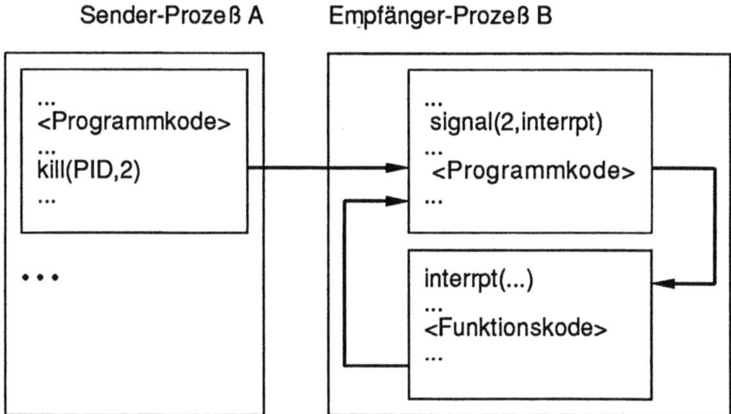

Bild 4.3: Asynchroner Signalaustausch

Das ursprüngliche UNIX-Signalpaket stellt einen Satz von 20 genau definierten Signalen (plus etwaigen systemspezifischen Zusätzen) zur Verfügung, die unter signal(2)/PHB eingehend beschrieben sind und in der C-Zusatzdatei '/usr/include/signal.h' eingesehen werden können.

Auf der interaktiven Shell-Ebene stehen mit der jeweiligen Tastenbelegung von *intr* und *quit* das Interrupt-Signal SIGINT beziehungsweise das Abbruch-Signal SIGQUIT zur Verfügung, um im *Vordergrund* ablaufenden Befehlsprozesse anzusprechen. Prozesse, die im *Hintergrund* ablaufen, können mit dem Befehl kill(1) unter Angabe der Signal- und Prozeßnummer angesprochen werden. Die verbindlichen Definitionen von *Vordergrund* und *Hintergrund* werden im Abschnitt 4.3.2.1 gegeben. Die auf den Shell-Ebenen anwendbaren Signale werden im Abschnitt 5.7.4 einführend, und dann im Zusammenhang mit der asynchrone Ablaufsteuerung in Shell-Programmen in den Abschnitten 6.7.5.4 (sh) und 7.7.5.4 (csh) weiterführend besprochen.

4.1.4.2 IPC-Datenaustausch

Sowohl der synchrone als auch der asynchrone Austausch von Daten zwischen eng zusammenwirkenden (closely cooperating) oder auch nur gegenseitig abgestimmten (mutually anticipating) Prozessen kann über Prozeßkanäle (pipes), Meldungsschlangen (message queues) und gemeinsam benutzte Regionen im Arbeitsspeicher (shared memory) erfolgen. Die Möglichkeit, Austauschdaten in regulären Dateien zwischenspeichernd abzulegen, fällt nicht in den engeren Bereich der IPC.

Von diesen drei Mechanismen des Datenaustausches stehen nur die Prozeßkanäle auf der Shell-Ebene, und somit auf der allgemeinen Benutzerebene zur Verfügung. Die beiden anderen, *message queues* und *shared memory*, können nur über Systemaufrufe in C-Programmen benutzt werden und gehören dem Bereich der Systemprogrammierung an. Eine zusammenfassende Übersicht ist unter intro(2)/PHB zu finden. Eine pragmatische Einführung nebst Beispielen wird in ROCHKIND (1985) gegeben.

Die im UNIX-Kernel standardmäßig integrierten Prozeßkanäle arbeiten allerdings jeweils nur im *Einweg-Verfahren* (simplex mode); d.h. Daten können jeweils nur in einer Richtung übertragen werden, wobei bei Übertragungsende jedoch die Richtung gewechselt werden kann, was somit dem *Halbduplex-Verfahren* gleichkommt. Vollduplex-, Multiplex- und Postwurf-Kanäle (mailboxes) können nach entsprechenden Austausch-Protokollen programmiert und in den Kernel eingebunden werden (siehe auch Abschnitt 3.5.3.7).

Bei den Prozeßkanälen muß zwischen *transienten* und *permanenten* Kanälen unterschieden werden. Transiente Prozeßkanäle (internal pipes) werden mit dem Systemaufruf **pipe(2)** prozeßintern angelegt, während permanente Kanäle benannte Objekte (named pipes) im einheimischen Dateisystem sind (Abschnitt 3.5.3.3), die erst mit dem Systemaufruf **open(2)** wie reguläre Dateien angebunden werden müssen. Beide Kanaltypen können dann von kooperierenden Prozessen mit den Systemaufrufen **read(2)** und **write(2)** wie reguläre Dateien wechselseitig beschrieben und gelesen werden. Mit **close(2)** wird die Bindung an einen Prozeßkanal gelöst, womit ein transienter Kanal aufhört zu bestehen, während ein permanenter Kanal als Objekt weiterbesteht. Eventuell noch ungelesene Daten gehen bei der Freigabe des Kanals, spätestens aber beim Exit des letzten Partnerprozesses, unwiderruflich verloren.

Die in vorhergehenden Beispielen vorgestellten *Pipelines*, bei welchen die Ausgabe eines Befehls in die Eingabe eines anderen eingespeist wird, werden von den Shells über transiente Prozeßkanäle intern aufgebaut und sind daher auf deren *Tochterprozesse* beschränkt. Im Gegensatz dazu können die permanenten Prozeßkanäle mittels E/A-Umlenkung auf der Shell-Ebene zum unmittelbaren Datenaustausch zwischen Prozessen benutzt werden, die in verschiedenen Shells ablaufen. Diese Themenkomplexe werden in den Abschnitten 5.4 und 5.5 für beide Shells einführend, und dann in den Abschnitten 6.5 und 6.6 für die BOURNE-Shell, und 7.5 und 7.6 für die C-Shell weiterführend behandelt.

Der eigentliche Unterschied zwischen dem synchronen und dem asynchronen Datenaustausch liegt im Grad der *wechselseitigen Kopplung* zwischen den teilnehmenden Prozessen. Der synchrone Datenaustausch setzt einen hohen Kopplungsgrad voraus, etwa in dem Sinne, daß Senden und Empfangen auf der einen Seite mit Empfangen und Senden auf der anderen Seite im Gegentakt abläuft. Eine solche Phase des synchronen Datenaustausches wird zumeist durch ein asynchrones Signal eingeleitet.

Beim asynchronen Datenaustausch ist eine enge wechselseitige Kopplung zwischen den teilnehmenden Prozessen im allgemeinen nicht gegeben. Die Prozesse sind lediglich darauf vorbereitet, eventuell eintreffende Daten entgegenzunehmen und nach einem vereinbarten Schema zu interpretieren und zu benutzen. Dabei muß allerdings noch zwischen zwei Formen der Entgegennahme unterschieden werden. Die eine besteht darin, daß die eintreffenden Daten *durch Signale vorangekündigt* werden (notification), die andere beruht darauf, bereits eingetroffene Daten *durch selektives Abfragen* (polling) festzustellen.

4.2 Die Prozeßverwaltungsstruktur

Systemintern wird jeder Prozeß durch zwei eng gekoppelte Einträge eindeutig konkretisiert und dargestellt — etwa wie eine Person durch Geburtsurkunde und Taufschein ausgewiesen wird. Das Eintragspaar, welches nur für die Lebensdauer des Prozesses besteht, enthält alle zur Prozeßverwaltung notwendigen Attribute und Parameter. Jeder Prozeß kann mit seinem Eintragspaar logisch identifiziert werden. Eine ausführliche Beschreibung der UNIX-Prozeßverwaltung wird in BACH (1986) gegeben. Die verbindlichen originären Begriffsbestimmungen sind unter intro(2)/PHB aufgeführt.

Das Eintragspaar besteht aus zwei eineindeutig gekoppelten, hochstrukturierten Sätzen in zwei aus funktionalen Gründen getrennten internen Tabellen: die *Prozeßtabelle* (process table) und die *Benutzertabelle* (user area, u-area). Die beiden Tabellen werden während der gesamten Laufzeit des Betriebssystems im Systembereich des Arbeitsspeichers gehalten und exklusiv vom Kernel verwaltet. Die Strukturvorlagen für die Sätze in der Prozeß- und der Benutzertabelle könnnen in der C-Zusatzdatei '/usr/include/sys/proc.h' beziehungsweise '/usr/include/sys/user.h' eingesehen werden.

Der Eintrag in der Prozeßtabelle enthält die entscheidenden Identifikations- und Operationsparameter, die vom Kernel zur Prozeßverwaltung benötigt werden: die eindeutige Prozeßnummer (PID), die Nummer des erzeugenden Mutterprozesses (PPID), die tatsächliche Benutzerkennung (RUID), die zur CPU-Zuteilung (scheduling) notwendigen Prozeß-Verlaufsdaten und Prioritätsparameter sowie die zum Aus- und Einlagern (swapping) benötigten Größen und Speicheradressen. Dieser *Prozeßeintrag* (process table entry) wird während der gesamten Prozeßlaufdauer in der Prozeßtabelle gehalten und erst nach dem Exit des Prozesses vom Kernel gelöscht.

Der mit dem Prozeßeintrag eindeutig gekoppelte Eintrag in der Benutzertabelle enthält die funktionalen Parameter, die ein laufender oder sich in Laufbereitschaft befindlicher Prozeß zur Eigenverwaltung benötigt: die aktuellen und die tatsächlichen Benutzer- und Gruppen-Kennungen (Abschnitt 4.2.1.2) sowie Zustands- und Kontrolldaten, darunter die E/A-Parameter und die aktuellen Datei- und Kanalbindungen (open files). Dieser *Benutzereintrag* (user area entry) wird zusammen mit dem Arbeitsdatenbereich aus- und eingelagert. Nur die Einträge des einen jeweils laufenden Prozesses und der sich in Laufbereitschaft befindlichen anderen Prozesse werden in der Benutzertabelle gehalten.

Mit der Beendigung eines Prozesses durch den Kernel wird auch dessen Eintragspaar gelöscht, womit der Prozeß logisch aufhört zu existieren. Zwischen dem rein funktionalen Ende (Exit) eines Prozesses und dem eigentlichen Löschen besteht ein "Limbo"-Zustand; die sich darin befindlichen Prozesse werden in der originären UNIX-Literatur sinnigerweise als "zombie processes" bezeichnet. Im bezeichnenden Gegensatz dazu werden alle anderen Prozesse als "jeweils aktive Prozesse" (currently active processes) bezeichnet, was neben dem eigentlichen Laufzustand (running) also auch die Laufbereitschaft (ready-to-run), den Schlafzustand (sleep state) sowie die dazwischenliegenden Übergangszustände (transition states) einschließt. Der Kürze halber soll im folgenden stets von "aktiven Prozessen" die Rede sein. Alle *aktiven Prozesse* werden durch eine *Prozeßnummer* PID (process ID) eindeutig gekennzeichnet. Die PID ist eine vorzeichenfreie Ganzzahl mit einem Wertevorrat 0 - 30000 (16 Bits) bei den meisten Systemen. Bei der Prozeßerzeugung wird die gegenwärtig höchste PID um Eins erhöht dem neuen Prozeß zugewiesen, womit eine eindeutige Zuordnung gesichert wird. Die PIDs aller aktiven Prozesse sowie zusätzliche Prozeßinformationen können mit dem Befehl ps(1) aufgelistet werden:

```
$ ps –ef
   UID     PID   PPID   C   STIME      TTY   TIME    COMMAND
   root    0     0      41  Oct 26     ?     15:14   swapper
   root    1     0      0   Oct 26     ?     0:06    /etc/init
   ...           ...                                 ...
   Hubert  145   1      0   20:13:19   b     0:06    [ sh ]
   root    75    1      0   20:08:10   ?     0:01    /etc/cron
   root    76    1      0   20:08:12   ?     0:03    /usr/lib/lpsched
   root    96    1      0   20:08:32   01    0:01    [ getty ]
   root    114   1      0   20:12:46   03    0:06    [ csh ]
   Hubert  146   145    39  20:22:36   b     0:01    ps -ef
$
```

Beim Hochfahren (booting) eines UNIX-Systems, nach der zumeist automatisch eingeleiteten systemspezifischen Hardware-Überprüfung, wird von dem ROM-Urlader das Urstartprogramm ISL aus dem Urstartblock des einheimischen Dateisystems geladen (Abschnitt 3.1.1.1). Erst das ISL-Programm ladet den Kernel aus einer ausführbaren Binärdatei (normalerweise '/unix') und initiiert den Kernel-Prozeß, der als erster Ursprungsprozeß die PID '0' erhält und traditionell unter den Namen 'swapper' läuft. Der Kernel (-Prozeß) erzeugt dann einen Hilfsprozeß, der sich sogleich mit dem Systemaufruf exec(2) in eine Instanz der ausführbaren Binärdatei '/etc/init' umwandelt und dann unter dem Namen 'init' mit der PID '1' als permanenter Systemprozeß weiterläuft.

Das als Prozeßerzeuger permanent laufende *init* "zeugt" ('spawns') dann jene System- und Benutzerprozesse, die in der Steuerdatei '/etc/inittab' für den Initialzustand '0' vorgegeben sind und wird somit mittelbar zum gemeinsamen Vorfahren aller nachfolgenden System- und Benutzerprozesse. Während dieser Startphase werden die niedrigwertigen PIDs den permanenten Systemprozessen zugewiesen, darunter auch den "Heinzelmännchen" (demons), die — selbständig und unsichtbar arbeitend — diverse Dienstleistungen auf der System- und der Benutzerebene erbringen. Typische Beispiele sind der Terminverwalter cron(1m) (Abschnitt 5.8) sowie der Druckauftragsverwalter lpsched(1). Der *init*-Prozeß erzeugt ebenfalls die transienten *getty*-Prozesse, welche die TTY-Dienstports der Benutzerterminals bis zum Einloggen überwachen und nach dem Ausloggen wieder übernehmen, was im Abschnitt 4.3 weitergeführt wird.

Die verschiedenen Betriebszustände (run states) werden als indexierte Konfigurationen von Systemprozessen in der Zustandssteuerdatei '/etc/inittab' definiert, wobei zwischen Einzel- und Mehrbenutzerbetrieb unterschieden wird, und bei letzterem gemäß den verschiedenen Terminal-Konfigurationen. Der Betriebszustand kann mit dem Superuser-Befehl **init(1m)** verändert werden, ohne daß ein erneutes Hochfahren des Systems nötig wäre. Die Zustandssteuerdatei '/etc/inittab' wird unter inittab(4)/PHB eingehend beschrieben.

Innerhalb der Dienstzeit (service period) eines laufenden Betriebssystems (d.h. zwischen dem Hoch- und Runterfahren) können alle Prozesse in zwei grundlegende Kategorien eingeordnet werden: *Permanente Prozesse* und *transiente Prozesse* (Bild 4.4). Die höheren PIDs werden in chronologischer Reihenfolge der Erzeugung den transienten System- und Benutzerprozessen zugewiesen. Bei langlebigen Systemen, wenn der maximale Wert von 30000 erreicht wird, erfolgt ein Rücksetzen Modulo 30000, wobei der bereits wieder verfügbare niedrigste Wert als nächste PID zugewiesen wird.

Mit Ausnahme der beiden Ursprungsprozesse 'swapper' und 'init' werden alle nachfolgenden System- und Benutzerprozesse vom Kernel über die Systemaufrufe **fork(2)** und **exit(2)** erzeugt beziehungsweise terminiert.

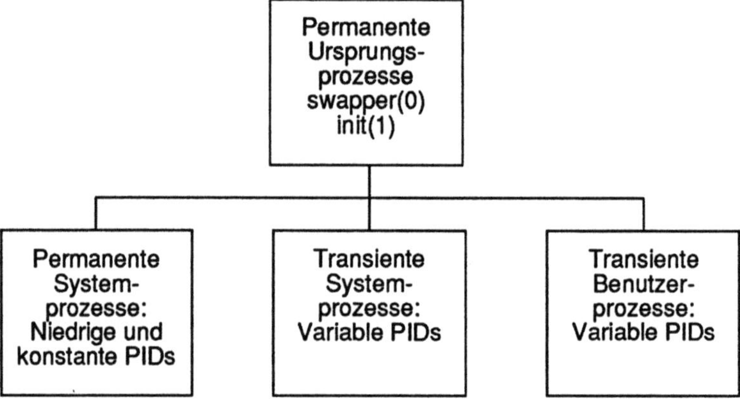

Bild 4.4: Prozeß-Kategorien

Beide Aufrufe können nur über die Kernelschnittstelle (Abschnitt 4.1.3) ausgeführt werden, so daß das Erzeugen und Terminieren von Prozessen ausschließlich dem Kernel vorbehalten ist. Die systeminternen Vorgänge werden von BACH (1986) eingehend beschrieben. Im folgenden soll lediglich eine kurze Zusammenfassung des originären Prinzips gegeben werden.

Mit dem Systemaufruf fork(2) wird der aufrufende Prozeß zum Mutterprozeß (parent process) eines neu erzeugten Tochterprozesses (child process), der dabei zugleich die aktuelle Prozeßumgebung "ererbt", was Daten im Arbeitsspeicher, die Dateibindungen (open files) und insbesondere die aktuellen und tatsächlichen Benutzer- und Gruppen-Kennungen einschließt, welche die anfänglichen Zugriffsrechte auf Objekte des Dateisystems bestimmen. Dieser *Vererbungsvorgang* wird durch einfaches Kopieren des dem Mutterprozeß gehörenden Datenbereiches im Arbeitsspeicher sowie dessen Einträge in der Prozeß- und der Benutzertabelle ermöglicht. Der eigentliche Ausführkode des Mutterprozesses wird normalerweise nicht kopiert, sondern von den beiden, nun beilaufenden Prozessen gemeinsam weiterbenutzt (text sharing).

Ein aktiver Prozeß kann fast beliebig oft fast beliebig viele Tochterprozesse erzeugen, deren jeweilige Anzahl nur durch die insgesamt zulässige Anzahl beilaufender Prozesse begrenzt ist, was wiederum durch die Größe der Prozeßtabelle bestimmt wird, die ihrerseits wiederum durch einen Parameter bei der Systemgenerierung bestimmt wird. [4] Tochterprozesse können ihren eigenen, unabhängigen Verlauf nehmen. Ein Mutterprozeß kann jedoch mit dem Systemaufruf **wait(2)** auf das "Ableben" seiner Töchter warten oder — anders ausgedrückt — deren "Überleben" abblocken. Mit den Anweisungen **wait(sh)** und **wait(csh)** kann der Exit von asynchronen Tochterprozessen auf der Shell-Ebene abgewartet werden. Diese Art der Synchronisierung zwischen Mutter- und Tochterprozessen wird im Abschnitt 5.7 einführend, und dann in den Abschnitten 6.7.5.5 (sh) 7.7.5.5 (csh) weiterführend besprochen. Darüberhinaus können sich Mutter- und Tochterprozesse über Signale und andere IPC-Funktionen abstimmen (Abschnitt 4.1.4).

Prozesse sind während ihrer Laufzeit nicht an das ursprüngliche Programm gebunden! Ein aktiver Prozeß kann sich aus der laufenden Instanz eines Programms in eine neue Instanz desselben oder eines vollkommen anderen Programms umwandeln. Dabei wird kein Prozeß terminiert oder neu erzeugt, sondern nur der Ausführkode erneut beziehungsweise neu geladen und zur Ausführung gebracht. Die PID und die Prozeßeinträge sowie die programmunabhängigen Prozeßattribute wie Priorität und Zugriffsrechte

4. Die Systemgenerierung — also das Kompilieren und Linken eines neuen Kernels — wird unter dem Eintrag config(1m)/SHB beschrieben.

bleiben dabei erhalten. Die Umwandlung wird über den Systemaufruf **exec(2)** vom Kernel ausgeführt. Die Rationale einer solchen *Mutation* besteht darin, einen Prozeß und damit seine einmal aufgebaute Ausführungsumgebung über mehrere Programm-Instanzen hinweg zu erhalten.

Mit den Shell-Anweisungen **exec(sh)** und **exec(csh)** kann die jeweilige Instanz einer Shell durch die einer anderen Shell oder eines Programms ersetzt werden. Dies wird im Abschnitt 4.3.1 vorgestellt und dann im Abschnitt 5.6.3 weitergeführt.

4.2.1 Prozeßattribute

Die im nachfolgenden Abschnitt 4.2.2 beschriebenen beiden Prozeßverwaltungsstrukturen bauen sich auf Attributen auf, die in den Einträgen in der Benutzertabelle (u-area) enthalten sind. Ein wichtiges Attribut ist die Nummer des Mutterprozesses PPID (parent process ID), welche das einzige formale Glied zwischen den Mutter- und den Tochterprozessen darstellt. Die PPID erscheint in der Auflistung von ps(1):

```
$ ps -l ...
  UID      PID    PPID      ...     COMMAND
  ...              ...              ...
  Hubert   145-┐  1         ...     [ sh ]      (Mutterprozeß)
  ...          │  ...              ...
  Hubert   146 ├-145        ...     ps -ef      (Tochterprozeß)
  ...          │  ...              ...
$              │
               └-PID—PPID
```

Nach dem Beenden des Mutterprozesses wird die PPID des "überlebenden", aber "verwaisten" Tochterprozesses auf '1' gesetzt, was einer "Adoption" durch den Prozeßerzeuger *init* gleichkommt.

Die einem Prozeß gewährten Zugriffsrechte auf Objekte im Dateisystem und auf andere Systemressourcen werden durch eine Reihe von Parametern und Attributen bestimmt, die in dessen Prozeß- und Benutzereinträgen enthalten sind. Von offensichtlicher Bedeutung sind davon die Ausführungspriorität, die aktuellen und die tatsächlichen Benutzer- und Gruppen-Kennungen, die Kennung der übergeordneten Prozeßgruppe sowie die Inodes des aktuelle Arbeitsverzeichnisses und des aktuellen Root-Verzeichnisses. Dies soll nachfolgend einführend besprochen werden. Die dabei benutzten originären Begriffe sind unter dem Eintrag intro(2)/PHB beschrieben.

4.2.1.1 Ausführungspriorität

Diese Priorität bezieht sich nicht auf eine echtzeitliche Disponierung (wall clock scheduling), sondern bestimmt den *aktuellen Anspruch* auf CPU-Leistung, den ein Prozeß auf Kosten der anderen Prozesse hat. Sie wird während der Laufzeit des Prozesses vom *Prioritätsverteiler* (process scheduler) ständig überprüft und durch einen *Ausgleichsalgorithmus* (fair share algorithm) mit der Gesamtauslastung des Systems abgestimmt, einerseits, um für volle CPU-Auslastung zu sorgen und andererseits, um keine Ungerechtigkeiten auf Kosten der anderen Prozesse aufkommen zu lassen. Der jeweilige Basiswert kann mit dem Systemaufruf nice(2) innerhalb des Bereiches 0 (hoch) 20 (niedrig) differentiell variiert werden. Auf der Shell-Ebene steht dafür die Anweisungen nice(1) und nice(csh) zur Verfügung, die im Abschnitt 5.6.4 besprochen werden.

4.2.1.2 Benutzer- und Gruppen-Kennungen

Die Zugriffsrechte *eines Prozesses* auf Objekte in den Dateisystemen — also auf Dateien und Verzeichnisse sowie auf Geräte und Prozeßkanäle — werden durch die *aktuelle Benutzer-Kennung* **EUID** (effective user ID) und die *aktuelle Gruppen-Kennung* **EGID** (effective group ID) bestimmt. Die EUID und EGID können jeweils sowohl mit den *tatsächlichen Kennungen* **RUID** (real user ID) und **RGID** (real group ID) des jeweiligen Benutzers übereinstimmen als auch die eines anderen Benutzers beziehungsweise einer anderen Gruppe darstellen.

Während ein Tochterprozeß die tatsächlichen Kennungen RUID und RGID immer und unverändert von seinem Mutterprozeß "ererbt" und auch über seine eigene Laufzeit unverändert als tatsächliche Kennungen beibehält, können die aktuellen Kennungen EUID und EGID innerhalb von Grenzen variiert werden. Bei der Prozeßerzeugung können die EUID und EGID entweder unmittelbar vom Mutterprozeß übernommen oder aber durch die Eigner- und Gruppenkennungen der aufgerufenen Binärdatei bestimmt werden. Im Kopfteil (header segment) der Binärdatei müssen dazu zwei Bit-Schalter gesetzt werden: *set user ID* und *set group ID* (Abschnitt 3.8.6). Im weiteren Verlauf des Prozesses können die EUID und die EGID durch die Systemaufrufe setuid(2) beziehungsweise setguid(2) auf die ursprüngliche RUID beziehungsweise RGID zurückgesetzt werden. Prozesse, die unter der tatsächlichen Superuser-Kennung 'root' (RUID'0') laufen, können ihre EUID und EGID beliebig oft auf jedwede definierte Benutzer- und Gruppen-Kennung umstellen. (Der dabei zugrundeliegende Anwendungszweck und die Frage des möglichen Mißbrauches wurden bereits im Abschnitt 3.8.6 besprochen.)

4.2.1.3 Prozeßgruppen

Diese Gruppierung ermöglicht das kollektive Manipulieren von Benutzerprozessen mit dem Systemaufruf kill(2) in C-Programmen und mit den Befehlen kill(1) und kill(csh) auf den Shell-Ebenen. Insbesondere können Prozeßgruppen kollektiv terminiert werden, was beim Ausloggen oder unerwarteten Abbruch einer Session eine wichtige Rolle spielt. Die Anwendung von kill(1) auf Prozeßgruppen wird im Abschnitt 5.7.4 beschrieben.

Prozeßgruppen werden durch eine beigeordnete Prozeß-Kennung **PGID** (current process group ID) definiert, welche die einfache Prozeßnummer PID eines *übergeordneten Leitprozesses* (group leader) ist, der zwangsläufig auch der gemeinsame Vorfahre der Prozeßgruppe ist. Ein besonderes Beispiel dafür stellt die *TTY-Gruppe* dar, deren Leitprozeß die *Terminal-Shell* ist (Abschnitt 4.3.1). Die PID der Terminal-Shell ist somit die PGID der TTY-Gruppe. Eine Prozeßgruppe kann mit dem Befehl ps(1) unter Angabe der PGID über die Option '-g' aufgelistet werden:

```
$ ps –g 145                                  # TTY-Gruppe '145'
   PID    TTY  TIME      COMMAND
   145    b    0:06      sh                   (TTY-Leitprozeß)
   152    b    0:0       tee
   161    b    0:24      programmx
   ...                   ...
   175    b    0:01      ps...
$
```

Leider gibt die aktuelle Version von ps(1) die PGIDs nicht aus.

Beim Ausloggen sowie beim Abbruch der Terminalverbindung, wenn die Terminal-Shell als TTY-Leitprozeß terminiert, wird vom Kernel das Signal **SIGHUP** (hangup) an alle noch aktiven Prozesse der TTY-Gruppe abgesandt, was normalerweise zu deren Terminierung führt. In C-Programmen kann das Signal mit dem Systemaufruf signal(2) abgefangen oder ausgeblendet werden; auf der Shell-Ebene stehen dafür die Hilfsbefehle nohup(1) und nohup(csh) zur Verfügung, was im Abschnitt 5.6.5 weitergeführt wird.

Die PGID wird bei der Prozeßerzeugung unverändert vom Mutterprozeß an den Tochterprozeß übergeben und kann von diesem unverändert an seine eigenen Tochterprozesse weitergereicht werden, wodurch der bereits bestehende Prozeßbaum erweitert wird. Zum anderen aber kann ein Prozeß die "ererbte" PGID durch seine eigene PID ersetzen und somit zum Leitprozeß seiner Nachfahren werden; eben solange bis ein erneutes Rücksetzen der PGID stattfindet. In C-Programmen kann die PGID mit den Systemaufrufen getpgrp(2) und setpgrp(2) neugesetzt beziehungsweise auf die jeweilige PID zurückgesetzt werden; entsprechende Anweisungen stehen auf der Shell-Ebene leider nicht zur Verfügung. [5]

4.2.1.4 Aktuelle Verzeichnisse

Ein Tochterprozeß "ererbt" von seinem Mutterprozeß die Inode-Indexe des jeweiligen Arbeitsverzeichnisses und dessen übergeordneten Root-Verzeichnisses als aktuelle Bezugspunkte im Dateisystem. Die beiden Inode-Indexe können im weiteren Verlauf des Prozesses mit den Systemaufrufen chdir(2) beziehungsweise chroot(2) neu festgelegt werden. Auf der Shell-Ebene kann das aktuelle Arbeitsverzeichnis mit der Anweisung cd(1) festgelegt werden. Ein Gegenstück zu *chroot* ist auf der Shell-Ebene nicht vorhanden. [5]

Das *aktuelle Arbeitsverzeichnis* bestimmt den *Ausgangspunkt* der relativen Weiser und Verweise innerhalb des Dateisystems; insbesondere also auch jene Objekte, auf die mit dem einfachen Basisnamen unmittelbar zugegriffen werden kann (Abschnitt 3.1.2). Beim Aufruf von chdir(2) und cd(1) muß das Zugriffsrecht 'x' sowohl für das angesprochene Verzeichnis als auch für alle Zwischenverzeichnisse des Zielverweises bestehen. Der Aufruf von chroot(2) kann nur mit der Superuser-Kennung EUID '0' durchgeführt werden.

Das aktuelle Root-Verzeichnis bestimmt den Ausgangspunkt der absoluten Verweise — mit anderen Worten, die Bedeutung des führenden Schrägstriches '/' in Weisern. Mit chroot(2) kann ein anderes Verzeichnis als Root-Verzeichnis festgelegt werden, wodurch der davon ausgehende Teilbaum zum *virtuellen Dateisystem* des aufrufenden Prozesses wird. Insbesondere ist der außerhalb des neuen Root-Verzeichnisses liegende Teil des Dateisystems dann nicht mehr zugänglich, was sowohl Vorteile als auch Gefahren hinsichtlich der System- und Datensicherheit mit sich bringt.

Der Vorteil ist, daß ein Anwendungsprozeß innerhalb eines Teilbaums "eingezäunt" werden kann, wobei allerdings Sorge getragen werden muß, daß er sich nicht mit einem versteckten Aufruf von chroot(2) unter der heimlich erworbenen EUID '0' daraus "befreien" kann (Abschnitt 3.8.6). Die Gefahr liegt darin, daß Kopien von Systemverzeichnissen mit verfälschten Kontrolldateien (z.B. '/etc' mit '/etc/passwd' und '/etc/group') als "Trojanische Pferde" unterhalb eines bestimmten Verzeichnisses angelegt werden, welches dann in einem günstigen Augenblick als aktuelles Root-Verzeichnis festgelegt wird, so daß der Prozeß oder einer seiner Abkömmlinge mit erschlichenen Vollmachten arbeiten kann.

5. Solche und ähnliche Eingriffsfunktionen können jedoch über die Kernelschnittstelle als Pseudogerätetreiber programmiert werden.

4.2.2 Prozeßstrukturen

In der echtzeitlichen Verlaufsebene stellt sich der Ablauf multipler Prozesse als eine invertierte Baumstruktur dar, deren Knoten durch die einzelnen Prozesse dargestellt werden. Die Strukturlinien dieses mit der Zeit stetig wachsenden, sich aber auch gleichzeitig ausdünnenden *Prozeßbaums* werden durch das Mutter-Tochter-Verhältnis bestimmt. Die einfachste Form der Prozeßsteuerung entlang dieser Strukturlinien ist die Synchronisierung zwischen Mutter- und Tochterprozessen mit den Systemaufruf wait(2) in C-Programmen und den Anweisungen wait(sh) und wait(csh) auf den Shell-Ebenen.

Während im einfachen Multiprozeßbetrieb die Mutter-Tochter-Struktur zur Prozeßverwaltung ausreichen würde, verlangt der Mehrbenutzerbetrieb strukturelle Erweiterungen. Dabei wird die Mutter-Tochter-Struktur durch zwei weitere Verwaltungsstrukturen überlagert, die durch die aktuellen und die tatsächlichen Benutzer-Kennungen (EUID, RUID) sowie durch die Prozeßgruppen-Kennung (PGID) bestimmt werden. Damit wird der Prozeßbaum in Gruppen von verwandten Prozessen unterteilt, die in C-Programmen mit dem Systemaufruf kill(2) und auf der Shell-Ebene mit dem Befehl kill(1) kollektiv manipuliert werden können (Abschnitt 5.7.4).

Diese zwei Verwaltungsstrukturen sollen im Sinne der Prozeßverwaltung in den folgenden zwei Unterabschnitten noch einmal kurz hervorgehoben und zusammengefaßt werden.

4.2.2.1 Die Mehrbenutzerstruktur

Die Mehrbenutzer-Struktur (Abschnitt 2.2) dient sowohl der Verwaltung von Prozessen als auch der von Speicherobjekten. Ihre Grundeinheit ist die Benutzer-Kennung UID, die sowohl leibliche als auch abstrakte Benutzer dem System gegenüber vertritt. Jede UID ist zu jedem Zeitpunkt mit genau einer Gruppen-Kennung GID und mindestens einer Login-Kennung LID assoziiert. Die Einträge werden gemäß passwd(4) in der Paßwortdatei '/etc/passwd' vorgenommen.

Jeder Prozeß ist durch seinen Eintrag in der Benutzertabelle (user area) mit einer *tatsächlichen Benutzer-Kennung* **RUID** (real user ID) ausgestattet, die einem Eintrag in der Paßwortdatei entspricht, dessen Login-Gruppen-Kennung auch die tatsächliche Benutzergruppen-Kennung RGID (real group ID) des Prozesses bestimmt. Der entsprechende Benutzer ist Eigner des Prozesses und kann unbeschränkt über ihn verfügen, was insbesondere auch die Terminierung einschließt.

Gleichzeitig ist jeder Prozeß durch seinen Eintrag in der Benutzertabelle mit einer *aktuellen Benutzer-Kennung* **EUID** (effective user ID) assoziiert, die zwar nicht unbedingt mit der RUID identisch, auf jedem Fall aber durch einen UID-Eintrag in der Paßwortdatei legitimiert sein muß. Für die *aktuelle Benutzergruppen-Kennung* **EGID** (effective group ID) gilt genau das gleiche Prinzip.

Auf den vier Kennungen RUID, RGID, EUID und EGID beruht die Mehrbenutzer-Prozeßverwaltung im UNIX-System!

4.2.2.2 Die benutzerbezogene Prozeßgruppen-Struktur

Als die PID eines übergeordneten Leitprozesses ist die Prozeßgruppen-Kennung PGID zwangläufig auf einen Benutzer bezogen, und zwar auf den Eigentümer des Leitprozesses. Damit entsteht also eine benutzerbezogene Multiprozeßstruktur innerhalb der Mehrbenutzerstruktur.

Innerhalb dieser *lokalen* Prozeßstruktur kann jeder Prozeß mit setprgp(2) zum Leitprozeß bestimmt werden. Die Kriterien dafür stehen dem Benutzer vollkommen frei. Eine "natürliche" Gruppierung geht vom Terminalprozeß aus, der im allgemeinen die Instanz einer der beiden UNIX-Shells ist. Bei kooperienden Prozessen fungiert zumeist ein *Monitorprozeß* als Leitprozeß. Bei Telekommunikationsanwendungen, die nach dem ISO-Schichtenmodell konzipiert sind, ist der Leitprozeß häufig als ein *server process* in der Darstellungsschicht (6) angesiedelt.

4.3 Login- und Terminalprozesse

Bei einem für den Mehrbenutzerbetrieb konfigurierten UNIX-System werden die Gerätekanäle der zum Einloggen bestimmten Terminalports (tty ports) durch Einträge in der Zustandssteuerdatei '/etc/inittab' angegeben. Bis zu 7 verschiedene Betriebszustände (run levels) können durch die Zustandsindexe 0, 1, ..., 6 definiert werden, was auch eine gleiche Anzahl unterschiedlicher Terminal-Konfigurationen ermöglicht. Die Zustandssteuerdatei ist unter inittab(4)/PHB beschrieben. [6]

Beim Hochfahren sowie bei allen mit den Superuser-Befehl **init(1m)** bewirkten nachträglichen Zustandsänderungen wird die Zustandssteuerdatei '/etc/inittab' von dem permanenten Erzeugerprozeß *init* gelesen, der dann die den TTY-Ports zugeordneten Monitorprozesse *getty* sowie die anderen für den jeweiligen Betriebszustand vorgegebenen Dienstprozesse erzeugt. Beim interaktiven Aufruf von init(1m) kann der Zustandsindex angegeben werden. Der Zustand '0' ist für die Initialphase unmittelbar nach dem Hochfahren reserviert.

Die Monitorprozesse *getty* sind Instanzen der ausführbaren Binärdatei '/etc/getty', die als Befehl gemäß **getty(1m)** in den TTY-Einträgen der Zustandssteuerdatei '/etc/inittab' für jeden zu aktivierenden TTY-Port aufgeführt werden muß. Die TTY-Einträge enthalten außerdem noch die Geräte-Kennungen der zu benutzenden Terminals, die wiederum als Verweise in die assoziierte Steuerdatei '/etc/gettydefs' fungieren, welche die spezifischen Übertragungsparameter und Terminal-Vereinbarungen (line discipline) enthält, die dann von *getty* automatisch vor dem Einloggen gesetzt werden. Die Einzelheiten sind unter den Einträgen getty(1m)/SHB und gettydefs(4)/PHB beschrieben.

Die bis zu diesem Punkt geführte Systembeschreibung wäre unvollständig, ohne eine kurze Beschreibung der Folge von Prozessen, die beim Einloggen abläuft. Die als transiente Systemprozesse laufenden *getty*-Instanzen überwachen die ihnen zugewiesenen TTY-Ports und terminieren erst mit dem erfolgreichen Einloggen eines Benutzers; sie werden erst nach dem regulären Ausloggen oder bei Abbruch der Terminalverbindung erneut von *init* erzeugt, wobei dann auch die Übertragungsvereinbarungen auf jene Ausgangswerte zurückgesetzt werden, die in '/etc/gettydefs' festgelegt sind.

Jeder durch den jeweiligen Betriebszustand aktivierte, aber nicht mit einer Session belegte TTY-Port wird also ständig von einem *getty*-Prozeß überwacht. Das folgende Beispiel zeigt das dafür typische Prozeß-Spektrum.

---

6. Bei BSD-Systemem wird die Systemsteuerdatei '/etc/ttytab' benutzt.

```
$ ps -ef
  UID     PID   PPID  C   STIME     TTY   TIME    COMMAND
  Hubert  145   1     0   20:13:19  b     0:06    [ sh ]
  ...                     ...                     ...
  root    96    1     0   20:08:32  00    0:01    [ getty ]
  root    97    1     0   20:08:32  01    0:01    [ getty ]
  root    98    1     0   20:08:32  02    0:01    [ getty ]
  Hubert  146   145   39  20:22:36  b     0:01    ps -ef
  ...                     ...                     ...
```

Wenn eine TTY-Verbindung aktiviert wird (z.B. durch Anwahl) oder ein Benutzer sich bemerkbar macht (z.B. durch Drücken der Eingabe-Taste), dann wandelt sich der *getty*-Prozeß mit dem Systemaufruf exec(2) in einen *login*-Prozeß um, der eine Instanz von '/bin/login' ist und unter login(1) beschrieben ist. Der Login-Prozeß führt dann die eigentliche Einlog-Prozedur unter Bezugnahme auf die Paßwortdatei '/etc/passwd' aus. Nach dem Einloggen wandelt sich *login* mit exec(2) in den eigentlichen Terminalprozeß um, der im allgemeinen eine Instanz einer der beiden UNIX-Shells ist. Die PID des ursprünglichen *getty*-Prozesses wird über diese Phasen hinweg an den Terminalprozeß weitergegeben und wird somit zur PGID der TTY-Prozeßgruppe. Damit hat die eigentliche Benutzer-Session begonnen. Nach dem Beenden oder Abbruch der Session, auf jeden Fall aber mit dem Exit des Terminalprozesses, erzeugt der Prozeßerzeuger *init* eine neue Instanz von *getty* für den Dienstport des Terminals. Bild 4.5 stellt die Ablauffolge dar.

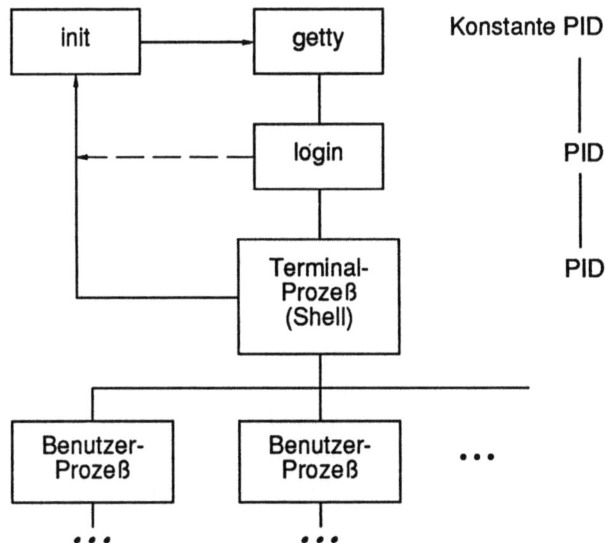

Bild 4.5: Prozeßfolge beim Einloggen

Da im normalen UNIX-Multiprozeßbetrieb die Benutzerprozesse unmittelbar vom Terminal aus initiiert werden können, fungiert der unmittelbar nach dem Einloggen erzeugte Terminalprozeß als Mutter- und Leitprozeß der ersten Generation von Benutzerprozessen, die dabei seine PID als PPIDs beziehungsweise als PGIDs "ererben". Jeder der nachfolgenden Benutzerprozesse kann die ererbte PGID beibehalten und dann unverändert an seine eigenen Tochterprozesse weitergeben, wodurch die durch den Terminalprozeß bestimmte TTY-Prozeßgruppe zu einem echten Teilbaum des gesamten Prozeßbaumes werden kann.

Der unmittelbar nach dem Einloggen erzeugte Terminalprozeß ist zumeist eine Instanz von einer der beiden UNIX-Shells, der BOURNE-Shell oder der C-Shell, weshalb in enger Anlehnung an die originären UNIX-Begriffsbestimmungen im folgenden zuweilen von der "Login-Shell" und der "Terminal-Shell" die Rede sein soll — der subtile Unterschied wird nachfolgend erläutert.

Bei solchen, zumeist zweckgebundenen Anwendungen, wo auf die Dienstleistungen einer Shell verzichtet werden kann, läuft ein unmittelbar auf dem Kernel aufsetzendes Anwendungsprogramm als Terminalprozeß, wobei dann häufig von einen "Terminal-Monitor" die Rede ist.

4.3.1 Login- und Terminal-Shells

Die als der ursprüngliche Terminalprozeß laufende "Login-Shell" wird im letzten Feld des Benutzereintrags in der Paßwortdatei '/etc/passwd' festgelegt, wobei der absolute Verweis der ausführbaren Binärdatei eingetragen werden muß; zum Beispiel '/bin/csh' für die C-Shell, csh(1). Bei Auslassung des Verweises wird die BOURNE-Shell, sh(1), benutzt. Einzelheiten sind unter passwd(4)/PHB beschrieben.

Zur weiteren Beschreibung der interaktiven Prozeßverarbeitung ist eine verbindliche Bestimmung der Begriffe "Login-Shell", "Terminal-Shell" sowie "aktuelle Shell" notwendig.

Unmittelbar nach dem gelungenen Einloggen wandelt sich der Login-Prozeß mit dem Systemaufruf exec(2) in die Login-Shell um, wobei ein interner Schalter gesetzt wird, der die Shell als solche kennzeichnet. Die Login-Shell führt dann zuerst die Einlog-Steuerdateien '.profile' (sh) oder '.login' (csh) aus (Abschnitt 5.1.1) und fungiert dann sowohl als Terminal-Shell als auch als die erste "aktuelle Shell", in welcher der anfängliche Benutzerdialog abläuft, und in deren "Shell-Umgebung" (shell environment) die ersten Benutzerprozesse ablaufen.

Die *Login-Shell* kann im weiteren Verlauf der Session mit den Shell-Anweisung exec(sh) und exec(csh) durch eine neue Terminal-Shell abgelöst werden, die dann allerdings keine Login-Shell mehr ist! Bei der C-Shell können zum Beispiel die Anweisungen login(csh) und logout(csh) nur in der Login-Shell benutzt werden. Bei der BOURNE-Shell enthält die Argumentvariable '$0' der Login-Shell entweder '–' oder '–sh'. Der Verweis auf die Ausführdatei der Login-Shell wird in der Standardvariablen '$SHELL' abgelegt (Abschnit 5.3.3). Die Login-Shell unterscheidet sich also von allen anderen interaktiven Shells.

Die *Terminal-Shell* ist über einen TTY-Gerätekanal an den Dienstport des Benutzerterminals gebunden und stellt somit den ursprünglichen Leitprozeß aller durch sie erzeugten Benutzerprozesse dar, die sogenannte *TTY- Prozeßgruppe*. Im Verlauf einer Session können zwar mehrere sich einander ablösende Terminal-Shells mit *exec* erzeugt werden, aber es kann jeweils nur eine Terminal-Shell laufen. Mit der Terminierung ihrer Terminal-Shell ist eine Session beendet, und der Login-Zyklus beginnt erneut. Darin unterscheidet sich die Terminal-Shell von allen anderen aktuellen Shells.

Befehle und Programmaufrufe, die über die Terminal-Shell eingegeben werden, laufen normalerweise als deren Tochterprozesse ab:

```
$ ps  -l ...
   UID        PID     PPID          ...      COMMAND
   ...                ...                    ...
   Hubert     145─┐   1             ...      [ sh ]       (Terminal-Shell)
   ...            │   ...                    ...
   Hubert     146 ├─ 145            ...      ps -ef       (Tochterprozeß)
   ...            │   ...                    ...
$                 │
                  └─ PID—PPID
```

Eine Ausnahme entsteht, wenn die Anweisung 'exec' benutzt wird, wie zum Beispiel in:

```
$ exec csh ...
%
```

womit die als Terminal-Shell laufende Instanz der BOURNE-Shell (sh) durch eine Instanz der C-Shell (csh) ersetzt wird:

```
% ps –g 145
   PID  PPID    TTY     TIME    COMMAND
   145  1       b       0:01    csh              (neue Terminal-Shell)
   ...          ...             ...
   191  145     b       0:01    ps ...
```

wobei die ursprünglichen Prozeßattribute erhalten bleiben, darunter auch die PID und die aktuellen und tatsächlichen Kennungen sowie insbesondere die

Dateibindungen an den Gerätekanal des TTY-Dienstports. In dieser Art der *Mutation* liegt denn auch die Rationale der Anweisung *exec*, die in beiden UNIX-Shells vorhanden ist. Dies wird im Abschnitt 5.6.3 weitergeführt.

4.3.2 Terminal-Shell und aktuelle Shells

Jede der beiden UNIX-Shells kann als einfacher Befehl aufgerufen werden, um dann als Tochterprozeß der Terminal-Shell zur aktuellen interaktiven Shell zu werden. Zum Beispiel wird mit

```
$ csh -i ...
%
```

eine Instanz der C-Shell, csh(1), aufgerufen, die dann als interaktive *Subshell* der Terminal-Shell abläuft. Dabei wird die Terminal-Shell zwar verdrängt (oder "suspendiert"), bleibt aber als Leitprozeß der nachfolgenden Befehlsprozesse bestehen:

```
% ps -g 145
  PID  PPID  TTY   TIME   COMMAND
  145  1     b     0:08   sh                (Terminal-Shell)
  ...        ...          ...
  173  145   b     0:01   csh               (aktuelle Shell)
  174  173   b     0:01   ps ...            (Befehlsprozeß)
%
```

Wird die aktuelle Shell mit der Anweisung exit(csh) terminiert,

```
% exit
$
```

so wird die Terminal-Shell wieder zur aktuellen interaktiven Shell.

Der Begriff der "aktuellen Shell" ist relativ. Einerseits kann der Benutzer jeweils nur einen interaktiven Shell-Prozeß als *aktuell* wahrnehmen, der zugleich den "Vordergrund" darstellt, in dem die vom Terminal aus eingegebenen Befehle wahrnehmbar ablaufen. Andererseits können mehrere im "Hintergrund" unabhängig beilaufende Shell-Prozesse als jeweils aktuelle Shells für die jeweils darin ablaufenden Befehlsprozesse fungieren. Shells, die als Tochterprozesse der aktuellen Shell ablaufen, werden im allgemeinen als "Subshells" bezeichnet. Eine Subshell stellt hinsichtlich der in ihr ablaufenden Befehlsprozesse eine aktuelle Shell dar. Der Begriff "aktuelle Shell" ist also standpunktbezogen.

Die Begriffe "Vordergrund" (foreground) und "Hintergrund" (background) sind ebenfalls standpunktbezogen. Intiuitiv kann der *Vordergrund* als jene Perspektive verstanden werden, in der alle Ereignisse in einer durch *vorher* und *nachher* geordneten Reihenfolge ablaufen, wobei ein gewisses Maß an Kausalität vorausgesetzt werden kann. Im Gegensatz dazu erscheinen die im *Hintergrund* ablaufenden Ereignisse als *nur schwach* mit den Vordergrund-Ereignissen korreliert, falls überhaupt. Aus dieser intuitiven Abgrenzung ergeben sich zwei wichtige komplementäre Definitionen, die in den beiden nachfolgenden Unterabschnitten erläutert werden sollen.

4.3.2.1 Synchronizität

Die am Terminal eingegebenen Befehle laufen zwar als Tochterprozesse der aktuellen interaktiven Shell ab, unterscheiden sich aber hinsichtlich ihres Ausführungsmodus in "synchron" und "asynchron". Bei einem *synchron* in der Terminal-Shell ausgeführten Befehl wird die Folge der am Terminal ablaufenden Ereignisse von dem Befehlsprozeß bestimmt, während die Terminal-Shell suspendiert ist. Erst nach dem Exit des Befehlsprozesses wird die Ereignisfolge wieder von der Terminal-Shell bestimmt. Nur ein einziger Befehl kann jeweils synchron in der Terminal-Shell — wie übrigens auch jeder anderen aktuellen Shell — ausgeführt werden. Nur bei der Terminal-Shell ist dann zusätzlich von einer Ausführung im "Vordergrund" die Rede!

Im Gegensatz zur synchronen Ausführung können in der aktuellen Shell mehrere Befehle "asynchron" ausgeführt werden, wobei jeder Befehlsprozeß seinen *eigenen und unabhängigen Verlauf* nehmen kann, ohne daß die aktuelle Shell dabei suspendiert wird. Die jeweiligen Ereignisfolgen der Befehlsprozesse sind dabei nicht in die Ereignisfolge der aktuellen Shell eingebunden; d.h. die Prozesse sind keiner Synchronisierung bezüglich der aktuellen Shell unterworfen; sie laufen also *asynchron* ab. Nur bei der Terminal-Shell ist dann zusätzlich von einer Ausführung im "Hintergrund" die Rede! Dies wird im Abschnitt 5.7 weitergeführt.

Die ad-valorem Begriffe *Vordergrund* und *Hintergrund* beziehen sich also nur zusätzlich und zugleich exklusiv auf die Terminal-Shell. Bei jeder anderen aktuellen Shell wird ein Befehl synchron ausgeführt, wenn er in die natürliche Reihenfolge der in der Shell ablaufenden Ereignisse eingebunden ist. Aber auch hier kann nur jeweils ein Befehl synchron ausgeführt werden. Asynchrone Ausführung bedeutet auch hier das genaue Gegenteil. Das UNIX-Systempaket bietet jedoch eine Vielzahl von IPC-Möglichkeiten zur gegenseitigen und kollektiven Synchronisierung von asynchron ablaufenden Prozessen. Dies wird in den Abschnitten 6.7.5.4 und 6.7.5.5 (sh) und 7.7.5.4 und 7.7.5.5 (csh) im Zusammenhang mit der asynchronen Ablaufsteuerung weitergeführt.

4.3.2.1 Terminaleinwirkung

Die mit der jeweiligen Tastenbelegung von *intr* und *quit* (Abschnitt 2.3.3) ausgegebenen Steuerzeichen erzeugen mittelbar über den Gerätetreiber des TTY-Dienstports das Interrupt-Signal SIGINT beziehungsweise das Abbruch-Signal SIGQUIT, das von der Terminal-Shell empfangen und zuerst an den gegebenfalls im Vordergrund ablaufenden Tochterprozeß weitergeleitet wird, bevor die Shell selbst darauf reagiert. Die meisten - aber nicht alle - UNIX-Befehle reagieren mit bedingungslosem Abbruch auf die beiden Signale. Anwendungsprogramme und Shell-Skripte können auf andere Reaktionen vorprogrammiert werden. Auf jeden Fall aber empfängt ein im Vordergrund der Terminal-Shell ablaufenden Prozeß die Tastatur-Signale; er steht also unter *Terminaleinwirkung* (terminal control). Im Gegensatz dazu leitet die Terminal-Shell die beiden Signale nicht an Prozesse weiter, die im Hintergrund ablaufen. Hintergrund-Prozesse stehen also nicht unter Terminaleinwirkung!

Terminaleingabe und -ausgabe ist nicht gleichbedeutend mit Terminaleinwirkung! Hintergrund-Prozesse können durchaus zum Bildschirm ausgeben und von der Tastatur lesen, ohne unter Terminaleinwirkung im formalen Sinn der Definition zu stehen. Umgekehrt braucht ein unter Terminaleinwirkung ablaufenden Prozeß überhaupt keine Terminal-E/A auszuführen. Solche Situationen entstehen, wenn die gesamte Terminal-E/A umgelenkt wird. E/A-Umlenkung wird im Abschnitt 5.4 für beide UNIX-Shells einführend, und dann in den Abschnitten 6.5 (sh) und 7.5 (csh) weiterführend besprochen.

4.4 Die funktionale Rolle der Shells

Dem Benutzer gegenüber spielen die beiden UNIX-Shells die Rolle von Dialog-Interpretern, was sich nicht nur auf die Übersetzung der Benutzereingabe beschränkt, sondern auch die Kernel- und Prozeß-Ausgabe einschließt. Die Shells dürfen indes weder mit dem Kernel gleichgesetzt noch als dessen Bestandteile betrachtet werden. Ihr funktionaler Status ist mit dem eines unmittelbar auf dem Kernel aufsetzenden Anwendungsprogrammes vergleichbar. Als Dialog-Interpreter stellen die Shells jedoch die allgemeinen Benutzer-Schnittstellen zum Kernel, und damit zum eigentlichen Betriebssystem dar.

Die Shells stellen zwar eine Aufruf- und Ausführungsumgebung für Befehle und Benutzerprogramme zur Verfügung, sind aber an der eigentlichen Ausführung überhaupt nicht beteiligt. In der Tat können andere, entsprechend gestaltete Anwendungs- oder Terminalprogramme (terminal monitors) anstelle der Shells eingesetzt werden, was ja auch in der Form von zahlreichen Spezial-Shells, darunter die vielfältigen Menue-Shells, geschieht.

Das handelsübliche UNIX-Systempaket wird zumeist mit den beiden ursprünglichen UNIX-Shells ausgeliefert: die fast immer standardmäßig vorhandene BOURNE-Shell und die zumindest optional erhältliche Grundversion der C-Shell. Eine verbindliche, wenngleich etwas wortkarge Beschreibung wird unter den Einträgen sh(1)/BHB und csh(1)/BHB gegeben.

Die beiden UNIX-Shells werden durch die folgenden Leistungsmerkmale charakterisiert:

- Interaktives Übersetzen und Initiieren von Befehlen.
- Integrierte Shell-Anweisungen sowie Ganzzahlarithmetik (csh).
- Leistungsfähige lexikalische Arbeitshilfen, mit denen ganze Klassen von Bezeichnern erfaßt und manipuliert werden können.
- Bereitstellung einer Ausführungsumgebung, welche Shell-Variable und Shell-Funktionen (sh) sowie Befehlspuffer (csh) und Befehlsaliase (csh) zur Verfügung stellt.
- Dynamische Steuerung und Umlenkung der Befehlseingabe und -ausgabe.
- Interne Prozeßkanäle zum Datenaustausch zwischen Prozessen.
- Asynchrone Prozeßsteuerung und -kommunikation durch Signalaustausch.

Beide Shells sind Durchlauf-Interpreter mit einer prozedurellen Programmiersprache, die einen hohen Grad der Strukturierung unterstützt.

Die in den Shells vorhandenen gemeinsamen Leistungsmerkmale und Funktionen werden in Kapitel 5 zusammenfassend besprochen. Die jeweiligen Eigenheiten und Sonderfunktionen werden dann in den Kapiteln 6 (sh) und 7 (csh) weiterführend behandelt. Eine einführende Kurzbeschreibung wird in den nachfolgenden Unterabschnitten gegeben.

4.4.1 Die BOURNE-Shell (sh)

Die BOURNE-Shell wird bei allen kommerziellen Ausgaben des System V von AT&T als fester Bestandteil des Systempakets ausgeliefert; sie ist zumeist auch standardmäßig als LOGIN-Shell installiert, wie das zum Beispiel bei den weitverbreiteten Rechnern der TOWER-Klasse der Fall ist.

Die Shell wurde mit der Veröffentlichung einer kurzen technischen Beschreibung durch ihren Entwickler, S. R. Bourne, erstmals 1978 offiziell vorgestellt und freigegeben. Sie geht also der von W. Joy et al. entwickelten, und erst 1983 vorgestellten C-Shell um einige Jahre voraus, ist aber seither ständig verfeinert worden. Nach allgemeiner Erkenntnis ist die BOURNE-Shell wesentlich populärer als ihre jüngere Schwester, insbesondere bei allgemeineren Benutzern sowie bei Anwendungs- und Organisationsprogrammierern.

Die BOURNE-Shell ermöglicht eine flexible und erweiterte E/A-Steuerung, die weit über die beiden UNIX-Shells gemeinsamen E/A-Umlenkungsfunktionen hinausgeht. Darüberhinaus unterstützt sie einprogrammierbare Shell-Funktionen sowie erweiterte Signalverarbeitung. Beides ist in der C-Shell nicht vorhanden. Die BOURNE-Shell interpretiert eine prozedurale Programmiersprache mit einer dem PASCAL entfernt ähnelnden Syntax. Eine sehr pragmatische und ursprungsnahe Beschreibung nebst zahlreichen Anwendungsbeispielen wird in BOURNE (1983) — also vom Urheber selbst — gegeben.

Kapitel 6 ist ausschließlich der BOURNE-Shell gewidmet.

4.4.2 Die C-Shell (csh)

Die C-Shell ist die jüngere der beiden *native* UNIX-Shells. Sie wurde von W. Joy et al. erst 1983 vorgestellt und ist hauptsächlich mit dem BSD-Systempaket assoziiert, das von einer Treuhandstelle der University of California verwaltet wird (Berkely Standard Distribution). Eine Grundversion der C-Shell wird zumeist optional mit dem UNIX-Systempaket von AT&T ausgeliefert. Die von den OEM-Lizenzträgern weiterentwickelten BSD-Versionen sind zumeist mit Sonderfunktionen und erweiterten Leistungsmerkmalen ausgestattet.

Die Grundversion der C-Shell stellt eine Reihe von Arbeitshilfen zur Verfügung, die in der BOURNE-Shell nicht vorhanden sind. Eine davon ist der *gleitende Befehlspuffer*, dessen Einträge Kopien der jüngst eingegebenen Befehlszeilen sind, die durch Index oder Kürzel jederzeit wieder originalgetreu aufgerufen werden können, was bei intensiver und repetitiver Terminalarbeit eine hochwillkommene Erleichterung bedeutet. Eine weitere Arbeitshilfe ist die *alias*-Substitution, mit der Befehlszeilen vorprogrammiert und dann mit einem Namenskürzel — eben dem 'alias' — wieder aufgerufen werden können, womit praktisch eine neue Befehlssprache definiert oder eine andere weitgehend emuliert werden kann. Als dritte Arbeitshilfe wäre die *repeat*-Funktion zu erwähnen, mit der eine vorgegebene Anzahl von identischen Befehlswiederholungen ausgeführt werden kann.

Im Gegensatz zur BOURNE-Shell, die lediglich skalare Shell-Variable zur Verfügung stellt und damit nur verhältnismäßig einfache Manipulationen zuläßt, unterstützt die C-Shell Vektorvariable und Operationen, die weitgehend der Programmiersprache C entlehnt sind, darunter auch die Auswertung arithmetischer und bit-bezogener sowie logischer und relationaler Ausdrücke. Die lexikalischen Leistungsmerkmale der C-Shell gehen geringfügig über die der BOURNE-Shell hinaus. Darüberhinaus stellt die C-Shell eine prozedurale Programmiersprache zur Verfügung, deren Syntax der C-Sprache stark ähnelt — woher auch der Name rührt.

Dagegen sind die Möglichkeiten der E/A-Steuerung und der asynchronen Ablaufsteuerung durch Signale im Vergleich zur BOURNE-Shell schwächer ausgebildet, obwohl die Grundformen der E/A-Umlenkung und der Pipelines sowie der Interrupt-Steuerung unterstützt werden.

Eine ursprungsnahe Einführung wird in JOY (1983) — also vom Entwickler selbst — gegeben. Kapitel 7 ist ausschließlich der Grundversion der C-Shell gewidmet.

5 Gemeinsame Leistungsmerkmale der Shells

In diesem Kapitel sollen die gemeinsamen Leistungsmerkmale der beiden *native* UNIX-Shells, der BOURNE-Shell, **sh(1)**, und der C-shell, **csh(1)** eingehend besprochen werden. Da wo es innerhalb dieser Vorgabe sinnvoll ist, sollen aber auch wichtige Unterschiede kurz hervorgehoben werden, um eine ausgewogenere Darstellung der Gemeinsamkeiten zu erzielen. Die weiterführenden Beschreibungen der beiden Shells werden dann in den Kapiteln 6 (sh) und 7 (csh) gegeben.

Erfreulicherweise besteht zwischen den beiden UNIX-Shells ein beträchtliches Maß an Gemeinsamkeit, insbesondere hinsichtlich der interaktiven Arbeitsweise, wo die Grundregeln für den anwendungsorientierten Benutzerdialog weitgehend identisch sind. Die weitaus meisten ursprünglichen UNIX-Einrichtungen können unterschiedslos in beiden Shells benutzt werden, was insbesondere die Dienstprogramme zum Manipulieren von Datei-Objekten und die Werkzeuge, wie Texteditoren, Kompiler und Linker (loader) einschließt. Der ehrgeizige Benutzer wird sich natürlich eventuell mit den besonderen Arbeitshilfen und anderen Leistungsmerkmalen der von ihm benutzten Shell vertraut machen wollen, wozu dann die Kapitel 6 (sh) und 7 (csh) zur Verfügung stehen.

Jede der beiden Shells stellt eine prozedurelle Programmiersprache zur Verfügung, die weit über die einfache Syntax einer reinen Befehlssprache hinausgeht. Obwohl die einfache Befehlssyntax in beiden Shells weitgehend identisch ist, sind die eigentliche Programmiersyntax und die dazugehörigen Anweisungen und Instruktionen grundverschieden. Während die eigentliche Programmiersprache der BOURNE-Shell entfernt dem PASCAL ähnelt, ist die der C-Shell im wesentlichen der Programmiersprache C entlehnt; daher auch der Name. Die Grundlagen der Shell-Programmierung werden in den Abschnitten 6.7 (sh) und 7.7 (csh) eingehend besprochen.

5.1 Die Ausführungsumgebung

Im typischen Dialogbetrieb wird eine der beiden Shells als Login- und Terminal-Shell unmittelbar nach dem Einloggen automatisch aufgerufen (Abschnitt 4.3) und fungiert als solche unverändert bis zum Ausloggen. Durch eigene Einlog-Steuerdateien kann der Benutzer die Shell-Umgebung weitgehend seinen Bedürfnissen anpassen, was im folgenden Unterabschnitt besprochen wird. Im zweiten Unterabschnitt wird die interne Verarbeitung der Terminaleingabe kurz dargestellt, was hinsichtlich der nachfolgenden Themen wichtig ist. Die den beiden Shells gemeinsamen lexikalischen Eingaberegeln werden im dritten Unterabschnitt zusammengefaßt.

5.1.1 Die Einlog-Steuerdateien

In beiden Shells kann der Einstieg in die Session durch private Befehlsdateien gesteuert werden, welche gleich nach dem erfolgreichen Einloggen von der Login-Shell automatisch ausgeführt werden. Die privaten Versionen dieser Steuerdateien sind "gepunktet" (dotted), um sie gegen versehentliches Löschen zu schützen.

Die BOURNE-Shell führt zuerst die globale Einlog-Steuerdatei (master startup file) '/etc/profile' aus und dann die private Steuerdatei (private startup file) '.profile', welche sich im Eigenverzeichnis des Benutzers befinden muß. Analoge Auslog-Steuerdateien bestehen in der BOURNE-Shell nicht. Die globale Einlog-Steuerdatei wird unter profile(4)/PHB beschrieben.

Die C-Shell stellt keine globale Einlog-Steuerdatei zur Verfügung, führt nach dem Einloggen unmittelbar die private Einlog-Steuerdatei '.login' und dann die Aufruf-Steuerdatei (run control file) '.cshrc' aus. Letztere wird unabhängig vom Einloggen auch beim interaktiven Aufruf der C-Shell automatisch ausgeführt, was allerdings durch eine Option unterbunden werden kann (Abschnitt 7.9). Beim Ausloggen mit der Shell-Anweisung logout(csh) wird automatisch die Steuerdatei '.logout' ausgeführt, was allerdings nur auf die Login-Shell zutrifft. Alle drei Steuerdateien müssen sich im Eigenverzeichnis des Benutzers befinden. Weitere Einzelheiten bezüglich dieser Steuerdateien werden gleich eingangs der Kapitel 6 (sh) und 7 (csh) besprochen.

5.1.2 Aufbereitung der Tastatureingabe

Die Tastatureingabe wird vom Gerätetreiber des TTY-Dienstports des jeweiligen Terminals eingelesen und zur Weitergabe an die Terminal-Shell aufbereitet (Abschnitt 3.5.3.7). Auch bei einem anscheinend eigenständig im Vordergrund ablaufenden Befehlsprozeß mit Terminalausgabe nimmt der Eingabezweig des Gerätetreibers ständig die Tastatureingabe entgegen — was unter anderem die Vorauseingabe (type-ahead) erst möglich macht — und vergleicht die eingehenden Zeichen mit den gemäß stty(1) vereinbarten Steuerzeichen für den Interrupt (intr) und den Abbruch (quit) (Abschnitt 2.3.3), um asynchrone Benutzereingriffe sofort als die entsprechenden Signale SIGINT beziehungsweise SIGQUIT an den Terminal-Prozeß — hier also die Terminal-Shell — weiterleiten zu können. Die Terminal-Shell gibt die Signale unmittelbar an den jeweils im Vordergrund ablaufenden Benutzerprozeß weiter. Darüber hinaus führt der Gerätetreiber auch noch die einfachen Korrektur- und Abbildungsfunktionen der ebenfalls mit stty(1) vereinbarten *line discipline* aus. Die Übertragunssteuerung wird im Abschnitt 5.11 eingehend besprochen.

Die aufbereitete (preprocessed) Tastatureingabe wird dann an die Terminal-Shell, und von dieser gegebenfalls an einen im Vordergrund ablaufenden Befehlsprozeß weitergereicht. Die Shell zerlegt die eingehenden Zeichenfolgen nach lexikalischen Regeln in Befehlsausdrücke (statements), die syntaktisch interpretiert und dann semantisch ausgewertet werden, wobei entweder der eingegebene Befehl aufgerufen oder aber eine Fehlermeldung ausgegeben wird. Keine der beiden Shells bestätigt die erfolgreiche Ausführung eines Befehls. Die ausgegebenen Fehlermeldungen (diagnostics) sind von fast kryptischer Kürze (und gelegentlicher Würze). Der Zustandskode (condition code) eines normal abgelaufenen, abnormal terminierten oder abgebrochenen Befehls wird als Rückgabewert (return code, exit code) in den Systemvariablen '$?' (sh) und '$status' (csh) abgelegt. Shell-Variable werden im Abschnitt 5.3 insgesamt einführend besprochen.

Lexikalisch inkorrekte Befehlseingabe ist eine der Hauptursachen von zahlreichen obskuren Fehlerzuständen. Die den beiden Shells gemeinsamen lexikalischen Leistungsmerkmale werden im Abschnitt 5.10 eingehend besprochen; im folgenden soll jedoch eine bereits jetzt notwendige Einführung in die lexikalischen Grundbegriffe gegeben werden.

5.1.3 Lexikalische Begriffe und Grundregeln

Jegliche Eingabe an die Shells — ob interaktive Tastatureingabe oder eingelesene Datei-Eingabe — wird zuerst nach lexikalischen Grundregeln zerlegt (lexical parsing), um dann syntaktisch interpretiert zu werden. Die lexikalischen Grundregeln bestimmen die funktionale Bedeutung der Sonderzeichen, wobei das grundsätzliche Problem entsteht, jeweils korrekt zwischen der funktionalen und der rein symbolischen Bedeutung eines Zeichens unterscheiden zu können. Die korrekte Absicht kann natürlich nur beim Benutzer liegen!

In beiden Shells dürfen Syntaxelemente, Bezeichner jeglicher Art sowie symbolische Konstante nur aus dem gemäß ascii(5) definierten Zeichensatz zusammengesetzt werden, was auch der Vorgabe für UNIX-Textdateien entspricht (Abschnitt 3.5.1.1). In beiden Shells sind fünf Teilmengen von Sonderzeichen (special characters) zu beachten, deren rein symbolischer Gebrauch (purely literal use) besonderer Schutzmaßnahmen bedarf.

Die erste zu betrachtende Teilmenge sind also die lexikalischen Schutzzeichen (protective characters). Gemäß ihrer "Schutzkraft" sind dies:

' ... ' umschließende Einzelzitate (enclosing single quotes)
\ das universelle Fluchtzeichen (universal escape character)
" ... " umschließende Doppelzitate (enclosing double quotes)

Umschließende Einzelzitate geben den größtmöglichen Schutz, indem sie, mit Ausnahme des Ausrufungszeichens '!' in der C-Shell, alle anderen umschlossenen Sonderzeichen zu gewöhnlichen Zeichen reduzieren. Insbesondere wird die Schutzwirkung des universellen Fluchtzeichens '\' innerhalb von Einzelzitaten aufgehoben. Daraus folgt, daß Einzelzitate unter keinen Umständen als symbolische Bestandteile in einer mit ihnen geschützten Zeichenkette auftreten können, denn ein Schützen mit dem Fluchtzeichen ist ja dann nicht mehr möglich. Das Einzelzitat kann jedoch in jedem anderen Kontext mit dem Fluchtzeichen oder durch umgebende Doppelzitate geschützt werden.

Der obverse Schrägstrich — oder bequemer und originärer gesagt, der *backslash* — wirkt außerhalb von Einzelzitaten als universelles Fluchtzeichen, mit dem jedes Sonderzeichen — also auch der Backslash selbst — auf seine rein symbolische Bedeutung reduziert werden kann. Innerhalb umgebender Einzelzitate verliert der Backslash in beiden Shells seine Schutzkraft und stellt eben nur den obversen Schrägstrich dar.

Umschließende Doppelzitate bieten den geringsten Schutz. Neben ihrer Fähigkeit, Einzelzitate zu schützen, können mit ihnen nur die eigentlichen Syntaxelemente der Shells sowie Metazeichen und die lexikalische Muster geschützt werden. Die Substitutionswirkung von Shell-Variablen und zitierten Befehlsaufrufen kann jedoch mit umgebenden Doppelzitaten nicht aufgehoben werden.

Die beiden Shells unterscheiden sich jedoch beträchtlich hinsichtlich der Wirkung umschließender Doppelzitate auf den Backslash. In der BOURNE-Shell behält der Backslash innerhalb von Doppelzitaten seine volle Schutzkraft und kann nur durch sich selbst außer Kraft gesetzt werden. In der C-Shell wird die Schutzwirkung teilweise aufgehoben.

In beiden Shells können bloßliegende und geschützte Zeichen und Zeichenketten unmittelbar verkettet (concatenated) werden, um eine neue, größere Zeichenkette zu bilden:

```
$ echo     Hubert sagt:' "Einfach ist'\'s'" am besten."'
Hubert sagt: "Einfach ist's am besten."
```

Die gemeinsame Teilmenge der eigentlichen Shell-Syntaxelemente besteht aus den folgenden Sonderzeichen:

```
& | ^ { } ( ) < > ; #
```

welchen im weiteren Sinne auch die *Standardtrennzeichen* (white spaces) zugeordnet werden können:

- Das Leerzeichen SP (040) (space, blank) sowie
- das Tabulator-Zeichen HT (09) (tab character).

Die Teilmenge der gemeinsamen Metazeichen und lexikalischen Elemente besteht aus dem Asterisk, dem Fragezeichen und einem Paar eckiger Klammern (paired square brackets),

```
* ? [...]
```

Die gemeinsame Teilmenge der Sonderzeichen mit Substitutionseffekt (substitution effectors) besteht aus dem Dollarzeichen und einem Paar invertierter Apostrophe, die im folgenden als "Ausführungszitate" (exec quotes) bezeichnet werden sollen,

```
$ `...`
```

Die jeweils gemäß stty(1) definierten Terminal-Steuerzeichen (Tabelle 2.1) können grundsätzlich nicht als Shell-Sonderzeichen betrachtet werden, da ihre Funktionen sich nur auf den Gerätetreiber des Terminal-Dienstportes beziehen und nicht auf die Shells. Die damit verbundenen lexikalischen Probleme werden im Abschnitt 5.11.1.5 besprochen.

Die gemeinsamen lexikalischen Darstellungsfähigkeiten der beiden Shells werden im Abschnitt 5.10 eingehend besprochen und mit lexikalischen Anwendungsregeln und -beispielen im Abschnitt 5.11 weitergeführt. Die Besonderheiten der jeweiligen Shell werden dann in den Abschnitten 6.1 (sh) und 7.1 (csh) erläutert.

Die folgenden Paragraphen behandeln weitere lexikalische Aspekte, die für den Dialogbetrieb in beiden Shells wichtig sind.

Aufforderungszeichen

Bei der Ausführung als Terminal-Shell oder beim Aufruf mit der Option 'i' (interactive) zeigen beide Shells ihre Dialogbereitschaft mit einem *Befehlsprompt* (shell prompt) an. Das Promptzeichen kann vom Benutzer durch Neubelegung der Standardvariablen '$PS1' in der BOURNE-Shell und '$prompt' in der C-Shell verändert werden. Shell-Variable werden im Abschnitt 5.3 insgesamt einführend, und dann in den Abschnitten 6.3 (sh) und 7.3 (csh) weiterführend besprochen. Die übliche Vorbelegungen sind das Dollarzeichen '$' (sh) und das Prozentzeichen '%' (csh) für allgemeine Benutzer und das "Dur"-Zeichen '#' (sharp sign) für den Superuser.

Fortsetzung von Befehlszeilen
In beiden Shells können Befehle über mehrere Zeilen bis zu einer durchschnittlichen Maximallänge von 5120 Zeichen fortgesetzt werden:

```
<Befehl> [Optionen] [Parameter] ... \[RETURN]
> ...
```

wobei der Zeilenvorschub [RETURN] dem Backslash unmittelbar folgen muß. Die BOURNE-Shell gibt dabei einen *Fortsetzungsprompt* (secondary prompt, continuation prompt) aus, der mit der rechtsseitigen Winkelklammer '>' (right angular bracket) vorbelegt ist, was jedoch durch Neubelegung der Standardvariablen '$PS2' verändert werden kann (Abschnitte 6.3 (sh) und 7.3 (csh)). Die C-Shell gibt keinen Fortsetzungsprompt aus. Mit dem ersten Auslassen des Backslash ist die Fortsetzung bis einschließlich der aktuellen Zeile beendet.

Worttrennung in Befehlszeilen
In beiden Shells gilt, daß einzelne Worte innerhalb einer Befehlszeile durch Leerzeichen SP (040) oder Tabulatorzeichen HT (09) voneinander getrennt werden. Diese zwei Sonderzeichen werden im folgenden gemeinsam als "Standardtrennzeichen" bezeichnet, was der originären Bezeichnung "white spaces" entsprechen soll. Bei den Standardtrennzeichen wird immer davon ausgegangen, daß sie entweder in Worten überhaupt nicht enthalten sind oder aber, daß Worte, die sie enthalten, von Einzel- oder Doppelzitaten umgeben sind. In der BOURNE-Shell (nicht aber in der C-Shell) können zusätzliche oder alternative Trennzeichen durch Belegung der Standardvariablen '$IFS' (internal field separator) definiert werden, was im Abschnitt 6.1 weitergeführt wird.

Kommentar-Regeln
Nur die BOURNE-Shell (nicht aber die C-Shell) erlaubt das Einfügen und Anhängen von Kommentaren im Dialogbetrieb; beide Shells erlauben Kommentare im Quelltext von Shell-Programmen (shell scripts). Die gemeinsame Regel ist, daß Kommentare mit dem Dur-Zeichen '#' abgegrenzt werden, entweder gleich am Anfang der Zeile oder nach mindestens einem Leerzeichen innerhalb einer Zeile. In beiden Fällen erstreckt sich ein Kommentar genau bis zum Zeilenende. Kommentare können weder über mehrere Zeilen fortgesetzt, noch eingestreut oder verschachtelt werden.

5.2 Befehlsaufruf und -ausführung

Für beide Shells bestehen drei allgemeine Kategorien von Befehlen:

- Shell-Anweisungen, die feste Bestandteile der Shells sind (builtin shell directives).
- Programmierte Shell-Funktionen (sh); definierte Befehls-Aliase und Befehlspuffer-Abrufe (csh).
- Ausführbare Text- und Binärdateien, die als Befehle aufgerufen werden können.

Beide Shells besitzen einen Satz von integrierten Anweisungen, die normalerweise innerhalb des aktuellen Shell-Prozesses ausgeführt werden. Eine Ausnahme entsteht nur dann, wenn Shell-Anweisungen asynchron aufgerufen oder in eine Pipeline eingebunden werden, in welchen Fällen die Ausführung in einer Subshell erfolgt. Eine Zusammenfassung der Shell-Anweisungen wird in den Abschnitten 6.8 (sh) und 7.8 (csh) gegeben.

Shell-Anweisungen haben eine *höhere Aufrufspriorität* (invocation priority) als gleichnamige ausführbare Dateien, wie das zum Beispiel bei echo(sh) und echo(csh) gegenüber echo(1) der Fall ist. Um eine gleichnamige Datei zur Ausführung zu bringen, muß der vollständige Verweis als Befehlsname benutzt werden:

```
$ /bin/echo ...                         # echo(1) erzwingen
 ...
```

Shell-Funktionen (Abschnitt 6.4) sowie *Befehlsaliase* und *Befehlspuffer-Abrufe* (Abschnitt 7.4) besitzen ebenfalls eine höhere Aufrufspriorität als gleichnamige ausführbare Dateien, so daß auch hier der vollständige Verweis zum Aufruf der letzteren benutzt werden muß.

Bei entsprechender Zugriffsberechtigung ('x') können ausführbare Dateien mit absoluten oder relativen Verweisen aus jedem Verzeichnis aufgerufen werden. In beiden Shells können jedoch *Suchverweise* (search paths) in einer Standardvariablen abgelegt werden, so daß beim Aufruf lediglich der Basisname angegeben werden muß, wie das ja auch bei den weitaus meisten UNIX-Befehlen der Fall ist. In der BOURNE-Shell wird dazu die Standardvariable '$PATH' mit den absoluten Verweisen der Befehlsverzeichnisse belegt:

```
PATH=:/bin:/usr/bin:/Hubert/befehle: ...
```

wobei Doppelpunkte ':' die Verweise der Befehlsverzeichnisse trennt. Das aktuelle Arbeitsverzeichnis wird durch einen Nullverweis gekennzeichnet, was durch den ersten Doppelpunkt ausgedrückt wird. Die Reihenfolge der Verweise bestimmt die Suchfolge: '.', '/bin', '/usr/bin', '/Hubert/Befehle', ... Die Variable '$PATH' sollte dann mit der Shell-Anweisung **export(sh)** *globalisiert* werden,

```
export PATH
```

um als *Environmentvariable* in allen Subshells zur Verfügung zu stehen (Abschnitt 6.3.8). In der C-Shell wird die *lokale Standardvariable* '$path' belegt:

```
set path=(. /bin /usr/bin /Hubert/befehle ...)
```

Shell-Variable werden im nachfolgenden Abschnitt 5.3 einführend, und dann in den Abschnitten 6.3 (sh) und 7.3 (csh) weiterführend besprochen.

Bei ausführbaren Dateien muß zwischen *Shell-Prozeduren* und *Binärdateien* unterschieden werden. Beide stellen zwar reguläre Dateien (Abschnitt 3.5.1) dar, aber nur die ersteren sind reine Textdateien, da sie interpretierbaren Befehls- und Programmtext enthalten, während Binärdateien unmittelbar ausführbaren Maschinenkode enthalten. Bei Shell-Prozeduren muß wiederum zwischen *Befehlsdateien* (command files) und den eigentlichen *Shell-Programmen* (shell scripts) unterschieden werden. Erstere enthalten im allgemeinen nur einfache Befehlszeilen, die sequentiell ablaufen und in *beiden* Shells ausgeführt werden können. Shell-Skripte enthalten dagegen die eigentlichen Shell-Programme, die in jeweils einer der beiden Shell-Programmiersprachen kodiert werden und deshalb nur in der entsprechenden Shell ablaufen können. Die Grundlagen der Shell-Programmierung werden in den Abschnitten 6.7 (sh) und 7.7 (csh) eingehend behandelt. Befehlsdateien werden im nachfolgenden Abschnitt 5.2.5 kurz besprochen.

5.2.1 Grundlegende Befehlssyntax

Die einfachste Form einer Befehlszeile ohne Zuweisungsparameter und E/A-Umlenkungsklauseln, ist:

```
<Befehlsname> [<Optionen>] [<positionsgebundene Parameter>] ...
```

wobei der Befehlsname der lexikalisch korrekte Verweis beziehungsweise Basisname einer ausführbaren Datei oder der Bezeichner einer Shell-Anweisung, einer Shell-Funktion (sh) oder eines Alias (csh) ist.

Bei zahlreichen ursprünglichen UNIX-Befehlen muß zwischen den *symbolischen Optionen* und den *Argument-Optionen* unterschieden werden.

Symbolische Optionen werden zumeist durch Einzelzeichen dargestellt, die einzelstehend oder gruppiert dem Befehlsnamen unmittelbar folgen müssen. Buchstaben oder Ziffern werden häufig mit einem Minuszeichen, gelegentlich aber auch ohne jegliches Vorzeichen kodiert:

```
$ ls -CRFla ...            und            % ar  tv libc.a ...
 ...                                        ...
```

wie bei dem Listbefehl ls(1) und dem Archivbefehl ar(1). Bei manchen Befehlen stellt das Minuszeichen selbst eine Option dar und muß daher einzelstehend kodiert werden; wie zum Beispiel beim Zeileneditor ed(1):

```
$ ed - -x
 ...
```

wo mit der Option '–' die Ausgabe von Meldungen abgestellt und mit '–x' die Verschlüsselung angestellt wird.

Argument-Optionen werden fast immer mit einem Vorzeichen versehen, wobei gelegentlich auch ein einzelnes Pluszeichen verwendet wird, wie die beiden nachfolgenden Beispiele zeigen:

```
% cc -o pgmx.o ...         und            $ vi +100  text
```

wo der C-Kompiler cc(1) mit Ausgabe zur Objektkode-Datei 'pgmx' aufgerufen und mit dem Vollschirm-Editor vi(1) eine Datei 'text' von der 100. Zeile an dargestellt wird. Eine der wenigen Ausnahmen ist das Archiv- und Sicherungsprogramm tar(1) (Abschnitte 3.9.4 und 3.10.2).

Bei den ursprünglichen UNIX-Befehlen gilt ausnahmslos, daß die positionsgebundenen Parameter erst hinter den Optionen stehen dürfen, wobei die eigentliche Reihenfolge der Parameter bestimmt oder unbestimmt sein kann. Bei Befehlen, die mit einem Ausgangs- und einem Zielobjekt arbeiten, gilt die *Links-Rechts-Regel*; wie zum Beispiel bei dem Kopierbefehl cp(1):

```
$ cp   Datei.alt   Datei.neu
```

Bei Befehlen, die mehrere Objekte unabhängig voneinander manipulieren können, spielt die Reihenfolge im allgemeinen keine Rolle; wie zum Beispiel bei dem Löschbefehl rm(1):

```
$ rm -f  func1.c  func2.c ...
```

Die bereits bestehende Vereinbarung, Optionen und positionsgebundene Parameter kollektiv als "Argumente" zu bezeichnen, soll im folgenden beibehalten werden:

<Befehl> [<Argumente>] ...

Die Argument-Regeln für die ursprünglichen UNIX-Befehle sind weder einheitlich noch beständig (es wäre besser, überhaupt nicht von "Regeln" sprechen). Auf jeden Fall sollte bei allen Unklarheiten die im Benutzer-Handbuch gegebene Synopsis eines Befehls eingesehen werden, bevor eine erstmalige Anwendung vorgenommen wird.

Der Befehlsname und die Argumente, sowie mit Einschränkungen der gesamte Befehlsausdruck, können in Befehlszeilen durch entsprechend vorbelegte Shell-Variable ersetzt werden, aus denen dann eine symbolische Substitution erfolgt:

$ <Befehl> $<Argument-Variable> ...
$ $<Befehlsvariable> ...

wobei allerdings bestimmte lexikalische Einschränkungen bestehen, was im Zusammenhang mit den Benutzervariablen in den Abschnitten 6.3 (sh) und 7.3 (csh) weitergeführt wird.

5.2.2 Unterbrechung und abnormale Terminierung

Wie bereits im Abschnitt 5.1.2 erläutert wurde, werden die mit stty(1) vereinbarten Zeichen für den Interrupt (intr) und den Abbruch (quit) als Signale an die Terminal-Shell weitergeleitet. In beiden Shells werden die beiden Tastatur-Signale unverzüglich an einen eventuell synchron ablaufenden Tochterprozeß — hier also ein im Vordergrund ablaufender Befehlsprozeß — weitergeleitet. Die Weitergabe der Tastatur-Signale wird in den Abschnitten 6.7.5.4 (sh) und 7.7.5.4 (csh) weiterführend besprochen.

Die weitaus meisten ursprünglichen UNIX-Befehle brechen bei Interrupt oder Abbruch die Ausführung bedingungslos ab und geben die Initiative an die Shell zurück, wobei jedoch Verzögerungen auftreten können, wenn noch gewisse "Aufräumungsarbeiten" ausgeführt werden müssen, wie zum Beispiel beim C-Kompiler, cc(1), der eine bei Unterbrechung oder Abbruch unvollständig gebliebene Objektdatei noch löscht. Auf jeden Fall aber wird auch hier die Initiative an die Shell zurückgegeben. Ausnahmen sind die Editoren ed(1) und ex(1)/vi(1) sowie deren Varianten, wo der Interrupt bestenfalls einen gerade ablaufenden Editiervorgang noch rechtzeitig unterbrechen kann, um eventuellen Schaden zu begrenzen. Keine der beiden Shells kann durch die Tastatur-Signal zum "Absturz" gebracht werden. Die Anwendung von Benutzersignalen in Shell-Skripten wird in den Abschnitten 6.7.5.4 (sh) und 7.7.5.4 (csh) im Zusammenhang mit der asynchronen Ablaufsteuerung besprochen.

5.2.3 Exit-Kodes von Befehlen und Anweisungen

Alle ursprünglichen UNIX-Befehle und Shell-Anweisungen geben genau definierte Exit-Kodes aus, wobei der Nullwert (0) eine normale Ausführung anzeigt. Alle anderen Werte können sowohl abnormale Terminierung einschließlich Abbruch als auch normale Beendigung mit einem bestimmten Resultat anzeigen. Die jeweils befehlsspezifische Bedeutung eines Exit-Kodes ist unter dem Befehlseintrag im Benutzer-Handbuch zu finden. Die Shells setzen den Exit-Kode auf '1', wenn der Befehl nicht existiert oder keine Ausführberechtigung ('x') besteht, und überlagern ihn mit dem Oktalwert '0200' bei abnormaler Terminierung.

Der Exit-Kode des *zuletzt synchron* ausgeführten Befehls wird in den Systemvariablen '$?' (sh) und '$status' (csh) als ganzzahliger Wert abgelegt, der mit echo(1) abgefragt werden kann:

```
$ pwd /Hubert/arbeit
$ echo $?
0
```

Beide Shells besitzen eine explizite *NULL-Anweisung*, die lediglich den Exit-Kode auf Null zurücksetzt, aber sonst keinerlei Resultat produziert. Sie wird mit dem Doppelpunkt ':' aufgerufen:

```
$ :                                   # NULL-Befehl
$ echo $?
0
```

Sie wird hauptsächlich bei der Shell-Programmierung benutzt, um einen logischen Zustandswert in der Ablaufsteuerung zu erzwingen oder um den jüngsten Exit-Kode auf '0' zurückzusetzen.

Die beiden *Pseudobefehle* **true(1)** und **false(1)** erzwingen einen Exit-Kode von '0' beziehungsweise '1':

```
$ true              und           % false
$ echo $?                         % echo $status
0                                 1
```

Sie werden ebenfalls vorwiegend in Shell-Programmen benutzt.

In C-Programmen kann der Exit-Kode mit dem Systemaufruf exit(2) gesetzt werden. In Shell-Skripten kann dazu die Shell-Anweisung *exit* mit einen ganzzahligen Argument benutzt werden, dessen zulässiger Wertebereich auf 16 Bits bei exit(sh) und auf 8 Bits bei exit(csh) beschränkt ist. Dies wird in den Abschnitten 6.7.5.5 (sh) und 7.7.5.5 (csh) weitergeführt.

Die beiden Shells unterscheiden sich völlig gegensätzlich hinsichtlich der logischen Interpretation der Exit-Kodes. Die BOURNE-Shell interpretiert '0' als *Affirmation* (TRUE) und jeden anderen Wert als *Negation* (FALSE), während in der C-Shell, in enger Anlehnung an die Programmiersprache C, die logische Umkehrung gilt. Diese shell-spezifischen Aspekte der Exit-Kodes werden in den Abschnitten 6.2.1 (sh) und 7.2.1 (csh) behandelt.

5.2.4 Asynchrone Ausführung

Ein optionales "Alt-Und" (oder "kaufmännisches Und"; ampersand), '&', gesetzt am Ende einer Befehlszeile,

```
$ <Befehl> [<Argumente>] ...   &
```

bewirkt die Hintergrund-Ausführung des Befehls in der Terminal-Shell beziehungsweise dessen asynchrone Ausführung beim Aufruf in einer anderen aktuellen Shell. "Hintergrund" und "asynchron" sind gleichbedeutend hinsichtlich der Terminal-Shell (Abschnitt 4.3.2).

Innerhalb der jeweils zulässigen Gesamtzahl von Prozessen können beliebig viele asynchrone Befehle gestartet werden. Diese jeweils *beilaufenden* Befehlsprozesse (concurrent command processes) können mit dem Befehl ps(1) aufgelistet werden (Abschnitt 4.2).

Im Hintergrund beziehungsweise asynchron ablaufende Befehle nehmen im allgemeinen ihren eigenen, unabhängigen Verlauf, da sie normalerweise von der Tastatureingabe abgeschnitten sind, was systemintern durch Umlenkung des Eingabestroms auf die Nulldatei (Abschnitt 3.5.3.5) bewirkt wird. Insbesondere aber sind im Hintergrund ablaufende Befehle der unmittelbaren Terminaleinwirkung durch Interrupt und Abbruch entzogen. Die einzige Möglichkeit der Einwirkung besteht durch asynchrone Signale, die mit dem Befehl kill(1) ausgesandt werden. Dies wird im Abschnitt 5.7 weitergeführt.

5.2.5 Befehlsfolgen und -gruppen

Das Semikolon ';' fungiert in beiden Shells als Trennzeichen für abgeschlossene Befehlsausdrücke. Eine Zeile kann somit mehrere Befehle enthalten:

```
<Befehl> [<Argumente>] {[&]} ... ; <Befehl> [<Argumente>] [&]
```

wie zum Beispiel in:

```
$ date; pwd; id; ...
Mon Jan 2 14:52:44 MET 1989
/Hubert/Arbeit
uid=500(Hubert) gid=100(Team1)
 ...
```

Ohne jegliches Ampersand laufen die Befehle synchron von links nach rechts als eine Folge unabhängiger Prozesse in der aktuellen Shell ab. Der Exit-Kode wird dabei vom zuletzt synchron ausgeführten Befehl bestimmt.

Die beiden Shells unterscheiden sich dabei hinsichtlich der Zulässigkeit und Interpretation des Ampersands. Bei der BOURNE-Shell darf ein Ampersand nur hinter dem letzten, nicht aber nach den vorhergehenden Befehlen gesetzt werden; es bezieht sich dann auch nur auf den letzten Befehl. Bei der C-Shell kann das Ampersand optional hinter jedem Befehl gesetzt werden, wobei ein Gruppierungseffekt entsteht: Der entsprechende Befehl und alle seine Vorgänger bis zum vorhergehenden Ampersand oder bis zum Zeilenanfang scheiden aus der synchronen Reihenfolge in der aktuellen Shell aus und laufen synchron in einer Subshell ab. Wird nur ein Ampersand hinter dem letzten Befehl gesetzt, so bezieht es sich auf die gesamte Befehlsfolge. Dies wird im Abschnitt 7.2.2 noch einmal aufgegriffen.

Rundklammern können in beiden Shells zur Gruppierung von Befehlen (parenthesized command grouping) benutzt werden:

```
(<Befehl> [<Argumente>]; <Befehl> [<Argumente>]; ... ) [&]
```

wobei die Befehlsfolge von links nach rechts synchron in einer Subshell abläuft. Der Exit-Kode wird vom zuletzt synchron ausgeführten Befehl bestimmt. Durch das Ampersand wird ein asynchroner Ablauf der Subshell relativ zur aktuellen Shell erzwungen. Die Gruppierung kann über mehrere Zeilen fortgesetzt werden, wobei die üblichen Zeilenfortsetzungsregeln gelten (Abschnitt 5.1.3). Die Fortsetzung sollte jedoch nach dem trennenden Semikolon erfolgen. Verschachtelung von Gruppen innerhalb Gruppen ist in beiden Shells möglich und kann sich bei E/A-Umlenkung (Abschnitt 5.4) und Pipelines (Abschnitt 5.5) gelegentlich als sehr nützlich erweisen.

Ein nicht ganz triviales Beispiel mag den Prozeßverlauf innerhalb einer Rundklammer-Gruppe veranschaulichen:

```
$ (sleep 600; echo "10 min" sleep 600;\[RET]
>echo 20 min") &
224
$
 ...
10 min ... 20 min ...
```

Für beide Shells gilt, daß Rundklammer-Gruppen *immer in Subshells* ausgeführt werden, wobei die lokalen Variablen der aktuellen Shell jedoch zur Verfügung stehen. In der BOURNE-Shell können Befehlsgruppen mit geschweiften Klammern, '{ ... }', in der aktuellen Shell ausgeführt werden (Abschnitt 6.2.2). Diese Möglichkeit besteht in der C-Shell nicht.

5.2.6 Logische Befehlsverknüpfung

In beiden Shells können Befehle zur *bedingten Ausführung* (conditional execution) verknüpft werden, wofür zwei logische Operatoren zur Verfügung stehen:

```
<Befehl1> [<Argumente>]  &&  <Befehl2> [<Argumente>] ...  [&]  # AND
<Befehl1> [<Argumente>]  ||  <Befehl2> [<Argumente>] ...  [&]  # XOR
```

wobei die logische Auswertung gemäß der Dichotomie für Exit-Kodes 0 (TRUE) : >< 0 (FALSE) von links nach rechts erfolgt. Bei **AND** (&&) wird der zweite Befehl nur dann ausgeführt, wenn der erste mit einem Exit-Kode von '0' terminiert, wogegen bei **XOR** (||) der zweite Befehl nur dann ausgeführt wird, wenn der erste mit einem von '0' verschiedenen Exit-Kode terminiert, was dem exklusiven OR entspricht. In beiden Fällen wird der verbleibende Exit-Kode durch den zuletzt ausgeführten Befehl bestimmt. Mit dem optionalen Ampersand kann die ganze Befehlskette zur asynchronen Ausführung freigesetzt werden. [1]

Die Wirkungsweise der Operatoren läßt sich mit den Pseudobefehlen **true(1)** und **false(1)** leicht veranschaulichen:

---

1. In den meisten neueren Versionen der C-Shell erfolgt die logische Auswertung der Exit-Kodes ebenfalls im Sinne der Dichotomie TRUE (0) : FALSE (><0). In älteren Versionen der C-Shell, die unter SVR3 mitausgeliefert wurden (ca. 1985), kann die Auswertung genau entgegengesetzt erfolgen.

```
$ true && echo TRUE          $ false && echo FALSE
TRUE

$ true || echo TRUE          $ false || echo FALSE
                             FALSE
```

Bei Befehlen mit kritischem Ausgang läßt sich auf diese Weise eine Meldung mit dem Exit-Kode erzwingen:

```
<Befehl> ... || echo "Kritischer Ausgang, Exit-Kode: $?"
```

Im Gegensatz zu der üblichen Rangordnung haben die beiden Shell-Operatoren gleichen Vorrang, wobei die Befehlsfolge und Auswertung streng von links nach rechts verläuft. Zum Beispiel ergibt sich mit dem gesicherten Exit-Kode der Anweisung echo(sh):

```
$ echo AA || echo BB && echo CC
AA CC
```

wobei 'AA' ein '0' erzeugt, 'BB' folgerichtig nach dem **XOR** nicht ausgeführt wird, während 'CC' wegen des verbleibenden '0' eben doch ausgeführt wird. Zum anderen aber ergibt

```
$ false && echo AA || echo BB
BB
```

wobei die mit *false* erzeugte '1' mit **AND** das 'AA' unterdrückt und mit dem nachfolgenden **XOR** das 'BB' erzwingt.

Auf diese Weise lassen sich nützliche Befehlskombinationen konstruieren; wie zum Beispiel beim wiederholten Kompilieren und Testen eines einfacheren Programmes:

```
$ cc programm.c && a.out || vi programm.c
```

wobei zuerst die Quellkode-Datei 'programm.c' mit cc(1) kompiliert, und je nach Ausgang sogleich die dabei erzeugte Ausführdatei 'a.out' oder aber der Vollschirm-Editor vi(1) mit der Programmdatei aufgerufen wird.

Die bedingte Ausführung kann auf Befehlsgruppen angewendet werden:

```
(<Gruppe1>) && (<Gruppe2>) || ...
```

wobei der Exit-Kode der jeweiligen Gruppe den weiteren Verlauf der Ausführung bestimmt. Durch Gruppierung kann auch die Reihenfolge der Ausführung abgeändert werden:

```
$ echo AAA || echo BBB && echo CCC
AAA
BBB

$ echo AAA || (echo BBB && echo CCC)
AAA
```

5.2.7 Einfache Befehlsdateien

Befehlsdateien sind *Textdateien* (Abschnitt 3.5.2.1) und können daher mit den bereits im Abschnitt 2.6 einführend besprochenen UNIX-Editoren ed(1) und ex(1)/vi(1) systemkonform angelegt und editiert werden. Natürlich kann auch jedes andere gemäß ascii(5) arbeitende Textverarbeitungssystem benutzt werden. Eine neu angelegte Befehlsdatei muß zuerst mit **chmod(1)** ausführbar gemacht werden,

```
chmod +x  <Befehlsdatei>
```

bevor sie als gewöhnlicher Befehl aufgerufen werden kann,

```
<Befehlsdatei>  [<Argumente>]  [&]
```

wobei auch *Argumente* mitgegeben werden können. Die interne Handhabung von Argumenten wird in den Abschnitten 6.7.2 (sh) und 7.7.2 (csh) im Zusammenhang mit der Shell-Programmierung eingehend besprochen. Mit dem optionalen Ampersand wird die Ausführung in den Hintergrund verlegt.

Der Inhalt einer Befehlsdatei besteht im einfachsten Falle aus einer Serie von abgeschlossenen Befehlszeilen mit vorgegebenen konstanten Argumenten, so daß keinerlei Substitution aus Shell-Variablen erfolgen muß. Die hier beschriebene einfache Befehlssyntax kann ohne Abwandlung in Befehlsdateien zur Ausführung in beiden Shells angewandt werden. Das folgende Beispiel zeigt den vorprogrammierten Ablauf einer Anwendung:

```
$ cat  anwendung                          #Befehlsdatei einer Anwendung
echo 'Anwendungsprozedur "fibux" aufgerufen ...'
cp /finanz/dateix   ./dateix
echo 'Anwendungsdaten "dateix" kopiert ...'
echo 'Anwendungsprogramm "fibux" gestartet ...'
fibux -y dateix bericht
echo 'Anwendungsprogramm "fibux" gelaufen ...'
lp ... bericht
echo 'Bericht zum Drucker, und ...'
rm  dateix
echo 'Anwendungsdaten "dateix" gelöscht. ENDE'
```

Diese einfache Befehlsfolge kann in jeder der beiden UNIX-Shells ausgeführt werden.

In beiden Shells wird eine Befehlsdatei normalerweise in einer Subshell der aktuellen Shell ausgeführt, die im System V als eine Instanz der BOURNE-Shell läuft. Beim Aufruf in der C-Shell kann jedoch die Ausführung in einer C-Subshell erzwungen werden, indem das Dur-Zeichen '#' in der ersten Position auf der ersten Zeile gesetzt wird. In der jeweiligen Subshell können die einzelnen Befehle synchron oder asynchron ablaufen, was mit dem Ampersand individuell gesteuert werden kann.

In beiden Shells kann die Ausführung einer Befehlsdatei in der aktuellen Shell mit den Anweisungen **.(sh)** (dot) beziehungsweise **source(csh)** erzwungen werden. Dies wird in den Abschnitten 6.7.1 (sh) und 7.7.1 (csh) weitergeführt.

5.3 Shell-Variable

Die beiden Shells unterscheiden sich erheblich hinsichtlich der Eigenschaften von Shell-Variablen. Hier sollen nur die gemeinsamen Grundprinzipien einführend behandelt werden. Eine eingehende Darstellung erfolgt dann in den Abschnitten 6.3 (sh) und 7.3 (csh).

Insgesamt können Shell-Variable nach Typ und Geltungsbereich (scope) eingeteilt werden. Die 4 Typen-Klassen sind:

- Die von den Shells verwalteten Systemvariablen.
- Latente Variable und Argumentvariable.
- Zweckgebundene Standard- und Optionsvariable.
- Freiverfügbare Benutzervariable.

Andererseits muß zwischen *lokalen* und *globalen* Variablen hinsichtlich des Geltungsbereiches unterschieden werden. Erstere bestehen nur in der jeweils aktuellen Shell und sind darüberhinaus in keiner Subshell zugänglich. Letztere, die sogenannten "Environmentvariablen", sind in allen von der aktuellen Shell ausgehenden Subshells definiert und stehen den darin ablaufenden Tochterprozessen zur Verfügung. Tabelle 5.1 stellt die möglichen Verteilungen über die Typenklassen und die Geltungsbereiche dar.

In beiden Shells kann jede Variable abgefragt beziehungsweise gelesen werden, wobei das Dollarzeichen '$' als *Substitutionseffektor* vorangestellt werden muß:

Lokale Variable (aktuelle Shelle)	Lokale Standard-variable	Lokale Benutzer-variable	System Variable	Latente (Argument) Variable
Environment-variable (alle Subshells)	Globale Standard-variable	Globale Benutzer-variable		

Tabelle 5.1: Einteilung von Shell-Variablen nach Typ und Geltungsbereich

```
$ echo $$               # PID der aktuellen Shell
345                     # in beiden Shells

$ echo $?               # Exit-Kode (sh)
0

% echo $status          # Exit-Kode (csh)
0

$ echo $LOGNAME         # aktuelle LID
Hubert                  # beide Shells

% echo $Benvar1         # Benutzervariable
Hubertus                # beide Shells
```

Die beiden Shells unterscheiden sich jedoch hinsichtlich *nichtdefinierter* Variablen. Die C-Shell gibt beim Abgreifen einer nichtdefinierten Variablen stets eine Fehlermeldung aus und setzt den Exit-Kode auf '1'. In der BOURNE-Shell kann dies mit der Shell-Option 'u' (undefined) erzwungen werden; anderenfalls wird beim Abgreifen lediglich die leere Zeichenkette ausgegeben, mit einen Exit-Kode von '0'.

5.3.1 Systemvariable

Die PID der aktuellen Shell und der Exit-Kode des zuletzt synchron ausgeführten Befehls sind als Systemvariable in beiden Shells vorhanden:

```
$$                      PID der aktuellen Shell (beide Shells)
$?                      Exit-Kode (sh)
$status                 Exit-Kode (csh)
```

Die Systemvariablen sind nur für die jeweils aktuelle Shell definiert. Sie können vom Benutzer zwar abgegriffen, nicht aber belegt oder gelöscht werden.

5.3.2 Latente Variable und Argumentvariable

In beiden Shells werden die latenten Variablen durch eine Folge von numerierten Dollarzeichen dargestellt:

$1, $2, $3, ...

und können als solche abgegriffen werden:

```
$ echo $2
  ...
```

Diese Variablen sind in dem Sinne *latent*, daß sie zwar immer definiert sind, aber nicht unbedingt belegt sein müssen. Sie werden hauptsächlich als Argumentvariable beim Aufruf von Shell-Skripten benutzt und können zwar abgegriffen, nicht aber durch explizite Zuweisung belegt werden. Ihr jeweiliger Wert besteht nur innerhalb der aktuellen Shell und geht mit deren Exit unwiderruflich verloren. Diese Variablen können weder gelöscht noch globalisiert werden. Die Löschanweisungen unset(sh) und unset(sh) sind bei den latenten Variablen wirkungslos. Die Funktion der Argumentvariablen wird in den Abschnitten 6.7.2 (sh) und 7.3.1 (csh) eingehend besprochen.

5.3.3 Standardvariable

Die Standardvariablen sind durch genau vorgegebene Namen ausgezeichnet, auf die in der offiziellen UNIX-Dokumentation Bezug genommen wird. Insbesondere werden die globalen Standardvariablen durch Großbuchstaben gekennzeichnet. Die Standardvariablen werden zumeist von System- und Benutzerprozessen zu Kontroll- und Steuerzwecken abgegriffen; sie haben daher meist einen genau definierten Inhalt, der in der Regel vom Benutzer nicht verändert werden kann oder soll.

Eine Teilmenge der Standardvariablen wird beim Einloggen automatisch angelegt und belegt, wenn die Paßwortdatei '/etc/passwd' und die Login-Steuerdatei '/etc/gettydefs' vom Login-Prozeß gelesen werden (Abschnitt 4.3). Diese Variablen bilden das anfängliche *environment* der Login-Shell (Abschnitt 5.3.5). Der restliche Teil wird zumeist in den Einlog- Steuerdateien angelegt (Abschnitt 5.1.1). Die folgende Teilmenge von Standardvariablen ist beiden Shells gemeinsam:

$HOME	Verweis des Eigenverzeichnisses
$PATH	Suchverweise für Befehle
$MAIL	Absoluter Verweis der von mail(1) benutzten Ablagedatei
$LOGNAME	Aktuelle Login-Kennung (LID, System V)

$USER	Aktuelle Login-Kennung (LID, BSD)
$SHELL	Verweis der Login-Shell ('/bin/sh' oder '/bin/csh')
$TERM	Typen-Kennung des Terminals
$TZ	Definition der aktuellen Zeitzone

Die Definition der Zeitzone, und somit die Bestimmung der verbindlichen Ortszeit, geht von der *Greenwich Mean Time* (GMT) aus, die vom System intern als Sekunden seit dem 1. Januar 1970 gezählt wird — also Anfang 1991 eine Ganzzahl von der Größenordnung 663848500 darstellte. Auf der Shell-Ebene kann die Ortszeit mit dem Befehl date(1) sowohl abgefragt als auch gesetzt werden, wobei eine Umwandlung von beziehungsweise zur GMT stattfindet. Mit der Standardvariablen '$TZ' wird dabei sowohl die Normalzeit als auch die um eine Stunde vorgezogenen Sommerzeit als Differenz zur GMT nach dem Schema TZ=XYZnABC festgelegt, wobei 'XYZ' und 'ABC' aus drei Großbuchstaben bestehende Kürzel für die Normal- beziehungsweise die Sommerzeit sind, während 'n' die Zeitzonendifferenz −12 <= n <= 12 bestimmt. Für Mitteleuropa würde also TZ=MEZ−1MES sowohl die Normal- als auch die Sommerzeit festlegen. Das System schaltet automatisch am letzten Wochenende im April beziehungsweise im Oktober zwischen Normal- und Sommerzeit um. Die Ausgabe von date(1) enthält das jeweils gültige Kürzel. Weitere Einzelheiten sind unter environ(5)/PHB sowie profile(5)/PHB gegeben.

Die genaue Einstellung der Systemzeit und die korrekte Definition der Zeitzone ist wichtig! Eine Anzahl von UNIX-Einrichtungen, darunter die Sicherungsprogramme cpio(1) und tar(1) (Abschnitt 3.10), der Modul-Monteur make(1) sowie das Quellkode-Verwaltungssystem sccs(1), stellen genaue Datums- und Zeitvergleiche an, was bei fehlerhafter Zeitbestimmung zu beträchtlichen Problemen führen kann.

5.3.4 Benutzervariable

Diese Variable können vom Benutzer nach Bedarf angelegt, belegt und gelöscht werden. Die hauptsächlichen Verwendungszwecke sind:

- Rein symbolische Substitution von Zeichen und Zeichenketten in Befehlszeilen, Zuweisungen und auswertbaren Ausdrücken.
- Integer-Arithmetik, Binär-Logik mit einen Wertebereich von 16 Bits sowie lexikalische Manipulationen.

Benutzervariable werden in den Abschnitten 6.3.4 (sh) und 7.3 (csh) für die jeweilige Shell weiterführend besprochen. Eine ausführliche Beschreibung der arithmetischen, logischen und lexikalischen Operationen wird in den Abschnitten 6.7.3 (sh) .und 7.7.3 (csh) gegeben.

5.3.5 Der Geltungsbereich von Shell-Variablen

In beiden Shells spielt der *Geltungsbereich* (scope) von Shell-Variablen eine gleichermaßen wichtige Rolle. Sowohl Standard- als auch Benutzervariable können mit lokalen und globalen Geltungsbereichen angelegt werden.

Lokale Variable sind nur in der *jeweils aktuellen Shell* definiert und stehen nur den unmittelbar in ihr ablaufenden Tochterprozessen zur Verfügung. Sie gehen mit dem Exit der aktuellen Shell unwiderruflich verloren. System- und Argumentvariable sind lokale Variable und können nicht *globalisiert* werden. Lokale Standard- und Benutzervariable können mit den Anweisungen export(sh) und setenv(csh) globalisiert werden. Dies wird in den Abschnitten 6.3.9 (sh) und 7.3.3 (csh) weitergeführt.

Im Gegensatz dazu sind *globale Variable* sowohl in der *aktuellen Shell* als auch in jeder von ihr ausgehenden *Subshell* definiert und stehen daher allen nachfolgenden Prozessen zur Verfügung. Im Sinne der erweiterten Umgebung werden globale Variable daher im originären UNIX-Schrifttum als "environment variables" bezeichnet. Der dabei zugrundeliegende Begriff "Shell-Umgebung" (shell environment) wird im nachfolgenden Unterabschnitt erläutert.

Die beiden Shells unterscheiden sich jedoch beträchtlich hinsichtlich der Form des Anlegens und der Wertzuweisung von Shell-Variablen. Für lokale *Skalarvariable* gelten jeweils die Zuweisungsschemata:

```
<Variable>=<Wert>                       # BOURNE-Shell
$ Name=Hubertus

set <Variable>=<Wert>                   # C-Shell
% set Name=Hubertus
```

wobei in der C-Shell die Anweisung set(csh) benutzt wird, mit der auch *Vektorvariable* angelegt werden können.

Alle in der aktuellen Shell definierten lokalen Variablen können mit den Shell-Anweisungen set(sh) und set(csh) aufgelistet werden:

```
$ set                                   # in beiden Shells
 ...
HOME=/Hubert/arbeit
IFS=,
 ...
Name=Hubertus
```

Environmentvariable werden nach den sehr unterschiedlichen Schemata angelegt:

```
export <Variable> ...                          # BOURNE-Shell
$ export  Name

setenv <Variable> <Wert>                       # C-Shell
% setenv  NAME  Hubertus
```

wozu in der BOURNE-Shell die Anweisung **export(sh)** nachträglich auf eine bereits definierte lokale Variable angewandt wird, während in der C-Shell die Anweisung **setenv(csh)** zum Anlegen mit Wertzuweisung benutzt wird. Die Environmentvariablen können in beiden Shells mit dem Befehl **env(1)** aufgelistet werden:

```
$ env                                          # beide Shells
...
LOGNAME=Hubert
NAME=Hubertus
...
```

In der BOURNE-Shells löscht die Anweisung **unset(sh)** sowohl lokale Variable als auch Environmentvariable:

```
$ unset  <Variable> ...
```

In der C-Shell können die lokalen Variablen mit **unset(csh)** und die Environmentvariablen mit **unsetenv(csh)** gelöscht werden.

5.3.6 Das Shell-Environment

Der Begriff *Ausführungsumgebung* (execution environment) ist für beide Shells gleichermaßen bedeutsam, obzwar beträchtliche Unterschiede hinsichtlich der Form und Manipulation von Shell-Variablen bestehen. Im wesentlichen besteht das *Environment* aus globalisierten beziehungsweise global angelegten Shell-Variablen, die in internen Puffern des Kernels gespeichert werden. Das Environment wird unmittelbar nach dem Einloggen von der Login-Shell aufgebaut und enthält vorbelegte Standardvariable, wie '$HOME', '$LOGNAME' und '$SHELL'. Die System- und die Argumentvariablen gehören dem Environment *nicht* an.

Das von der als Terminal-Shell weiterlaufenden Login-Shell (Abschnitt 4.3.1) ursprünglich aufgebaute Environment kann durch Anlegen oder

Löschen globaler Variablen erweitert beziehungsweise reduziert werden. Jede dann unmittelbar von der Terminal-Shell ausgehende Subshell "ererbt" das aktuelle Environment, kann es selbst weiter modifizieren und dann an ihre eigenen Subshells weiterreichen, was auch für Subshells gilt, die Instanzen der jeweils anderen Shell sind. Allgemein gilt, daß das aktuelle Environment der aktuellen Shell von jeder Subshell unverändert übernommen wird. Bei dem Vererbungsvorgang erfährt das Environment im allgemeinen eine Erweiterung, was durch Bild 5.1 sinnfällig dargestellt werden soll.

Wie die Verschachtelung in Bild 5.1 andeuten soll, setzen sich die Veränderungen im Environment nur nach *unten* fort. Im Gegensatz dazu steigen Veränderung im Environment einer Subshell nicht automatisch in das Environment der aktuellen Shell auf. Insbesondere aber können mit Environmentvariablen keine Werte aus einer Subshell "hochgereicht" werden — ein Aspekt, der gelegentlich als Problem mißverstanden wird. Der Inhalt von Shell-Variablen kann jedoch mit dem Befehl echo(1) in Dateien abgelegt oder durch zitierte Ausführung (quoted execution) eines zweckmäßig programmierten Shell-Skriptes aus Subshells "herausgeholt" werden. Zitierte Befehlsausführung wird im Abschnitt 5.4.3 einführend besprochen und dann in den Kapiteln 6 (sh) und 7 (csh) in den verschiedenen Anwendungskontexten weitergeführt.

Der Begriff der Ausführungsumgebung ist ein grundlegender Bestandteil in der UNIX-Programmierung. Insbesondere stellt die Programmiersprache C mehrere genormte Environment-Schnittstellen zur Verfügung, darunter den im Programmkopf 'main(...)' enthaltenen Argumentzeiger '**env', mit dem Environmentvariable in ein C-Programm eingelesen werden können. Mit den C-Bibliotheksaufrufen getenv(3S) und putenv(3S) können die Variablen selektiv gelesen beziehungsweise belegt werden. Weitere Einzelheiten sind unter environ(5)/PHB aufgeführt.

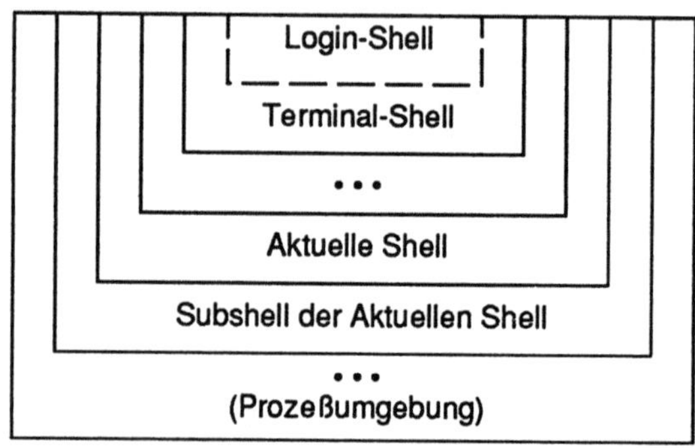

Bild 5.1: Erweiterung des Environments durch Vererbung

5.4 Umlenkung der Eingabe und Ausgabe

Das inzwischen fast "klassische" Konzept der interaktiven E/A-Steuerung, insbesondere das dynamische Anbinden, Weiterreichen und Freisetzen von Dateien bei interaktiv ablaufenden Benutzerprozessen (wie z.B. beim TSO von IBM), ist zwar durch prozedurelle Präzision gekennzeichnet, erscheint aber manchem Benutzer wegen der schwierigen Befehlssyntax und den etwas esoterischen Begriffen als eine wenig benutzerfreundliche Geheimwissenschaft.

Die E/A-Steuerung in den beiden UNIX-Shells geht von dem einheitlichen und in sich beständigen Konzept der *files* aus, die sowohl Speicherobjekte als auch Datenkanäle sein können (Abschnitt 3.5), vom rein prozedurellen Standpunkt aber einheitlich als Quellen und Senken von Datenströmen betrachtet werden. Damit tritt sogleich der grundlegende Begriff des *Datenstroms* (data stream) in den Vordergrund.

Beide Shells bieten annähernd gleiche Möglichkeiten hinsichtlich der Steuerung der drei grundlegenden Datenströme mit denen die meisten der ursprünglichen UNIX-Befehle arbeiten. Die BOURNE-Shell bietet erweiterte Möglichkeiten der E/A-Steuerung, was aber erst im Abschnitt 6.5.2 eingehend behandelt werden kann. In den folgenden drei Unterabschnitten werden jene Prinzipien der E/A-Steuerung behandelt, die in beiden Shells gleichermaßen gültig sind.

5.4.1 Die grundlegenden Datenströme

In beiden Shells sind drei *Standard-Datenströme* (standard data streams) definiert, über die Befehle, Anweisungen und Benutzerprogramme mit der "Außenwelt" verbunden sind:

- Die Normaleingabe (0; standard input)
- Die Normalausgabe (1; standard output)
- Die Fehlerausgabe (2; standard error)

Beim Einloggen werden die Standard-Datenströme der Login-Shell an den Gerätekanal des TTY-Dienstports des Terminals gebunden; diese Bindungen bestimmen dann auch im weiteren Verlauf der Session die Terminal-Shell. In beiden Shells besteht die Möglichkeit, diese Bindungen zu lösen und die Datenströme umzulenken, was nicht ohne Bedacht vorgenommen sollte, da die Session bei einer "taubstummen" Shell zumeist nur vom Superuser abgebrochen werden kann.

Die drei Standard-Datenströme sind ebenfalls bei allen ursprünglichen UNIX-Befehlen und Shell-Anweisungen definiert und werden beim Aufruf normalerweise an die entsprechenden Datenströme der Shell, und somit mittelbar an den Dienstport des Terminals, gebunden. Ein in der Terminal-Shell ablaufender interaktiver Befehl erwartet also seine Eingabe von der Tastatur und gibt sowohl die Normal- als auch die Fehlerausgabe an den Monitor aus. Dieses Prinzip erstreckt sich auch auf jede interaktive Subshell der Terminal-Shell. Auch hier können die voreingestellten Bindungen gelöst und die Datenströme umgelenkt werden. Zum Beispiel kann die von einem interaktiven Befehl erwartete Tastatureingabe auf eine vorprogrammierte Befehlsdatei und die Normalausgabe in eine Auffangdatei umgelenkt werden.

Die eingeklammerten Ziffern stellen numerische Bezeichner (file descriptors) dar, die für die BOURNE-Shell und die C-Programmierung verbindlich vorgegeben sind. In C-Programmen kann mit dem Systemaufruf read(2) über den Bezeichner '0' die Normaleingabe — normalerweise also die Tastatureingabe — jederzeit unmittelbar gelesen werden, während mit write(2) über die Bezeichner '1' und '2' unmittelbar an die Normal- beziehungsweise Fehlerausgabe — also normalerweise zum Monitor — ausgegeben werden kann. Eine vorhergehende Dateibindung mit open(2) an den Gerätekanal des Dienstportes ist dabei nicht erforderlich. Den numerischen Bezeichnern entsprechen die vorbelegten Dateizeiger (file pointer) '*stdin', '*stdout' und '*stderr' in den C-Bibliotheksfunktionen fscanf(3S) und fprintf(3S). Einzelheiten sind unter stdio(3S)/PHB gegeben.

Die Grundsyntax zur Umlenkung des Eingabe- und des Ausgabestromes ist für beiden Shells völlig identisch:

```
<Befehl> [<Argumente>]  >  [<Verweis>]  [&]      # Normalausgabe
<Befehl> [<Argumente>]  <  [<Verweis>]  [&]      # Normaleingabe
```

wobei die Winkelzeichen in fast semiotischer Sinnfälligkeit die Flußrichtung andeuten. Der Verweis bezieht sich auf eine Datei oder einen Datenkanal mit Schreib- beziehungsweise Leseberechtigung für den Benutzer. Das optional nachgestellte Ampersand setzt den ganzen Befehlsprozeß zur asynchronen Ausführung frei.

Zum Beispiel kann eine mit ls(1) erzeugte Auflistung eines Verzeichnisses einfachst in eine Auffangdatei umgelenkt werden:

```
$ ls -CRFla  >  verzlist
```

Umgekehrt kann die Normaleingabe eines Befehls auf eine Textdatei umgelenkt werden. Zum Beispiel kann mit write(1) (Abschnitt 2.4.3) eine vorbereitete Mitteilung abgesandt werden:

```
$ write Umberto < mitteilung
```

Falls keine Datei unter dem angegebenen Verweis existiert, legen beide Shells bei der Umlenkung der Ausgabe automatisch eine neue Ausgabedatei an. Bei einer bereits vorhandenen Datei wird der Inhalt überschrieben. Nur die C-Shell — nicht aber die BOURNE-Shell — besitzt einen effektiven Schutzmechanismus gegen versehentliches Überschreiben (Abschnitt 7.5.1).

Um die Ausgabe an den Inhalt einer bereits bestehenden Datei anzuhängen anstelle diesen zu überschreiben, müssen zwei Winkelzeichen, '>>', gesetzt werden. Zum Beispiel werden mit

```
$ ps -ef   >> logdatei                # jetzt
  ...
$ ps -e f  >> logdatei                # und später, usw.
```

die Prozeßquerschnitte fortlaufend in einer Logdatei abgelegt.

E/A-Umlenkung ist sowohl innerhalb als auch außerhalb von Befehlsgruppen zulässig. Innerhalb der Rundklammern wird die Umlenkungsklausel einfach dem jeweiligen Befehl nachgestellt:

```
$ (ls -CRFla  > verzlist; write  <  Umberto mitteilung; ... )  [&]
```

Außerhalb der Rundklammern kann durch die Umlenkung eine gelegentlich sehr nützliche Bündelung der Ausgabe erreicht werden, wie zum Beispiel in

```
$ (date; who; ps -ef)  >>  logdatei
```

wo die Ausgabe der drei Befehle sinnvoll zusammengefaßt in eine Datei umgelenkt wird.

Die Umlenkung der Eingabe außerhalb der Rundklammern ist im Prinzip möglich und bei solchen Befehlen sinnvoll, die ein jeweils fest vorgegebenes Eingabequantum lesen, wovon ein Beispiel im Abschnitt 7.7.4 gegeben wird.

Die beiden Shells unterscheiden sich erheblich hinsichtlich der Fehlerausgabe, die in der BOURNE-Shell unabhängig von der Normalausgabe manipuliert werden kann. In der C-Shell kann die Fehlerausgabe dagegen nur mit der Normalausgabe zusammengelegt werden. Dies wird in den Abschnitten 6.5.1 (sh) und 7.5 (csh) weitergeführt.

5.4.2 Mitfließende Daten

Bei interaktiven Befehlen kann die Dateneingabe von der Tastatur jederzeit mit dem durch stty(1) als *eof* definierten Abschlußzeichen beendet werden — normalerweise also mit CTL_D (Abschnitt 2.3.3). Es entstehen jedoch Situationen, wo die Dateneingabe eines Befehls nicht von der Befehlseingabe der Shell getrennt werden kann, was insbesondere dann der Fall ist, wenn die erwarteten Eingabedaten dem Befehl unmittelbar nachgestellt, aber von den nachfolgenden Befehlen abgegrenzt werden müssen. Man spricht dann von *mitfließenden* Daten (instream data); bei Shell-Skripten ist in der originären UNIX-Literatur oft von "here data" — also von unmittelbar nachfolgenden Daten — die Rede.

Das beiden Shells gemeinsame Schema zur Abgrenzung von mitfließenden Daten ist einfach und sinnfällig:

```
<Befehl>  [<Argumente>]  << [<Delimiter>][LF]
 <instream data>
 ...
[<Delimiter>][LF]
```

wobei die als *Begrenzer* (delimiter) benutzte Zeichenkette unmittelbar hinter dem Doppelzeichen '<<' in der Befehlszeile gesetzt und unmittelbar von einem Zeilenvorschub (LF) gefolgt werden muß. Die nachfolgenden Eingabezeilen enthalten dann die von dem Befehl über die Normaleingabe erwarteten Eingabedaten, die mit einem identischen Delimiter abgeschlossen werden, der dabei genau am Zeilenanfang stehen und von einem weiteren Zeilenvorschub gefolgt werden muß. Der Zeilenvorschub wird normalerweise mit der RETURN-Taste erzeugt.

Kommt die Delimiter-Zeichenkette selbst als Teil der Eingabedaten am Anfang einer Zeile vor, so muß sie mit einem führenden Backslash abgedeckt werden. Im allgemeinen kann dieses Problem jedoch durch einen ausreichend "exotischen" Delimiter vermieden werden.

Zum Beispiel kann in einer Befehlsdatei der Übermittlungsbefehl mail(1) gleich von der Mitteilung gefolgt werden:

```
$ cat Sendung                          # Auflisten der Befehlsdatei
mail  Umberto  <<E_n_D_e
Hamburg, den ‘date "+%d.%m.%y"‘
 ...
Ich bitte Dich um Kenntnisnahme der nachfolgenden
Mitteilung ...
 ...
Danke, $LOGNAME
E_n_D_e
```

wo die ausreichend exotische Zeichenkette "E_n_D_e" als Delimiter fungiert. Übrigens muß die Befehlsdatei erst ausführbar gemacht werden, bevor sie als Befehl aufgerufen und ausgeführt werden kann,

```
$ chmod +x Sendung
$ Sendung
```

Bei ungeschützten Delimitern — also solche, die in der Befehlszeile weder von Zitaten umgeben sind noch mit dem Backslash anfangen — werden von den Shells automatisch Wertesubstitutionen für Shell-Variable und Ausführungszitate (exec quotes) durchgeführt. Das obige Beispiel würde also in folgender Form empfangen werden:

```
$ mail ...
Hamburg, den 19.01.86
 ...
Ich bitte Dich um Kenntnisnahme ...
 ...
Danke, Hubert
```

wo sowohl die formatierte Ausgabe des zitierten Befehls date(1) als auch der Inhalt der Variablen '$LOGNAME' substituiert wurde. Zitierte Ausführung wird im nachfolgenden Abschnitt einführend besprochen.

Die Substitutionswirkung kann sowohl durch einen geschützten Delimiter global außer Kraft gesetzt als auch durch individuelles Schützen der Substitutionseffektoren mit dem Backslash oder durch umgebende Einzelzitate selektiv aufgehoben werden.

Das obige Grundschema ist zwar in beiden Shells gleichermaßen gültig, doch bestehen subtile Unterschiede hinsichtlich der Anwendung in Befehlsgruppen und der Substitutionsmöglichkeiten des Delimiters. Dies wird in den Abschnitten 6.5.1.2 (sh) und 7.5 (csh) weitergeführt.

5.4.3 Zitierte Befehlsausführung

Die Normalausgabe von Befehlen kann in Benutzervariablen aufgefangen werden, wobei die folgenden Schemata gelten:

```
<Variable>=`<Befehl> [<Argumente>] [&]`                # BOURNE-Shell
set <Variable>=(`<Befehl> [<Argumente>] [&]`)          # C-Shell
setenv <VARIABLE> "`<Befehl> [<Argumente>] [&]`"       # C-Shell
```

Dabei wird der Befehl einschließlich aller Argumente von invertierten Apostrophen umgeben, die in Anlehnung an das originäre UNIX-Schrifttum im folgenden als "Ausführungszitate" (exec quotes) bezeichnet werden sollen. Dementsprechend soll dann auch von "zitierter Ausführung" die Rede sein. Mit dem optionalen Ampersand innerhalb der Zitate kann der Befehlsprozeß zur asynchronen Ausführung freigesetzt werden. Ein Ampersand außerhalb der Zitate ist im Prinzip zulässig, würde aber die Zuweisung selbst in eine Subshell zwingen ohne das Resultat in der aktuellen Shell zu erzeugen. Bei einer korrekten Zuweisung wird der Exit-Kode von dem zitierten Befehl bestimmt.

Zum Beispiel kann der absolute Verweis des aktuellen Arbeitsverzeichnisses einfachst in einer Benutzervariablen abgelegt werden:

```
$ averz=`pwd`                      # BOURNE-Shell
% set averz=`pwd`                  # C-Shell
$ echo $averz                      # beide Shells
/team1/projekt2/phase3
```

um zu einem späteren Zeitpunkt mit cd(1) bequem zurückkehren zu können:

```
$ cd  $averz
```

Kleinere Textdateien (<<5120 Bytes) können bequem in Benutzervariablen abgelegt werden:

```
$ dvarx=`cat dateix`               # BOURNE-Shell
```

Zitierte Ausführung ist nicht auf einfache oder einzelne Befehle beschränkt. Multiple Befehle oder Befehlsgruppen sowie die im nachfolgenden Abschnitt besprochenen Shell-Pipelines können zitiert werden, wobei dann die gesamte Ausgabe in der Auffangvariablen abgelegt wird:

```
% set vary=`date; pwd; ls`         # C-Shell
% echo $vary
Thu Jan 19 03:02:28 MET 1986 /Hubert/arbeit  abba  babba ... zappa
```

Der Exit-Kode wird dabei durch den zuletzt innerhalb der Zitate ausgeführten Befehl bestimmt.

Die Substitutionswirkung von Shell-Variablen bleibt innerhalb von Ausführungszitaten voll erhalten, wie dieses Beispiel in der BOURNE-Shell zeigen mag:

```
$ x=Hallo                          $ y=`echo $x`
                                   $ echo $y
                                   Hallo
```

Zum anderen aber können zitierte Aufrufe nicht ineinander verschachtelt werden:

```
$ z='echo 'pwd''                    $ echo $z
                                    pwd
```

d.h. Ausführungszitate verlieren innerhalb von Ausführungszitaten ihre Substitutionswirkung.

E/A-Umlenkungsklauseln können innerhalb der Ausführungszitate angebracht werden, was auch das Zusammenlegen (merging) von Datenströmen einschließt. Durch Zusammenlegen der Normal- und der Fehlerausgabe können daher auch die Fehlermeldungen mitaufgefangen werden. Die Umlenkung der Fehlerausgabe wird in den Abschnitten 6.5 (sh) und 7.5 (csh) behandelt.

Die zitierte Ausführung wird in den Abschnitten 6.3.7, 6.5.3 und 6.7.4.1 für die BOURNE-Shell, und in 7.3.1 und 7.3.3 für die C-Shell in verschiedenen Anwendungskontexten weitergeführt.

5.5 Pipelines

Man könnte ebensogut von "linear gekoppelten Prozessen" oder von "linearen Prozeßverbunden" sprechen, was vielleicht sogar präziser wäre, aber in Anlehnung an den originären UNIX-Sprachgebrauch soll hier von "Pipelines" die Rede sein.

Der Normalausgabestrom eines Befehls kann durch einen *Datenkanal* (pipe) unmittelbar in den Eingabestrom eines anderen Befehls "hineingepumpt" werden, wodurch ein Zwischenspeichern in Auffangdateien — und somit das ganze leidige Problem der *temporary files* — vermieden wird. Wir unterscheiden zwischen *Shell-Pipelines* und *Objekt-Pipelines*. Erstere werden innerhalb einer Shell aufgebaut und gesteuert und gehen mit dem Exit des letzten Partnerprozesses unwiderruflich verloren. Letztere werden durch das Umlenken von Datenströmen auf permanente Prozeßkanäle (Abschnitt 3.5.3.3) angelegt und können Prozesse verbinden, die völlig unabhängig in verschiedenen Shells ablaufen. Mit dem Exit des letzten Partnerprozesses wird der verbindende Prozeßkanal lediglich freigegeben und besteht als Objekt weiter.

5.5.1 Shell-Pipelines

Beide Shells unterstützen zwar das gleiche Grundkonstrukt der Pipeline, unterscheiden sich aber beträchtlich hinsichtlich dessen Anwendungsmöglichkeiten bei den Konstrukten der Ablaufsteuerung, was in den Abschnitten 6.7.5 (sh) und 7.7.5 (csh) ausführlich besprochen wird.

Eine zweistufigen Pipeline wird in beiden Shells nach dem folgenden Schema kodiert:

```
<Befehl> [<Argumente>]  |  <Befehl> [<Argumente>]   [&]
```

wobei der Vertikalstrich '|' die Shell anweist, einen transienten Datenkanal zwischen der Normaleingabe des rechten und der Normalausgabe des linken Befehls anzulegen. Mit dem optionalen Ampersand wird die Pipeline als Ganzes zur asynchronen Ausführung freigesetzt. Eventuelle Fehlermeldungen werden zum Terminal ausgegeben.

Befehle, die durch eine Pipe verbunden werden sollen, müssen *logisch kompatibel* sein; d.h. die Ausgabe des Spenderbefehls muß der erwarteten Eingabe des Aufnahmebefehls logisch entsprechen. Typische Beispiele von logisch kompatiblen Befehlen sind die Anwendungen des Suchbefehls find(1) um Verweislisten zu erzeugen, die dann in cpio(1) oder tar(1) (Abschnitt 3.9.4), eingespeist oder von xargs(1) (Abschnitt 5.6.2) übernommen werden können.

Drei oder mehr logisch kompatible Befehle können zu einer mehrstufigen Pipeline verknüpft werden:

```
<Befehl> [<Arge>]  |  <Befehl> [<Arge>]  |  <Befehl> [<Arge>] ... [&]
```

wobei sich das optionale Ampersand auf die gesamte Pipeline bezieht. In dem folgenden Beispiel werden vier allseitig kompatible UNIX-Befehle zu einer mehrstufigen Pipeline zusammengefaßt:

```
$ grep '^#define' *.h  |  sort ...  |  pr ...  |  lp ...
```

wobei mit dem lexikalischen Suchbefehl grep(1) alle mit '#define' beginnenden Zeilen aus den privaten Zusatzdateien eines Programm-Ensembles herausgegriffen und über den Eingabestrom an das universelle Sortierprogramm sort(1) übergeben werden. Seinerseits reicht *sort* den sortierten Datenstrom an den Formatierbefehl pr(1) weiter, der den sortierten und formatierten Text schließlich an den Druckauftragsverwalter lp(1) übergibt. Solche sequentiell kompatiblen Textverarbeitungsbefehle werden häufig als *text filter* bezeichnet.

Befehlsgruppen können am Anfang einer Pipeline stehen:

(<Befehl> [<Arge>]; <Befehl> [<Arge>]; ...) | <Befehl> [<Arge>] ...

wobei die jeweilige Ausgabe der von links nach rechts ablaufenden Befehle in synchroner Reihenfolge an die zweite Stufe übergeben wird. Das obige Beispiel läßt sich sinnvoll erweitern:

```
$ (grep '^#define' *.h; grep '^#include' *.c) | sort ...
```

so daß nach den mit '#define' beginnenden Zeilen der Zusatzdateien auch die mit '#include' beginnenden Zeilen der Quelldateien der Weiterverarbeitung mit *sort* zugeführt werden.

In Pipelines beginnt die Prozeßinitiierung mit dem rechtsaußen liegenden letzten Befehl und setzt sich im Mutter-Tochter-Verhältnis stufenweise nach links bis zu dem ersten Befehl fort. Bei normaler Ausführung beginnt die Terminierung einer Pipeline mit dem Exit des linksaußen liegenden ersten Befehls und setzt sich schrittweise nach rechts bis zu dem letzten Befehl fort. Der zuletzt ausgeführte Befehl bestimmt dann auch den Exit-Kode der gesamten Pipeline.

Mit dem Befehl **tee(1)** kann eine Pipeline "angezapft" werden, etwa im Sinne eines T-Stückes, das in eine Rohrleitung eingefügt wird. Das allgemeine Anwendungsschema ist:

<Befehl> [<Arge>] | tee [<T-Optionen>] [<T-Datei>] | <Befehl> ... [&]

wobei der *abgezweigte* Datenstrom entweder unmittelbar zum Terminal ausgegeben oder aber in einer Auffangdatei abgespeichert werden kann. Eine besonders interessante Anwendung ist das zweitweilige Protokollieren des Terminaldialogs, was in der einfachsten Form mit einer Subshell durchgeführt werden kann:

```
$ sh –i[<andere Shell-optionen>] | tee –a <Protokoll-Datei>
```

wobei mit der Option 'a' (append) der gesamte Dialog — also Terminaleingabe und Befehlsausgabe [2] — in einer Protokolldatei abgelegt wird. Die Subshell — und damit das Protokollieren — kann mit der jeweiligen Belegung von *eof* terminiert werden, also normalerweise mit CTL_D.

2. Die Möglichkeit, auf entfernt ähnliche Weise die Terminal-Shell eines nichtsahnenden Benutzers "anzuzapfen" ist im Prinzip gegeben. Für den kenntnisreichen Benutzer besteht jedoch die Möglichkeit, dies durch eine sorgfältige Analyse des Prozeßquerschnittes mit ps(1) zu erkennen. Die Möglichkeit des Mißbrauchs kann jedoch niemals ganz von der Hand gewiesen werden. In diesem Zusammenhang sei denn auch auf die einschlägigen Gesetze zum Daten- und Persönlichkeitsschutz hingewiesen!

5.5.2 Objekt-Pipelines

Die dazu benötigten permanenten Prozeßkanäle (Abschnitt 3.5.3.3) werden mit dem Superuser-Befehl **mknod(1m)** und der Option 'p' normalerweise im Systemverzeichnis '/dev' angelegt und dann mit **chmod(1)** selektiv freigegeben:

```
# mknod        /dev/pype1   p
# chmod  666  /dev/pype1
# ls -go
/dev/pype1 prw-rw-rw   1   0   Jan 15  1990    /dev/pype1
```

Ein permanenter Prozeßkanal wie 'pype1' kann dazu benutzt werden, zwei Prozesse zu verbinden, die völlig unabhängig in verschiedenen Shells ablaufen. Ein erstes Beispiel mag dies veranschaulichen. Zuerst sei der Befehl wc(1), der mit der Option 'c' lediglich Worte zählt, zur Hintergrundausführung aufgerufen, wobei die Normaleingabe auf 'pype1' umgelenkt wird:

```
$ wc -c  <  /dev/pype1 &
438
```

Der asynchron ablaufende Befehlsprozeß mit der PID '438' verharrt im Wartezustand, bis (endlich) die Eingabe mit dem Befehl cat(1) über den Prozeßkanal erfolgt:

```
$ cat  textdatei  >  /dev/pype1
4231
```

worauf *wc* die Anzahl der Worte (hier 4231) ausgibt. Diesem einfachen Beispiel einer Objekt-Pipeline entspricht die einfache Shell-Pipeline:

```
$ cat textdatei  |  wc -c
4231
```

Mit Objekt-Pipelines können nicht nur shell-übergreifend zwei völlig unterschiedlich ablaufende Prozesse eines einzigen Benutzers, sondern auch benutzerübergreifend zwei Prozesse in verschiedenen Sessions verbunden werden. Ein weiteres Beispiel mag dies veranschaulichen. Die Benutzer 'Hubert' und 'Umberto' sind gleichzeitig eingeloggt, und der letztere verständigt den ersteren mit write(1), daß er eine größere Textdatei sichten möge. Zuerst Umbertos Eingabe:

```
$ write  Hubert
Datei in Anmarsch durch Kanal '/dev/pype1', bitte sichten ...
[CTL_D]
$
```

```
$ cat  textdatei > /dev/pype1 &
541
```

Hubert erhält die Mitteilung,

```
$ Message from Umberto: ...
```

und lenkt die Normaleingabe des Sichtprogramms **more(1)** auf den Prozeßkanal um:

```
$ more < /dev/pype
 ...
```

Er hätte den übermittelten Datenstrom ebensogut mit **cat(1)** in einer Auffangdatei ablegen können:

```
$ cat  /dev/pype1 > dateix
```

Mit entsprechend konzipierten C-Programmen und der erweiterten E/A-Steuerung, die in der BOURNE-Shell zur Verfügung steht (Abschnitt 6.5.2), können Prozesse zu kommunizierenden Netzwerken mit den unterschiedlichsten Topologien verknüpft werden. Dies wird zumeist in der echtzeitlichen Meßdatenerfassung und Prozeßsteuerung angewendet, sowie bei rechnergestützten Simulationen mit schwach gekoppelten Modell-Prozessen.

5.6 Vorschaltbare Hilfsbefehle

Das UNIX-Systempaket stellt eine Reihe von vorschaltbaren Hilfsbefehlen zur Verfügung, mit denen die Ausführungsumgebung von Befehlen modifiziert und der eigentliche Befehlsablauf gesteuert, geschützt und kontrolliert werden kann.

Bezüglich der Ausführungsumgebung besteht die Möglichkeit, transiente Shell-Variable als Zuweisungsparameter unmittelbar in der Befehlszeile anzulegen. Mit einem weiteren Hilfsbefehl können Befehlszeilen mit positionsgebundenen Parametern automatisch erzeugt werden. Schließlich kann der aktuelle Shell-Prozeß durch einen Befehlsprozeß ersetzt werden, wobei sowohl das aktuelle Shell-Environment als auch die aktuellen Prozeßattribute voll erhalten bleiben. Diese drei Möglichkeiten werden in den ersten drei Unterabschnitten behandelt.

Bei der Ausführung von langlaufenden und ressource-intensiven Befehlen, wie zum Beispiel das Kompilieren und Linken eines größeren Programmverbundes sowie das Absuchen oder das Aus- und Einlagern eines ganzen Dateisystems, sind im Mehrbenutzerbetrieb mit hoher Systemauslastung sowohl die Ausführungspriorität als auch die Fortsetzung der Ausführung bei Unterbrechung der Terminalverbindung von besonderer Wichtigkeit. Die dazu benötigten Hilfsbefehle werden in weiteren Unterabschnitten besprochen.

Neuentwickelte oder importierte Programme können auf recht einfache Weise mit vorschaltbaren Aufrechnungsbefehlen auf ihren Verbrauch an CPU-Rechenleistung hin überprüft werden. Dies wird im letzten Unterabschnitt kurz besprochen.

5.6.1 Zuweisungsparameter

Der bereits im Abschnitt 5.3.5 im Zusammenhang mit der Auflistung von Environmentvariablen erwähnte Befehl **env(1)** kann in beiden Shells zum Anlegen transienter Shell-Variablen benutzt werden, was durch *Zuweisungsparameter* (keyword parameters) in der Befehlszeile bewirkt wird:

```
env [–] <var1>=<wert2>  <var2>=<wert2> ...  \
<Befehl>  [<Optionen>]  [<positionale Paramter>] ...   [&]
```

wobei die Variablen 'var1', 'var2', ... , mit den unmittelbar zugewiesenen Werten 'wert1', 'wert2', ... , nur für die Dauer des Befehlsprozesses bestehen. Die *positionsgebundenen Parameter* (positional parameters) müssen wie immer dem Befehl nachgestellt werden. Das optionale Minuszeichen führt dazu, daß das aktuelle Shell-Environment für die Dauer des Befehlsprozesses ausgeblendet wird. Mit dem optionalen Ampersand wird der Befehlsprozeß zur asynchronen Ausführung freigesetzt.

Als Beispiel sei ein einfaches, mit chmod(1) bereits ausführbar gemachtes Shell-Skript namens 'skript' gegeben:

```
$ cat  skript                                    # Auflisten
echo  $zvar  $zvar2  $zvar3
```

Dann wird beim Aufruf mit den Parameter-Zuweisungen nur ausgegeben:

```
$ env  -  zvar1=Hallo  zvar2=Hubert  skript
Hallo Hubert
```

5.6.2 Das Erzeugen von positionsgebundenen Parametern

Die Gesamtzahl der zulässigen positionsgebundenen Parameter ist einerseits durch den Typ des Befehls, und andererseits durch die jeweils zulässige Maximalgröße der Befehlszeilen begrenzt. Befehle, die mit einer begrenzten Anzahl von Parametern arbeiten, müssen bei einer größeren Anzahl von Parameterwerten wiederholt aufgerufen werden, was insbesondere bei jenen Datei-Befehlen der Fall ist, die mit einer genau vorgegebenen Anzahl von Verweisen arbeiten.

Der Hilfsbefehl **xargs(1)** (extend arguments) erlaubt das sequentielle Verarbeiten einer längeren Serie von Parameterwerten, die sowohl von einem vorgeschalteten Erzeugerbefehl über eine Pipeline als auch von einer Textdatei eingelesen werden können. Anders ausgedrückt, *xargs* wirkt wie ein "Trichter" auf einer Flaschenöffnung.

Die erste Anwendungsform benutzt Pipelines, wie dieses typische Beispiel mit **find(1)** veranschaulichen mag:

```
$ find /benutzer -name core –print  |  xargs –n1 –p  rm
rm  /benutzer/gast/programme/core ?...y
rm  /benutzer/peter/arbeit/core ?...n
 ...
[CTL_D]
```

Hier sollen alle bei einem Abbruch (quit) entstandenen und danach oft vergessenen Abbild-Dateien (core dumps) in dem vom Verzeichnis '/benutzer' ausgehenden Teilbaum gefunden und selektiv gelöscht werden. In diesem Beispiel wird mit **find(1)** eine Verweisliste erzeugt, die in *xargs* eingespeist und dann gesteuert an den Löschbefehl **rm(1)** durchgereicht wird. Die Option '–n1' bewirkt, daß *rm* mit jeweils nur einem Parameterwert aufgerufen wird, während die Option '–p' (prompt) dabei jedesmal eine Bestätigung mit 'y' erzwingt. Bei jeder anderen Eingabe wird der angezeigte Parameterwert — hier also der Dateiverweis '/benutzer/peter/arbeit/core' — übersprungen. Der Vorgang kann jederzeit mit CTL_D beendet werden.

Die zweite Anwendungsmöglichkeit geht von einer Textdatei aus, in der die Parameterwerte zeilenweise enthalten sind. Ein weiteres Anwendungsbeispiel mag dies veranschaulichen:

```
$ cat params                                   # Parameter-Datei
Programm.c
Prozedur.pas
Zusatz.i
 ...
$ xargs –t  tar –cv  < params  [&]             # Befehlsaufruf
tar  cv  Programm.c  Prozedur.pas  Zusatz.i ...
 ...
$
```

wobei die zu *xargs* gehörende Option '–t' bewirkt, daß die resultierende Befehlszeile am Terminal ausgegeben wird. Das in dieser Anwendung sinnvolle Ampersand setzt den Befehlsprozeß zur asynchronen Ausführung frei.

5.6.3 Prozeß-Umwandlung

Die Shell-Anweisungen **exec(sh)** und **exec(csh)** können dazu benutzt werden, den aktuellen Shell-Prozeß in einen Befehlsprozeß umzuwandeln, der sowohl die aktuellen Prozeßattribute (Abschnitt 4.2.1) als auch das aktuelle Shell-Environment (Abschnitt 5.3.5) unverändert übernimmt. Das Aufrufschema ist für beide Shells identisch:

```
$ exec <Befehl>  [<Argumente>]  [<E/A-Umlenkung>]
```

wobei allerdings nur ausführbare Dateien, keinesfalls aber Shell-Anweisungen oder -Funktionen aufgerufen werden können.

Der neu *eingewandelte* Befehlsprozeß "ererbt" die Prozeßattribute der aktuellen Shell und somit deren PID sowie alle aktiven Dateibindungen, was auch die Bindungen der Standard-Datenströme an den TTY-Dienstport des Benutzerterminals einschließt. Wird *exec* in der *Terminal-Shell* angewendet, so läuft der Befehl als *Terminalprozeß* ab (Abschnitt 4.3) und wird somit zum *Leitprozeß der TTY-Gruppe* (Abschnitt 4.2.2.2). Insbesondere kann aus der aktuellen eine neue Terminal-Shell erzeugt werden,

```
$ exec [csh|sh] [<Shell-Optionen>] ...
```

wodurch zu einer anderen Shell übergegangen werden kann, ohne daß erneutes Einloggen notwendig wäre. Gelegentlich wird *exec* jedoch auch dazu benutzt, die aktuelle Shell durch eine eingeschränkte Version zu ersetzen:

```
$ exec sh -irf ...
```

die zwar mit der Option 'i' interaktiv bleibt, aber mit 'r' zur restriktierten Version rsh(1) wird, wobei mit 'f' darüber hinaus noch die lexikalische Namenserzeugung durch Metazeichen und lexikalische Muster außer Kraft gesetzt wird.

Ebenfalls im Sinne von restriktiven Maßnahmen kann *exec* zusammen mit dem Befehl **setulimit(1)** benutzt werden, um eine Maximalgröße für alle neu erzeugten Dateien festzulegen:

```
$ exec setulimit m
```

wobei 'm' die Maximalzahl von Datenblöcken (1024 Bytes) angibt, die beim Anlegen einer neuen oder beim Vergrößern einer bestehenden Datei gewährt werden. Bei größeren Datenvolumen besteht dabei jedoch die Gefahr, daß Daten verloren gehen können, da die Ausgabe an Dateien bei Überschreiten der Maximalgröße bedingungslos abgebrochen wird. Übrigens wird bei dieser Anwendungsform von *setulimit* die aktuelle Shell stets durch eine Instanz der BOURNE-Shell ersetzt.

exec(sh) wird in der BOURNE-Shell zur erweiterten E/A-Steuerung benutzt, was im Abschnitt 6.5.2 weitergeführt wird.

5.6.4 Ausführungspriorität

Die Ausführungspriorität (execution priority) eines Befehls bezieht sich nicht auf den Echtzeitpunkt der Prozeßinitiierung — also nicht auf "früher" oder "später" — sondern auf die Reihenfolge und Häufigkeit mit welcher der Prozeß die CPU übernehmen darf. Die entsprechenden Begriffe sind also *schneller* und *langsamer*.

Die Ausführungspriorität von Befehlen, Befehlsgruppen sowie Pipelines kann mit dem vorgestellten Hilfsbefehl **nice(1)** differentiell variiert werden:

```
$ nice [-P]  <Befehl> [<Argumente>] [<E/A-Umlenkung>] [&]
$ nice [-P]  (<Befehlsgruppe>) [&]
$ nice [-P]  <Pipeline> [&]
```

wobei der Prioritätsparameter 'P' keine absolute Größe ist, sondern nur eine Differenz, um die der Normalwert von 24 in einer Skala von 0 (maximal) bis 120 (minimal) linear variiert werden kann. Der allgemeine Benutzer kann durch einen Wert $0 < P < 20$ die absolute Ausführungspriorität nur verringern, nicht aber erhöhen! Nur der Superuser kann durch einen negative Wert innerhalb von $-20 < P < 20$ die absolute Priorität auch erhöhen; der Wert muß dann mit einem zweiten Minuszeichen kodiert werden:

```
$ nice —10 programmx ...  [&]
```

Bei Auslassung von 'P' wird die Priorität nicht drastisch, sondern eben nur "nett" (nicely) auf einen Wert von 20 herabgesetzt. Mit dem optionalen Ampersand kann der modifizierte Befehl zur asynchronen Ausführung freigesetzt werden.

Zum Beispiel kann das Absuchen eines Dateisystems nach den Ablagedateien (core dumps), die zumeist beim Abbruch mit *quit* erzeugt werden, durchaus mit erheblich verringerter Ausführungspriorität zugunsten der gesamten Benutzergemeinschaft durchgeführt werden:

```
$ nice -10  find /  -name core -print
/dev/core
/Hubert/arbeit/core
/Umberto/travail/core
...
```

Die C-Shell enthält die gleichnamige Anweisung nice(csh), die beim Aufruf Vorrang über den Befehl nice(1) hat. Um nice(1) in der C-Shell zu erzwingen, muß der absolute Verweis angegeben werden:

```
% /bin/nice ...
```

Eine Anweisung zur dynamischen Veränderung der Ausführungspriorität eines bereits aktiven Prozesses ist im ursprünglichen UNIX-Systempaket leider nicht enthalten. [3]

3. Solche und ähnliche Eingriffsfunktionen können jedoch über die Kernelschnittstelle als Pseudogerätetreiber programmiert werden.

5.6.5 Absicherung gegen Abbruch der Terminalverbindung

Beim Exit der Terminal-Shell, was sowohl durch normales Ausloggen als auch durch unerwarteten Abbruch der Terminalverbindung (hangup) verursacht werden kann, erhalten alle jeweils noch aktiven und der TTYGruppe (Abschnitt 4.3.1) zugehörigen Befehlsprozesse das Signal SIGHUP, das normalerweise zu deren Abbruch unter Verlust der noch zu erzeugenden Ausgabe führt, falls das Signal nicht intern abgefangen oder ausgeblendet wird, was jedoch bei den meisten UNIX-Befehlen und vielen Anwendungen nicht zutrifft. Solche Befehle und Anwendungen können jedoch bereits beim Aufruf mit dem Hilfsbefehl **nohup(1)** (no hangup) gegen unerwarteten Abbruch durch das Signal SIGHUP geschützt werden.

Das in beiden Shells gültige Anwendungsschema von 'nohup' ist:

```
nohup <Befehl> [<Argumente>] [<E/A-Umlenkung>] ... [&]
```

was auch für Befehlsgruppen und Pipelines gilt. E/A-Umlenkung ist zulässig, und mit dem optionalen Ampersand kann der geschützte Befehlsprozeß zur asynchronen Ausführung freigesetzt werden. Der Befehlsprozeß kann dann unbeschadet nach dem Exit der Terminal-Shell weiterlaufen, wobei die Normalausgabe automatisch in eine Auffangdatei 'nohup.out' umgelenkt wird, die ebenfalls automatisch im aktuellen Arbeitsverzeichnis oder aber im Eigenverzeichnis angelegt wird, falls für ersteres kein Schreibrecht besteht.

Zum Beispiel kann das bereits erwähnte Absuchen eines Dateisystems zusätzlich gegen Abbruch der Terminalverbindung geschützt werden:

```
$ nohup nice -10 find / -name core -print
dev/core
 ...
```

Die C-Shell besitzt die gleichnamige Anweisung nohup(csh), die in Shell-Skripten sowohl zum Sichern einzelner Befehle als auch zum Ausblenden von SIGHUP benutzt werden kann (Abschnitt 7.7.5.4).

5.6.6 Aufrechnung der Rechenleistung

Zur einfachen Kontrolle der CPU-Rechenleistung steht der Hilfsbefehl **time(1)** zur Verfügung:

```
$ time <Befehl> [<Argumente>] ... [&]
```

Zum Beispiel "kostet" das schon erwähnte Absuchen eines kleineren Dateisystems (etwa 60 Mb) die folgende Rechenleistung:

```
$ time find / -name core -print
/dev/core
...
real 2:40.1user 3.6sys 1:37.7
```

Die Aufrechnung zeigt, daß der Befehl insgesamt 2:40 Minuten *Echtzeit* (real time) zur Ausführung brauchte. Hinsichtlich der Ausführungszustände *user mode* und *system mode* (Abschnitt 4.1.3) wurden dabei 3.6 CPU-Sekunden (user) beziehungsweise 1:37.7 CPU-Minuten (sys) verbraucht.

time kann auf Pipelines und Shell-Skripte angewendet werden, nicht aber auf Befehlsgruppen, was sich jedoch mit Befehlsdateien umgehen läßt. *time* gibt seine Aufrechnung über die Fehlerausgabe aus, was zwar beim Umlenken der Normalausgabe eines Befehls kein Problem darstellt, aber beim Umlenken oder Zusammenlegen der Fehlerausgabe in Betracht gezogen werden muß. Ein einfacher Ausweg besteht darin, den Befehl mit lokaler Umlenkung der Fehlerausgabe in eine Befehlsdatei zu verlagern, die dann mit *time* aufgerufen wird.

Eine wesentlich detailliertere Aufrechnung wird von dem Hilfsbefehl **timex(1)** ausgegeben:

```
$ timex [-<Options>] <Befehl> [<Argumente>] ... [&]
```

wobei folgende Optionen zur Verfügung stehen:

o Ausgabe der Gesamtzahl von Datenblöcken, die während der Befehlsausführung transferiert wurden.

p Komplette Prozeßaufrechnung für den Befehl und dessen Tochterprozesse.

s Aufrechnung aller während der Prozeßausführung beilaufenden Systemaktivitäten.

Diese Optionen können nur dann benutzt werden, wenn die Systemaufrechnungsfunktion des Kernels (kernel system accounting) läuft. Eine eingehende Beschreibung ist unter acct(1m)/SHB gegeben.

Mit unserem wiederholten Beispiel ergibt sich:

```
$ timex -op find / -name core -print
/dev/core
...
```

```
real 2:40.06   user 3.63     sys 1:37.51
START AFT: Mon Jan 15 14:40:37 1990
END BEFOR: Mon Jan 15 14:43:17 1990

COMMAND                   START     END       REAL     CPU      CHARS    BLOCK
NAME        USER  TTY     TIME      TIME      (SECS)   (SECS)   TRNSFD   READ
sh          root  ttyb    14:40:38  14:40:38    0.40     0.15     1032      10
find        root  ttyb    14:40:37  14:43:16  159.87   100.98   178368    2015

CHARS TRNSFD = 179400
BLOCKS READ  = 2025
```

Wie dieser Ausschnitt einer detaillierten Aufrechnung zeigen mag, kann *timex* zur zuverlässigen Leistungsabschätzung (benchmarking) von Anwendungsprogrammen benutzt werden. *timex* kann auf Pipelines und Shell-Skripte angewendet werden, nicht aber auf Befehlsgruppen. Die Trennung der ebenfalls über die Fehlerausgabe laufenden Aufrechnung von den Fehlermeldungen des Befehls kann durch lokale Umlenkung in Befehlsdateien erzwungen werden.

5.7 Die Verarbeitung im Hintergrund

Der *asynchrone* Ablauf mehrerer Befehlsprozesse im *Hintergrund* des Benutzerdialogs stellt wohl die sichtbarste Art der Multiprozeß-Verarbeitung unter UNIX dar. Da *Hintergrund* lediglich die *asynchrone* Prozeßausführung in der *Terminal-Shell* bedeutet, sich sonst aber in keiner Weise von der asynchronen Ausführung in einer Subshell unterscheidet, können die nachfolgend beschriebenen Steuerfunktionen auch in Befehlsdateien und Shell-Skripten angewendet werden.

Bei beiden Shells muß ein Ampersand am Ende der Befehlszeile gesetzt werden, um den Befehl zur Ausführung im Hintergrund der Terminal-Shell beziehungsweise zur asynchronen Ausführung in jedweder Shell freizusetzen:

```
<Befehl> [<Argumente>] [<E/A-Umlenkung>]   &
```

was sich in analoger Weise auf Befehlsfolgen und -gruppen (Abschnitt 5.2.5) sowie auf Shell-Pipelines (Abschnitt 5.5.1) übertragen läßt.

Alle asynchron ablaufenden Prozesse, die der TTY-Gruppe des Terminalprozesses angehören, erhalten beim Exit der Terminal-Shell — also beim Ausloggen und bei Abbruch der Terminalverbindung — das Signal SIGHUP, was normalerweise zum Abbruch führt. Mit den Hilfsbefehlen **nohup(1)** kann die Fortsetzung der asynchronen Ausführung unabhängig von der Terminal- Shell gesichert werden (Abschnitt 5.6.5):

```
$ nohup [nice ... ] <Befehl> [<Argumente>] [<E/A-Umlenkung>] &
```

Der Hilfsbefehl nice(1) zur Vorbestimmung der Ausführungspriorität (Abschnit 5.6.4) kann mit *nohup* kombiniert werden. In der C-Shell steht die Variante nohup(csh) zur Verfügung.

Beim asynchronen Aufruf wird die PID des dabei erzeugten Befehlsprozesses unverzüglich am Terminal ausgegeben; in der BOURNE-Shell wird die PID dazu noch in der Systemvariablen '$!' abgelegt; wie dieses Beispiel mit dem Befehl sleep(1) zeigen mag:

```
$ sleep 10 &                    $ echo $!
179                             179
```

Die C-Shell besitzt keine entsprechende Systemvariable.

Innerhalb der jeweils zulässigen Höchstzahl von beilaufenden Prozessen, die bei der Systemkonfigurierung festgelegt wird, können fast beliebig viele Prozesse asynchron ablaufen. Die jeweils beilaufenden Prozesse können mit dem Befehl ps(1) aufgelistet werden.

Befehle, die im Hintergrund oder asynchron in einer Subshell ablaufen, sind der unmittelbaren Benutzereinwirkung durch Tastatursignale entzogen. Es besteht jedoch die Möglichkeit, den relativen Zeitpunkt der Initiierung asynchroner Befehle festzulegen und den Ablauf in der aktuellen Shell mit deren Exit zu synchronisieren sowie den dazwischenliegenden Verlauf mit Signalen zu steuern, was auch den bedingungslosen Abbruch miteinschließt. Dies soll in den folgenden Unterabschnitten besprochen werden.

5.7.1 Relative Bestimmung des Prozeß-Initiierung

Der Befehl **sleep(1)** kann zur relativen Bestimmung des Zeitpunktes der Initiierung von Einzelbefehlen, Befehlsgruppen und Shell-Pipelines benutzt werden:

```
$ (sleep n ; <Befehl> [<Argumente>] ... ) &
```

wobei 'n' als Ganzzahl die Sekunden vom Moment der Eingabe bis zur Initiierung des Befehls angibt. Diese Methode ist im allgemeinen nur mit Hintergrund-Ausführung sinnvoll, da andernfalls die Terminal-Shell suspendiert wird und die Befehlsfolge einfach im Vordergrund abläuft. Aus diesem Grund müssen die äußeren Rundklammern gesetzt werden, auf welche sich das Ampersand dann auch bezieht. Die durch die äußeren Rundklammern bestimmte Befehlsgruppe läuft dabei immer in einer Subshell ab.

Das Prinzip läßt sich zum Phasieren von Befehlsfolgen erweitern, wobei die Instanzen von *sleep* jeweils zwischen die zeitlich zu versetzenden Befehle oder Befehlsgruppen eingefügt werden.

5.7.2 Synchronisierung

Die Shell-Anweisungen wait(sh) und wait(csh) können dazu benutzt werden, den Vordergrundablauf mit dem Exit von aktiven Hintergrund-Prozessen zu synchronisieren:

```
$ <Befehl>   [<Argumente>]    &
PID
$ <Befehl>   [<Argumente>]    &
PID
 ...
wait
 ...
```

wobei die Terminal-Shell, und somit der Benutzerdialog bis zum Exit aller Hintergrund-Prozesse suspendiert wird.

Der Wartezustand kann vom Benutzer jederzeit mit der Interrupt-Taste (intr) abgebrochen werden, ohne daß die noch asynchron weiterlaufenden Prozesse davon betroffen werden. Die Abbruch-Taste (quit) hat keine Wirkung auf den Wartezustand; sie wird von der Terminal-Shell während des *wait* ignoriert.

wait wird sowohl unter wait(1) als auch unter den Einträgen sh(1) beziehungsweise csh(1) im Benutzer-Handbuch beschrieben. Die Shell-Varianten werden im Zusammenhang mit der Ablaufsteuerung in den Abschnitten 6.7.5.5 (sh) und 7.7.5.5 (csh) weiterbesprochen.

5.7.3 Steuerung durch Signale

Das System V stellt einen Satz von 20 genau definierten Signalen zur Verfügung (plus etwaige systemspezifische Signale), von denen eine Teilmenge der zwischenprozeßlichen Kommunikation dient (IPC; Abschnitt 4.1.4) und in beiden Shells zur Steuerung von Hintergrund-Prozessen benutzt werden kann. Mit wenigen Ausnahmen — zumeist nur einer — können alle Signale vom Empfängerprozeß ausgeblendet oder abgefangen werden, wobei im letzteren Fall eine Funktion aufgerufen werden kann, mit der auf vorprogrammierte Weise auf das Signal reagiert wird. Für die C-Programmierung

Kürzel	Nummer	Bedeutung
	0	Pseudo-Signal welches das Ende eines Shell-Skriptes anzeigt.
SIGHUP	1	Exit-Signal des Leitprozesses.
SIGINT	2	Tastatur-Interrupt (intr)
SIGQUIT	3	Tastatur-Abbruch (quit)
SIGKILL	9	bedingungsloser Abbruch
SIGTERM	15	bedingter Abbruch
SIGUSR1	16	erstes Benutzer-Signal
SIGUSR2	17	zweites Benutzer-Signal

Tabelle 5.2: In den Shells zulässige Signale

wird dies unter den Einträgen kill(2)/PHB und signal(2)/PHB beschrieben. Das für das jeweilige System definierte Signalspektrum kann in der C-Zusatzdatei '/usr/include/signal.h' eingesehen werden.

In beiden Shells können Signale mit dem Befehl **kill(1)** selektiv abgesandt werden. In der BOURNE-Shell können die Signale mit der Anweisung **trap(sh)** ausgeblendet oder abgefangen werden, was zumeist nur in Shell-Skripten seine Anwendung findet. In der C-Shell steht im eingeschränkten Maß die Anweisung **onintr(csh)** dafür zur Verfügung. Dies wird in den Abschnitten 6.7.5.4 (sh) und 7.7.5.4 (csh) im Zusammenhang mit der asynchronen Ablaufsteuerung eingehend besprochen. Die C-Shell besitzt die Variante kill(csh), die unter csh(1)/BHB aufgeführt ist.

Mit dem Befehl kill(1) können alle jene Prozesse, deren *aktuelle* (EUID) oder *tatsächliche* (RUID) Benutzer-Kennung mit der entsprechenden Kennung der aktuellen Shell übereinstimmt, selektiv oder kollektiv angesprochen werden:

```
kill [-n] <PID> [<PID> ...]
```

wobei 'n' die Signalnummer ist. Die PIDs können als nachfolgende Parameter explizite gesetzt oder aus Shell-Variablen substituiert werden. Bei nicht auffindbaren oder nicht zulässigen PIDs entsteht ein Fehlerzustand mit Exit-Kode '1'. Tabelle 5.2 listet die in den Shells zulässige Teilmenge von Signalen auf,

Das Signal SIGKILL (9) kann weder abgefangen noch ausgeblendet werden; es verursacht den bedingungslosen und unmittelbaren Abbruch der angesprochenen Prozesse:

```
kill -9 <PID> ...
```

wobei entweder der Abbruch der Prozesse bestätigt oder aber eine Fehlermeldung ausgegeben wird

Bei Auslassung der Signalnummer wird das Signal SIGTERM ersetzt, so daß die zwei Aufrufe äquivalent sind:

kill –15 <PID> ...undkill <PID> ...

Die Signalnummer '0' stellt ein *Pseudosignal* dar, das von der ausführenden Shell eines Shell-Skriptes bei dessen Ende an alle in ihr noch ablaufende Tochterprozesse ausgesendet wird. Es kann mit *kill* als Existenz-Test von Hintergrund-Prozessen benutzt werden:

kill –0 <PID>

wobei der Exit-Kode auf '0' gesetzt wird, falls der Prozeß noch aktiv ist, und andernfalls auf '1'.

Beim Ausloggen sowie beim Abbruch der Terminalverbindung (hangup) wird das Signal SIGHUP an alle noch *aktiven Prozesse* der TTY-Gruppe gesendet — also an alle jene noch aktiven Hintergrund-Prozesse, welche die Terminal-Shell als Leitprozeß und damit deren PID als PGID haben (Abschnitt 4.2.1.3). Normalerweise werden diese Prozesse durch SIGHUP bedingungslos terminiert. Mit dem Hilfsbefehl nohup(1) können Hintergrund-Prozesse jedoch bereits beim Aufruf gegen das Signal geschützt werden (Abschnitt 5.6.5). Einzelheiten bezüglich SIGHUP beim Exit eines Leitprozesses sind unter dem Eintrag exit(2)/PHB beschrieben.

Die in den Abschnitten 4.2.1.2 und 4.2.1.3 vorgestellten Prozeßstrukturen können zur kollektiven Steuerung von Hintergrund-Prozessen benutzt werden. Dazu stehen drei Möglichkeiten zur Verfügung.

Erstens, mit der PID = 0,

kill [–n] 0

werden alle jene Prozesse mit dem Signal 'n' angesprochen, deren PGIDs gleich der PGID der aktuellen Shell sind. Insbesondere können so von der Terminal-Shell aus alle Prozesse der TTY-Gruppe erfaßt werden.

Zweitens, mit einer Zielgruppen-PID ZPGID 1,

kill [–n] –<ZPGID>

werden alle jene Prozesse mit dem Signal 'n' angesprochen, deren PGID gleich der ZPGID sind.

Schließlich werden mit dem PID-Wert = –1,

```
kill [-n] -1
```

alle jene Prozesse mit dem Signal 'n' angesprochen, deren tatsächliche Benutzer-Kennung RUID gleich der aktuellen Benutzer-Kennung EUID der aktuellen Shell ist; im Normalfall also die ursprüngliche Benutzer-Kennung der Terminal-Shell.

Weitere Einzelheiten sind unter der Einführung intro(2)/PHB sowie unter dem Systemaufruf kill(2)/PHB beschrieben.

5.8 Disponierte Auftragsverarbeitung

Das UNIX-Systempaket ermöglicht disponierte Auftragsverarbeitung, die als eine sehr rudimentäre Form der Stapelverarbeitung betrachtet werden kann. Sie bewährt sich indes bei regelmäßigen Verwaltungsaufgaben, wie der Aufrechnung von Systemressourcen und der Überprüfung und Sicherung des Dateisystems; bei langlaufenden, rechenintensiven Anwendungen, wie Modellberechnungen und Simulationen sowie bei multiplen Such- und Aktualisierungsaufgaben innerhalb größerer Datenkörper. Durch das Verlegen solcher Aufträge auf die Nachtstunden oder das Wochenende kann nicht nur eine wirtschaftlichere Auslastung teuerer Systeme erzielt, sondern insbesondere eine Verschlechterung der Antwortzeiten im interaktiven Mehrbenutzerbetrieb während der Hauptbetriebszeiten vermieden werden, was bei größeren Benutzergemeinschaften von offensichtlicher Bedeutung ist.

Drei Arten der disponierten Auftragsverarbeitung (job scheduling) stehen zur Verfügung:

- Periodische Disponierung in einer Zeitskala von Monaten, Wochen, Tagen, Stunden und Minuten.
- Echtzeit-Disponierung in einer Kalenderskala von Jahren, Monaten, Tagen, Stunden und Minuten.
- Freigabe und Ausführung von Stapelaufträgen gemäß Systemauslastung und Ressourcen-Lage.

Bei allen drei Verarbeitungsarten werden die Aufträge in speziellen Auftragsdateien abgelegt, die als Textdateien mit den UNIX-Texteditoren ed(1) und ex(1)/vi(1) sowie mit jedem anderen ASCII-konformen Texteditor angelegt werden können. Die Auftragsdateien (job files) werden von dem permanenten Systemprozeß 'cron' gelesen, der eine Instanz von '/etc/cron' ist und unter cron(1m)/SHB beschrieben wird. Die Aufträge werden in jeweils unabhängig laufenden Instanzen der BOURNE-Shell unter der jeweiligen Benutzer-Kennung ausgeführt, weshalb von Hintergrundverarbeitung hier nicht die Rede sein kann!

Sowohl die periodische Disponierung als auch die Echtzeit-Disponierung können bei unzureichender Kontrolle zu echten Sicherheitsrisiken werden, wobei zwei Faktoren zu betrachten sind, die sich gegenseitig potenzieren. Erstens können ziemlich genau eingestellte "Zeitbomben" gelegt werden, und zweitens können die unabhängig ablaufenden Prozesse unterhändig mit der Superuser-Vollmacht ausgestattet werden, was unter günstigen Umständen durch einfaches Umbenennen der Auftragsdateien erreicht werden kann. Eine strenge Kontrolle der Zugriffsrechte auf die im nachfolgenden beschriebenen Systemverzeichnisse und -dateien ist daher unerläßlich.

5.8.1 Periodische Disponierung

Die Auftragsdateien befinden sich in dem normalerweise geschützten Systemverzeichnis '/usr/spool/cron/crontabs', wobei die Login-Kennung LID der Benutzer als Basisname dient. Die Benutzerkontrolle wird vom Superuser durch Einträge der Login-Kennungen in den Systemdateien 'usr/lib/cron/cron.allow' (Zulassung) und 'usr/lib/cron.deny' (Sperren) ausgeübt. Weitere Einzelheiten sind unter crontab(1)/BHB gegeben.

Die Aufträge können als einzelne Befehle, Befehlsfolgen oder -gruppen und Pipelines nach dem folgenden Schema in die Auftragsdateien eingetragen werden:

<min> <hr> <dom> <mo> <dow> <Befehl>[<Argumente>] [E/A-Umlenkung>]

wobei eine E/A-Umlenkung genau dann notwendig ist, wenn der Befehl mit den Standard-Datenströmen (Abschnitt 5.4.1) arbeitet, da der unabhängig ablaufende Befehlsprozeß im allgemeinen nicht über eine Terminal-Shell an den Dienstport des Benutzers gebunden ist. Ohne Umlenkung würde daher bei der Normaleingabe sofort eine EOF-Bedingung entstehen, während die Normalausgabe automatisch in die von mail(1) verwaltete Ablagedatei des auftraggebenden Benutzers umgelenkt wird.

Die ersten 5 Parameter sind Ganzzahlen, mit denen die Ausführungsperiode nach dem folgenden Schema angegeben wird:

min:	0-59	Minute
hr:	0-23	Stunde
dom:	1-31	Tag im Monat (day of month)
mo:	1-12	Kalendermonat
dow:	0-6	Wochentag (day of week)

wobei jeder Parameterwert durch den Asterisk '*' ersetzt werden kann, der jeden zulässigen Wert in der jeweiligen Skala darstellt. Die beiden Diurnal-Parameter 'dom' und 'dow' ergänzen sich in dem Sinne, daß "Freitag, der 13." nur mit 'dom=13' und 'dow=5' angeben werden kann, wie das folgende Beispiel illustrieren mag:

```
$ cat /usr/spool/cron/crontab/Hubert          # Auftragsdatei
30 9 13 7 * echo "Juli 13" > /dev/tty04
30 9 *   * * echo "Freitag" > /dev/tty04
30 9 13 * 5 echo "Freitag, der 13.!" > /dev/tty04
...
```

wobei Ausgabe-Umlenkung angewendet wurde, um die Meldung 9:30 morgens am Terminal mit dem Dienstport '/dev/tty04' erscheinen zu lassen. Ohne Umlenkung würde die Ausgabe in der von mail(1) verwalteten Ablagedatei des auftraggebenden Benutzers abgelegt werden.

Im allgemeinen kann nur der Superuser die Auftragsdateien wirklich editieren; den allgemeinen Benutzern sollte dies aus den bereits genannten Gründen verwehrt sein. Übrigens muß der Prozeß 'cron' vor dem Editieren mit kill(1) terminiert, und danach mit cron(1m) wieder gestartet werden, da sonst die Neueinträge nicht zur Ausführung kommen.

Allgemeinen Benutzern steht der Befehl **crontab(1)** zur Auftragseingabe zur Verfügung:

```
$ crontab
30 9 13 7 * echo "Juli 13" > /dev/tty04
...
[CTL_D]
```

wobei längere Befehlszeilen mit dem Backslash über mehrere Eingabezeilen fortgesetzt werden können. Die Eingabe wird mit der jeweiligen Belegung von *eof* abgeschlossen; im Normalfall also mit CTL_D. Anstelle der interaktiven Eingabe kann eine vom Benutzer vorbereitete Auftragsdatei in der Befehlszeile angegeben werden:

```
$ crontab [<Auftragsdatei>]
```

Da *crontab* den Normaleingabestrom liest, können andere Befehle in einer

Pipeline vorgeschaltet werden:

```
$ <Vorschaltbefehl> ...  |  crontab
```

was allerdings nur in sehr seltenen Fällen Anwendung finden dürfte.

Mit der Option '–l' können die aktuellen Aufträge des jeweiligen Benutzers abgefragt werden:

```
$ crontab -l
15 10 1 9 * echo "10:15 hrs, 1 Sep" > /dev/tty04
...
```

und mit '-r' werden alle aktuellen Aufträge storniert, was auch sogleich nachgeprüft werden kann:

```
$ crontab -r                    $ crontab -l
                                $
```

5.8.2 Echtzeit-Disponierung

Mit dem Auftragsbefehl **at(1)** kann die Ausführung von einzelnen Befehlen, Befehlsfolgen oder -gruppen und Pipelines in der absoluten Kalenderskala disponiert werden, wobei die interaktive Eingabe nach dem folgenden Schema erfolgt:

```
$ at <Uhrzeit> [<Datum>] [+<Verzögerung>] [RETURN]
<Befehl> [<Argumente>] [<E/A-Umlenkung>] ...
<Befehl> [<Argumente>] [<E/A-Umlenkung>] ...
...
[CTL_D]
job number at ...
```

wobei die Eingabe mit *eof* — also normalerweise CTL_D — abgeschlossen werden muß, worauf die Bestätigung 'job number ...' mit der Auftragsnummer ausgeben wird. Die Nummer muß bei der eventuellen Stornierung angegeben werden. Auch hier ist die E/A-Umlenkung bei all jenen Befehlen notwending, die mit den Standard-Datenströmen arbeiten, da andernfalls die Eingabe sofort mit einer EOF-Bedingung geschlossen wird, während die Ausgabeströme automatisch in die von mail(1) verwaltete Ablagedatei des auftraggebenden Benutzers umgelenkt werden.

Ein einfaches Beispiel mag das Aufrufschema illustrieren:

```
$ at 09:15 april 1, 9
echo "Vorsicht bei Aprilscherzen ..." > /dev/tty10
 ...
[CTL_D]
job 670493700.a at Mon Apr  1 09:15:00 1991
$
```

Die Nachricht soll also am 1.April um 9:15 morgens auf dem Monitor mit dem Dienstport '/dev/tty10' erscheinen.

Der Normaleingabestrom von *at* kann auf eine vom Benutzer vorbereitete Auftragsdatei umgelenkt werden:

```
$ at <Uhrzeit> [<Datum>] [+<Verzögerung>] < <Auftragsdatei>
job number at ...
```

oder über eine Pipeline durch einen Vorschaltbefehl eingespeist werden:

```
$ <Vorschaltbefehl> ... | at <Uhrzeit> [<Datum>] [+<Verzögerung>]
job number at ...
```

was allerdings auch nur in sehr seltenen Fällen Anwendung finden dürfte. Mit der Option '–l' können die aktuellen Aufträge des jeweiligen Benutzers abgefragt,

```
$ at -l
user = Hubert 670493700.a  Mon Apr  1 09:15:00 1991
 ...
```

und mit '–r' storniert werden, was auch sogleich überprüft werden kann,

```
$ at -r 670493700.a                $ at -l
                                   $
```

Die eigentlichen Auftragsdateien befinden sich in dem Systemverzeichnis '/usr/spool/cron/atjobs', wobei die Auftragsnummern zugleich als Basisnamen dienen. Die Benutzerkontrolle wird vom Superuser durch Einträge der Login-Kennungen (LID) in den Systemdateien 'usr/lib/cron/at.allow' (Zulassen) und 'usr/lib/cron/at.deny' (Sperren) ausgeübt. Weitere Einzelheiten sind unter at(1)/BHB zu finden.

Der Auftragsbefehl at(1) ist nicht universell in allen UNIX-Systemen vorhanden; er kann durch die im Abschnitt 5.8.1 besprochene Anwendung von crontab(1) mit ausreichend spezifischen Zeit- und Datumsangaben ersetzt werden.

5.8.3 Stapelaufträge

Bei dieser Verarbeitungsart werden die Aufträge in eine Warteschlange eingereiht, die streng nach dem FIFO-Prinzip (first in, first out) arbeitet. Fällige Aufträge werden nach dem Auslastungsprinzip (standby principle) gemäß den verfügbaren Systemressourcen zur Ausführung freigegeben. Der Benutzer hat keine Disponiermöglichkeit hinsichtlich des Zeitpunktes oder der Dringlichkeit der Ausführung.

Die zu dieser Art der Stapelverarbeitung benutzte Anweisung **batch(1)** unterscheidet sich von at(1) nur darin, daß keine Datums- und Zeitparameter angegeben werden können:

```
$ batch
<Befehl> [<Argumente>] [<E/A-Umlenkung>] ...
<Befehl> [<Argumente>] [<E/A-Umlenkung>] ...
 ...
[CTL_D]
job number at ...
```

In jeder anderen Hinsicht ist der Gebrauch von *batch* identisch mit at(1). Auch hier können Auftragsdateien benutzt werden:

```
$ batch  <  <Auftragsdatei>
job number at ...
```

oder über eine Pipeline von einen Vorschaltbefehl eingelesen werden:

```
<Vorschaltbefehl> ...  |  batch
job number at ...
```

Mit den Optionen '–l' und '–r' können die aktuellen Aufträge des jeweiligen Benutzers abgefragt beziehungsweise storniert werden.

Die eigentliche Auftragsdateien befinden sich ebenfalls in dem Systemverzeichnis '/usr/spool/cron/atjobs', wobei auch hier die Auftragsnummern als Basisnamen dienen. Die Verarbeitung wird jedoch über die Systemdatei '/usr/lib/ cron/queuedefs' gesteuert. Benutzerkontrolle erfolgt wie bei at(1), unter dessen Eintrag batch(1) auch im Benutzer-Handbuch beschrieben ist.

5.9 Mehrfache Arbeitsebenen

Inzwischen unterstützen die meisten kommerziellen Ausgaben und Versionen des System V auch die quasi-parallele Verarbeitung von Befehlen und Aufträgen in mehrfachen Arbeitsebenen, die durch mehrere beilaufende Shells dargestellt werden (concurrent shell processing). Diese Erweiterung ist zumindest teilweise auf den heuristischen Arbeitsstil in der Software-Entwicklung zurückzuführen, wo erfahrene Programmierer oft die verschiedenen Phasen eines Projektes an mehreren Terminals gleichzeitig verfolgen und bearbeiten. Eben darin liegt auch die typische Anwendung dieser UNIX-Einrichtung. Bild 5.2 stellt dies dar.

Von der Terminal-Shell ausgehend, werden die Arbeitsebenen mit dem Befehl **shl(1)** (shell layer manager) erzeugt und gesteuert. Die dabei aufgerufenen Shells sind normalerweise beilaufende Instanzen jener Shell, die als Login-Shell fungiert und deren Verweis in der Standardvariablen '$SHELL' abgelegt ist. Wenn die Variable fehlt oder nicht belegt ist, wird die BOURNE-Shell benutzt. Durch Neubelegung der Variablen kann jede der beiden UNIX-Shells mit *shl* benutzt werden.

Die Arbeitsebenen (shell layers) sind Tochterprozesse der Terminal-Shell und ererben somit deren Environment, insbesondere also alle globalen Variablen. Die Bindungen der Standard-Datenströme an den Dienstport des Terminals erfolgt über *virtuelle Gerätekanäle*, die als enumerierte Objekte mit Basisnamen der Form 'sxt000', 'sxt001', ... im Systemverzeichnis '/dev' (oder einem Unterverzeichnis davon) enthalten sind. Die Anzahl der virtuellen Kanäle bestimmt die maximale Anzahl der Arbeitsebenen.

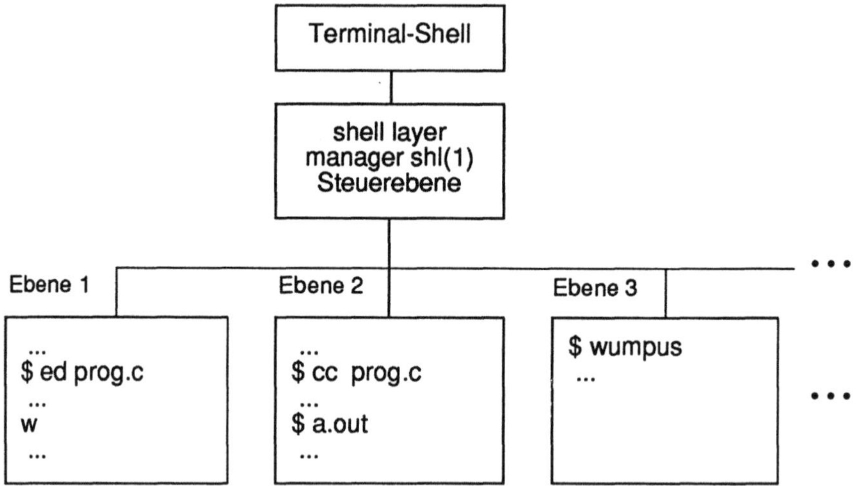

Bild 5.2: Parallelverarbeitung in mehrfachen Arbeitsebenen

Innerhalb der Grenzen, die durch die Anzahl der virtuellen Kanäle und die jeweilige Systemauslastung gesetzt sind, kann der Benutzer fast beliebig viele Arbeitsebenen anlegen, in denen verschiedene Aufgaben in einem jeweils separaten Rahmen verfolgt werden können. Ein Systemverwalter kann zum Beispiel in einer Ebene die Systemaktivitäten kontrollieren, in einer zweiten die Datensicherung auf Magnetband ablaufen lassen und in einer dritten zwischendurch mit dem Texteditor an einem Bericht arbeiten. Ein Programmierer mag seine Quelldatei in einer Ebene editieren, um sie in einer zweiten Ebene zu kompilieren und zu testen und dann hin und wieder den bösen wumpus(6) in einer dritten Ebene herumjagen — denn kleine *divertimenti* tragen mittelbar zur Produktivität bei (Bild 5.2).

Der *shell layer manager* shl(1) wird ohne jegliche Argumente aufgerufen:

```
$ shl
>>>
```

womit unmittelbar in die durch drei Winkelzeichen, '>>>', angezeigte Steuerebene eingetreten wird. Durch Eingabe von 'help', 'h' oder '?' werden alle zulässigen Steuerbefehle angezeigt:

```
>>> h
block     name   [name ...]
create    [name]
delete    name   [name ...]
help or ?
layers    [name]
quit
toggle
resume    [name]
unblock   name  [name ...]
>>>
```

wobei 'name' eine Ebene bezeichnet. Zum Beispiel soll eine neue Arbeitsebene zum Editieren angelegt werden:

```
>>> create  edit
edit  cd /Huber/arbeit
edit  ed prog.c
      w
      ...
      .
```

wobei der Bezeichner der Ebene 'edit' als Promptzeichen erscheint. Es kann jetzt wie in einer normalen Terminal-Shell gearbeitet werden. Mit der Eingabe von CTL_Z wird die aktuelle Ebene suspendiert und die Steuerebene erneut aufgerufen:

```
 ...
edit [CTL_Z]
>>>
```

so daß eine zweite Ebene zum Kompilieren und Testen angelegt werden kann:

```
>>> create komp
komp cd /Hubert/arbeit
komp cc prog.c
 ...
komp a.out
 ...
komp [CTL_Z]
>>>
```

die mit CTL_Z nach dem Probeaufruf wieder verlassen wird, um mit dem Befehl 'resume' das Editieren wiederaufzunehmen:

```
>>> resume edit
resuming edit
      w
      999
      q
edit [CTL_Z]
>>>
```

was nach einigen Aktivitäten wieder suspendiert wird, um eine dritte Ebene anzulegen:

```
>>> c spiel
spiel cd /usr/games
spiel wump
Welcome to Hunt-the-Wumpus ...
 ...
spiel [CTL_Z]
>>>
```

aus der in die Steuerebene zurückgekehrt wird. Mit dem Steuerbefehl 'layers' werden alle jeweils aktiven Ebenen angezeigt:

```
>>> layers
edit    (358)   executing or awaiting input
komp    (362)   executing or awaiting input
spiel   (374)   executing or awaiting input
 ...
```

Mit dem Befehl 'delete' können Ebenen gelöscht werden:

```
>>> delete spiel
>>> ...
```

Schließlich wird mit dem Befehl 'quit' der *shell layer manager* beendet, wobei alle Arbeitsebenen aufgegeben werden:

```
>>> quit
$
```

Die Terminal-Shell meldet sich dann wieder mit dem Shell-Prompt.

Was die übrigen Steuerbefehle anbelangt, so bewirkt 'toggle' ein bequemes Hin- und Herschalten zwischen der aktuellen und der vorhergehenden Ebene; mit 'block' kann die weiterlaufende und möglicherweise störende Terminal-Ausgabe einer suspendierten Ebene unter Zwischenpufferung abgeblockt und mit 'unblock' wieder freigegeben werden. Wie oben bereits illustriert, kann mit 'resume' in eine aktive Ebene eingetreten und mit 'delete' können eine oder mehrere Ebenen gelöscht werden; mit 'quit' wird *shl* unter Aufgabe aller Ebenen unverzüglich abgebrochen. Bei 'delete' und 'quit' wird das Signal SIGHUP an alle jeweils noch aktiven Tochterprozesse abgesandt.

Mit dem Befehl stty(1) kann das mit CTL_Z vorbelegte Schaltzeichen *swtch* (switch) verändert werden, wobei im allgemeinen immer eine CTL-Kombination benutzt wird:

```
$ stty swtch "^k"
```

wie zum Beispiel CTL_K. Das Schaltzeichen kann weder durch den Backslash noch durch Einzel- oder Doppelzitate außer Kraft gesetzt werden. Der *shell layer manager* ist unter shl(1)/BHB eingehend beschrieben.

5.10 Gemeinsame lexikalische Leistungsmerkmale

In allen verbalen Befehls- und Programmiersprachen, die dem Dialog zwischen Mensch und Maschine dienen, besteht der fundamentale Begriff des *Bezeichners* (identifier). Bezeichner benennen *Objekte*, die erzeugt, manipuliert und gelöscht werden können; auf jeden Fall aber irgendwie mit einem "Namen" angesprochen werden müssen. Im Kontext der lexikalischen Leistungsmerkmale der Shells bezieht sich dies ausschließlich auf die Objekte in den Dateisystemen, also auf Dateien, Verzeichnisse und Datenkanäle, deren Basisnamen die Bezeichner in dem nachfolgend besprochenen lexikalischen Leistungsbereich sind. Die Bezeichner von Shell-Variablen, Shell-Funktionen und Shell-Anweisungen sind also nicht in diesem lexikalischen Leistungsbereich einbegriffen!

Beide UNIX-Shells besitzen leistungsfähige lexikalische Arbeitshilfen mit denen ganze Klassen von Bezeichnern durch Metazeichen und lexikalische Muster erfaßt werden können, um die entsprechenden Objekte kollektiv zu manipulieren. Die für beide Shells verbindlichen lexikalischen Regeln für Bezeichner wurden bereits im Abschnitt 3.6.2 ausführlich dargestellt. Im Syntax der Shells treten die Bezeichner sowohl als Befehlsnamen als auch in Argumenten, E/A-Umlenkungsklauseln und Zuweisungsausdrücken auf. In allen Positionen unterliegen ungeschützte Bezeichner der lexikalischen Interpretation der Shells.

5.10.1 Die Klassendarstellung von Bezeichnern

Ein voll ausgeschriebener Bezeichner ist eindeutig und stellt in jeden gegebenen lexikalischen Kontext nur sich selbst dar. Ein unvollständig ausgeschriebener und durch *Metazeichen* oder *lexikalische Muster* (lexical patterns) ergänzter Bezeichner stellt dagegen eine *Bezeichnerklasse* dar, deren Elemente mit seinem ausgeschrieben Teil genau übereinstimmen und nur hinsichtlich der Metazeichen oder der lexikalischen Muster variieren. Je unbestimmter also ein durch Metazeichen oder lexikalische Muster bestimmter Ausdruck ist, desto größer die Klasse der damit erfaßten Bezeichner. Als Beispiele seien die bekannten "wildcard"-Konstrukte (All-Qantoren) mit dem Asterisk '*' genannt, die weitgehende Klassendarstellungen durch Angabe eines Präfix, Infix oder Suffix ermöglichen (Abschnitt 3.7.1).

Lexikalische Muster werden ausschließlich mit dem unter ascii(5) beschriebenen Zeichsatz kodiert, wobei folgende lexikalischen Zeichenkategorien zu betrachten sind:

Fundamentale Kategorien

c Gewöhnliche Zeichen, die nur sich selbst darstellen.

s Lexikalische Sonderzeichen.

\ Der Backslash, das universelle Fluchtzeichen;
\\ sich selbst abdeckend;
\s ein Sonderzeichen abdeckend, welches dann als gewöhnliches Zeichen interpretiert wird.

Lexikalische Sonderzeichen

* Der Asterisk, ein Metazeichen, das unbestimmte Zeichenketten darstellt, einschließlich der leeren Kette, wobei der Punkt '.' (dot) positionsbedingt und die NUL sowie der Schrägstrich '/' bedingungslos ausgeschlossen sind.

? Das Fragezeichen (questionmark), ein Metazeichen, das genau ein Zeichen darstellt, wobei der Punkt '.' (dot) positionsbedingt und die NUL sowie der Schrägstrich '/' bedingungslos ausgeschlossen sind.

[...] Eckige Klammern (square brackets), die eine Gruppe von zulässigen Zeichen umschließen und damit alle anderen Zeichen ausschließen.

[ahp] Die Teilmenge 'a', 'h', 'p' , alle anderen Zeichen ausschließend.

[A–Z] Die gesamte gemäß ascii(5) definierte Folge von Großbuchstaben 'A' bis 'Z', alle anderen Zeichen ausschließend.

[0–9] Die ersten 10 alleinstehenden Ziffern, alle anderen Zeichen ausschließend.

[...\[...] Eckige Klammern und das Minuszeichen müssen
[...\] ...] innerhalb der Gruppe mit dem Backslash
[...\– ...] abgedeckt werden.

[... * ...] Weder der Asterisk noch das Fragezeichen
[... ?...] müssen abgedeckt werden.

Jede der beiden UNIX-Shells besitzt darüberhinaus gehende, aber sehr unterschiedliche lexikalische Leistungsmerkmale. In der BOURNE-Shell, nicht aber in der C-Shell, können Zeichengruppen explizite ausgeschlossen werden. In der C-Shell können dagegen Zeichenfolgen aus einer Gruppe von Bezeichnern heraus faktorisiert werden, was in der BOURNE-Shell wiederum nicht möglich ist. Die C-Shell besitzt überdies noch ein weiteres

Metazeichen, das den Verweis auf das Eigenverzeichnis darstellt. Diese und andere lexikalische Besonderheiten werden in den Abschnitten 6.1 (sh) und 7.1 (csh) weitergeführt.

Lexikalische Muster können nach *Stellenwerten* zusammengesetzt werden. Zum Beispiel erfaßt

[A–Z][a–z]*?[0–9]

alle Bezeichner, die mit einem Großbuchstaben gefolgt von einen Kleinbuchstaben beginnen, danach eine Zeichenkette mit mindestens einem Zeichen enthalten und schließlich mit einer Ziffer enden.

Der Wertevorrat eines Metazeichens ist von der Position innerhalb des lexikalischen Musters abhängig, wobei die folgenden Regeln gelten:

...*	Am Ende (trailing) werden alle jeweils möglichen Zeichenketten substitutiert.
...*...	In der Mitte (included) wird wie am Ende stehend interpretiert.
*...	Am Anfang (leading) werden alle jeweils möglichen Zeichenketten substitutiert, die nicht selbst mit dem Punkt anfangen.
*	Alleinstehend (isolated) wird wie am Anfang stehend interpretiert, wobei eine leere Zeichenkette entstehen kann.
**	Wiederholt (repeated): Idempotent, wird wie ein einziger Asterisk interpretiert.
...?	Am Ende (trailing) wird jeweils genau eines der jeweils möglichen Zeichen substitutiert.
...?...	In der Mitte (included) wird wie am Ende stehend interpretiert.
?...	Am Anfang (leading) wird außer dem Punkt genau eines aller jeweils möglichen Zeichen substitutiert.
?	Alleinstehend (isolated) wird wie am Anfang stehend als genau ein Zeichen interpretiert.
?? ???	Wiederholt (repeated) wird als genau zwei, genau drei, ... Zeichen interpretiert, wobei die Einschränkung in der ersten Position gilt.

Die *jeweils möglichen* Zeichenketten beziehungsweise Zeichen werden durch den jeweiligen *Kontext* bestimmt, was gleich nachfolgend erläutert werden soll.

5.10.2 Die Interpretation lexikalischer Muster

Normalerweise sind beide Shells auf die Interpretation lexikalischer Muster voreingestellt. In der BOURNE-Shell kann die Interpretation bereits beim Shell-Aufruf durch die Option 'f' außer Kraft gesetzt und danach jederzeit mit der Anweisung **set(sh)** wieder an- und abgeschaltet werden:

```
$ echo *
abba babba ... zappa
$ set -f                    # abschalten
$ echo *                    # testen
*

$ set +f                    # anschalten
$ echo *                    # testen
abba babba ... zappa ...
```

Die Optionen der BOURNE-Shell sind im Abschnitt 6.9 aufgelistet. In der C-Shell kann die Interpretation nur mit den Anweisungen set(csh) und unset(csh) an- und abgeschaltet werden:

```
% set noglob                # abschalten
...
% unset noglob              # anschalten
```

wobei die Optionsvariable '$noglob' gesetzt beziehungsweise gelöscht wird. Die Optionsvariablen der C-Shell werden im Abschnitt 7.3.2.3 besprochen.

Beide Shells interpretieren lexikalische Muster als Teilmengen aller im jeweiligen Kontext existierenden Bezeichner. Das jeweilige Resultat der Interpretation kann mit dem *Befehl* **echo(1)** oder den *Shell-Varianten* **echo(sh)** und **echo(csh)** dargestellt werden:

```
$ echo *
abba babba ... zappa
```

wobei der Kontext durch das aktuelle Arbeitsverzeichnis bestimmt ist. Um die "gepunkteten" (dotted) Bezeichner zu erfassen, muß der Punkt explizite angegeben werden:

```
$ echo .*
... .login .profile ...
```

wobei wiederum alle anderen Bezeichner ausgelassen werden. Um alle Bezeichner zu erfassen, müssen also zwei Muster angegeben werden:

```
$ echo  *  .*
 ... .login  .profile ...
 ... abba babba ... zappa
```

Durch Angabe des Verweises können Kontexte außerhalb des Arbeitsverzeichnisses angegeben werden; wie zum Beispiel das Eigenverzeichnis:

```
$ echo $HOME/*
 ...
```

oder das Systemverzeichnis '/bin', das die Binärdateien der ursprünglichen UNIX-Befehlen enthält:

```
$ echo /bin/[a-d]*
/bin/adb  /bin/ar ...
 ...        /bin/dump  ...
```

wobei genau jene Bezeichner erfaßt werden, die mit den Kleinbuchstaben 'a' bis 'd' anfangen. Die Reihenfolge der Darstellung (collating sequence) wird durch ascii(5) bestimmt, also alphabetisch in diesem Falle.

Der *Kontext* kann sich über mehrere Ebenen erstrecken und selbst durch lexikalische Muster bestimmt werden:

```
$ echo ./*/*/*
 ...
```

wobei vom aktuellen Verzeichnis ausgehend alle jene Bezeichner in all jenen Enkelverzeichnissen erfaßt werden, deren Basisnamen nicht mit einem Punkt anfangen. Dieser Kontext erstreckt sich also über drei Ebenen von Unterverzeichnissen.

In beiden Shells werden ungeschützte Metazeichen und lexikalische Muster in Befehlszeilen automatisch durch die Liste der dabei erfaßten Bezeichner ersetzt, bevor der Befehl selbst ausgeführt wird. Der Befehl "sieht" also nur die erzeugte Liste der Bezeichner, nicht aber das ursprüngliche lexikalische Muster. Beim Aufruf von Shell-Skripten wird die erzeugte Liste von Bezeichnern unmittelbar auf die numerierten Argumentvariablen '$1, $2, ...' übertragen; bei C-Programmen auf die Elemente des Zeigervektors '*argv' im Programmkopf 'main(...)'.

Gelegentlich überschreitet die aus einem lexikalischen Muster erzeugte Argument-Liste die maximale Länge oder Anzahl, so daß der Befehl mit einem eingeschränkten Muster wiederholt werden muß; wie etwa bei *echo*:

```
$ echo /[a-g]*/[a-g]*/*
```

Bei Befehlen wo die Anzahl der Argumente beschränkt ist, kann der Hilfsbefehl xargs(1) verwendet werden (Abschnitt 5.6.2).

Bei *rein symbolischer* Verwendung (purely literal use) müssen Metazeichen und lexikalische Muster durch individuelles Abdecken mit dem Backslash oder durch umgebende Einzel- oder Doppelzitate geschützt werden. Dies wird im nachfolgenden Abschnitt besprochen.

5.11 Lexikalische Schutzregeln

Diese Regeln beziehen sich auf die lexikalische Integrität von zwei Kategorien syntaktischer Elemente:

- Bezeichner, die Objekte benennen;
- Symbolische Konstante, die als Zuweisungswerte und Argumente benutzt werden;

deren gemeinsame Zusammensetzung auf den ASCII-Zeichensatz gemäß ascii(5) beschränkt ist. Die lexikalischen Regeln für Bezeichner (Abschnitt 3.6.2) schließen darüberhinaus noch das NUL-Zeichen sowie den Schrägstrich '/' aus; die Maximallänge eines Bezeichners ist auf jeweils 14 Zeichen beschränkt. Außer der jeweils maximalen Länge von Befehls- und Eingabezeilen sind lexikalische Konstante keinen weiteren Vorausbeschränkungen unterworfen.

Es bestehen jedoch gewisse "lexikalische Gefahren", gegen die Bezeichner und symbolische Konstanten geschützt werden müssen:

- Zurückweisung der Eingabe durch die Shell, die ungeschützt eingebettete Sonderzeichen als Syntaxelemente interpretiert.
- Unerwartete, unerwünschte Interpretation ungeschützter Zeichen und Zeichenketten, die Metazeichen und lexikalische Muster darstellen.
- Unerwartete, unerwünschte Substitutionswirkung von Shell-Variablen und Ausführungszitaten, sowie bei dem Abrufzeichen '!' des Befehlspuffers der C-Shell.

Die beiden Shells gemeinsamen protektiven Sonderzeichen wurden bereits im Abschnitt 5.1.3 besprochen; sie sollen hier nur noch einmal nach absteigender "Schutzkraft" aufgeführt werden:

' ... '	Umschließende Einzelzitate (enclosing single quotes).
\> \$ * \\	Abdecken mit dem Backslash (prepended backslash).
" ... "	Umschließende Doppelzitate (enclosing double quotes).

5.11.1 Die grundlegenden Schutzregeln

Die im nachfolgenden besprochenen Schutzregeln sind für beide Shells gleichermaßen verbindlich, wenngleich die Bedeutung bestimmter Sonderzeichen unterschiedlich ist. Dies wird in den Abschnitten 6.1 (sh) und 7.1 (csh) für die jeweilige Shell weitergeführt.

5.11.1.1 Das Schützen der Schutzzeichen

Da umgebende Einzelzitate alle anderen Zeichen (außer dem Ausrufungszeichen '!' in der C-Shell) schützen, einschließlich der Doppelzitate, und auch die Schutzwirkung des Backslash außer Kraft setzen, dürfen sie sich unter keinen Umständen im protektiven Sinn selbst umschließen: Ausdrücke wie

' ...\'... '   und   ' ... "'" ... '

werden also entweder gleich von den Shells zurückgewiesen oder wirken nicht im beabsichtigten Sinn. Falls das Einzelzitat im Sinn des Auslassungszeichens (apostrophe) in verbalen Zitaten benutzt werden soll, wie im verbatim: "... das war's ...", dann muß die Zeichenkette an solchen Stellen stückweise zusammengesetzt werden,

```
$ echo '"... das war"'\''s ..."'
" ... das war's ..."
```

Umschließende Einzelzitate berauben den Backslash seiner Schutzwirkung; er stellt also innerhalb der Einzelzitate nur den obversen Schrägstrich dar. Außerhalb der Einzelzitate schützt der Backslash jedoch jedwedes Sonderzeichen, also auch beide Typen von Zitaten und sich selbst:

```
$ echo \'          $ echo \"          $ echo \\
'                  "                  \
```

Umschließende Doppelzitate schützen auf jeden Fall Einzelzitate; ihre Schutzwirkung bezüglich des Backslash unterscheidet sich jedoch in den beiden Shells. In der BOURNE-Shell behält der Backslash seine Schutzwirkung bei, so daß mit ihm jedwedes Sonderzeichen innerhalb umgebender Doppelzitate geschützt werden kann. In der C-Shell trifft genau das Gegenteil zu. Ein weiteres Beispiel mag dies veranschaulichen:

```
BOURNE-Shell                       C-Shell

$ echo  "Doppelzitat: \" "         $ echo  "Doppelzitat: \" "
Doppelzitat: "                     unmatched "
```

5.11.1.2 Syntaxelemente der Shell

Die beiden Shells gemeinsame Teilmenge von eigentlichen Syntaxelementen besteht aus den Sonderzeichen:

```
& | ^ { } ( ) < > ; #
```

sowie im weiteren Sinne auch aus den *Standardtrennzeichen* (white spaces):

- Das Leerzeichen SP (040) (space, blank) sowie
  das Tabulator-Zeichen HT (09) (tab character).

Diese Sonderzeichen können am leichtesten geschützt werden. Individuelles Abdecken mit dem Backslash oder Umschließen mit Einzel- oder Doppelzitaten kann je nach Bedarf ohne jegliche Einschränkung angewendet werden.

5.11.1.3 Metazeichen und lexikalische Muster

Die beiden Shells gemeinsame Teilemenge besteht aus den vier Sonderzeichen:

```
* ? [...]
```

die genauso leicht geschützt werden können wie die Shell-Syntaxelemente. Individuelles Abdecken mit dem Backslash oder umschließende Einzel- oder Doppelzitate können frei nach Bedarf angewendet werden.

Die beiden Shells unterscheiden sich jedoch hinsichtlich der Interpretation von Metazeichen und lexikalischen Mustern in Zuweisungen an Shell-Variable:

BOURNE-Shell

```
$ varx=*
$ set
 ...
x=*
 ...
```

C-Shell

```
%set varx=*
set
 ...
x=abba ... zappa ...
 ...
```

so daß bei Zuweisungen in der BOURNE-Shell eigentlich kein lexikalischer Schutz notwendig ist. In der C-Shell wird bei ungeschützter Zuweisung gleich der jeweilige Wertevorrat zugewiesen.

5.11.1.4 Substitutionseffektoren

Die beiden Shells gemeinsame Teilmenge von *Substitutionseffektoren* (substitution effectors) besteht aus den zwei Sonderzeichen:

$ Das Dollarzeichen (dollar sign), das als Präfix beim Abgreifen von Shell-Variablen gesetzt werden muß.

'...' Ausführungszitate (exec quotes) lenken die Befehlsausgabe in Shell-Variable um.

Bei dem Dollarzeichen setzt die Substitutionswirkung jedoch nur dann ein, wenn es unmittelbar von einem Buchstaben, einer Ziffer oder dem Unterstrich gefolgt wird — also als Abgriff einer Shell-Variablen interpretiert werden kann. Wird es dagegen von Standardtrennzeichen gefolgt, so erfolgt eine rein symbolische Interpretation. In allen anderen Fällen entsteht ein Syntaxfehler.

Bei umschließenden Ausführungszitaten erfolgt nur dann eine Substitution, wenn die umschlossene Zeichenkette einen ausführbaren Befehlsausdruck enthält. Insbesondere erfolgt bei leeren Ausführungszitaten keinerlei Substitution.

Die Substitutionswirkung kann immer durch umgebende Einzelzitate und außerhalb von Einzelzitaten *immer* durch individuelles Abdecken mit dem Backslash außer Kraft gesetzt werden. Mit Doppelzitaten kann die Substitutionswirkung dagegen *niemals* aufgehoben werden. In der BOURNE-Shell können beide Substitutionseffektoren jedoch innerhalb umgebender Doppelzitate mit dem Backslash geschützt werden, was in der C-Shell nicht möglich ist oder nicht das erwartete Resultat bringt. Dies wird in den Abschnitten 6.1 (sh) und 7.1 (csh) weitergeführt.

5.11.1.5 TTY-Steuerzeichen

Die in Tabelle 2.1 aufgelisteten TTY-Steuerzeichen, obgleich nicht unmittelbar darstellbar, sind ausnahmslos echte ASCII-Zeichen und können daher in Bezeichnern und symbolischen Konstanten durchaus benutzt werden. Die dabei möglicherweise entstehenden Probleme liegen nicht bei den Shells, sondern bei der Interpretation der Roheingabe im Gerätetreiber des TYYDienstports. Ob ein TTY-Steuerzeichen geschützt werden kann, hängt daher von dessen aktuellen Status gemäß stty(1) ab.

Die beiden Zeichen, die jeweils gemäß stty(1) als Interrupt (intr) und Abbruch (quit) definiert sind, können nicht geschützt werden, denn das hieße ja, sie ihren ultimativen Zweck zu entfremden! Das gleiche gilt für die Flußsteuerzeichen X-ON (CTL_Q) und X-OFF (CTL_S). Falls diese vier Steuerzeichen tatsächlich rein symbolisch benutzt werden sollen, dann muß vorher eine zumindest zeitweilige Umbelegung mit dem Befehl stty(1) vorgenommen werden. Dies wird im nachfolgenden Abschnitt mit einen Beispiel illustriert.

Die gemäß stty(1) als *erase*, *kill*, *eof* und *eol* definierten Zeichen können individuell mit dem Backslash geschützt und somit rein symbolisch benutzt werden. Das jeweils als *swtch* definierte Schaltzeichen des *shell layer manager* shl(1) (Abschnitt 5.9) — also normalerweise CTL_Z — kann nicht geschützt werden. Auch hier muß mit stty(1) gegebenfalls eine Umbelegung vorgenommen werden.

5.11.2 Instruktive Beispiele

Abgesehen von den primitiven Versuchen naiver Anfänger, eine Datei oder ein Verzeichnis durch "Vergiften" des Namens mit Sonderzeichen unzugänglich oder unbrauchbar zu machen, entstehen *poisoned* Bezeichner gelegentlich durch Ungeschicklichkeit oder Nachlässigkeit. Das Heimtückische bei solchen Bezeichnern ist, daß sie im allgemeinen sowohl lexikalisch korrekt als auch syntaktisch konform sind und daher selten eine Zurückweisung oder Fehlermeldung durch die Shells provozieren. Auf jeden Fall müssen solche Probleme ohne unerwünschte (oder ohne die vielleicht erwünschten!) Nebenwirkungen aus der Welt geschafft werden.

Betrachten wir zuerst den Fall, wo eine Datei irgendwie den lexikalisch vollkommen legalen Namen ' *.c' bekommen hat. Der unausgesprochenen Einladung, dieses Kuckucksei mit

```
$ rm  *.c                    # Vorsicht!!!
```

zu entfernen, wird wohl kaum jemand bewußt folgen wollen. Man wird es auf folgende absolut sichere Weise tun:

```
$ mv \*.c  hold          oder          $ mv  '*.c'  hold
```

um erst einmal den Inhalt näher inspizieren zu können. Die Datei mit dem für solche Zwecke üblichen Namen "hold" (Auffangdatei) kann dann später sicher gelöscht werden.

Eine besonders cleveres — und wesentlich heimtückischeres — Kuckucksei ist, dem Bezeichner die Form einer Shell-Variablen zu geben. Gegeben sei:

```
$ ls
 ... $varx ... abba  babba ... zappa
```

d.h. '$varx' ist tatsächlich ein Basisname. Angenommen, eine Shell-Variable gleichen Namens existiert und enthält:

```
$ echo $varx
abba babba ... zappa
```

dann wird mit dem naiven Befehl

```
$ rm $varx                # Gefahr!
```

nicht die Datei '$varx' gelöscht, sondern die Dateien 'abba, babba, ..., zappa'. Auch hier sollte erst eine Umbenennung vorgenommen werden,

$ mv \$varx hold   oder $ mv '$varx' hold

bevor weitere Schritte unternommen werden. Doppelzitate hätten in diesem Beispiel nicht verwendet werden können, da sie nicht gegen die Substitutionswirkung schützen:

```
$ echo  "$varx"
abba babba ... zappa
```

Ähnliche Situationen entstehen und ähnlich sollte verfahren werden, wenn Shell-Syntaxelemente in Bezeichnern enthalten sind, wie zum Beispiel in '>dateix', '<dateiz', und 'datei=' usw.

Wenn der Bezeichner einer ausführbaren Datei Metazeichen enthält, dann wird beim ungeschützten Aufruf genau das erste Element der Bezeichnerklasse aufgerufen. Wenn zum Beispiel 'prog?'die Bezeichnerklasse erzeugt:

```
$ echo prog?
prog1  prog2  ...  prog9  prog?  ...
```

dann wird der Befehl

```
$ prog?                   # unbestimmter Aufruf
```

als die folgende Befehlszeile interpretiert:

```
$ prog1   prog2 ... prog9  prog?
```

wobei 'prog1' anstelle von 'prog?' aufgerufen wird, während 'prog2 ... prog9 prog?' als Argumente behandelt werden, was sowohl eine bösartige als auch eine clevere Art der Vorprogrammierung sein kann.

Sowohl Einzel- als auch Doppelzitate können legitime Bestandteile eines Bezeichners sein. Sie müssen dann individuell mit dem Backslash abgedeckt oder mit Doppelzitaten umgeben werden, wie zum Beispiel bei dem durchaus legalen Bezeichner "peter's":

```
$ mv  peter\'s   hold                    $ mv  "peter's"  hold
```

Doppelzitate können ihrerseits mit dem Backslash abgedeckt oder einfach mit Einzelzitaten umgeben werden,

```
$ cat \"double quote\"                   $ cat '"double quote"'
```

Schließlich kann der Backslash durch sich selbst abgedeckt oder mit Einzelzitaten umgeben werden:

```
$ mv   \\x\\   holdx                     $ mv   '\y\'   holdy
```

Ungeschützte Substitutionseffektoren können unterschiedliche Wirkung haben, was davon abhängt, ob eine Substitution jeweils möglich ist. Wenn zum Beispiel die Shell-Variable '$yy' nicht existiert oder leer ist, dann reduziert sich der lexikalisch legale Bezeichner 'datei$yy' einfach auf 'datei'. Andernfalls, wenn die Variable eine Zeichenkette enthält, wie in,

```
$ echo  $yy
.for
```

dann wird der Bezeichner entsprechend erweitert,

```
$ echo datei$yy
datei.for
```

Wenn mit dieser Absicht gearbeitet wird, können neue Probleme entstehen. Wenn im obigen Beispiel die Silbe 'tran' angehangen werden soll, um den Bezeichner 'datei.fortran' zu erzeugen, dann können unerwartete und unbeabsichtigten Resultate wie

```
$ echo datei$yytran        oder        $ echo datei$yytran
datei                                  dateicrap
```

genau dann entstehen, wenn die Variable '$yytran' nicht existiert oder mit einem unerwarteten Wert wie 'crap' belegt ist. Die beabsichtigte und erwartete Wirkung muß daher mit geschweiften Klammern (braces) erzwungen werden:

```
$ echo datei${yy}tran
datei.fortran
```

wobei die geschweiften Klammern den Namen der Variablen von der nachfolgenden Zeichenkette abgrenzen.

Eine in der Tat sehr effektive Methode, eine Datei oder ein Verzeichnis gegen Zugriffe jeglicher Art abzublocken, besteht darin, den Bezeichner mit den jeweiligen Interrupt- oder Abbruch-Zeichen zu "spicken". Gegeben sei:

```
$ stty  ... intr = ^c; ...
```

Gleichzeitig findet man mit der Option 'b' von ls(1) einen Bezeichner, der ein Steuerzeichen enthält, dessen Oktalwert dem aktuellen Interrupt-Zeichen CTL_C entspricht:

```
$ ls -b
 ... abba \003babba ... zappa
```

Solange CTL_C (003) als Interrupt-Zeichen fungiert, besteht absolut keine Möglichkeit, auf das Objekt '\003babba' zuzugreifen. Mit dem Befehl stty(1) muß daher das Interrupt-Zeichen zumindest zeitweilig umdefiniert werden:

```
$ stty intr "^k"
```

wodurch der Zugriff — in diesem Fall der Eintritt in ein versehentlich oder böswillig abgeblocktes Verzeichnis — möglich wird,

```
$ cd \[CTL_C]babba
```

wobei die CTL-Tastenkombination benutzt werden muß. Leider gibt der Befehl pwd(1) die Sonderzeichen in Verweisen nicht in sichtbarer Form aus:

```
$ pwd
/Hubert/arbeit/babba
```

5.12 Übertragungssteuerung und Terminal-Anpassung

Effiziente und produktive interaktive Shell-Verarbeitung erfordert sowohl eine gut abgestimmte Datenübertragungsvereinbarung (line discipline) als auch eine dynamische Anpassung der Leistungsmerkmale des Terminals (terminal capability matching). Dies bezieht sich weniger auf den verhältnismäßig anspruchslosen Dialog bei der Systemverwaltung und auch beim Programmieren als auf interaktive Anwendungen, wo der Ablauf mit Menues gesteuert wird, und die Dateneingabe und -darstellung durch Masken erfolgt. Das UNIX-Systempaket stellt dazu eine Reihe von Steuerbefehlen und integrierten Hilfseinrichtungen zur Verfügung.

5.12.1 Die Steuerung der Datenübertragung

Zwar kann die Konfiguration der TTY-Dienstporte und damit die Terminal-Konfiguration normalerweise nicht von der Benutzerebene her verändert werden, doch der Benutzer hat die Möglichkeit, die für seinen TTY-Dienstport geltenden Übertragunsparameter zu überprüfen und gegebenfalls zu adjustieren. Alle vom Benutzer individuell vorgenommenen Veränderungen gelten nur für die jeweilige Session und erlöschen beim Ausloggen. Die entsprechenden Anweisungen können natürlich in den Einlog-Steuerdateien '.profile' (sh) und '.login' (csh) vorprogrammiert werden, um nach dem Einloggen automatisch ausgeführt zu werden.

Mit dem Befehl **tty(1)** kann der absolute Verweis des Gerätekanals des jeweiligen Dienstports abgefragt oder in einer Shell-Variablen abgelegt werden:

```
$ tty                          $ ttyvar='tty'        # sh
/dev/tty15                     % set ttyvar='tty'    # csh
```

Die aktuellen Übertragungs- und Terminalvereinbarungen für die TTY-Dienstports können mit dem Befehl stty(1) aufgelistet werden, wobei das allgemeine Aufrufschema gilt:

```
stty  [-a|-g]  [ < /dev/ttyxx ]
```

Mit der Umlenkungsklausel kann ein Gerätekanal angegeben werden; bei Auslassung wird der Dienstport des jeweiligen Benutzerterminals angesprochen. Ohne jegliche Argumente gibt *stty* lediglich eine Kurzfassung der jeweiligen Vereinbarungen aus; mit der Option 'a' werden alle aktuellen Parameter aufgelistet:

```
$ stty -a
 speed 9600 baud; line=0 ; intr DEL; quit ^|; erase ^h; kill ^x; eof ^d; ...
 ... parenb -parodd cs7 -cstopb ...
 ... ixon -ixany ixoff ...
```

Die Bedeutung der einzelnen Parameter wird unter stty(1)/BHB eingehend beschrieben. Mit der Option 'g' werden die aktuellen Parameter als Hexadezimalwerte zur möglichen Wiederverwendung ausgegeben:

wobei der Doppelpunkt ':' die einzelnen Werte trennt. Die Reihenfolge der Werte entspricht den Komponenten der C-Struktur 'termio', die mit dem Systemaufruf **ioctl(2)** in C-Programmen benutzt wird und in der C-Zusatzdatei '/usr/include/termio.h' nebst den Vorbelegungswerten der Parameter definiert ist. Eine vollständige Beschreibung wird unter termio(7)/PHB gegeben.

Die Parameter können mit *stty* individuell variiert werden:

```
stty <Parameter-Zuweisungen>  [ < /dev/ttyxx ]
```

wobei zwei Zuweisungsformen möglich sind. Bei der ersten, etwas umständlicheren Form werden Kürzel (mnemonics) und Wertezuweisungen benutzt. Zum Beispiel wird mit

```
$ stty  4800 parenb parodd cs7 -cstopb ixon ixoff ...\[RET]
        intr "^c" quit "^k" -echoe -echok ...
```

die Übertragungsrate auf 4800 Baud gesetzt, die Paritätsprüfung mit 'parenb' angeschaltet und mit 'parodd' auf ungerade (odd) eingestellt, wobei eine Zeichengröße von 7 Bits (cs7) übertragen wird. Mit 'ixon' und 'ixoff' wird die Flußsteuerung (handshake) auf X_ON /X_OFF (DC1/DC3) festgelegt. Die Zuweisungen an 'intr' und 'quit' definieren CTL_C und CTL_K als Interrupt- beziehungsweise Abbruch-Zeichen, während mit '-echoe' (not-echo-erase) und '-echok' (not-echo-kill) das automatische Löschen von Zeichen beziehungsweise von Zeilen auf dem Bildschirm bei der Eingabekorrektur (Abschnitt 2.3.3) abgestellt wird.

Die zweite, etwas kürzere Form der Parametereingabe benutzt kodierte Hexadezimalwerte:

```
$ stty 526:1805:9ad:3b:7f:1c:8:18:4:0:0:0
```

deren Reihenfolge der oben skizzierten C-Struktur 'termio' entsprechen, wobei allerdings alle 12 Werte aufgeführt werden müssen.

Beim Hin- und Herschalten zwischen mehreren Übertragungs- und Terminalvereinbarungen kann die gesamte Parameterliste in Shell-Variablen oder kleinen Dateien abgelegt werden:

```
$ ttyparam=‘stty –g‘          # BOURNE–Shell
% set ttyparam=‘stty –g‘      # C–Shell
$ stty –g > ttyparam          # Beide Shells
```

um sie später aus der Shell-Variablen oder der Datei einfachst wiederherzustellen:

```
$ stty $ttyparam              $ stty ‘cat ttyxxpars‘
```

Die aktuellen Übertragungsvereinbarungen können einfachst von einem TTY-Port auf einen anderen übertragen werden:

```
$ stty < /dev/ttyxx ‘stty –g < /dev/ttyzz‘
```

Die Tasten oder Tastenkombinationen für das Interrupt- und das Abbruch-Signal können mit *stty* dynamisch variiert werden. Insbesondere können beide Signale durch Leerzuordnung vollkommen unzugänglich gemacht werden:

```
$ stty intr ""                $ stty quit ""
```

was zumeist angewendet wird, wenn interaktive Anwendungsprogramme und Shell-Skripte gegen unerwünschte Unterbrechung oder Abbruch geschützt werden müssen.

stty(1) kann bei allen Gerätekanälen benutzt werden, die über serielle TTY-Dienstports mit PADs, MODEMs, Monitoren, Druckern und anderen peripheren Geräten verbunden sind, wobei im allgemeinen eine asynchrone Zeichenübertragung nach RS-232C (CCITT V.24) unterstellt wird. Varianten von stty(1) werden häufig von den OEM-Herstellern mit hardwarespezifischen Erweiterungen ausgestattet.

5.12.2 Anpassung der Terminal-Leistungsmerkmale

Zahlreiche ursprüngliche UNIX-Einrichtungen stützen sich auf genau definierte Terminal-Leistungsmerkmale (terminal capabilities) hinsichtlich der Übertragung und Darstellung von Daten, wie das zum Beispiel bei dem Vollschirm-Editor vi(1) der Fall ist. In der C-Sprache programmierte Anwendungen benutzen zumeist Funktionen aus der Programmbibliothek curses(3X) zur Steuerung von Vollschirm-Menues und -Masken, wobei ebenfalls von bekannten und definierten Leistungsmerkmalen des Benutzer-Terminals ausgegangen wird.

Diese Programme und Funktionen greifen zuerst die Standardvariable '$TERM' im aktuellen Shell-Environment ab, um die jeweilige Terminal-Kennung zu erhalten, die ihrerseits auf eine Parameterdatei im Terminal-Stammverzeichnis '/usr/lib/terminfo' (terminal capability data base) verweist. Die spezifischen Steuerzeichen und -sequenzen des Terminals (terminal control codes) sowie die Zeichenbelegung der Funktions- und Sondertasten (keyboard codes) werden dann in das Programm eingelesen, um als Steuerfunktionen an das Terminal ausgegeben, beziehungsweise als Tastenfunktionen bei Eingabe interpretiert zu werden. Die für das jeweilige System verbindlichen Einzelheiten sind unter den Einträgen term(4)/PHB und terminfo(4)/PHB beschrieben.

Zwei grundlegende Kategorien von Steuerkodes werden durch die Einträge in den Terminal-Parameterdateien definiert:

1. Hardware-Steuerzeichen, die von Programmen an das Terminal ausgegeben werden, um Gerätefunktionen ein- und abzuschalten (device control codes):
   - Erzeugen des Grundzustandes und der Vorbelegungen, Löschen des Schirms und der internen Puffer, Rücksetzen auf den Grundzustand (initialization, clear, reset);
   - An- und Abstellen der Darstellungsattribute, wie Farben, Helligkeit, Video-Umkehrung, Blinken, Zeichengröße (enabling/disabling display attributes');
   - Steuerung der Schreibmarke, Schreiben der Statuszeile (cursor movements, status line).
2. Software-Steuerzeichen, die von der Tastatur ausgegeben werden, um programmierte Funktionen auszuführen (keyboard codes):
   - Die Kodes programmierter und festbelegter Funktionstasten;
   - Die Kodes dedizierter Steuertasten, wie zum Beispiel die RETURN- und die ESCAPE-Taste sowie die Treibertasten für die Schreibmarke.

In beiden Shells steht der Befehl **tput(1)** zur Verfügung, um die jeweils definierten Terminal-Attribute dynamisch an- und abzustellen:

```
tput [–T<Terminal-Kennung>] <Attribut>
```

wobei eine der Terminal-Kennung entsprechende Parameterdatei im Terminal-Stammverzeichnis existieren muß. Bei Auslassung der Kennung wird diese der Standardvariablen '$TERM' entnommen. Die Attribute werden durch Kürzel angegeben, die unter terminfo(4) allgemeinverbindlich definiert sind. Zum Beispiel wird bei einem Terminal vom Type 'vt100' mit

```
$ tput –Tvt100 rev
```

die Video-Darstellung invertiert; während mit

$ tput blink und $ tput bold

das Blinken angestellt beziehungsweise die Video-Intensität für den jeweils in '$TERM' definierten Terminaltyp verstärkt wird.

Schließlich werden mit

$ tput sgr0 und $ tput clear

alle Attribute abgestellt und der Schirm gelöscht.

Die Steuerzeichen und -zeichenfolgen der für das jeweilige System verbindlich definierten Terminals und anderer peripheren Geräten werden in binären Dateien abgelegt, deren Basisnamen durch die Terminal- beziehungsweise die Geräte-Kennungen festgelegt werden. Diese Binärdateien sind nach den Anfangsbuchstaben ihrer Basisnamen in Unterverzeichnissen des Stammverzeichnisses '/usr/lib/terminfo' zusammengefaßt, was wiederum einer Gruppierung nach den Anfangsbuchstaben der Terminal-Kennungen entspricht. Das Format der Binärdateien wird unter term(4)/PHB beschrieben.

Neue Terminal- und Gerätetypen werden in der *terminal capability data base* eingetragen, indem zuerst eine Textdatei angelegt wird, die den beschreibenden Quellkode gemäß dem in terminfo(4)/PHB beschriebenen Format enthält. Die Quelldatei wird mit dem Spezialkompiler **tic(1m)** (terminfo compiler) in Binär-Kode übersetzt. Der Vorgang wird unter tic(1m)/SHB eingehend beschrieben.

Besondere Anwendungen

Eine Reihe von speziellen Darstellungsgeräten, darunter BTX- und Videotex-Terminals sowie zahlreiche Graphics-Monitoren, sind *multimodalfähig*, d.h. sie können durch Steuerzeichen zwischen zwei oder mehreren Betriebszuständen hin- und hergeschaltet werden; wie zum Beispiel zwischen CEPT-Modus und ASCII-Modus bei den BTX-Terminals. Andere Geräte sind emulationsfähig, d.h. sie können dynamisch auf die Betriebsmodi anderer Terminaltypen umgeschaltet werden. Diese Geräte können unter mehrfachen Kennungen in der *terminal capability data base* eingetragen werden.

Ein solches Gerät kann zum Beispiel einmal als logisches Terminal mit der Kennung 'TE1' eingetragen werden, wobei es als reiner Display-Monitor mit 40 Spalten und 12 Zeilen übergroße gelbe Zeichen auf einem blauen Hintergrund darstellt. Zum anderen könnte dasselbe Gerät ein weiteres Mal als logisches Terminal 'TE2' eingetragen werden, wobei es als ASCII-Editierterminal definiert wird. Natürlich muß dabei ein Namenskonflikt mit den handelsüblichen Terminaltypen vermieden werden, wozu die Liste der Namenseinträge unter term(5)/PHB eingesehen werden sollte.

6 Die BOURNE-Shell

In diesem Kapitel sollen die besonderen Eigenschaften sowie die erweiterten Leistungsmerkmale der BOURNE-Shell ausführlich behandelt werden, wobei eine gewisse Abstufung von den allgemeinen zu den spezifischen Aspekten unumgänglich wird. In den ersten sechs Hauptabschnitten werden daher jene Leistungsmerkmale und Arbeitshilfen besprochen, die sowohl beim interaktiven Gebrauch als auch bei der Shell-Programmierung von Bedeutung sind. Der letzte Hauptabschnitt ist dann ausschließlich den Grundlagen der Shell-Programmierung gewidmet.

Die BOURNE-Shell wird im allgemeinen Anwenderbetrieb zumeist als Login-Shell und somit als erste Terminal-Shell benutzt (Abschnitt 4.3.1), was durch den absoluten Verweis auf ihre Ausführdatei (normalerweise '/bin/sh') im Login-Programm-Feld der Benutzereinträge in der Paßwortdatei '/etc/passwd' festgelegt werden kann. Das Feld darf keinerlei Optionen oder andere Argumente enthalten. Wird das Feld leer gelassen, so wird die BOURNE-Shell automatisch als Login-Shell aufgerufen.

Nach der Login-Phase (Abschnitt 4.3) führt die Shell zuerst die globale Einlog-Steuerdatei '/etc/profile' und dann die private Variante '.profile' aus, die sich im Eigenverzeichnis des Benutzers befinden muß. Keine der beiden Steuerdateien ist grundsätzlich zum Einloggen notwendig. Sie werden hauptsächlich dazu benutzt, Shell-Variable und -Funktionen anzulegen sowie individuelle Terminalvereinbarungen mit stty(1) festzulegen. Üblicherweise werden die allgemeinverbindlichen Einträge in der geschützten globalen Steuerdatei vom Systemverwalter angelegt. Eine Beschreibung der globalen Steuerdatei wird unter profile(4)/PHB gegeben. Ein typisches Beispiel einer privaten Einlog-Steuerdatei ist:

```
$ cat  .profile
trap 'echo "Ausfuehrung unterbrochen ..." '  2  3
set  -aku                                    # Shell-Optionen
PATH=$PATH:/Hubert/bin:/Hubert/etc:
CDPATH=:
TZ=MET-1                                     # Sommerzeit
TERM=vt100                                   # Arbeitsterminal
export PATH CDPATH TZ TERM ...
 ...
lst(){ ls -CF;                               # Shell-Funktion
 ...
stty kill "^x"  erase "^h"
echo "BOURNE-Shell"
 ...
```

Die BOURNE-Shell kann aus jeder Terminal-Shell — also auch aus einer Instanz der C-Shell — als interaktive Subshell mit der Option '–i' aufgerufen werden:

```
sh -i[<andere Shell-Optionen>] [<Shell-Argumente>]
```

wobei das aktuelle Shell-Environment unverändert übernommen wird. Eine Darstellung der möglichen Aufrufsformen sowie eine Zusammenfassung der Shell-Optionen wird im Abschnitt 6.9 gegeben.

Mit Ausnahme von 'c', 'i' und 's', können Shell-Optionen auch dynamisch mit der Anweisung set(sh) für die aktuelle Shell gesetzt (-) und abgestellt (+) werden:

```
# Setzen                      # Abstellen
$ set -[<Optionen>]           $ set +[<Optionen>]
$ set -au                     $ set +au
```

Die aktuelle Shell kann jederzeit mit der Anweisung exit(sh) oder mit der jeweiligen Belegung von *eof* — also normalerweise CTL_D — terminiert werden. Mit dem Exit der Terminal-Shell endet die Session, was durch den erneuten Login-Prompt angezeigt wird. Mit dem Befehl **login(1)** kann die aktuelle Session unverzüglich terminiert und eine neue Session unmittelbar begonnen werden:

```
login <Login-Kennung>
```

Die Shell kann als Interpreter zur unmittelbaren synchronen oder asynchronen Ausführung eines Shell-Skriptes aufgerufen werden, was im Zusammenhang mit der Shell-Programmierung im Abschnitt 6.7.1 weitergeführt wird.

Eine eingeschränkte Version **rsh(1)** (restricted shell) wird inzwischen auch bei den kommerziellen Ausgaben des System V mitgeliefert. Die restriktierte Shell unterscheidet sich von der normalen Version nur darin, daß bestimmte Manipulationen abgeblockt sind:

- Die Anweisung cd(sh) ist außer Kraft gesetzt.
- Die Standardvariable '$PATH' kann von allgemeinen Benutzern nicht mehr verändert werden.
- Befehle und Anweisungen können nicht mit ihrem absoluten Verweis aufgerufen werden, wodurch ein Umgehen der durch '$PATH' vorgegebenen Suchverweise verhindert wird.
- Die Ausgabe von Befehlen und Anweisungen kann nicht umgelenkt werden.

Von diesen Einschränkungen abgesehen, sind die Anwendungsregeln und funktionalen Eigenschaften der restriktierten Shell identisch mit denen der normalen Shell.

6.1 Lexikalische Grund- und Zusatzregeln

Die in den Abschnitten 5.1.3 und 5.11 besprochenen lexikalischen Regeln sollen hier noch einmal zusammengefaßt und spezifisch für die BOURNE-Shell erweitert werden.

In der BOURNE-Shell bestehen fünf grundsätzliche Kategorien von Sonderzeichen:

- Die eigentlichen Syntaxelemente der Shell:

  & | ^ { } ( ) < > ; #

- Die Standardtrennzeichen (white spaces):
  Das Leerzeichen SP (040) (space, blank); das Tabulator-Zeichen HT (09) (tab character); sowie die zusätzlichen Trennzeichen, die jeweils in der Standarvariablen '$IFS' (internal field separator) abgelegt sind.

- Die lexikalischen Wirkzeichen:

  * ? [...]

- Die lexikalischen Schutzzeichen:

  " ... " ' ... ' \

- Die Substitutionseffektoren:

  $ ` ... `

Bei *rein symbolischer Verwendung* muß jedes Sonderzeichen geschützt werden, was je nach Typ und Situation entweder durch individuelles Abdecken mit dem Backslash oder durch umgebende Einzel- oder Doppelzitate bewirkt werden kann. Im Gegensatz zur C-Shell heben Doppelzitate in der BOURNE-Shell nicht die Wirkung des Backslash auf; d.h. symbolische Konstante der Form " ... \" ..." sind durchaus zulässig und werden im beabsichtigten Sinn interpretiert:

```
$ echo "Er fragte \"Warum nicht?\" und ging.
Er fragte "Warum nicht?" und ging.
```

Grenzt der Backslash jedoch an das abschließende Doppelzitat an, so muß er mit sich selbst abgedeckt werden:

```
$ echo "Der Backslash sieht so aus: \\"
Der Backslash sieht so aus: \
```

Bei den Substitutionseffektoren '$' und ' ... ' muß ähnlich verfahren werden, was nachfolgend im jeweiligen Zusammenhang hervorgehoben wird.

Fortsetzung von Befehlszeilen
Überlange Befehls- und Programmzeilen können mit dem Backslash, unmittelbar gefolgt von einen Zeilenvorschub, über mehrere Eingabezeilen bis zu einer theoretischen Maximallänge von 5120 Zeichen fortgesetzt werden, was allerdings zumeist durch die zulässige Maximalzahl von Befehlsargumenten stark reduziert wird. Die Shell erlaubt Worttrennungen über nachfolgende Zeilen, wobei allerdings Sorge getragen werden muß, daß sich dabei keine Leerzeichen einschleichen. Der Zeilenvorschub wird normalerweise automatisch durch die Eingabetaste [RET] erzeugt, kann aber auch explizite mit CTL_J eingegeben werden. Kommentare können nicht fortgesetzt werden.

Die Fortsetzung von *Befehlszeilen* erfolgt nach folgendem Schema:

```
$ <Befehl>  [<lange Optionsfolge>]       ...   \ [RET]
> ...       [<lange Parameterfolge>]     ...   \ [RET]
> ...                 ...                ...   \ [RET]
> ...       [<E/A-Umlenkungsklauseln>] [RET]
```

wobei die rechtsseitige Winkelklammer '>' den in der Standardvariablen '$PS1' vorbelegten Fortsetzungsprompt darstellt. Der Fortsetzungsvorgang wird mit einem einfachen RETURN beendet und kann mit der Interrupt-Taste jederzeit abgebrochen werden.

Unvollständige Zitierung jeglicher Art löst ebenfalls automatisch den Fortsetzungsprompt aus:

```
$ echo "eine lange Geschichte ... [RET]
> ...
> ...
mit Ende" [RET]
```

Eingeklammerte Befehlsgruppen sowie die Shell-Instruktionen 'if', 'case', 'while', 'until' und 'for' lösen im interaktiven Gebrauch solange den Fortsetzungsprompt aus, bis die damit begonnene Gruppe beziehungsweise der damit eröffnete Paragraph vollständig eingegeben ist.

Das Promptzeichen kann beliebig verändert werden, indem das gewünschte Zeichen oder auch eine sinnige Zeichenkette der Promptvariablen zugewiesen werden:

```
PS2=<Promptzeichen>
```

wobei die im Abschnitt 6.3 aufgeführten Zuweisungsregeln für Shell-Variable eingehalten werden müssen.

Worttrennung in Befehlszeilen
Neben den Leerzeichen (LF) und den Tabulatorzeichen (HT), die als Standardtrennzeichen fungieren, können mit der Standardvariablen '$IFS' (internal field separator) mehrere *zusätzliche* oder *alternative* Trennzeichen definiert werden:

Zusätzlich	Alternativ
`FS=${IFS}<T1>[<T2> ...]`	`IFS=<T1>[<T2> ...]`

die dann zusätzlich oder alternativ zur Worttrennung benutzt werden können. Shell-Syntaxelemente sowie die lexikalischen Schutzzeichen dürfen nicht als Trennzeichen verwendet werden. Die gezeigten Zuweisungsausdrücke werden im Abschnitt 6.3.6 erklärt.

Ein einfaches Beispiel mag die Wirkung zusätzlicher Trennzeichen veranschaulichen:

```
$ IFS=${IFS},.-+
```

```
$echo aa,bb.cc-dd+ee
aa bb cc dd ee
```

Beim Definieren von zusätzlichen oder alternativen Trennzeichen müssen etwaige Konflikte mit den jeweils bestehenden Vereinbarungen für Bezeichner von Objekten und Shell-Variablen in Betracht gezogen werden.

Kommentar-Regeln
Die zusätzliche Eigenschaft der BOURNE-Shell besteht darin, daß mit dem Dur-Zeichen '#' Kommentare auch im interaktiven Terminal-Dialog frei eingefügt werden können. Bei einer rein symbolische Verwendung des Zeichens '#' müssen dann die üblichen Schutzregeln angewendet werden.

Zusätzliche lexikalische Leistungsmerkmale
Die bereits im Abschnitt 5.10 besprochenen gemeinsamen lexikalischen Leistungsmerkmale sind in der BOURNE-Shell dahingehend erweitert, daß

in lexikalischen Mustern Zeichenmengen nicht nur stellenweise eingeschlossen, sondern auch *stellenweise ausgeschlossen* werden können, was bei der Elimination einiger weniger Zeichen innerhalb des ASCII-Zeichenbereiches eine willkommene Vereinfachung bedeuten kann.

Während also mit [...] eine genau definierte Menge von Substitutionszeichen vorgeschrieben wird, kann mit [! ...] eine genau definierte Menge von Zeichen von der Substitution ausgeschlossen werden. Dabei wird das Ausrufungszeichen '!' unmittelbar hinter der linken eckigen Klammer gesetzt. Ein Beispiel mag dies veranschaulichen. Während mit dem Befehl

```
$ mv  *.[cih]  ./ablage1
```

alle Dateien mit den Suffixen 'c', 'i' und 'h' aus dem aktuellen Arbeitsverzeichnis in das Unterverzeichnis './ablage' versetzt werden, können mit

```
$ rm  *.[!cih]
```

genau jene Dateien gelöscht werden, deren Suffixe **nicht** 'c', 'i' oder 'h' sind.

Das Ausschlußprinzip erstreckt sich auf die gemäß ascii(5) zusammenhängenden Folgen von Zeichen:

```
[!0-9]     Exklusion aller Ziffern
[!A-Z]     Exklusion aller Großbuchstaben
[!!-~]     Exklusion aller darstellbaren Zeichen
[\!-~]     Inklusion aller darstellbaren Zeichen
```

wobei ein unmittelbar hinter der linken eckigen Klammer stehendes Ausrufungszeichen mit dem Backslash abgedeckt werden muß, falls — wie im letzten Beispiel veranschaulicht — eine rein symbolische Bedeutung zugewiesen wird.

Mit der Option 'f' kann die lexikalische Interpretation von Metazeichen und Mustern außer Kraft gesetzt werden, was sowohl beim Aufruf als auch mit der Anweisung set(sh) bewirkt werden kann,

```
sh  -f  ...                        set  -f
```

Die lexikalische Interpretation kann danach jederzeit wieder in Kraft gesetzt werden:

```
set  +f
```

6.2 Befehlsaufruf und -ausführung

Die Shell-Anweisung **type(sh)** beschreibt den Typ eines Befehls:

```
$ type type date funk1
type is a shell builtin
date is /bin/date
funk1 is a function
```

Bei Befehlen, die Ausführdateien aufrufen, wird dabei der absolute Verweis angegeben. Neben den fest integrierten Shell-Anweisungen unterstützt die BOURNE-Shell auch programmierte Funktionen, was im Abschnitt 6.4 weitergeführt wird. Unter den drei möglichen Befehlstypen haben die Shell-Funktionen beim Aufruf den absoluten Vorrang; d.h. bei Namensgleichheit mit einer Shell-Anweisung oder einer Ausführdatei wird nur die Funktion aufgerufen. Die Shell-Anweisungen haben ihrerseits Vorrang über Ausführdateien. Letztere können jedoch mit ihrem absoluten oder relativen Verweis aufgerufen werden.

Die bereits im Abschnitt 5.2 besprochene Standardvariable '$PATH' enthält Suchverweise auf häufig benutzte Befehlsverzeichnisse, so daß beim Aufruf der sich darin befindlichen Ausführdateien nur deren Basisnamen angegeben werden müssen. Mit der Anweisung **hash(sh)** kann festgestellt werden, ob ein Befehlsname über die bereits in '$PATH' enthaltenen Suchverweise gefunden werden kann und wenn ja, dann wo:

```
$ hash hubertprog
$ hash
hits cost        command
0*   3           /Hubert/befehle
 ...
```

In der Ausgabe gibt 'hits' die Zahl der bisherigen Aufrufe und 'cost' die Zahl der Suchschritte an, wobei der Asterisk andeutet, daß ein Auffrischen des Suchpuffers (rehashing) stattgefunden hat. Unter 'command' wird der dabei benutzte Suchverweis angeben. Existiert kein Suchverweis für den angebenen Basisnamen, so wird eine entsprechende Meldung ausgegeben:

```
$ hash unsinn
unsinn not found
```

Mit dem vorschaltbaren Hilfsbefehl env(1) können transiente Environmentvariable als vorgestellte Zuweisungsparameter in der Befehlszeile angelegt werden (Abschnitt 5.6.1). In der BOURNE-Shell kann mit der Option 'k', die beim Shell-Aufruf oder nachträglich mit der Anweisung set(sh) gesetzt werden kann, eine Parameterzuweisung dem Befehlsaufruf auch nachgestellt werden:

```
<Befehl> [<Argumente>] ... <var1>=<wert1> <var2>=<wert2> ...
```

wobei die transienten Variablen 'var1, var2, ...' mit den Werten 'wert1, wert2, ... ' in das Ausführungsenvironment des Befehls eingebracht werden.

6.2.1 Exit-Kodes

Die Shell legt den Exit-Kode des zuletzt synchron ausgeführten Befehls in der Systemvariablen '$?' ab, die bei Bedarf unverzüglich abgegriffen werden muß, da der Exit-Kode schon vom nachfolgenden Befehl neugesetzt wird, wie dieses etwas künstliche Beispiel zeigen mag:

```
$ ls unsinn                # nicht vorhandenes Objekt
unsinn: not found          # Fehlermeldung
$ echo $?                  # Exit-Kode abfragen
1
$ echo $?                  # Abfragen wiederholen
0
```

Ein Exit-Kode von '0' zeigt immer eine sowohl normale und im weitergehenden Sinne auch erfolgreiche Ausführung eines Befehls an. Jeder andere Wert bedeutet zumindest einen davon abweichenden Zustand, wobei allerdings noch zwischen normaler Beendigung mit erfolglosem Ausgang oder bedingtem Resultat und ausgesprochen abnormaler Beendigung unterschieden werden muß. In dem Beispiel wurde der Befehl ls(1) zwar mit einer Fehlermeldung beendet, aber *nicht abnormal terminiert!*

Bei ausgesprochen abnormaler Terminierung, insbesondere bei Befehlsunterbrechung oder Abbruch, wird der Oktalwert '0200' mit dem Status-Kode der Abnormalitätsbedingung überlagert, wie dieses einfache Beispiel zeigen mag:

```
$ sleep 20              # Anweisung sleep(1)
[DEL]                   # Interrupt-Taste
$ echo $?               # Exit-Kode abfragen
130
```

Hier setzt sich der Exit-Kode aus dem Oktalwert '0200' und dem Status-Kode '02' zusammen, der durch den Interrupt erzeugt wurde; was zusammen den Dezimalwert '130' ergibt. Bei abnormaler Terminierung durch ein

Signal wird dessen Signalnummer als Status-Kode benutzt. Die in der Shell zulässigen Signale sind in Tabelle 5.1 aufgeführt. Eine Beschreibung der Signalzustände wird unter signal(2)/PHB gegeben.

Die BOURNE-Shell interpretiert den Exit-Wert '0' immer als die *logische Affirmation* (TRUE) und jeden anderen Wert als eine *logische Negation* (FALSE). Auf dieser Dichotomie beruht sowohl die logische Befehlsverknüpfung (Abschnitt 5.2.6) als auch die bedingte Ablaufsteuerung (Abschnitt 6.7.5.2).

Mit der Null-Anweisung **:(sh)** und den Pseudobefehlen **true(1)** und **false(1)** können logische Bedingungen erzwungen werden:

```
$ :                    $ true                 $ false
$ echo $?              $ echo $?              $ echo $?
0                      0                      1
```

was zumeist in der Shell-Programmierung seine Anwendung findet.

6.2.2 Terminaleinwirkung

Die Terminaleinwirkung durch Tastatur-Signale erstreckt sich nur auf den einen jeweils im Vordergrund der Terminal-Shell ablaufenden Tochterprozeß. Prozesse, die im Hintergrund oder asynchron in einer Subshell ablaufen, sind dagegen der Terminaleinwirkung entzogen.

Die Terminal-Shell gibt das Interrupt-Signal SIGINT und das Abbruch-Signal SIGQUIT, die mit der Tastenzuordnung von *intr* beziehungsweise *quit* gemäß stty(1) erzeugt werden, unmittelbar an den im Vordergrund ablaufenden Befehlsprozeß weiter, wo das Signal entweder eine vorprogrammierte Reaktion auslöst oder den Abbruch erzwingt, wie das ja auch bei den meisten UNIX-Befehlen der Fall ist. Dies wird im Abschnitt 6.7.5.4 im Zusammenhang mit der asynchronen Ablaufsteuerung weitergeführt.

Die Wirkung der beiden Tastatur-Signale kann jedoch bereits in der Terminal-Shell mit der Anweisung **trap(sh)** abgeändert sowie ab- und angestellt werden. Im folgenden soll lediglich die interaktive Anwendung von *trap* kurz vorgestellt werden; eine ausführliche Besprechung erfolgt im Abschnitt 6.7.5.4.3. Zum Beispiel wird mit der Anweisung

```
$ trap 'echo "Unterbrechung mit SIGINT" '  2
```

die Wirkung des Interrupt-Signals SIGINT (2) lediglich modifiziert, nicht aber abgeblockt:

```
$ sleep 20
[CTL_C]
Unterbrechung mit SIGINT
$
```

Zum anderen können die beiden Signale völlig außer Kraft gesetzt werden, wie zum Beispiel hier das Abbruch-Signal SIGQUIT (3):

```
$ trap '' 3
```

womit zugleich der zumeist lästige *core dump* abgestellt wird. Werden beide Signale gleichzeitig außer Kraft gesetzt, so besteht keine Möglichkeit mehr, einen laufenden Prozeß vom Terminal aus abzubrechen. Als Panikmaßnahme könnte dann zwar noch die Terminalverbindung abgebrochen werden, wobei das Signal SIGHUP alle noch laufenden ungeschützen Prozesse terminiert. Aber auch das kann mit *trap* abgeblockt werden:

```
$ trap '' 1
```

so daß ein im Vordergrund weiterlaufender Prozeß nur noch vom Superuser mit dem Befehl kill(1) terminiert werden kann, wobei allerdings ein anderes Terminal benutzt werden muß.

Die Anweisung *trap* kann in der Einlog-Steuerdatei '.profile' gesetzt werden, um die Signalwirkung in der Terminal-Shell zweckmäßig und sinnvoll zu modifizieren.

6.2.3 Befehlsfolgen und -gruppen

Die bereits im Abschnitt 5.2.5 vorgestellten Befehlsgruppen innerhalb von Rundklammern,

```
(<Befehl> [<Argumente>]; <Befehl> [<Argumente>]; ...) [&]
```

laufen sowohl bei synchroner als auch bei asynchroner Ausführung immer in einer Subshell ab. Die lokalen Variablen der aktuellen Shell stehen jedoch innerhalb der Rundklammern zur Verfügung.

In der BOURNE-Shell können Befehlsgruppen synchron in der aktuellen Shell ausgeführt werden, wozu geschweifte Klammern (braces) benutzt werden:

```
{ <Befehl> [<Argumente>]; <Befehl> [<Argumente>]; ... ; }
```

wobei die gruppierte Befehlsfolge synchron von links nach rechts in der aktuellen Shell abläuft. Der Exit-Kode wird von dem zuletzt ausgeführten Befehl bestimmt. Das Ampersand kann weder innerhalb noch am Ende der Gruppe gesetzt werden; was auch widersinnig wäre.

Die beiden geschweiften Klammern müssen an den Innenseiten mit jeweils mindestens einem Leerzeichen "gepolstert" und der letzte, rechts stehende Befehl muß ebenfalls mit einen Semikolon abgeschlossen werden. Die Gruppe kann über mehrere Zeilen fortgesetzt werden, wobei der Zeilenvorschub das trennende Semikolon ersetzt.

Befehlsgruppen in geschweiften Klammern können zur logisch bedingten Ausführung verknüpft werden (Abschnitt 5.2.6):

```
{ <Gruppe1> } && { <Gruppe2> } || ...
```

wobei der Exit-Kode der jeweiligen Gruppe den weiteren Verlauf der Ausführung bestimmt. Durch Gruppierung kann auch die Reihenfolge der Ausführung abgeändert werden:

```
$ echo AAA && { echo BBB || echo CCC; }
AAA
BBB

$ { echo AAA || echo BBB; } && echo CCC
AAA
CCC
```

wobei die oben erwähnten syntaktischen Besonderheiten der geschweiften Klammern beachtet werden müssen.

"Geschweifte" Gruppen können sowohl in sich selbst als auch innerhalb von Rundklammer-Gruppen verschachtelt werden und können ihrerseits auch Rundklammer-Gruppen enthalten. Shell-Pipelines und E/A-Umlenkung sind sowohl innerhalb als auch außerhalb von Gruppen zulässig. Dies wird in den Abschnitten 6.5.1.1 und 6.6 noch einmal aufgegriffen.

6.3 Shell-Variable

In der BOURNE-Shell bestehen die bereits im Abschnitt 5.3 vorgestellten vier Kategorien von Shell-Variablen:

- Systemvariable, die von der Shell verwaltet werden
- Latente Variable und Argumentvariable
- Zweckgebundene Standardvariable
- Freiverfügbare Benutzervariable

wobei die Einteilung in lokale Variable und Environmentvariable auch hier besteht. Letztere werden im Abschnitt 6.3.8 eingehend besprochen.

Beim Abgreifen von Shell-Variablen muß das Dollarzeichen '$' vorangestellt werden:

```
$ echo $$                          # PID der aktuellen Shell
523

$ echo $USER                       # Aktuelle Login-Kennung
Hubert

$ echo $hubertvar                  # eine Benutzervariable
Hubert ist hier
```

Beim Abgreifen einer nichtexistierenden Variablen erfolgt lediglich eine Leerausgabe mit Exit-Kode '0'. Mit der Shell-Option 'u' (undefined) kann dabei jedoch ein Fehlerzustand mit Exit-Kode '1' erzwungen werden:

```
$ echo $unsinn

$ echo $?
0
```

```
$ set –u
$ echo $unsinn
unsinn: parameter not set
$ echo $?
1
```

6.3.1 Systemvariable

Die BOURNE-Shell stellt vier Systemvariable zur Verfügung:

$$ Die PID der aktuellen Shell.

$! Die PID des jüngsten *asynchronen* Aufrufes.

$? Der Exit-Kode des in der aktuellen Shell *zuletzt synchron* ausgeführten Befehls.

$- Die aktuellen Shell-Optionen, welche sowohl beim Aufruf als auch mit set(sh) gesetzt wurden.

Die Systemvariablen werden von der jeweils aktuellen Shell unterhalten, und können von Benutzern zwar abgegriffen, nicht aber belegt oder gelöscht werden. Die Shell-Anweisung unset(sh) hat keinerlei Löschwirkung auf die Systemvariablen.

6.3.2 Latente Variable und Argumentvariable

Die durchnumerierte Reihe von Variablen $1, $2, ..., zusammen mit den Sondervariablen $0, $#, $*, $@ sind *latente Variable* in dem Sinne, daß sie zwar immer vorgegeben sind, aber nicht unbedingt belegt sein müssen. Ihr Geltungsbereich erstreckt sich nur auf die aktuelle Shell, bei deren Exit alle eventuell noch vorhandenen Werte unwiderruflich verloren gehen. Die latenten Variablen stellen zugleich die Argumentvariablen in Shell-Skripten dar, was im Abschnitt 6.7.2 weitergeführt wird.

Latente Variable können nicht als aufnehmende Variable auf der linken Seite von Zuweisungen stehen, was zugleich auch syntaktisch bedingt ist, da eine Ziffer keinen Bezeichner darstellen kann. Die beiden Shell-Anweisungen unset(sh) und readonly(sh) haben keinerlei Lösch- beziehungsweise Schutzwirkung auf latente Variable. Durch Setzen der Shell-Option 'u' entsteht beim Abgreifen einer nichtbelegten latenten Variablen ein Fehlerzustand mit Exit-Kode '1'.

Die Variable '$0' enthält den Bezeichner der aktuellen Shell, der bei der Login- Shell zusätzlich mit einem Minuszeichen gekennzeichnet ist. Die eigentlichen numerierten Variablen können beim Shell-Aufruf mit der Option 's' in der Befehlszeile vorbelegt werden:

```
$ sh [<andere Shell-Optionen und -Argumente>] –s <wert1> <wert2> ...
```

oder mit der Shell-Anweisung **set(sh)** jederzeit neu belegt werden:

```
$ set <wert1> <wert2> ...
```

In beiden Fällen werden den Variablen '$1, $2, ... ' die Werte '<wert1>, <wert2>, ... ' der Reihe nach zugewiesen, wobei die üblichen lexikalischen Grund- und Schutzregeln für symbolische Konstante gelten (Abschnitte 5.11 und 6.1).

Die Anweisung *set* kann interaktiv benutzt werden:

```
$ set  aa  bb  cc                         $ echo  $1 $2 $3
                                          aa bb cc
```

Die Variable '$#' enthält die aktuelle Anzahl der Werte:

```
$ echo $#
3
```

während die gleichwertigen Variablen $* und $@ die Liste alle aktuellen Werte in Vektorform zusammenfassen:

```
$ echo $*                                 $ echo $@
aa bb cc                                  aa bb cc
```

Die Varianten "$* " und "$@" (beide doppelzitiert) unterscheiden sich hinsichtlich der Trennung der zitierter Werte, was im Abschnitt 6.7.5.3.2 weitergeführt wird.

Die automatische Interpretation ungeschützter Metazeichen und lexikalischer Muster kann gelegentlich vorteilhaft ausgenutzt werden:

```
$ ls  *.c
main.c  sub1.c  sub2.c  sub3.c
```

```
$ set  *.c
$ echo $#                                 $ echo $1
4                                         main.c
```

Shell-Variable können einzeln auf die latenten Variablen übertragen werden:

```
$ set  $TERM  $LOGNAME  ...
$ echo $#                                 $ echo $2
4                                         Hubert
```

oder mittels Doppelzitierung zu einen einzigen Wert "verschmolzen" werden, der dann in der ersten Variablen abgelegt wird:

```
$ set "$TERM  $LOGNAME  $uservar"
$ echo $#                                 echo $1echo $2
1                                         vt100Hubert
```

Auf gleiche Weise kann die Liste der aktuellen Werte auf die erste Variable übertragen werden:

```
$ set "$* "                               $ echo $#
                                          1
```

Bei zitierter Ausführung eines Befehls wird dessen Normalausgabe gemäß der ausgegebenen Worttrennung auf die latenten Variablen verteilt:

```
$ set 'file program.c'
$ echo $                        #$ echo $3 $4
4                               programm text
```

was in Shell-Skripten Anwendung findet. *set* wird im Zusammenhang mit der Shell-Programmierung in den Abschnitten 6.7.1 und 6.7.2 noch einmal aufgegriffen.

Mit der Shell-Anweisung **shift(sh)** kann die Werteliste um eine Anzahl von Stellen nach links verschoben (shifted) werden, wobei die entsprechende Anzahl von Werten am Anfang der Liste verlorengeht:

```
$ set aa bb cc dd               $ shift 2
$ echo $#                       $ echo $#
4                               2
$ echo $*                       $ echo $*
aa bb cc dd                     cc dd
```

Durch wiederholtes "shifting" entsteht letztendlich eine leere Liste und dann ein Fehlerzustand mit Exit-Kode '1'.

6.3.3 Standardvariable

In der BOURNE-Shell werden die Standardvariablen ausnahmslos durch Großbuchstaben gekennzeichnet und sind fester Bestandteil des Shell--Environments. Eine systemspezifische Beschreibung dieser Variablen ist unter environ(5)/PHB gegeben.

Ein Teil der Variablen ist gegen Löschen mit unset(sh) geschützt, was in der folgenden Inhaltsliste mit dem Asterisk angedeutet wird:

$HOME Der absoluten Verweis auf das Eigenverzeichnis (home directory) des jeweiligen Benutzers.

$PATH (*) Die absoluten Suchverweise für Befehlsverzeichnisse (Abschnitt 5.2).

$CDPATH Die absoluten Suchverweise für die Anweisung cd(sh) (Abschnitt 3.7.3). Die Variable sollte zumindest einen Doppelpunkt ':' enthalten, damit mit dem Basisnamen auf Unterverzeichnisse zugegriffen werden kann.

$MAIL Der absolute Verweis auf die von mail(1) benutzte Ablagedatei.

$MAILCHECK (*) Das Zeitintervall (sek.) in dem die Ablagedatei von mail(1) auf Neueingänge überprüft wird.

$PS1 (*) Das Befehlsprompt-Zeichen.

$PS2 (*) Das Fortsetzungsprompt-Zeichen.

$IFS (*) Zusätzliche oder alternative Trennzeichen.

Bei den überaus meisten UNIX-Systemen sind zusätzlich die folgenden Variablen definiert:

$LOGNAME Die Login-Kennung des jeweiligen Benutzers.

$SHELL Der absolute Verweis auf die Ausführdatei der Login-Shell ('/bin/sh' oder '/bin/csh').

$TERM Die Typenbezeichnung des Benutzerterminals.

$TERMCAP Der absolute Verweis auf die im BSD-System benutzte Terminal-Stammdatei, die unter btermcap(5)/PHB beschrieben ist.

$TZ Die aktuelle Definition der Zeitzone (Abschnitt 5.3.3).

$EXINIT Die Voreinstellungsoptionen des Dualmode-Editors ex(1)/vi(1).

Die ungeschützten Standardvariablen (z.B. $TERM, $SHELL, $TZ) können vom Benutzer jederzeit neubelegt oder mit **unset(sh)** gelöscht werden.

6.3.4 Benutzervariable

Benutzervariable können nach folgenden Zuweisungsschema angelegt und mit symbolischen Konstanten belegt werden:

<Bezeichner>=[<Zeichenkette>]; <Bezeichner>= ... ; ...

wobei sich der Bezeichner ("Name") aus ASCII-Zeichen zusammensetzt und mit einem Buchstaben oder dem Unterstrich '_' anfangen muß. Eine Längenbegrenzung besteht nicht: Die Länge des Bezeichners und der Inhalt einer Benutzervariablen sind lediglich durch die jeweils noch verfügbare Puffergröße der Shell begrenzt.

Die als symbolische Konstante gesetzte Zeichenkette unterliegt den üblichen lexikalischen Schutzregeln (Abschnitte 5.11 und 6.1) und kann mit dem Backslash über mehrere Eingabezeilen fortgesetzt werden Eine Längenbegrenzung besteht auch hier nicht. Die Zuweisung kann aus Shell-Variablen und zitierten Befehlen erfolgen. Bei inkorrekter Zuweisung entsteht ein Fehlerzustand mit Exit-Kode '1'.

Das Gleichheitszeichen '=' muß unmittelbar sowohl an den Bezeichner als auch an die Zeichenkette angrenzen; d.h. eingestreute Leerzeichen, wie in

```
varx =aa                vary= bb                varz = cc
```

verursachen einen Fehlerzustand oder bringen nicht das erwartete Resultat — eine Eigenheit der BOURNE-Shell, deren Nichtbeachtung zu obskuren Fehlern führen kann! Die richtige Form ist:

```
$ Ichbin=Umberto                    $ echo $Ichbin
                                    Umberto
```

Durch Auslassen der symbolischen Konstanten können leere Variablen angelegt, beziehungsweise der Inhalt von belegten gelöscht werden:

```
$ Ichbin=                           $ echo $Ichbin
                                    $
```

wobei die Variable weiterbesteht. Ein endgültiges Löschen erfolgt mit der Anweisung **unset(sh)**:

```
$ unset Ichbin                      $ echo $Ichbin
                                    Ichbin: parameter not set
```

6.3.5 Interaktiver Gebrauch

Im interaktiven Gebrauch werden Benutzervariable zumeist nur zur rein symbolischen Substitution von Zeichen und Zeichenketten in Befehlszeilen benutzt. Arithmetische, logische und relationale Operationen sowie lexikalischen Manipulationen werden hauptsächlich in Shell-Skripten ausgeführt. Eine eingehende Besprechung dieser Operationen erfolgt im Abschnitt 6.7.3.

Eine typisch interaktive Anwendung besteht darin, längere und häufig benutzte Verweise in Benutzervariablen abzulegen, wie zum Beispiel in:

```
$ verz3=/benutzer/projekt1/phase2/stufe3
```

so daß mit der Anweisung **cd(sh)** bequem zwischen mehreren Verzeichnissen hin- und hergeschaltet werden kann:

```
$ cd $verz3
```

Mit Einschränkungen können einzelne einfache Befehle nebst Argumenten unmittelbar aus Benutzervariablen substituiert werden, wobei eventuelle Leerzeichen durch umgebende Einzel- oder Doppelzitate geschützt werden müssen. Das eben gegebene Beispiel könnte also zu einer Befehlssubstitution erweitert werden:

```
$ cd3='cd /benutzer/projekt1/phase2/stufe3'
```

so daß die Variable '**$cd3**' als dann Befehlskürzel (command token) benutzt werden kann:

```
$ $cd3                          $ pwd
                                /benutzer/projekt1/phase2/stufe3
```

Ein anderes, typisches Beispiel wäre das wiederholte Kompilieren und Einbinden eines Programm-Moduls:

```
$ ko='cc -o main -O main1.c -lm'
$ lk='ld -n -o progx /lib/crt0.o main.0 sub1.o -lc'
```

was dann bequem durch die Befehlskürzel bewirkt werden kann:

```
$ $ko ...                       $ lk ...
```

Benutzervariable, die als reine Befehlskürzel verwendet werden sollen, dürfen keine der folgenden Syntaxelemente enthalten:

```
$ & | ^ ( ) { } < > ; " ' ` #
```

obgleich diese Zeichen normalerweise zur symbolischen Substitution in Benutzervariablen enthalten sein dürfen. Einen Ausweg bietet die gleich nachfolgend besprochene Anweisung eval(sh).

Befehlskürzel können jedoch mit den Syntaxelementen in einer Befehlszeile kombiniert werden, wie zum Beispiel bei der Umlenkungen der Fehlerausgabe (Abschnitt 6.5.1) und bei Gruppierungen:

```
$ $ko 2 > fehlermeld ...        $ ($ko ; $lk) & ...
```

Mit der Anweisung **eval(sh)** können mehrere Shell-Variable zu einer Befehlszeile zusammengesetzt werden:

```
$ eval $var1 $var2 ...
```

wobei die Variablen auch Syntaxelemente enthalten dürfen. Zum Beispiel kann eine nachgestellte E/A-Umlenkungsklausel in einer weiteren Variablen abgelegt werden:

```
$ fm='2 > fehlermeld'
```

so daß mit eval(sh) eine Befehlszeile zusammengesetzt werden kann:

```
$ eval $ko $fm ...
```

die von der Shell dann dementsprechend interpretiert wird:

```
cc -o main -O main1.c -lm 2 > fehlermeld
```

was durch einfaches Nebeneinanderstellen der einzelnen Variablen nicht möglich wäre:

```
$ $ko $fm
ld *command line* fatal: ...
```

da die Shell das in '$fm' enthaltene Umlenkungszeichen '>' nicht als Syntaxelement interpretiert! Die Anweisung eval(sh) wird nachfolgend im Zusammenhang mit anderen Manipulationen von Shell-Variablen noch einmal aufgegriffen.

6.3.6 Zuweisungsformen

Die Shell unterstützt eine Reihe von symbolischen Manipulationen, die fast ausschließlich als Zuweisungen an Benutzervariable ausgeführt werden, wobei das Kopieren aus einer "Spendervariablen" (donor variable) die einfachste Form ist:

```
$ <Befehl> ...          # Vordergrund-Befehl
$ ek=$?                 # Zuweisen des Exit-Kodes

$ <Befehl> ... &        # Hintergrundbefehl
$ pid=$!                # Zuweisen der PID
$ kill $pid             # symbolische Substitution
```

Verschiedene Formen der verketteten und verschachtelten Zuweisung aus Spendervariablen sind möglich:

```
$ hpid="PID des letzten Hintergrundbefehls: "$!
$ hpid="PID des letzten Hintergrundbefehls: $!"
```

die gleichwertig sind und ein identisches Resultat erzeugen, da Doppelzitate die Substitutionswirkung von Spendervariablen nicht beeinträchtigen:

```
$ echo $hpid
PID des letzten Hintergrundbefehls: 253
```

Zwei oder mehr Shell-Variable können als Spendervariable zu einer neuen Variablen verkettet (concatenated) werden:

```
$ varx=$var1$var2 ...
```

Bereits bestehende Variable können unter Beibehaltung des jeweiligen Inhalts erweitert (appended) werden:

```
$ echo $varx
Ich bin Hubert
```

```
$ varx=$varx" Horatio"
$ echo $varx
Ich bin Hubert Horatio
```

Auf diese Weise werden auch üblicherweise die Standardvariablen '$PATH' und '$CDPATH' mit zusätzlichen Suchverweisen erweitert:

```
PATH=$PATH:/Hubert/befehle: ...
CDPATH=$CDPATH:/Hubert/programme: ...
```

wobei der Doppelpunkt (:) die einzelnen Verweise trennt.

Zeichenketten, die selbst die lexikalischen Voraussetzungen für Bezeichner von Variablen erfüllen, müssen mit Zitaten oder geschweiften Klammern von dem Bezeichner der Spendervariablen abgegrenzt werden, um Zweideutigkeit zu vermeiden. Der folgende Ausdruck wäre zweideutig:

```
$ varx=$var12345
```

wobei die Shell die hier unterstellte Absicht, den Inhalt von '$var1' mit dem Wert '2345' zu verketten, nicht erkennen und den Ausdruck nur als Zuweisung aus einer Spendervariablen '$var12345' interpretieren kann, so daß '$varx' entweder deren Wert erhält oder leer bleibt, selbst wenn '$var1' besteht und belegt ist. Zwei gleichwertige Formen der Verkettung könnten hier benutzt werden:

```
$ varx=$var1'2345'
```

```
$ varx=${var1}2345
```

Ein besonderes Problem entsteht, wenn Variable *dynamisch* angelegt werden müssen; d.h. wenn die Bezeichner der neuen Variablen erst aus den Inhalten anderer Variablen zusammengesetzt werden können. In solchen Situationen muß die Shell-Anweisung eval(sh) benutzt werden. In dem folgenden Beispiel wird der Bezeichner '$x3' einer neuen Variablen dynamisch aus der Basis-Variablen '$base' und der Suffix-Variablen '$suffix' zusammengesetzt:

```
$ base=x
$ suffix=3
$ eval $base$suffix=12345
$ echo $x3
12345
```

Zum Beispiel kann eine Serie von indexierten Variablen auf diese Weise mit einer *for*-Schleife erzeugt werden:

```
$ for i in 1 2 3 ...
> do
>       eval  x$i=i
> done
$ echo $x2 $x3
2 3
```

was jedoch normalerweise in einem Shell-Skript vorprogrammiert werden sollte; *for*-Schleifen werden im Abschnitt 6.7.5.4 besprochen.

Mit der zitierten Befehlsausführung kann die Normalausgabe eines Befehls in einer Benutzervariablen abgelegt werden:

```
$ datum=‘date‘                    $ echo $datum
                                  Thu Jul  3 14:40:43 EDT 1985
```

was mit den verschiedensten Formen der Verkettung und Erweiterung kombiniert werden kann:

```
$ anf="Am "‘date "+%d.%m.%y"‘" mit "‘pwd‘" angefangen"
$ end="Am: ‘date \"+%d.%m.%y\"‘ mit ‘pwd‘ beendet"
 ...
$ echo $anf
Am 3.7.85 mit /Hubert/arbeit angefangen
 ...
$ echo $end
Am 11.8.85 mit /Umberto/project beendet
```

wobei die zur Formatierung der Ausgabe von date(1) benutzten Doppelzitate individuell mit dem Backslash geschützt werden müssen.

In der BOURNE-Shell muß den Wechselwirkungen zwischen den Doppelzitaten, dem Backslash und den beiden Substitutionseffektoren besondere Beachtung geschenkt werden. Da Doppelzitate den Backslash nicht außer Kraft setzen, kann die Substitutionswirkung von Shell-Variablen und zitierten Befehlen innerhalb von Doppelzitaten aufgehoben werden:

```
$ echo "Der in \$HOME abgelegte Verweis"
Der in $HOME abgelegte Verweis

$ echo "der zitierte Befehl  \'date\' ..."
der zitierte Befehl 'date' ..."
```

Zum anderen aber hebt der Backslash auch sich selbst auf, was bei rein symbolischer Verwendung in Betracht gezogen werden muß:

```
$ echo "Die geschuetzte Form \\\$HOME wird benutzt ..."
Die geschuetzte Form \$HOME wird benutzt ...

$ echo "die geschuetzte Form \\\'date\\\' ..."
die geschuetzte Form \'date\' ...
```

Die Standardtrennzeichen und die mit '$IFS' definierten zusätzlichen oder alternativen Trennzeichen können sowohl individuell mit dem Backslash als auch durch umgebende Einzel- oder Doppelzitate geschützt werden. Der Zeilenvorschub kann dagegen nur durch umgebende Einzel- oder Doppelzitate in Zuweisungen geschützt werden. Es muß also zwischen Zeilenfortsetzung und Zeilenzuweisung unterschieden werden. Zwei Gegenbeispiele mögen den Unterschied noch einmal erhellen:

```
$ varx=Zeilen\[RET]          $ echo $varx
fortsetzung                  Zeilenfortsetzung

$ vary="erste Zeile          $ echo "$vary"
>zweite Zeile"               erste Zeile
                             zweite Zeile
```

Bei der Ausgabe mit *echo* müssen Variable, die den Zeilenvorschub, das Tabulatorzeichen oder ein mit '$IFS' definiertes Trennzeichen enthalten, wiederum mit Doppelzitaten umgeben werden, da diese Sonderzeichen sonst zu Leerzeichen komprimiert werden (Abschnitt 6.7.2.1).

6.3.7 Löschen und Schützen

Mit der Anweisung **unset(sh)** können alle Benutzervariablen sowie die ungeschützten Standardvariablen aus dem aktuellen Shell-Environment gelöscht werden:

```
$ unset varx ...
```

Systemvariable und latente Variable können nicht gelöscht werden!

Mit der Anweisung **readonly(sh)** können Benutzer- und Standardvariable gegen Neubelegung und Löschen geschützt werden:

```
$ varx='wichtige Zeichenkette'          $ readonly varx ...
```

so daß beim Versuch der Neubelegung oder des Löschens ein Fehlerzustand mit Exit-Kode '1' entsteht:

```
$ varx='Neubelegung'                    $ unset varx varx:
is read only                            varx: is read only
```

Beim Aufruf ohne jegliche Argumente listet *readonly* die geschützten Variablen auf:

```
$ readonly
readonly HOME
readonly varx
 ...
```

Bei der gegenwärtigen Version der BOURNE-Shell kann der *readonly*--Schutz nicht nachträglich aufgehoben werden; er erlischt erst beim Ausloggen.

6.3.8 Environmentvariable

Die Bedeutung des *Environment* wurde bereits im Abschnitt 5.3.6 für beide Shells verbindlich dargelegt. Im folgenden sollen die für die BOURNE-Shell bestehenden Vereinbarungen erklärt werden.

Jede neu angelegte Benutzervariable ist zunächst nur eine lokale Variable, deren Geltungsbereich sich nur auf die aktuelle Shell erstreckt. Diese Variablen können nicht in Subshells abgegriffen werden, in denen Befehlsdateien, Shell-Skripte sowie kompilierte Programme normalerweise ausgeführt werden. Es besteht daher die Notwendigkeit, Benutzervariable in das globale Environment zu "befördern" (exporting), um sie den in Subshells ablaufenden Prozessen als Environmentvariable zugänglich zu machen. Die BOURNE-Shell stellt dazu zwei unterschiedliche Möglichkeiten zur Verfügung.

Erstens wird mit der Shell-Option 'a' (automatic), die beim Shell-Aufruf, oder in der aktuellen Shell mit der Anweisung set(sh) gesetzt werden kann,

```
sh -a[<andere Optionen>] ...          $ set -a
```

jede neuangelegte Benutzervariable automatisch als Environmentvariable angelegt.

Zweitens kann mit der Anweisung **export(sh)** jede bereits bestehende lokale Benutzervariable in das Environment befördert (exported) werden:

```
$ export <var1> [<var2> ... ]
```

Bei Auslassung jeglicher Argumente listet *export* die exportierten Benutzervariablen aus:

```
$ export
 ...
export var1
export var2
 ...
```

Mit dem Befehl **env(1)** können die Environmentvariablen und deren jeweiligen Werte aufgelistet werden:

```
$ env
HOME=/Hubert/arbeit
LOGNAME=Hubert
 ...
benutzervar= ...
 ...
```

Allgemeinverbindliche Standardvariable werden zumeist in der globalen Einlog-Steuerdatei '/etc/profile' angelegt und exportiert. Darüberhinaus kann jeder Benutzer seine eigenen Environmentvariablen in seiner privaten Einlog-Steuerdatei '$HOME/.profile' anlegen.

6.4 Shell-Funktionen

In der einfachsten Anwendung können Shell-Funktionen als bequeme Kürzel (oder "Aliase") für komplexe oder längere Befehlszeilen verwendet werden, die häufig aufgerufen werden müssen. Zum Beispiel wird durch

```
lst() { ls -Calt; }
```

eine sehr einfache Funktion definiert, die praktisch nur einen Alias des Listbefehls ls(1) mit vorbelegten Optionen darstellt. Die Funktion kann wie ein Befehl aufgerufen werden:

```
$ lst
...
```

Shell-Funktionen werden nach folgendem Schema angelegt:

```
<Bezeichner>(){ <Befehl> [<Argumente>] [<E/A-Umlenkung>]
>                <Befehl> [<Argumente>] ...;
>                <Befehl> ...;
>                [return n]; }
```

wobei der Funktionsbezeichner den lexikalischen Regeln für Bezeichner von Benutzervariablen genügen muß (Abschnitt 6.3.4). Bei gleichen Bezeichnern verdrängt das zuletzt angelegte Objekt ein bereits bestehendes. Da Shell-Funktionen beim Aufruf Vorrang über gleichnamige Befehle und Anweisungen haben, sollten immer ausreichend differenzierte Bezeichner benutzt werden.

Das dem Bezeichner unmittelbar folgende Rundklammer-Paar bleibt immer leer und die den Funktionskörper umgebenden geschweiften Klammern müssen an den Innenseiten mit jeweils mindestens einem Leerzeichen "gepolstert" sein. Die einzelnen Befehle werden entweder durch ein Semikolon oder durch den Zeilenvorschub getrennt. Die Funktion kann über mehrere Zeilen fortgesetzt werden, wobei die Shell mit dem Fortsetzungsprompt antwortet.

Mit der optionalen Anweisung **return(sh)** kann ein Wert von 16 Bits als Exit-Kode an die Shell zurückgegeben werden. Bei Auslassung wird der Exit-Kode des zuletzt *synchron* ausgeführten Befehls zurückgegeben. Befehlsgruppen sowie E/A-Umlenkung und Pipelines sind innerhalb von Shell-Funktionen zulässig. Das Ampersand kann zur asynchronen Ausführung einzelner Befehle innerhalb einer Funktion gesetzt werden.

Beim synchronen Aufruf werden Shell-Funktionen immer in der aktuellen Shell und beim asynchronen Aufruf mit dem Ampersand immer in einer

Subshell ausgeführt. Obwohl der Funktionskopf keine formalen Argumentvariablen enthält, können die latenten Variablen als Argumente benutzt werden, wie dieses einfache Beispiel zeigen mag:

```
$ funk() { echo $# $1 $2; }            $ funk  aa  bb
                                       2  aa  bb
```

Shell-Funktionen können aus anderen Shell-Funktionen aufgerufen werden; eine Shell-Funktion kann sich selbst aufrufen, wodurch echte Rekursion entstehen kann. Shell-Funktionen können verschachtelt werden, wobei die Definitionen den Aufrufen vorgestellt werden müssen:

```
funk() { subf1() { ... }; subf2() { ... }; ...
           ...
         subf1 ...; subf2 ...;
       }
```

Shell-Funktionen, die im Vordergrund ablaufen, können mit den Tastatur-Signalen abgebrochen oder bei entsprechender Programmierung asynchron gesteuert werden. Bei Funktionen, die im Hintergrund ablaufen, muß dazu der Befehl kill(1) benutzt werden. Shell-Funktionen können mit synchroner und asynchroner Ablaufsteuerung programmiert werden (Abschnitt 6.7.5).

Der Geltungsbereich einer Shell-Funktion erstreckt sich auf die Shell, in der sie definiert wurde und auf andere Shell-Funktionen sowie Shell-Skripte, die von jener Shell aus aufgerufen werden. Shell-Funktionen können jedoch nicht *exportiert* werden und gehen beim Exit der Shell unwideruflich verloren. Die in der aktuellen Shell definierten Funktionen können mit der Anweisung **set(sh)** aufgelistet werden:

```
$ set
funk() { echo $# $1 $2; }
 ...
lst() { ls -Calt; }
 ...
```

Die Ausgabe von *set* kann in einer Auffangdatei abgelegt werden:

```
$ set  > hold
```

aus welcher die Funktionen dann herauseditiert werden können. Mit der Anweisung **unset(sh)** können Funktionen in der aktuellen Shell gelöscht werden:

```
$ unset  funk ...
```

Shell-Funktionen können interaktiv eingegeben oder in der Einlog-Steuerdatei '$HOME/.profile' vorprogrammiert werden, um gleich eingangs in der Login-Shell zur Verfügung zu stehen. Eine dritte Möglichkeit besteht darin, Funktionsdateien anzulegen, aus denen die Funktionen in jeder aktuellen Shell aufgebaut werden können, wozu die "Punkt"-Anweisung **.(sh)** benutzt werden muß:

```
. <Funktionsdatei>                          # Punkt-Aufruf
```

Mit der "Punkt"-Anweisung kann die Ausführung von Shell-Skripten in der aktuellen Shell erzwungen werden, was im Abschnitt 6.7.1 noch einmal besprochen wird.

Mit einer einfachen Shell-Funktion kann der Befehlsprompt auf den Verweis des aktuellen Arbeitsverzeichnisses gesetzt werden, was viele PC-Benutzer interessieren mag:

```
vz() {
        cd $1;
        PS1="`pwd`: "
     }

$ vz
/Hubert/eigen:
vz arbeit
/Hubert/eigen/arbeit: ...
```

6.5 Die Steuerung der Eingabe und Ausgabe

Die BOURNE-Shell ermöglicht eine sehr flexible und weitgehende Steuerung der Eingabe und Ausgabe von Befehlen und Programmen. Insbesondere können die drei Standard-Datenströme — die Normaleingabe und -ausgabe sowie die Fehlerausgabe —, die mit den überaus meisten originären UNIXBefehlen assoziiert sind, einzeln und von einander unabhängig umgelenkt werden. Die Normalausgabe und die Fehlerausgabe können zusammengelegt und gemeinsam umgelenkt werden. Der Syntax der Umlenkungsklauseln ist von verblüffender Einfachheit und Offensichtlichkeit. Darüber hinaus ermöglicht die Shell eine erweiterte E/A-Steuerung, die über die Standard-Datenströme hinausgeht, was im Abschnitt 6.5.2 ausführlich besprochen wird.

6.5.1 Umlenkung der Standard-Datenströme

Die drei Standard-Datenströme können unabhängig von einander umgelenkt werden. In der einfachsten Anwendungsform wird dies durch die folgenden Umlenkungsklauseln bewirkt:

```
<Befehl> [<Argumente>] 0< <Eingabedatei>  [&]  # Normaleingabe
<Befehl> [<Argumente>] 1> <Ausgabedatei>  [&]  # Normalausgabe
<Befehl> [<Argumente>] 2> <Fehlerdatei>   [&]  # Fehlerausgabe
```

wobei die Eingabe-, Ausgabe- und Fehlerdateien entweder reguläre Dateien oder Datenkanäle sind (Abschnitt 3.5). Die Ziffern '0' und '1' sind proforma und können ausgelassen werden, da die jeweiligen Datenströme eindeutig bestimmt sind. Die Ziffer '2' kann dagegen bei der Fehlerausgabe nicht ausgelassen werden. In allen Fällen muß die Ziffer unmittelbar vor dem Winkelzeichen stehen.

Die Umlenkung der Ausgabe ist mit asynchroner Ausführung verträglich; die Eingabe muß dabei jedoch auf eine Datei oder einen Datenkanal umgelenkt werden, da die Shell anderenfalls die Eingabe automatisch auf die Nulldatei '/dev/null' umlenkt, wodurch sofort eine EOF-Bedingung (end-of-file) entsteht, die zur Terminierung des Befehls führt. Durch Umlenkung auf den virtuellen Terminalkanal '/dev/tty' (Abschnitt 3.5.3.4) kann jedoch die Eingabe vom Terminal erzwungen werden:

```
$ <Befehl> [<Argumente>] ... < /dev/tty &
```

Die E/A-Umlenkung in einer Befehlszeile bezieht sich nur auf den jeweiligen Befehl und erlischt sofort mit dessen Exit, wobei alle Dateibindungen freigesetzt und alle umgelenkten Datenströme in ihre jeweiligen Ausgangszustände zurückgesetzt werden — also normalerweise auf den Gerätekanal des Dienstports zurückfallen. E/A-Umlenkung hat keine blockierende Wirkung auf die angesprochenen Objekte: die Ausgaben mehrerer asynchron ablaufender Befehle können gleichzeitig in dieselbe Datei umgelenkt werden, wobei die Verantwortung ausschließlich beim Benutzer liegt.

E/A-Umlenkung kann auf einzelne Befehle innerhalb von Befehlsgruppen und Shell-Funktionen angewendet werden, wobei diese *befehlsgebundene* Umlenkung der Ausgabe Vorrang vor der globalen Umlenkung (Bündelung) der Ausgabe hat. Dies wird im nachfolgendn Unterabschnitt besprochen. Die E/A-Umlenkung innerhalb von Shell-Skripten wird im Abschnitt 6.7.4 gesondert behandelt. Die globale Umlenkung von Datenströmen mit der Shell-Anweisung exec(sh) wird im Abschnitt 6.5.2 besprochen.

Das Schema der vollständigen Umleitung aller drei Standard-Datenströme in einer Befehlszeile ist:

```
<Befehl> [<Argumente>]      < <Eingabedatei> \
                            > <Ausgabedatei> \
                           2> <Fehlerdatei>   [&]
```

wobei die Ziffer '2' unmittelbar vor dem Winkelzeichen '>' stehen muß.

Ein gelegentlich nützliches Beispiel der gleichzeitigen Umlenkung von Eingabe und Ausgabe ist:

```
$ ed edtext  < edbefehle  > edausgabe  2>edfehler
```

wobei der Zeileneditor ed(1) benutzt wird, um eine Textdatei 'edtext' mit der in der Befehlsdatei 'edbefehle' vorprogammierten Befehlsfolge zu editieren. Die Ausgabe der Listbefehle wird dann in 'edausgabe' und eventuelle Fehlermeldungen in 'edfehler' abgelegt.

Beim Kompilieren können längere (und gelegentlich peinliche) Fehlermeldungen in eine Auffangdatei umgelenkt werden, um dann in Ruhe gelesen oder ausgedruckt werden zu können:

```
$ cc [<Kompiler-Optionen>] pgm.c  2> cfehler
```

In den weitaus meisten Fällen sollten die Normalausgabe und die Fehlerausgabe getrennt umgelenkt werden, insbesondere bei den UNIX-Einrichtungen zur Textverarbeitung (text processing filters), wie zum Beispiel der Durchlaufeditor sed(1) (stream editor):

```
$ sed [<sed-Optionen>] ...  > textdatei  2>sedfehler
```

damit die einzelnen Fehlermeldungen nicht mit dem Text vermischt werden, was bei unerwartetem Abbruch wichtig sein kann. Andere Beispiele, wo Umlenkung nützlich angewendet werden kann, sind die Archiv- und Sicherungsprogramme tar(1) und cpio(1) (Abschnitt 3.10).

Gelegentlich entstehen jedoch Situationen, wo die Normalausgabe und die Fehlerausgabe zu einem einzigen Datenstrom zusammengelegt (merged) werden müssen, was mit der *merge*-Klausel bewirkt wird:

```
<Befehl> [<Argumente>]  >  <Auffangdatei>  2>&1  [&]
```

wobei mit '2>&1' die Fehlerausgabe mit der bereits umgelenkten Normalausgabe zusammengelegt wird. Der Ausdruck darf keine eingestreuten Leerzeichen enthalten. Zum Beispiel wären '2 >&1' oder '2>& 1' usw. unzulässig und würden entweder mit einer Fehlermeldung zurückgewiesen werden oder nicht das beabsichtigte Resultat bringen.

Die Merge-Klausel muß immer der Umlenkungsklausel folgen und nicht umgekehrt, da die Shell von links nach rechts interpretiert und somit die Fehlerausgabe an den Gerätekanal der Normalausgabe bindet, bevor diese durch die nachfolgende Umlenkung an die Auffangdatei gebunden wird. Ein Gegenbeispiel mag dies veranschaulichen:

```
$ ls *.c unsinn  2>&1  >liste              $ cat liste
unsinn not found                            abba.c  babba.c ...
```

wobei die Fehlermeldung also trotz der Merge-Klausel zum Terminal ausgegeben wurde.

Da die Normalausgabe und die Fehlerausgabe gleichwertige Datenströme sind, kann die Reihenfolge vertauscht werden:

```
<Befehl> [<Argumente>]  2> <Auffangdatei>  1>&2  [&]
```

d.h. die Normalausgabe wird mit der bereits umgelenkten Fehlerausgabe zusammengelegt.

Innerhalb der Shell wird das Zusammenlegen von Datenströmen mit dem Systemaufruf dup(2) bewirkt, mit dem interne Dateibindungen in C-Programmen dupliziert werden können. Dies wird im Abschnitt 6.5.2 noch einmal aufgegriffen.

Bei Umlenkung der Ausgabe kann eine bereits bestehende Zieldatei entweder überschrieben oder erweitert werden. Besteht jedoch keine Datei unter dem in der Umlenkungsklausel angegebenen Namen, so wird automatisch eine neue Datei angelegt.

Bestehende Dateien können einfachst mit dem Umlenkungszeichen geleert (aber nicht gelöscht!) und neue Dateien leer angelegt werden:

```
> [<Dateiname>]                          # leeren oder neu anlegen
```

Bei bestehenden Dateien kann die destruktive Wirkung der Umlenkung durch Anhängen der Ausgabe (append) vermieden werden:

```
<Befehl> >> <Ausgabedatei> 2>> <Fehlerdatei>
```

wobei das Doppelzeichen '>>' benutzt wird. Das Anhängen ist mit der Merge-Klausel veträglich:

```
<Befehl> >> <Ausgabedatei> 2>&1
```

Das Doppelzeichen '<<' dient der Begrenzung des Eingabestroms, was im Abschnitt 6.5.1.2 weitergeführt wird.

6.5.1.1 Umlenkung bei Befehlsgruppen

Bei Befehlsgruppen kann die Normal- und Fehlerausgabe sowohl befehlsgebunden als auch insgesamt für die Gruppe zusammengelegt oder umgelenkt werden. Die allgemeinen Schemata sind:

```
( <Befehl>[<Argumente>] [<lokale E/A-Steuerung>]; ...
  <Befehl>[<Argumente>] [<lokale E/A-Steuerung>]; ...
 ... ) > <Ausgabedatei>  2> <Fehlerdatei>  [&]

{ <Befehl>[<Argumente>] [<lokale E/A-Steuerung>]; ...
  <Befehl>[<Argumente>] [<lokale E/A-Steuerung>]; ...
 ...; }  > <Auffangdatei>  2>&1
```

wobei befehlsgebundene lokale E/A-Steuerung Vorrang vor der globalen Steuerung hat. Die Merge-Klausel und der Doppelwinkel '>>' sind bei beiden Gruppentypen zulässig; das optionale Ampersand dagegen nur bei den Rundklammer-Gruppen.

Eine typische Anwendung ist das Bündeln der Ausgabe von andersweitig inkompatiblen Befehlen, wie zum Beispiel in:

```
{ echo "\012\0nn...\c"; date; cat datei1; ...
>        ...; cat dateix; echo "\012\0kk...\c";  }  > /dev/lp
```

wo echo(sh) zuerst eine Folge von Gerätesteuerzeichen ausgibt, gefolgt von der Ausgabe der Dateien mit cat(1), was dann mit einer weiteren Folge von Steuerzeichen abgeschlossen wird. Die gebündelte Ausgabe wird unmittelbar über den Gerätekanal '/dev/lp' zum Drucker umgeleitet.

Eine andere sinnvolle Anwendung ist die befehlsgebundene Umlenkung der Normaleingabe und -ausgabe mit nachfolgender Bündelung der Fehlerausgabe:

```
(ed text1 <befehle1 >ausgabe1; ...;
 ed text2 <befehle2 >ausgabe2; ...; ) 2> edfehler
```

Die Bündelung der Ausgabe von verschachtelten Gruppen innerhalb umgebender Gruppen ist möglich und gelegentlich auch nützlich. Allerdings werden solche Konstrukte zumeist in Shell-Skripten vorprogrammiert (Abschnitt 6.7.4).

6.5.1.2 Mitfließende Daten

In der BOURNE-Shell bestehen bei mitfließenden Daten (instream data) Eigenheiten, die über das im Abschnitt 5.4.2 besprochene gemeinsame Schema hinausgehen. Es gilt das erweiterte Schema:

```
<Befehl> <<[-][\][Delimiter][LF]
<mitfließender Eingabetext>
 ...
[Delimiter][LF]
```

wobei mit dem optionalen Minuszeichen '–' eventuell am Anfang der Eingabezeilen stehende Tabulatorzeichen (HT: 09) entfernt werden können, um so eine gewisse Form der Linksbündigkeit zu erzwingen. Der optionale Backslash verhindert den Substitutionseffekt von Shell-Variablen und Ausführungszitaten. Die gleiche Schutzwirkung kann durch Einzel- oder Doppelzitierung des Delimiters in der Befehlszeile erreicht werden.

Der Eingabestrom wird durch den ersten Delimiter beendet, der ungeschützt am Anfang einer nachfolgenden Zeile steht. Delimiter, die nicht am Zeilenanfang stehen oder mit dem Backslash oder durch umgebende Zitate geschützt sind, werden als Teil der Eingabe behandelt. Eine Ausnahme entsteht nur bei der Option '–', wobei der Delimiter auch bei einem vorgestellten Tabulatorzeichen seine Wirkung beibehält. Im allgemeinen würde man eine ausreichend ungewöhnliche und unverwechselbare Zeichenkette als Delimiter benutzen.

Eine gelegentliche sehr nützliche Eigenheit der Shell ist, daß der Delimiter dynamisch aus Shell-Variablen substituiert werden kann, wie das folgende Beispiel zeigen mag:

```
$ delim=F_i_N
$ echo $delim
F_i_N
$
```

```
$ cat <<$delim
erste Zeile ...
zweite Zeile ...
F_i_N
erste Zeile ...
zweite Zeile ...
$
```

Die BOURNE-Shell erlaubt mitfließenden Text in Shell-Funktionen sowie in Befehlsgruppen, die durch umgebende Rundklammern oder geschweifte Klammern definiert sind. Ein einfaches Beispiel mag dies für Rundklammer-Gruppen veranschaulichen:

```
$ (sleep 600;
>write Umberto   <<E_n_D_e
>Du wolltest in 10 Minuten ...
> ...
>E_n_D_e
> ) &
385
```

Umberto soll in 10 Minuten benachrichtigt werden. Die beiden Befehle sleep(1) und write(1) werden als Rundklammergruppe zur Hintergrund-Ausführung freigesetzt. Der Mitteilungstext fließt innerhalb der Klammern mit. Die C-Shell unterstützt keine derartigen Konstrukte.

6.5.2 Erweiterte E/A-Steuerung

Bei erweiterten Shell-Anwendungen, wie in den Darstellungs- und Anwendungsschichten von Telekommunikation- und Netzwerk-Einbindungen sowie bei der Steuerung peripherer Geräte, entstehen häufig Erfordernisse an die Steuerung der Ein- und Ausgabe, die weit über die Möglichkeiten hinausgehen, die mit den drei Standard-Datenströmen gegeben sind. Die BOURNE-Shell stellt dafür eine erweiterte E/A-Steuerung zur Verfügung. Im folgenden sollen zwei grundsätzliche Anwendungssituationen betrachtet werden.

Eine solche Situation entsteht bei Befehlsdateien und Shell-Skripten, wenn mehrere Dateien oder Datenkanäle gleichzeitig benutzt werden sollen, was zusätzliche Datenströme erfordert. Dies wird im Kontext der eigentlichen Shell-Programmierung im Abschnitt 6.7.4 weitergeführt.

Eine zweite derartige Situation entsteht bei der Einbindung von C-Programmen in Shell-Prozeduren. In C-Programmen kann mit Systemaufrufen und Funktionen der C-Standardbibliothek die erweiterte E/A-Steuerung auf der Shell-Ebene vorprogrammiert werden. Dies soll im folgenden kurz besprochen werden, wobei ein Minimum an Kenntnissen der C-Sprache vorausgesetzt wird. Die Systemaufrufe und Bibliotheksfunktionen sind in den Abschnitten "(2)" und "(3)" im Programmier-Handbuch beschrieben.

Im allgemeinen wird mit dem Systemaufruf **open(2)** ein durch seinen Verweis benanntes Objekt (Datei oder Datenkanal) an einen *numerischen Objektbezeichner* (file descriptor) gebunden, der von *open* als ganzzahliger Wert zurückgegeben wird. Die Ein- und Ausgabe erfolgt dann mit den Systemaufrufen **read(2)** und **write(2)**, in denen der jeweilige Objektbezeichner als das erste Argument gesetzt wird. Ein etwas vereinfachtes Aufrufsszenario wäre:

```
...
static int fd, ein, aus, ... ;
char eingabe[512], ausgabe[512], ...;
 ...
 ... fd=open(<Verweis>,<mode>) ...
 ... ein=read(fd,eingabe,512) ...
 ... aus=write(fd,ausgabe,512) ...
 ...
 ... close(fd) ...
 ...
```

Im Gegensatz dazu werden die drei Standard-Datenströme durch die fest vorgegebenen Werte '0' (Normaleingabe), '1' (Normalausgabe) und '2' (Fehlerausgabe) gekennzeichnet und müssen nicht erst formal mit *open* "geöffnet" werden.

Eine ähnliche Vereinbarung gilt für die E/A-Funktionen der C-Standardbibliothek, fscanf(3S) und fprintf(3S) und andere Funktionen, wo die vorbelegten Objektzeiger (FILE pointer) '*stdin', '*stdout' und '*stderr' die drei Standard-Datenströme darstellen. Diese Einzelheiten sind unter stdio(3S)/PHB beschrieben.

Werden bei den E/A-Systemaufrufen ganzzahlige Werte 'e' und 'a' größer als '2' benutzt, ohne daß entsprechende Objektbindungen zuvor mit 'open' angelegt wurden, wie in

```
 ...
 ... read(e,eingabe,512) ...
 ...
 ... write(a,ausgabe,512) ...
 ...
```

dann besteht die Möglichkeit, Dateien und Datenkanäle nachträglich und dynamisch auf der Shell-Ebene anzubinden und wieder freizusetzen. Genau dazu bedarf es der erweiterten E/A-Steuerung. Die BOURNE-Shell stellt dafür drei Arten von Steuerklauseln zur Verfügung, die nachfolgend zusammengefaßt sind.

Das Anlegen von Objektbindungen

e< [<Eingabe-Verweis>]
Das durch seinen Verweis benannte Objekt wird zur Eingabe an den Objektbezeichner 'e' gebunden: read(e, ...).

a> [<Ausgabe-Verweis>]
Das durch seinen Verweis benannte Objekt wird zur Ausgabe an den Objektbezeichner 'a' gebunden: write(a, ...).

a>> [<Ausgabe-Verweis>]
Anhängen (appending); nichtdestruktive Ausgabe.

Das Übertragen von Objektbindungen

h<&e
Die aktuelle Objektbindung an den Objektbezeichner 'e' wird zwecks Eingabe auf den Objektbezeichner 'h' übertragen, wobei 'e' unverändert bleibt und für weitere Manipulationen zur Verfügung steht.

k>&a
Die aktuelle Objektbindung an den Objektbezeichner 'a' wird zwecks Ausgabe auf den Objektbezeichner 'k' übertragen, wobei 'a' unverändert bleibt und für weitere Manipulationen zur Verfügung steht.

Das Lösen von Objektbindungen

h<&–
Die aktuelle Eingabe-Bindung an den Objektbezeichner 'h' wird gelöst.

k>&–
Die aktuelle Ausgabe-Bindung an den Objektbezeichner 'k' wird gelöst.

Bei den intern durch '0', '1' und '2' bezeichneten Standard-Datenströmen ergeben sich folgende Möglichkeiten:

0< [<Eingabe-Verweis>]
ein durch seinen Verweis benanntes Objekt wird zur Eingabe an die Normaleingabe '0' gebunden.

1> [<Ausgabe-Verweis>]
Ein durch seinen Verweis benanntes Objekt wird zur Ausgabe an die Normalausgabe '1' beziehungsweise

2>[<Ausgabe-Verweis>]
an die Fehlerausgabe '2' gebunden.

1>>[<Ausgabe-Verweis>]
Anhängen bei regulären Dateien.

h<&0
Die aktuelle Objektbindung an die Normaleingabe '0' wird zwecks Eingabe auf den Objektbezeichner 'h' übertragen; '0' selbst bleibt erhalten.

k>&1
Die aktuelle Objektbindung an die Normalausgabe '1' beziehungsweise

k>&2
an die die Fehlerausgabe '2' wird zwecks Ausgabe auf den Objektbezeichner 'k' übertragen; '1' beziehungsweise '2' selbst bleiben erhalten.

2>&1
Die aktuelle Bindung der Normalausgabe '1' wird auf die Fehlerausgabe und '2' übertragen (merging).

1>&2
Genau umgegekehrt.

0<&–
Die aktuelle Eingabe-Bindung an die Normaleingabe wird gelöst.

1>&–
Die aktuelle Ausgabe-Bindung an die Normalausgabe beziehungsweise

2>&–
an die Fehlerausgabe wird gelöst.

Die erweiterte E/A-Steuerung kann sowohl *lokal und transient* als auch *global und ambient* angewendet werden. Bei der lokalen Anwendungsform in Befehlszeilen beziehen sich die Steuerklauseln auf jeweils einen Befehl oder eine Befehlsgruppe, mit dessen Exit die Steuerwirkung erlischt. Merge-Klauseln sind typische Beispiele dafür.

Bei der globalen und ambienten Anwendungsform werden die E/A-Steuerklauseln mit der Anweisung **exec(sh)** ausgeführt und beziehen sich dann auf alle Befehle und Programme, die nachfolgend in der aktuellen Shell und deren Subshells ausgeführt werden. Zum Beispiel können in einer Telekommunikationsanwendung mit den folgenden Anweisungen die Objektbezeichner '3' und '4' zwecks Eingabe beziehungsweise Ausgabe an zwei TTY-Ports gebunden werden:

```
...
$ exec 3< /dev/tty05
$ exec 4> /dev/tty08
...
```

Das Kommunikationsprogramm könnte dann zur Hintergrund-Ausführung mit ambienten Bindungen aufgerufen werden:

```
$ telekomm ....       &
```

Das in 'C' geschriebene Programm würde die Systemaufrufe read(2) und write(2) enthalten:

```
...
... read(3, ... ) ...
...
... write(4, ... ) ...
...
```

mit denen dann eine unmittelbare Eingabe und Ausgabe über die TTY-Ports '/dev/tty05' und '/dev/tty08' ausgeführt werden kann (z.B. von und zu MODEMs oder PADs).

Nach dem Exit des Programms können die Bindungen mit *exec* wieder gelöst werden:

```
$ exec  3>&-  4>&- ...
```

wobei die Ausführung mehrerer Steuerklauseln von links nach rechts verläuft.

Bei der ambienten Umlenkung der Standard-Datenströme können unerwartete und unerwünschte Nebenwirkungen auftreten. Um zum Beispiel die Fehlermeldungen während eines Dialogabschnittes in einer Auffangsdatei zu sammeln, wäre die folgende Umlenkung der Fehlerausgabe notwendig:

```
$ exec  2>>dialogfehler
```

Die Nebenwirkung ist, daß dabei sowohl die Fehlermeldungen als auch die Shell-Prompts nicht mehr zum Terminal gelangen, da letztere auch über die Fehlerausgabe ausgegeben werden. Eine etwas ausgefeiltere Methode wäre, den "Anzapf"-Befehls **tee(1)** (Abschnitt 5.5) mit lokalen Umlenkungen zu versehen:

```
sh -i 2>&1 1>&- 1> /dev/tty | tee -a <Auffangdatei>
```

was auch in der Einlog-Steuerdatei '$HOME/.profile' vorprogrammiert werden kann, um dann sofort nach dem Einloggen in Kraft zu treten. Der aufmerksame Benutzer kann diese Art des Protokollierens durch sorgfältigste Analyse der Ausgabe von ps(1) sofort erkennen. Pipelines werden im Abschnitt 6.6 weitergeführt.

Bei Befehlsgruppen kann die erweiterte E/A-Steuerung sowohl befehlsgebunden als auch insgesamt für die Gruppe angewendet werden.

Die erweiterte E/A-Steuerung ähnelt in gewisser Hinsicht der Form der Dateibindung, die in der Programmiersprache FORTRAN benutzt wird.

6.5.3 Erweiterung der zitierten Befehlsausführung

Bei der bereits im Abschnitt 5.4.3 zitierten Ausführung von Befehlen wird nur die Normalausgabe in einer Aufnahmevariablen abgelegt; die Fehlerausgabe bleibt normalerweise an den Gerätekanal des Terminals gebunden. Sowohl einfache Merge-Klauseln als auch erweiterte E/A-Steuerklauseln können innerhalb von Ausführungszitaten gesetzt werden, um die Zuweisung weiterer Datenströme an die aufnehmende Shell-Variable zu steuern.

Durch Einfügen der Merge-Klausel kann die Fehlerausgabe zusammen mit der Normalausgabe einer Shell-Variablen zugewiesen werden:

```
<Variable>='<Befehl> [<Argumente>] 2>&1'
```

Mit einer zweiten Steuerklausel kann die Normalausgabe abgeblockt werden, so daß ausschließlich die Fehlerausgabe zugewiesen wird:

```
<Variable>='<Befehl> [<Argumente>] 2>&1 1>&-'
```

Schließlich kann mit einer weiteren Steuerklausel die Normalausgabe zum Terminal zurückgeführt werden:

```
<Variable>='<Befehl> [<Argumente>] 2>&1 1>&- 1> /dev/tty'
```

wobei die Fehlerausgabe der Variablen zugewiesen wird.

Diese Konstrukte können sinngemäß auf andere Datenströme erweitert werden. Um zum Beispiel die über einen internen Bezeichner 'a' geleitete

Ausgabe eines Programms in eine Shell-Variable umzuleiten, muß zuerst die Terminalbindung der Normalausgabe auf 'a' übertragen werden:

```
<Variable>='<Befehl> [<Argumente>]  a>&1 ... '
```

Die Normalausgabe selbst kann dann durch nachgestellte Klauseln an den Terminal zurückgeleitet werden:

```
<Variable>='<Befehl> [<Argumente>]  a>&1  1>&-  1> /dev/tty'
```

Solche Konstrukte finden zumeist bei der höheren Shell-Programmierung ihre Anwendung. Die zitierte Ausführung wird in diesem Zusammenhang noch einmal im Abschnitt 5.7.4 aufgegriffen.

6.6 Shell-Pipelines

Die bereits im Abschnitt 5.5.1 vorgestellten Shell-Pipelines verbinden die Normalausgabe (1) eines Befehls mit der Normaleingabe (0) eines anderen, was über mehrere Stufen fortgesetzt werden kann. Das grundlegende Schema einer zwei Befehle verbindenden Pipeline ist:

```
.. <Befehl1> [<Arge1>]  |  <Befehl2> [<Arge2>] ...
```

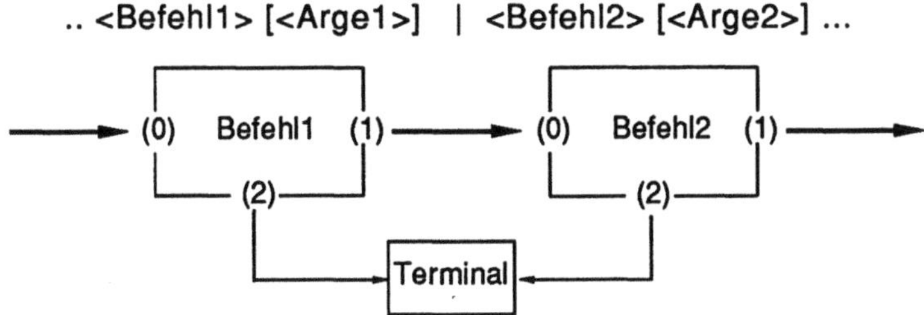

wobei die Fehlerausgaben (2) der einzelnen Befehle an den Gerätekanal des Terminals gebunden bleiben. Durch Merge-Klauseln können die Fehlerausgaben jedoch selektiv in die Pipeline eingebunden werden:

```
... <Befehl1> [<Arge1>]  2>&1  |  <Befehl2> [<Arge2>] ...
```

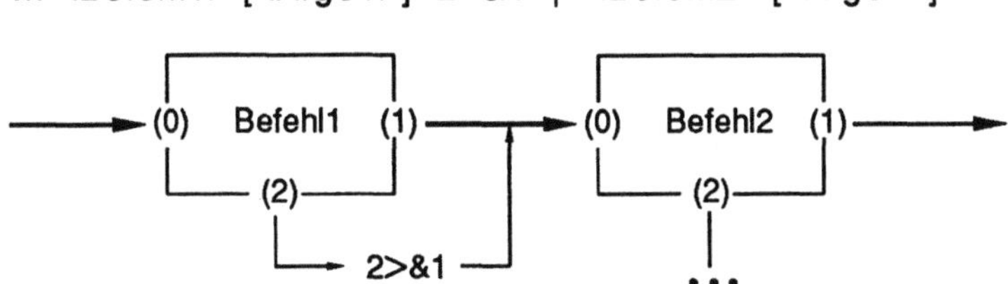

Durch Gruppierung kann die Ausgabe mehrerer Befehle gebündelt werden, was jedoch zumeist nur am Anfang einer Pipeline sinnvoll ist. Mit geschweiften Klammern wird die Gruppe in der aktuellen Shell ausgeführt:

```
{ <Bef1a> [<Arge>] ; <Bef1b> [<Arge>]; ...; }  | <Bef2> ...
```

während bei Rundklammern die gesamte Pipeline in einer Subshell ausgeführt wird:

```
( <Bef1a> [<Arge>] ; <Bef1b> [<Arge>]; ... ; )  | <Bef2> ... [&]
```

wobei auch das Ampersand zur asynchronen Ausführung gesetzt werden kann. Pipelines können verschachtelte Gruppen innerhalb umgebender Gruppierung verbinden, was zumeist bei der Gerätesteuerung in Shell-Skripten seine Anwendung findet.

Einfache Merge-Klauseln sowie Klauseln der erweiterten E/A-Steuerung (Abschnitt 6.5.2) können befehlsgebunden innerhalb jeder Stufe einer Pipeline angebracht werden. Wenn zum Beispiel in zwei C-Programmen die Systemaufrufe 'write(a, ...)' und 'read(e, ...)' mit den Objektbezeichnern 'a','e' > 2 aufgerufen werden, ohne daß eine vorhergehende Objektbindung mit open(2) erfolgt, so kann die Ausgabe des einen Programms ("PROG1") in die Eingabe des anderen ("PROG2") "gepumpt" werden:

```
... <PROG1> [<Arge1>] ...  a>&1 | <PROG2> [<Arge2>]  e<&0 ...
```

wobei mit der Klausel 'a>&1' die Bindung der Normalausgabe an die interne Shell-Pipe auf den Bezeichner 'a' übertragen wird. Mit der Klausel 'e<&0' wird die Bindung der Normaleingabe an die interne Shell-Pipe auf 'e' übertragen. Auf diese Weise können C-Programme speziell für Pipelines in der BOURNE-Shell hergerichtet werden.

Die Shell interpretiert Pipelines von rechts nach links, wobei die Prozeßinitiierung mit dem rechtsaußen liegenden Befehl beginnt und sich dann im Mutter-Tochter-Verhältnis nach links über die einzelnen Befehlsstufen fortsetzt. Die normale Terminierung beginnt mit dem Exit des linksaußen liegenden Befehls und setzt sich dann stufenweise nach rechts fort, wobei der rechtsaußen liegende Befehl zuletzt terminiert und somit auch den Exit-Kode bestimmt. Bei frühzeitiger oder abnormaler Terminierung einer Zwischenstufe erhält der jeweils rechts angrenzende Befehlsprozeß das Signal SIGCLD (18) und der jeweils links angrenzende Befehlsprozeß das Signal SIGPIPE (13), was normalerweise zu deren Terminierung führen sollte, wie das auch bei den meisten ursprünglichen UNIX-Befehlen der Fall ist. Diese Vereinbarungen sollten auch bei Benutzerprogrammen beachtet werden, falls eine Verwendung in Pipelines vorgesehen ist. Die beiden Signale werden unter signal(2)/PHB beschrieben.

6.7 Grundlagen der Shell-Programmierung

Da die Shell eine vollständige Programmiersprache besitzt, ist es sinnvoll, zwischen *Befehlen* und *Anweisungen* einerseits und *Instruktionen* andererseits zu unterscheiden. Befehle und Anweisungen stellen mit ihren Argumenten und E/A-Klauseln vollständige und ausführbare Sentenzen dar (executable statements), während Instruktionen als die eigentlichen Bestandteile der Programmiersyntax im allgemeinen erst zu ausführbaren Sentenzen, Klauseln und Paragraphen zusammengesetzt werden müssen. In Anlehnung an die etablierte Terminologie der Computer Science soll in diesem Zusammenhang gelegentlich auch von "ausführbaren Statements" die Rede sein.

Die Shell-Programmiersprache kann im interaktiven Dialog benutzt werden, wie in diesem realistischen Beispiel, wo alle sich im aktuellen Verzeichnis befindlichen C-Quelldateien zu einer ausdruckbaren Datei 'druck' zusammengelegt werden:

```
$ for j in *.c
>do
>   { echo "\n$j\n"; cat $j; } >>druck
>done
 ...
```

wobei die Shell bei Eingabe der Instruktion 'for' solange mit dem Fortsetzungsprompt antwortet, bis der Paragraph vollständig ist. Erst dann beginnt die Shell mit der Ausführung.

Im allgemeinen ist die Dialog-Anwendung der eigentlichen Programmiersprache jedoch unproduktiv und fehleranfällig, da der mühsam eingegebene Programmkode weder abgespeichert noch erneut aufgerufen, noch nachträglich korrigiert werden kann und somit bei jedem Fehler erneut eingegeben werden muß. Shell-Programme werden daher zumeist in Quelldateien — den sogenannten Shell-Skripten — zur Ausführung vorbereitet.

6.7.1 Programmdateien: Shell-Skripte

Shell-Skripte sind reguläre Textdateien (Abschnitt 3.5.1.1), und können mit den UNIX-Editoren ed(1) und ex(1)/ vi(1) oder jedem anderen ASCII-Texteditor angelegt und bearbeitet werden. Ein neu angelegtes Shell-Skript muß mit erst chmod(1) ausführbar gemacht werden,

```
$ chmod +x <Skript>
```

bevor es als Befehl zur Ausführung aufgerufen werden kann,

$ <Skript> [<Argumente>] [<E/A-Steuerung>] [&]

Shell-Skripte können zur unmittelbaren Interpretation und Ausführung in eine Subshell eingegeben werden:

$ sh [<Shell-Optionen>] <Skript> [<Argumente>] [<E/A-Steuerung>] [&]

wobei zwischen den *Shell-Optionen* und den *Skript-Argumenten* unterschieden werden muß; letztere müssen dem Skript-Namen nachgestellt werden. Die Shell-Optionen 'c' und 's' sind dabei nicht zulässig.

In beiden Fällen bezieht sich die optionale E/A-Steuerung auf die Subshell und den gesamten von ihr ausgehenden Prozeßbaum, der durch das Skript erzeugt wird. Allerdings hat jedwede lokale und befehlsgebunde E/A-Steuerung innerhalb eines Skriptes Vorrang über diese globale Steuerung. Mit dem optionalen Ampersand wird in beiden Fällen die Subshell und der von ihr ausgehende Prozeßbaum zur asynchronen Ausführung freigesetzt.

Die am häufigsten benutzten Shell-Optionen für die unmittelbare Skript-Interpretation und -Ausführung sind:

a Alle Skript-Variablen werden automatisch als Environmentvariable angelegt.

e Die Subshell terminiert sobald ein von Null verschiedener Exit-Kode auftritt.

f Die Interpretation von Metazeichen und lexikalischen Mustern ist außer Kraft gesetzt.

n Das Skript wird lediglich interpretiert, ohne daß eine Ausführung erfolgt, wobei der Quelltext und eventuelle Fehlermeldungen über die Fehlerausgabe (2) ausgegeben werden. Diese Option wird hauptsächlich zum Testen und Entfehlern benutzt.

u Beim Abgreifen einer nichtdefinierten Variablen entsteht ein Fehlerzustand mit Exit-Kode '1'.

v Der ablaufende Skript-Kode wird ohne (v) beziehungsweise mit (x) sym-
x bolischer Substitution vor der eigentlichen Ausführung über die Fehlerausgabe ausgegeben.

Eine Zusammenfassung der allgemeinen Shell-Optionen wird im Abschnitt 6.9 gegeben. Die aktuellen Optionen für die jeweilige Version der BOURNE-Shell sind unter sh(1)/BHB aufgeführt.

6.7.1.1 Das Testen von Shell-Skripten

Mit der Optionskombination 'nv' können Shell-Skripte ohne Ausführung getestet werden:

```
$ sh –nv <Skript> [<Argumente>] 2> <Listdatei> [&]
```

wobei der interpretierte Quellkode mit eventuellen Fehlermeldungen in einer Listdatei zur nachfolgenden Analyse aufgefangen wird. Die Interpretation wird beim ersten Syntaxfehler abgebrochen; eine Durchlaufprüfung (error scanning) ist nicht möglich. Potentielle Ausführungsfehler können dabei nicht erkannt werden.

Ablauftests mit Prüfdaten können mit der Option 'x' durchgeführt werden, wobei der interpretierte Quellkode nach symbolischen Substitutionen und vor der eigentlichen Ausführung über die Fehlerausgabe ausgegeben wird:

```
$ sh -x <Skript> [<Argumente>] > <Ausgabedatei> 2> <Listdatei> [&]
$ sh -x <Skript> [<Argumente>] > <Gesamtausgabedatei> 2>&1 [&]
```

Innerhalb eines Skriptes können einzelne Abschnitte mit der Anweisung set(sh) fortschreitend überprüft werden, wobei mit '–' einzelne Optionen oder Optionskombination angestellt und mit '+' wieder abgestellt werden können:

```
set +x       # Prüfung abstellen für bereits
 ...         # ablauffähigen Abschnitt
 ...
set –x       # Prüfung anstellen für
 ...         # kritischen Abschnitt
 ...
set –n       # Ausführung abstellen für den
 ...         # restlichen Abschnitt
```

Die jeweiligen Shell-Optionen können innerhalb eines Skriptes aus der Systemvariablen '$-' abgegriffen werden, was eine indirekte Steuerung der Optionen ermöglicht.

6.7.1.2 Skript-Ausführung in der aktuellen Shell

Shell-Skripte, die als Befehle aufgerufen werden, laufen normalerweise in einer Subshell der aktuellen Shell ab, wobei das aktuelle Shell-Environment zwar zur Verfügung steht, aber nicht permanent verändert werden kann. Insbesondere gehen beim Skript-Exit alle Skript-Variablen sowie die lokalen

Wertzuweisungen an bereits bestehende Environmentvariable verloren, denn ein "exportieren" nach "oben" ist in der Shell nicht möglich (Abschnitt 6.3.8).

Mit der "Punkt"-Anweisung **.(sh)** (dot directive) kann jedoch die Ausführung eines Shell-Skriptes in der aktuellen Shell erzwungen werden:

```
. <Skript> [<E/A-Steuerung>]
```

wobei der Punkt am Anfang der Befehlszeile gesetzt und durch Leerzeichen vom Skript-Bezeichner getrennt sein muß. Argumente können bei dieser Form des Aufrufs nicht eingegeben werden. E/A-Steuerung ist zulässig, aber ein Ampersand wäre sinnlos, da das Skript dann doch in einer Subshell ablaufen würde.

Beim "Punkt"-Aufruf wird das Skript in der aktuellen Shell ausgeführt, wobei die Skript-Befehle dieselbe Wirkung haben, als würden sie in der aktuellen Shell aufgerufen. Insbesondere bleiben alle neuangelegten Shell-Variablen sowie Veränderungen der existierenden Shell-Variablen in der aktuellen Shell erhalten, was sowohl die lokalen Variablen als auch die Environmentvariablen einschließt.

Positionsgebundene Argumente können beim "Punkt"-Aufruf nicht gesetzt werden; eventuell gesetzte Werte werden einfach ignoriert. Der Grund dafür ist, daß die numerierten Variablen '$1, $2, ... ' bei dieser Form des Aufrufs nicht als Argumentvariable sondern als latente Variable fungieren, und dabei ihre jeweils vorbelegten Werte beibehalten. Das Problem kann jedoch durch eine vorhergehende Belegung mit der Shell-Anweisung set(sh) (Abschnitt 6.3.2) oder mit der Shell-Option 'k' durch Zuweisungsparameter in der Befehlszeile (Abschnitt 6.2) überwunden werden.

6.7.2 Argument- und Skript-Variable

Shell-Skripte können als Befehle mit einer fast beliebigen Anzahl von nachgestellten Argumenten aufgerufen werden, die nur durch die maximale Zeilenlänge begrenzt ist:

```
$ <Skript> <Argument1> <Argument2> ...
```

wobei die Argumente durch die Standardtrennzeichen oder die jeweils alternativen oder zusätzlichen Trennzeichen in '$IFS' getrennt werden. Die Argumentwerte werden von der Shell als *symbolische Konstante* behandelt und sind den üblichen *lexikalischen Schutzregeln* unterworfen (Abschnitte 5.11 und 6.1).

Bei den Argumenten besteht im rein technischen Sinn kein Unterschied zwischen Optionen und Parametern. Der jeweilige Bedeutung der einzelnen Argumentpositionen ist Sache der internen Programmierlogik eines Shell-Skriptes. In Übereinstimmung mit der Regel, die für die überaus meisten ursprünglichen UNIX-Befehle gilt und somit eine Art von Standard darstellt, sollten die Optionen immer vor den positionsgebundenen Parametern stehen. Ob dabei Minus- oder Pluszeichen vorgestellt werden sollen, ist eine Frage der jeweiligen Vereinbarung.

Innerhalb von Shell-Skripten stehen die folgenden Argumentvariablen zur Verfügung:

$# Die Anzahl der Argumentwerte.

$0 Der *jeweilige* Verweis mit dem das Skript aufgerufen wurde, was bei mehrfachen Namensbindungen wichtig ist (Abschnitt 3.1.2.3).

$1
$2 ... Die eigentlichen Argumentvariablen, deren Numerierung von links nach rechts den Argumentwerten entspricht.

$* $@ Die Liste der Argumentwerte mit Worttrennung.

"$*" (in Doppelzitaten) Die Liste der Argumentwerte ohne Worttrennung.

"$@" (in Doppelzitaten) Die Liste der Argumentwerte, wobei die Worttrennung mit dem Backslash oder durch umgebende Einzel- oder Doppelzitate aufgehoben wird.

Der Geltungsbereich der Argumentvariablen ist auf die ausführende Subshell beschränkt, bei deren Exit die Argumentwerte unwiderruflich verlorengehen. Die Argumentvariablen können zwar abgegriffen werden, dürfen aber nicht als Aufnahmevariable auf der linken Seite des Gleichheitszeichens '=' in Zuweisungsausdrücken stehen. Ebenso wie in interaktiven Shells können auch in Shell-Skripten die Anweisungen set(sh) und shift (sh) zum Zuweisen von Werten beziehungsweise zum Linksverschieben der Werteliste benutzt werden, was in den nachfolgenden Unterabschnitten weitergeführt wird.

Die Variablen '$*' (oder '$@'), "$*" und "$@" enthalten die Argumentliste mit verschieden Formen der Worttrennung . In den Varianten '$*' (oder '$@') bleibt die Trennung auch bei geschützten Trennzeichen erhalten. In "$*" (mit Doppelzitaten) wird die Trennung vollkommen und in "$@" (mit Doppelzitaten) innerhalb von Einzel- oder Doppelzitaten sowie vom Backslash aufgehoben. Dies wird im Abschnitt 6.7.5.3.2 im Zusammenhang mit den Indexlisten von *for*-Schleifen weitergeführt.

Alle Argumentvariablen können unmittelbar als Argumente in Befehlszeilen innerhalb des Skriptes gesetzt werden:

```
<Befehl> $1 $2 ...
<Befehl> $* ...
```

wobei jedoch die nachfolgend besprochene Interpretation von Argumenten in Befehlszeilen in Betracht zu ziehen ist. Auf diese Weise können die ursprünglichen Befehlsargumente unverändert über verschachtelte Skriptaufrufe hinweg einfach "durchgereicht" werden, ohne daß eine Zwischenspeicherung in Skriptvariablen nötig wäre.

6.7.2.1 Die Interpretation von Argumenten in Befehlszeilen

Beim Aufruf von Shell-Skripten findet eine Interpretation der Befehlszeilen-Argumente durch die Shell statt, wobei drei Hauptwirkungen in Betracht gezogen werden müssen:

- Die Wirkung der Standardtrennzeichen und der jeweils durch '$IFS' definierten zusätzlichen oder alternativen Trennzeichen.
- Die Substitutionswirkung von Shell-Variablen und zitierten Befehlen.
- Die lexikalische Interpretation von Metazeichen und lexikalichen Mustern.

Durch die Argumentvariablen können nur die *bereits interpretierten* Werte übergeben werden.

Die Wirkung der Standardtrennzeichen und der jeweils mit '$IFS' definierten zusätzlichen oder alternativen Trennzeichen kann durch umgebende Einzel- oder Doppelzitate sowie durch den Backslash aufgehoben werden. Die folgenden Beispiele mögen dies veranschaulichen.

```
$ cat beispiel2                              # Skriptdatei
echo "Anzahl der Argumentwerte: "$#
echo '$1: '$1
echo '$2: '$2
echo '$3: '$3
...
$ beispiel2  a b 'c d' "e f" g\ h            # Aufruf
Anzahl der Argumentwerte: 5
$1: a
$2: b
$3: c d
$4: e f
$5: g h
```

Auf diese Weisen können also Leerzeichen in die Argumentwerte eingebettet werden. Die Wirkung der Zitate und des Backslash überträgt sich analog auf zusätzliche und alternative Trennzeichen. Mit dem Komma als zusätzliches Trennzeichen ergibt sich:

```
$ IFS=${IFS},                                   $ export IFS

$ beispiel2  a,b,'c,d',"e,f",g\,h               # Aufruf
Anzahl der Argumentwerte: 5
$1: a
$2: b
$3: c d
$4: e f
$5: g h
```

Zitate sowie der Backslash können durch die üblichen lexikalischen Schutzregeln geschützt und als einfache Zeichen eingegeben werden:

```
$ beispiel2  '"'  '\'  '`' "'"  \'  \"  \`  \\  # Aufruf
Anzahl der Argumentwerte: 8
$1: "
$2: \
$3: `
$4: '
$5: '
$6: "
$7: `
$8: \
```

Weder der Backslash noch das Ausführungszitat können durch umgebende Doppelzitate geschützt werden!

Symbolische Nullwerte können durch unmittelbar aufeinanderfolgende Einzel- und Doppelzitate eingegeben werden:

```
$ beispiel2  ''  bb  ""  dd                     # Aufruf
Anzahl der Argumentwerte: 4
$1:
$2: bb
$3:
$4: dd
```

Auf diese Weise kann bei Auslassung von einzelnen Argumentwerten die korrekte Position der nachfolgenden Werte gesichert werden.

Sowohl Shell-Variable als auch zitierte Befehle können als Argumente in Befehlszeilen gesetzt werden:

```
$ <Skript>  $<Variable>  [$<Variable> ...] ...
```

```
$ <Skript>  '<Befehl> [<Argumente>] ... ' ...
```

was auch in jeglicher Kombination möglich ist. Dabei werden die substituierten Werte beziehungsweise die Normalausgabe gemäß Worttrennung über die Argumentvariablen verteilt, wobei die Standardtrennzeichen und die jeweils in '$IFS' enthaltenen zusätzlichen oder alternativen Trennzeichen die Zerlegung bestimmen. Die folgenden Beispiele mögen dies veranschaulichen.

```
$ cat beispiel2                                 # Skriptdatei
echo "Anzahl der Argumentwerte: "$#
echo '$1: '$1
echo '$2: '$2
echo '$3: '$3
echo '$4: '$4
...

$ beispiel2  $PATH                              # Aufruf
Anzahl der Argumentwerte: 1
$1: /bin:/usr/bin:/Hubert/skripte:/Hubert/programme
$2:
...
$ beispiel2  'date'                             # Aufruf
Anzahl der Argumentwerte: 6
$1: Mon
$2: Jan
$3: 21:33:09
$4:
...
```

Eine vollkommen andere Zerlegung entsteht, wenn der Doppelpunkt (:) als zusätzliches Trennzeichen bestimmt wird:

```
$ IFS=${IFS}:                       $ export  IFS

$ beispiel2  $PATH                              # Aufruf
Anzahl der Argumentwerte: 3
$1: /bin
$2: /usr/bin
$3: /Hubert/skripte
$4: /Hubert/programme
...
$ beispiel2  'date'                             # Aufruf
Anzahl der Argumentwerte: 8
$1: Mon
$2: Jan
$3: 21
$4: 35
$5: 10
...
```

Die Wirkung der Trennzeichen kann durch Doppelzitate aufgehoben werden, wobei jedoch die durch '$IFS' definierten Trennzeichen durch Leerzeichen ersetzt werden:

```
$ beispiel2  "$PATH"                              # Aufruf
Anzahl der Argumentwerte: 1
$1:  /bin /usr/bin  /Hubert/skripte  /Hubert/programme
 ...
```

Bei zitierten Befehlen ergibt sich eine gleiche Wirkung. Schließlich kann mit Einzelzitaten oder dem Backslash jegliche Substitutionswirkung aufgehoben werden:

```
$ beispiel2  '$PATH'                              # Aufruf
Anzahl der Argumentwerte: 1
$1: $PATH
 ...
$ beispiel2  \'date\'                             # Aufruf
Anzahl der Argumentwerte: 1
$1: 'date'
 ...
```

Ungeschützte Metazeichen und lexikalische Muster werden in Befehlszeilen durch die im jeweiligen Kontext vorhandenen Bezeichner ersetzt (Abschnitte 5.10 und 6.1). Ein einprägsames und zugleich nützliches Beispiel mag dies veranschaulichen.

```
$ cat anzahl                                      # Skriptdatei
echo "Anzahl der Bezeichner: $#"
echo '$1: '$1
 ...
$ anzahl  /Hubert/programme/*.c                   # Aufruf
Anzahl der Bezeichner: 75
/Hubert/programme/abba.c
 ...
```

Die lexikalische Interpretation kann auf die übliche Weise durch umgebende Einzelzitate oder mit dem Backslash verhindert werden:

```
$ anzahl  '/Hubert/programme/*.c                  # Aufruf
Anzahl der Bezeichner: 1
/Hubert/programme/*.c
 ...
$ anzahl  /Hubert/programme/*.c                   # Aufruf
Anzahl der Bezeichner: 1
/Hubert/programme/*.c
 ...
```

Durch Setzen der Shell-Option 'f' wird die lexikalische Interpretation vollkommen außer Kraft gesetzt:

```
$ set -f
$ anzahl /Hubert/programme/*.c                # Aufruf
Anzahl der Bezeichner: 1
/Hubert/programme/*.c
 ...
```

Die lexikalische Interpretation kann jederzeit wiederhergestellt werden:

```
$ set +f
```

6.7.2.2 Das Manipulieren von Argumentvariablen

Mit der Anweisung **set(sh)** können die Argumentvariablen jederzeit innerhalb eines Skriptes selektiv neu belegt werden:

```
$ cat setter                                  # Skriptdatei
echo $# $1 $2 $3
set $1 xx $3                                  # $2 neu belegt
echo $# $1 $2 $3

$ setter aa bb cc                             # Aufruf
2 aa bb cc
3 aa xx bb
```

wobei allerdings die zu erhaltenden Werte positionsgemäß mitaufgeführt werden müssen.

Beim Aufruf von *set* interpretiert die ausführende Shell die Argumente gemäß den im vorhergehenden Abschnitt 6.7.2.1 dargestellten Regeln. Insbesondere sind also die Wirkungen der Trennzeichen und der Substitutionseffektoren sowie der Metazeichen und der lexikalischen Muster im Auge zu behalten.

Da mit *set* jedoch auch Shell-Optionen an- und abgestellt werden können:

```
set -f                                        # Anstellen
set +f                                        # Abstellen
```

entsteht ein kleines, leicht zu übersehendes Problem, wenn das Zeichen '–' oder '+' am Anfang einer Zuweisung steht. Anstelle der üblichen lexikalischen Schutzregeln muß hier ein zusätzliches Minuszeichen vorangestellt werden, um die Zuweisung zu erzwingen:

```
$ set – – + a ...                    $ echo $1 $2 $3 ...
                                     – + a ...
```

Eine selektive Prüfung und Vorbelegung der Argumentwerte kann mit *set* in Verbindung mit den folgenden Ausdrücken erreicht werden, wobei Bezug auf die Positionsnummern der Argumentvariablen genommen wird:

```
set ${1:–<Vorbelegung>}     [${2:–<Vorbelegung>} ... ]
```

wodurch bei Auslassung oder Nullwert des jeweiligen Argumentwertes die Vorbelegung positiongerecht substituiert wird;

```
set ${1:+<Gegenbelegung>}   [${2:+<Gegenbelegung>} ... ]
```

wodurch der jeweilige Argumentwert durch die Gegenbelegung positionsgerecht ersetzt wird;

```
set ${1:?<Fehlermeldung>}   [${2:?<Fehlermeldung>} ... ]
```

wodurch bei Auslassung oder Nullwert des jeweiligen Argumentwertes die Fehlermeldung ausgegeben und der Exit-Kode auf '1' gesetzt wird; vorhandene Werte werden transferiert.

Ein kombiniertes Beispiel mag die jeweilige Wirkung veranschaulichen:

```
$ cat beispiel3                                # Skriptdatei
set ${1:–xxx}  ${2:+yyy}  ${3:"Argument 3 fehlt"}
echo '$1: '$1
echo '$2: '$2
echo '$3: '$3

$ beispiel3  aaa  bbb  ccc                     # Aufruf
$1: aaa
$2: yyy
$3: ccc

$ beispiel3  ''  ""  ccc                       # Aufruf
$1: xxx
$2:
$3: ccc

$ beispiel3  aaa bbb                           # Aufruf
Argument 3 fehlt
```

Mit der Anweisung **shift(sh)** können die jeweiligen Argumentwerte innerhalb eines Skriptes um eine vorgegebene Anzahl 'n' von Stellen nach links verschoben werden, wobei eine entsprechende Anzahl von linksstehenden Werten verlorengeht:

shift [n]

Bei Auslassung von 'n' wird der Wert '1' angenommen.

Als Beispiele wären zu betrachten:

```
$ cat shifter                                   # Skriptdatei
echo "Anzahl der Werte: "$#
echo $1  $2  $3  $4
shift 2
echo "nach shift"
echo "Anzahl der Werte: "$#
echo $1  $2  $3  $4

$ shifter aa bb cc dd                           # Aufruf
Anzahl der Werte: 4
aa  bb  cc  dd
nach shift
Anzahl der Werte: 2
cc  dd
```

Durch wiederholtes Verschieben wird die Werteliste eventuell ausgeschöpft; bei fortgesetzten "Shiften" entsteht ein Fehlerzustand mit Exit-Kode '1'.

6.7.2.3 Skriptvariable

Skriptvariable können nach Bedarf überall innerhalb eines Skriptes durch ein Zuweisungsstatement mit oder ohne Vorbelegung angelegt werden:

```
<Bezeichner>=<Zeichenkette>
<Bezeichner>=
```

wobei die im Abschnitt 6.3.4 aufgeführten Zuweisungsregeln für Benutzervariablen gelten. Bei inkorrekter Zuweisung entsteht ein Fehlerzustand mit Exit-Kode '1'.

Mehrere Zuweisungen können in einer Skriptzeile stehen:

```
var0=;  var1=1;  var2='aa;bb';  var3=$TERM;   var4=`pwd`; ...
```

Beim Anlegen einer größeren Anzahl von Skriptvariablen mit konstanter Vorbelegung können die verschachtelten Formen benutzt werden:

```
var1=${var2=${var3= ... =${varx=<gemeinsamer Wert>} ... } }
var1=${var2=${var3= ... =${varx=$<Spendervariable>} ... } }
var1=${var2=${var3= ... =${varx=`<Befehl> [<Arg>]`} ... } }
```

wobei der gemeinsame Wert der Variablen 'var1, var2, ..., varx' sowohl unmittelbar als auch aus einer bereits bestehenden Spendervariablen oder einem zitierten Befehl zugewiesen werden kann. Ein interaktives Beispiel mag dies illustrieren:

```
$ a=${b=${c=${d=${e=27115 }}}}
$ A=${B=${C=${D=${E=$HOME}}}}
$ v=${w=${x=${y=${z='pwd'}}}}

$ echo $a $B $z ...
27115 /Hubert/eigen /Hubert/arbeit ...
```

wobei sich allerdings keine Leerzeichen zwischen den Syntax-Elementen einschleichen dürfen. Die Zuweisungskette bricht bei einer bereits vorhandenen Variablen ab. Diese verschachtelten Zuweisungen sind lediglich Varianten der weiter unten besprochenen Prüf- und Zuweisungsausdrücke.

Der Geltungsbereich der lokal angelegten Skriptvariablen erstreckt sich zunächst nur vom Punkt des Anlegens bis zum logischen Ende des Skriptes. Skriptvariable können indes auch gleich beim Skriptaufruf in der Befehlszeile angelegt und vorbelegt werden, wozu sowohl die Anweisung env(1) als auch die Shell-Option 'k' benutzt werden kann (Abschnitt 6.2).

Mit der Anweisung export(sh) können die lokalen Variablen selektiv in das von der ausführenden Subshell ausgehende Environment befördert werden; durch vorheriges Setzen der Shell-Option 'a' mit set(sh) werden alle Skript-Variablen automatisch als Environmentvariable angelegt.

Die Environmentvariablen stehen allen von der ausführenden Subshell ausgehenden Tochterprozessen zur Verfügung, was bei verschachtelten Skript-Aufrufen sehr wichtig ist. Beim Skript-Exit gehen alle lokalen und beim Exit der ausführenden Subshell alle darin neudefinierten Environmentvariablen unwiderruflich verloren. Ein Möglichkeit, Skriptvariable nach "oben" zu exportieren, besteht nicht. Durch zitierte Ausführung können jedoch einzelne Werte nach "oben durchgereicht" werden, was im nachfolgenden Unterabschnitt 6.7.4.1 noch einmal aufgegriffen wird. Wird ein Skript mit der "Punkt"-Anweisung **.(sh)** in der aktuellen Shell ausgeführt, so bleiben alle Skriptvariablen mit dem jeweiligen Inhalt und Status voll erhalten.

Skriptvariable können mit den Anweisungen **unset(sh)** und **readonly(sh)** gelöscht beziehungsweise gegen Löschen und Neuzuweisung geschützt werden. Hinsichtlich der zulässigen symbolischen Manipulationen unterscheiden sich die Skriptvariablen in keiner Weise von den Benutzervariablen in einer interaktiven Shell. Die Argumentwerte können durch unmittelbare Zuweisung an Skriptvariable in das aktuelle Environment exportiert werden:

```
argzahl=$#; argvekt=$*; argvar1=$1
 ...
export argzahl argvekt argvar1 ...
```

Bei Zuweisungen und Abgriffen kann eine Prüfung der Spendervariablen mit der bedingten Substitution von Vorbelegungs - und Gegenwerten sowie mit der Ausgabe von Fehlermeldungen verbunden werden. In den folgenden Ausdrücken kann sowohl die Positionsnummer einer Argumentvariablen als auch der Name einer Shell- oder Skript-Variablen als Bezeichner eingesetzt werden. Mit:

```
... ${<Bezeichner>:-<Vorbelegung>} ...
... ${<Bezeichner>:?<Fehlermeldung>} ...
```

wird bei *Nichtbestehen* oder *Nullwert* der bezeichneten Variablen der Vorbelegungswert substituiert beziehungsweise die Fehlermeldung ausgegeben und der Exit-Kode auf '1' gesetzt. Ein vorhandener Wert wird in beiden Fällen einfach substituiert. Mit:

```
... ${<Bezeichner>:+<Gegenwert>} ...
```

wird bei *Belegung* der bezeichneten Variablen der Gegenwert substituiert.

Eine auf Skript- und Shell-Variable beschränkte Variante ist:

```
... ${<Bezeichner>:<Vorbelegung>} ...
```

womit bei Nichtbestehen oder Nullwert der Vorbelegungswert sowohl substituiert als auch an die bezeichnete Variable selbst zugewiesen wird.

Die in den Ausdrücken benutzten Vorbelegungs - und Gegenwerte sowie die Fehlermeldungen können als symbolische Konstante unmittelbar kodiert oder aus Variablen oder zitierten Befehlen substituiert werden. Der Doppelpunkt ':' kann in allen Ausdrücken weggelassen werden, wodurch dann lediglich das Bestehen der bezeichneten Variablen, nicht aber ihr Inhalt geprüft wird. Die Substitutionen erfolgen dann im analogen Sinne. Die bereits eingangs vorgestellten verschachtelten Zuweisungen sind Varianten der letzten Form.

Ein abschließendes Beispiel mag die Wirkunsweise dieser bedingten Zuweisungen veranschaulichen.

```
$ cat zuweis                                    # Skriptdatei
var1=
echo ${var1:-"var1 ist leer"}
echo ${var2-"var2 nicht definiert"}
var3=${var1:-$HOME}
```

```
var4=${var3:+'pwd'}                    # Fortsetzung
echo $var3 $var4
var5=${var2:=/Hubert/skripte}
echo $var3 $var5
var6=${var0:?"nicht definiert"}

$ zuweis                               # Aufruf
var1 ist leer
var2 nicht definiert
/Hubert/arbeit  /Hubert/programme
/Hubert/skripte  /Hubert/skripte

$ echo $?                              # Prüfen
1
```

Der Exit-Kode '1' wurde zuletzt bei der Existenzprüfung von 'var0' gesetzt.

6.7.3 Auswertung von Ausdrücken

Die BOURNE-Shell besitzt zwar keine integrierten Funktionen zur Auswertung von Ausdrücken, doch kann mit dem Auswertungsbefehl **expr(1)** ein breiter Fächer von arithmetischen, logischen und lexikalischen Ausdrücken ausgewertet werden. Die Hauptanwendung liegt beim Programmieren von Shell-Skripten, obgleich der Befehl auch interaktiv benutzt werden kann. Die im Benutzer-Handbuch offerierte Beschreibung ist recht wortkarg.

Der Befehl expr(1) besitzt keinerlei Optionen; der auszuwertende Ausdruck stellt das einzige zulässige Argument dar:

```
expr <Ausdruck> [<Ausgabe-Umlenkung>]
```

wobei der auszuwertende Ausdruck mit der Anweisung eval(sh) ganz oder teilweise aus Shell-Variablen substituiert werden kann. Eine Umlenkung der Normal- und Fehlerausgabe ist zulässig. Die weitaus häufigste Anwendungsform ist jedoch die zitierte Ausführung mit Zuweisung an eine Skriptvariable:

```
<Variable>='expr <Ausdruck>'
```

expr(1) setzt die folgenden Exit-Kodes:

0 Das Resultat der Auswertung ist weder die numerische Null (0) noch die leere Zeichenkette "".

1 Das Resultat ist entweder die numerische Null oder die leere Zeichenkette.

2 Ein Ausdrucks- oder Auswertungsfehler entstand.

Da — wie weiter unten noch erläutert wird — die Dichotomie der Exit-Kodes TRUE (0) : FALSE (>< 0) den logischen Resultatserwartungen entspricht, kann *expr* auch als unmittelbares Argument in den Instruktionen der bedingten Ablaufsteuerung gesetzt werden. Dies wird im Abschnitt 6.7.4.1 weitergeführt.

6.7.3.1 Arithmetische Auswertung

Die herkömmlichen Operatoren der vier Grundrechnungsarten '+ – * /' sowie der der C-Sprache entlehnte Divisionsrest-Operator '%' stehen für Ganzzahlarithmetik mit 32 Bits zur Verfügung. Die Operanden sind Shell-Variable und signierte Ziffernketten sowie darauf aufbauende Ausdrücke. Der natürliche Vorrang der drei multiplikativen Operatoren über die zwei additiven Operatoren besteht auch hier.

Die einfachsten und grundlegenden arithmetischen Ausdrücke sind numerische Konstante und Variable, die mit rein numerischen Konstanten belegt sind:

```
<Ausdruck>: <Konstante> | $<Variable>
```

wobei Leerzeichen und leere Variable als Syntaxfehler bewertet werden. Numerische Konstante setzen sich aus den Ziffern (numerals) 0, 1 , ..., 9 sowie den beiden Vorzeichen '–' und '+' zusammen. Sie werden im allgemeinen *nicht* zitiert.

Alle anderen arithmetischen Ausdrücke bauen sich rekursiv auf Verknüpfungen mit den fünf binären Operatoren auf:

```
<Ausdruck>: <Ausdruck> <bop> <Ausdruck>
<Ausdruck>: <Ausdruck> <bop> \( <Ausdruck> <bop> <Ausdruck> \)
```

wobei der Backslash zum Abdecken der Rundklammern bei Gruppierungen benutzt werden muß, wie in diesem interaktiven Beispielen:

```
$ expr 3 \* \( 4 + 5 \)
27
```

```
$ ausdruck='3 \* \( 4 + 5 \)'
$ eval expr $ausdruck
27
```

```
$ u=2; v=5; w=4;
$ y=`expr \( $v - $w \) / $u`
$ echo $y
0

$ { expr \( $v + $w \) % $u; } > resultat
$ cat resultat
1
```

Neben den Rundklammern muß auch der Multiplikationsoperator '*' mit dem Backslash abgedeckt werden, denn diese beiden Zeichen fungieren ja gleichzeitig als Syntaxelemente der Shell!

6.7.3.2 Logische Auswertung

Mit den beiden logischen Operatoren '&' (AND) und '|' (OR) können Zeichen und Zeichenketten, Variable und Ausdrücke zu einem logischen Resultat verknüpft werden:

```
expr <Ausdruck1> \& <Ausdruck2>    # AND
expr <Ausdruck1> \| <Ausdruck2>    # OR
```

wobei beide Operatoren mit dem Backslash abgedeckt werden müssen, da sie ja auch gleichzeitig Syntaxelemente der Shell darstellen.

Das Resultat einer AND-Verknüpfung ist der *jeweilige Wert des ersten Ausdrucks*, falls beide Ausdrücke weder die numerische Null (0) enthalten noch leer sind. Anderenfalls resultiert eine numerische Null.

Das Resultat einer OR-Verknüpfung ist der *jeweilige Wert des ersten Ausdrucks*, falls dieser weder die numerische Null enthält noch leer ist. Anderenfalls wird der jeweilige Wert des *zweiten Ausdrucks* als Resultat zurückgegeben.

Bei der Auswertung wird die erweiterte logische Dichotomie TRUE : FALSE = 0 : >< 0 zugrundegelegt. Der AND-Operator hat den üblichen Vorrang über den OR-Operator, so daß abgedeckte Rundklammern benutzt werden müssen, um Distribution zu erzwingen:

```
expr <Ausdruck1> \& \( <Ausdruck2> \| <Ausdruck3> \)
```

Das Auslassen der Klammern kann zu gegensätzlichen Resultaten führen:

```
$ expr 0 \& \( 0 \| 1 )          $ expr 0 \& 1 \| 1
0                                 1
```

Expr(1) besitzt keinen echten Negationsoperator 'NOT', was auch auf Grund der Wertzuweisung bei 'OR' nicht sinnvoll wäre.

6.7.3.3 Arithmetische und symbolische Vergleiche

Mit *expr* können sowohl arithmetische als auch symbolische Vergleiche ausgewertet werden, wobei das Resultat entweder eine numerische '0' (FALSE) oder eine numerische '1' (TRUE) ist:

```
expr <Ausdruck1> <vop> <Ausdruck2>
```

wofür die arithmetischen Vergleichsoperatoren '<, <=, ==, >= , >, !=' zur Verfügung stehen, die der C-Sprache entlehnt sind. Die Operanden sind symbolische Konstante, Variable oder andere Ausdrücke.

Die Operatorsymbole '<' und '>' müssen mit dem Backslash geschützt werden, da sie gleichzeitig Syntaxelemente der Shell sind:

```
$ expr  10 \> 5          $ expr  5 \>= 4          $ expr 3 \< 2
1                        1                        0
```

Zeichenketten können hinsichtlich lexikalischer Gleichheit oder Reihenfolge verglichen werden, wobei letzere auf der durch ascii(5) bestimmten Sortierfolge (collating order) beruht.

```
$ expr  abc = xyz            aber            $ expr  abc \<= xyz
0                                            1
```

Die üblichen lexikalischen Schutzregeln müssen bei Zeichenketten angewendet werden, die Trennzeichen und andere Sonderzeichen enthalten. Darüber hinaus müssen die normalerweise mit einem Backslash geschützten Operatoren entweder mit drei Backslashes außerhalb von Zitaten oder aber mit einem Backslash innerhalb von Zitaten zusätzlich geschützt werden:

```
$ expr  \\\> \> '\>'          oder          $ expr  '\)' \<=  \\\)
0                                           1
```

6.7.3.4 Lexikalische Vergleiche

Mit *expr* können lexikalische Vergleiche zwischen einer Zeichenkette und einem Vergleichsmuster sowie lexikalische Extraktionen ausgeführt werden. Das allgemeine Aufrufschema ist asymmetrisch:

```
expr  <Zeichenkette1> : <Vergleichsmuster>
```

wo der Doppelpunkt die beiden Operanden trennt. Sowohl die Zeichenkette als auch das Vergleichsmuster können unmittelbar als symbolische Konstante kodiert oder aus Variablen oder zitierten Befehlen substituiert werden, wobei die üblichen lexikalischen Schutzregeln sowohl auf die bereits beschriebenen Operatoren als auch auf die Eigenheiten der Vergleichsmuster erweitert werden müssen.

In der einfachsten Anwendung wird geprüft, ob ein vorgegebenes Muster den Anfang einer Zeichenkette bildet, beziehungsweise mit ihr identisch ist:

```
$ expr abcdef : abc      $ expr abc : abc      $ expr abcdef : abx
3                        3                     0
```

Die Operanden können aus Variablen und zitierten Befehlen substituiert werden. Gegeben sei

```
$ echo $HOME                 $ pwd
/Hubert/arbeit               /Hubert/arbeit
```

dann ergibt sich:

```
$ expr $HOME : /Hubert       $ expr 'pwd' : /Hubert
7                            7

$ expr $HOME : 'pwd'         $ expr 'pwd' : $HOME
7                            7
```

In erweiterten Anwendungen können die originär als "regular expressions" bezeichneten lexikalischen Such- und Vergleichsmuster der UNIX-Textverarbeitungseinrichtungen benutzt werden. Eine sehr eingehende Beschreibung ist unter dem Eintrag des Zeileneditors ed(1)/BHB zu finden. In diesem Zusammenhang sollte jedoch hervorgehoben werden, daß zwischen den lexikalischen Leistungsmerkmalen der Shells und jenen der Textverarbeitungseinrichtungen ein grundsätzlicher Unterschied besteht: Erstere beziehen sich nur auf die Klassendarstellung von Bezeichnern von Dateiobjekten, letztere nur auf die abstrakte Darstellung von Zeichenketten innerhalb von Textkörpern. Die zwei Kategorien von lexikalischen Leistungsmerkmalen unterscheiden sich also grundsätzlich hinsichtlich ihrer Anwendungsbereiche. Oberflächliche Gemeinsamkeiten der beiden lexikalischen Systeme mag jedoch gelegentlich zu Mißverständnissen führen.

Unter Bezugnahme auf die lexikalischen Such- und Vergleichsmuster von ed(1) kann die Anwendung von expr(1) wesentlich erweitert werden:

```
$ expr abcdef : '.*d'        $ expr abcdef : .\*
4                            5
```

wobei die lexikalischen Muster entweder mit umgebenden Einzelzitaten oder dem Backslash gegen die Interpretation der Shell geschützt werden müssen. Doppelzitate sind hier wirkungslos!

Im ersten Beispiel wird ein Vergleichsmuster von unbestimmter Länge vorgegeben, das mit einem 'd' endet, was sich mit den ersten 4 Zeichen in 'abcdef' deckt. Im zweiten wird ein nichtleeres, aber sonst vollkommen unbestimmtes Muster vorgegeben, was sich mit der gesamten Zeichenkette deckt, wobei dessen Gesamtlänge bestimmt wird. Im allgemeinen kann auf diese Weise die am weitesten rechts liegende Position einer Zeichenkombination bestimmt werden:

```
$ expr abcdefghijklmnghiuvwxyz : '.*ghi'
17
```

Bei lexikalischer Inkongruenz wird eine Null zurückgegeben:

```
$ expr abcdefghijklmnghiuvwxyz : '.*gxi'
0
```

Die üblichen lexikalischen Schutzregeln müssen sowohl auf die Operatoren von *expr* als auch auf die Eigenheiten der Vergleichsmuster erweitert werden:

```
$ expr  'abcdefg.*hijklm' : '.*\.\*'
9
```

wobei der Asterisk auf beiden Seiten je einmal durch die umgebenden Einzelzitate gegen die Interpretation der Shell geschützt ist und dann noch einmal auf der rechten Seite mit dem Backslash gegen die Interpretation von *expr* geschützt werden muß. Der Punkt selbst bräuchte eigentlich nur auf der rechten Seite geschützt werden.

Die lexikalischen Möglichkeiten von *expr* gehen weit über die gezeigten, einfachen Beispiele hinaus. Andere Beispiele werden unter expr(1)/BHB gegeben.

6.7.4 E/A-Steuerung in Shell-Skripten

Die drei Standard-Datenströme (Abschnitt 6.5.1) sind für Shell-Skripte automatisch definiert und normalerweise in die entsprechenden Datenströme der ausführenden Shell eingebunden; sie können jedoch beim Skript-Aufruf umgelenkt werden. Die individuellen Standard-Datenströme von Befehlen und Anweisungen innerhalb eines Skriptes sind normalerweise an dessen entsprechende Standard-Datenströme gebunden; sie können ebenfalls innerhalb eines Skriptes lokal umgelenkt werden.

Die erweiterte E/A-Steuerung (Abschnitt 6.5.2) kann auf drei Ebenen in Shell-Skripten angewendet werden:*Global*, um alle internen Befehle gleichermaßen zu erfassen; *sektional*, um die Befehle abschnittsweise zu erfassen; und *lokal*, um einzelne Befehle zu erfassen. Die globale E/A-Umlenkung erfolgt beim Skript-Aufruf durch Umlenkungsklauseln in der Befehlszeile:

```
$ <Skript>  [<Argumente>]  <E/A-Umlenkungsklauseln>  [&]
```

und kann nur durch sektionale oder lokale Umlenkungsklauseln innerhalb des Skriptes außer Kraft gesetzt werden. Ein etwas künstliches Beispiel mag dies veranschaulichen, wobei daran erinnert sei, daß die Anweisung echo(sh) die Normalausgabe (1) benutzt:

```
$ cat abeispiel                                    # Skriptdatei
echo "Normalausgabe global"
echo "Normalausgabe am Terminal erzwungen"  > /dev/tty
echo "Normalausgabe lokal in 'dateix' umgelenkt" > dateix
exec 3>&1  1>&-  1>&4
echo "Anfang sektionale Umlenkung Normalausgabe auf 4"
 ...
echo "Ende sektionale Umlenkung Normalausgabe auf 4"
exec  4>&-  1>&3  3>&-
echo "Normalausgabe zwischendurch wieder global"
echo "lokale Umlenkung Normalausgabe auf 5"  1>&-  1>&5
echo "Normalausgabe am Ende wieder global"
$
```

Beim Skript-Aufruf mit den globalen Umlenkungen der Ausgabe,

```
$ abeispiel  >ausgabe1  4>ausgabe4   5>ausgabe5
Normalausgabe am Terminal erzwungen
$
```

wird nur die auf den virtuellen Terminalkanal '/dev/tty' umgelenkte Normalausgabe am Terminal ausgegeben. Gleichzeitig werden folgende Dateien erzeugt:

```
$ cat ausgabe1
Normalausgabe global
Normalausgabe zwischendurch wieder global
Normalausgabe am Ende wieder global

$ cat dateix
Normalausgabe lokal in 'dateix' umgelenkt

$ cat ausgabe4
Anfang sektionale Umlenkung Normalausgabe auf 4
...
Ende sektionale Umlenkung Normalausgabe auf 4

$ cat ausgabe5
lokale Umlenkung Normalausgabe auf 5
```

Neben den offensichtlichen globalen und lokalen Umlenkungen der Normalausgabe '1' werden in dem obigen Beispiel noch zwei weitere Datenströme zur Ausgabe definiert, '4' und '5', die in der Befehlszeile ebenfalls global auf die Auffangdateien 'ausgabe4' und 'ausgabe5' umgelenkt wurden. Innerhalb des Skriptes führt der erste Aufruf von *exec* die folgenden drei Schritte durch:

3>&1
Die aktuelle Dateibindung des internen Bezeichners '1' der Normalausgabe wird auf '3' übertragen, um daraus wiederhergestellt werden zu können.

1>&-
Die aktuelle Dateibindung des internen Bezeichners '1' wird gelöst.

1>&4
Die aktuelle Dateibindung des internen Bezeichners '4' wird auf '1' übertragen, so daß die Normalausgabe aller nachfolgenden Befehle auf die global angebundene Datei 'ausgabe4' erfolgt.

Mit dem zweiten Aufruf von *exec* wird die sektionale Umlenkung der Normalausgabe wieder rückgängig gemacht, wobei die globale Umlenkung wieder in Kraft tritt. Bei der lokalen Umlenkung der Normalausgabe auf '5' sind nur die beiden letzten der drei Schritte notwendig, da die Normalausgabe nach Ausführung des Befehls automatisch wieder hergestellt wird. Mit der Fehlerausgabe und anderen Ausgabeströmen kann analog verfahren werden.

Mit der Anweisung **read(sh)** kann die Normaleingabe Skriptvariablen zugewiesen werden, was sowohl Umlenkung als auch Pipelines zuläßt:

```
read <Variable> [<Variable> ... ]
read <Variable> [<Variable> ... ] [ < <Verweis>]
<Befehl> ... | read <Variable> [<Variable> ... ]
```

wobei bereits existierende ungeschützte Variable überschrieben und nichtexistierende neu angelegt werden. Die interaktive Eingabe endet mit dem Zeilenvorschub, also normalerweise [RET]. Bei Eingabe des aktuellen *eof* — normalerweise CTL_D — sowie bei einer leeren Eingabedatei oder Pipeline wird der Exit-Kode auf '1' gesetzt. Die Variablen sind dann leer. Bei Pipelines wird *read* — und damit die Zuweisung — in einer Subshell ausgeführt.

Die Eingabe wird gemäß den Standardtrennzeichen und den in '$IFS' enthaltenen zusätzlichen oder alternativen Trennzeichen zuerst in Worte zerlegt, die den Variablen von links nach rechts in entsprechender Reihenfolge zugewiesen werden. Sind mehr Worte als Variable vorhanden, so werden der letzten Variablen alle verbleibenden Worte zugewiesen; umgekehrt bleiben die letzten Variablen leer. Ein interaktives Beispiel mag dies veranschaulichen:

```
$ read x y z
11 22 33 44 55 [RET]
$
$ echo $x                $ echo $y                $ echo $z
11                                                2233 44 55
```

Da die Eingabe von *read* keine Befehlszeile darstellt, entsteht keinerlei Substitutions- und Wechselwirkung bei Sonderzeichen:

```
$ read a                 $ read b                 $ read c
*                                                 $HOME'pwd'

$ echo "$a"              $ echo $b                $ echo $c
*                                                 $HOME'pwd'
```

Variable, die Sonderzeichen enthalten, müssen allerdings bei der Weiterverwendung geschützt werden, wie "$a" im ersten Beispiel.

In interaktiven Shell-Skripten wird *read* zumeist mit einer Eingabe-Aufforderung verbunden :

```
echo  "Bitte Nach- und Vornamen eingeben:\c"
read  nachname  vorname
```

Die Normaleingabe von *read* kann sowohl lokal in Befehlszeilen als auch ambient in Shell-Skripten sowie global beim Skript-Aufruf umgelenkt werden, wie das folgende Beispiel zeigen mag:

```
$ cat ebeispiel                                   # Skriptdatei
exec  6<&0  0<&-  0<&7
read  prompttext
```

```
exec 7<&-  0<&6  6<&-                        # Fortsetzung
echo $promptext" \c"
read dateiname
read meldung < $dateiname
echo $meldung
```

Die folgenden einzeiligen Eingabedateien sollen benutzt werden:

```
$ cat prompt.e                  $ cat gruss1
please enter filename:          Guten Tag
```

Das Skript wird dann mit globaler Eingabe-Umlenkung aufgerufen:

```
$ ebeispiel 7> prompt.e                      # Skript-Aufruf
please enter filename: gruss1
Guten Tag
```

Wird *read* an eine Pipeline angeschlossen, so wird die Zuweisung in einer Subshell ausgeführt. Ein einfaches Beispiel mag die veranschaulichen:

```
$ date | (read a b ... g; echo $a; echo $b; ...; echo $g)
Mon
Jan
 ...
1990
```

Weitere Anwendungsbeispiele von *read* werden im Abschnitt 6.7.5.2 im Zusammenhang mit den Instruktionen 'while' und 'until' gegeben.

Die in den Abschnitten 5.4.3 und 6.5.3 besprochene einfache beziehungsweise erweiterte zitierte Ausführung von Befehlen mit Normaleingabe und -ausgabe kann auf verschiedene Weisen zur Skript-Eingabe verwendet werden. Da die Eingaben selbst keine Befehlszeilen darstellen, entsteht auch hier keinerlei Substitutions- und Wechselwirkung bei Sonderzeichen. Allerdings muß der Inhalt der Auffangvariablen bei der Weiterverwendung gegebenfalls geschützt werden.

Mit dem Befehl **line(1)** kann jeweils eine ganze Eingabezeile an eine Auffangvariable zugewiesen werden:

```
$ zeile=`line`
Eine lange Eingabezeile mit vielen Worten ...[RET]
$
$ echo $zeile
Eine lange Eingabezeile mit vielen Worten ...
```

Bei Eingabe des aktuellen *eof* (CTL_D) wird der Exit-Kode auf '1' gesetzt.

Mit dem Befehl **cat(1)** kann eine kleinere Datei (< 5120 Bytes) einer Auffangvariablen zugewiesen werden:

```
<Variable>='cat <Verweis>'
```

Mit *cat* können einer Auffangvariablen auch mehrere Eingabezeilen zugewiesen werden:

```
$ textvar='cat'
Erste Zeile ...
Zweite Zeile ...
 ...
[CTL_D]
```

```
$ echo "$textvar"
Erste Zeile ...
Zweite Zeile ...
 ...
```

Doppelzitate müssen bei der Weiterbenutzung — wie hier mit *echo* — benutzt werden, um die Zeilenvorschübe zu erhalten.

Mit dem Sortierbefehl **sort(1)** kann eine kleinere Datei,

```
<Variable>='sort [<Sortier-Optionen>] <Verweis>'
```

oder mehrere Eingabezeilen einer Auffangvariablen unmittelbar sortiert zugewiesen werden:

```
$ sortvar='sort'
zappa
abba
 ...
babba
[CTL_D]
```

```
$ echo "$sortvar"
abba
babba
 ...
zappa
```

Auf ähnliche Weise können Textfilter, wie awk(1), grep(1) and sed(1) benutzt werden, um Shell- und Skript-Variable zu belegen. Diese und ähnliche Möglichkeiten gehören zu den erstaunlichsten Leistungsmerkmalen der UNIX-Shells.

6.7.5 Ablaufsteuerung in Shell-Skripten

Die Arten und Anwendungsmöglichkeiten der programmierbaren Ablaufsteuerung sind bei prozedurellen Programmiersprachen zwei der wichtigsten Kriterien. In der BOURNE-Shell stehen alle grundlegenden Konstrukte mit weitgehenden Anwendungsmöglichkeiten zur Verfügung. Sie können in vier Hauptkategorien aufgegliedert werden:

- Bedingungsfreie Ablaufsteuerung.
- Bedingte Ablaufsteuerung.
- Gerichtete Ablaufsteuerung.
- Asynchrone Ablaufsteuerung.

wovon die ersten drei die "klassischen" Kategorien der *synchronen* Ablaufsteuerung darstellen.

Die Konstrukte der Ablaufsteuerung sind *Klauseln* und *Paragraphen*, die sich ihrerseits aus *Instruktionen* zusammensetzen. Da die Shell als *Durchlauf-Interpreter* fungiert, können diese Konstrukte erst nach vollständiger Eingabe ausgeführt werden. Ein interaktives Beispiel mag dies veranschaulichen:

```
$ if false
> then
>     echo FALSE
> else
>     echo TRUE
> fi
TRUE
$
```

wobei die Shell mit dem Fortsetzungsprompt erst die vollständige Eingabe des 'if'-Paragraphen abwartet, bevor die eigentliche Ausführung einsetzt. Das von dem Pseudobefehl false(1) ausgelöste Resultat ist folgerichtig, wenngleich auf den ersten Blick vielleicht etwas perplex.

Im allgemeinen würde man jedoch schon wegen der Fehleranfälligkeit das konversationelle Programmieren komplexer Kontrukte vermeiden. Dazu kommt, daß der Quellkode nicht abgespeichert werden kann und somit weder zur Wiederverwendung noch zur nachträglichen Korrektur zur Verfügung steht. Die Hauptanwendung der Ablaufsteuerung liegt also beim Programmieren von Shell-Skripten.

6.7.5.1 Bedingungsfreie Ablaufsteuerung

Die BOURNE-Shell stellt keine kontextfreie bedingungsfreie Ablaufsteuerung zur Verfügung. Insbesondere wird das umstrittene "goto"-Konstrukt nicht unterstützt.

Kontextgebundene bedingungsfreie Ablaufsteuerung steht mit den Instruktionen 'break' und 'continue' zur Verfügung, die nur in bedingten und listengesteuerten Schleifen benutzt werden können (Abschnitte 6.7.5.2.3 und 6.7.5.3.2).

Ein bedingungsfreies Transfer des Ablaufes erfolgt beim Aufruf eines anderen Shell-Skriptes aus dem aktuellen Skript. Mit der Anweisung **exit(sh)** wird der Ablauf an die aufrufende Instanz zurückgegeben, und letztendlich an die ausführende Shell. Dies wird im Abschnitt 6.7.5.6 weitergeführt.

6.7.5.2 Bedingte Ablaufsteuerung

Die Instruktionen 'if', 'while' und 'until' setzen den Exit-Kode ihres Argumentes in bedingte Aktionen um, wobei die Dichotomie 0 (TRUE) : >< 0 (FALSE) gilt. Das allgemeine Syntaxschema ist:

```
[ if | while | until ]  <Befehlsliste> ...
```

In der einfachsten Anwendung bestimmt der Exit-Kode eines einzigen Befehls den weiteren Ablauf:

```
if <Befehl> [<Befehlsargumente>] [<E/A-Umlenkung>] ...
```

wobei die lokale Umlenkung sich nur auf den als Argument gesetzten Befehl erstreckt.

In erweiterten Anwendungen können Befehlsgruppen oder logische Verknüpfungen von Befehlen (Abschnitt 5.2.6) benutzt werden,

```
   if ( <Befehl1> ... ; <Befehl2> ... ; ) ...
while { <Befehl1> ... ; <Befehl2> ... ; } ...

   if ( <Befehl1> ... && <Befehl2> ... || ...; ) ...
until { <Befehl1> ... && <Befehl2> ... || ...; } ...
```

wobei der Exit-Kode der Befehlsgruppe beziehungsweise der Befehlsverknüpfung den weiteren Ablauf bestimmt.

Als Argument der Instruktionen 'if', 'while' und 'until' können alle Befehle und Anweisungen benutzt werden, die einen sinnvollen Exit-Kode setzen. In C-Programmen kann der Exit-Kode mit dem Systemaufruf exit(2) und in Shell-Skripten mit der Anweisung exit(sh) gesetzt werden, was im Abschnitt 6.7.5.6 weitergeführt wird. Konstante Exit-Kodes können mit den Pseudobefehlen **true(1)** und **false(1)** sowie mit der Nullanweisung **:(sh)** erzwungen werden.

Zwei spezielle Funktionen können benutzt werden, um logische Ausdrücke und Bedingungen in Exit-Kodes umzusetzen:

expr(1) Ein Auswertungsbefehl, dessen Exit-Kode auf '0' gesetzt wird, wenn die Auswertung des Argument-Ausdrucks einen Wert >< 0 ergibt.

test(1) Eine Prüfanweisung, deren Exit-Kode auf '0' gesetzt wird, wenn die Argument-Bedingung ein logisches TRUE ergibt.

Die beiden Funktionen sind die wichtigsten Mittler zwischen der abstrakten Ablauflogik und den Konstrukten der bedingten Ablaufsteuerung. Der Auswertungsbefehl expr(1) wurde bereits im Abschnitt 6.7.3 vorgestellt; die Anweisung test(1) soll gleich nachfolgend besprochen werden.

6.7.5.2.1 Bedingungsprüfung

Die Prüfanweisung test(1) kann in zwei gleichwertigen Formen kodiert werden:

```
test <Bedingung>                    [ <Bedingung> ]
```

wobei die eckigen Klammern an den Innsenseiten mit mindestens je einem Leerzeichen "gepolstert" werden müssen. Als Resultat der Bedingungsprüfung wird der Exit-Kode auf '0' (TRUE) oder '><0' (False) gesetzt. Eine Bedingung kann durch Vorsetzen des Ausrufungszeichen '!' logisch invertiert (oder negiert) werden:

```
test !<Bedingung>                   [ !<Bedingung> ]
```

test ist zwar eine Shell-Anweisung, wird aber unter seinem eigenen Eintrag im Benutzer-Handbuch beschrieben. Im folgenden soll *test* bei interaktiven Beispielen gelegentlich als Verbatim-Befehl benutzt werden; im übrigen gilt die symbolische Klammer-Schreibweise.

Eine bedingte Ausführungsklausel würde also entweder mit der Affirmation oder der Negation einer Bedingung beginnen:

```
# Affirmation                          # Negation
if [ <Bedingung> ] ...                 if [ !<Bedingung> ] ...
```

Die mit test(1) unmittelbar prüfbaren Bedingungen können in fünf Kategorien zusammengefaßt werden:

- Attribute von Dateiobjekten
- Status von Datenströmen
- Attribute von Zeichenketten
- Vergleiche von Zeichenketten
- Arithmetische Vergleiche

Eine Zusammenfassung der Prüfbedingungen ist unter test(1)/PHB gegeben.

Prüfbare Attribute von Dateiobjekten

Eine Bedingung wird nach dem folgenden Schema kodiert:

```
<Bedingung> : –<Attribut> <Verweis>
```

wobei der Verweis sich auf jedwedes Dateiobjekt beziehen kann. Das zu prüfende Attribut wird als Buchstabe nach der folgenden Tabelle kodiert:

b	Blockkanal	(block special)
c	Zeichenkanal	(character special)
d	Verzeichnisdatei	(directory file)
f	Reguläre Datei	(regular file)
g	Gruppenmode	(set-group-ID bit)
k	Weiterbenutzungsmode	(sticky bit set)
p	Permanenter Datenkanal	(named pipe)
r	Leseberechtigung	(readable)
s	Nichtleer	(nonempty)
w	Schreibberechtigung	(writeable)
x	Ausführberechtigung	(executable)

Eine Beschreibung der Objekttypen und -attribute wird im Abschnitt 3.2 beziehungsweise 3.8 gegeben.

Jede dieser Bedingungen impliziert die Existenz des Prüfobjektes; bei nichtexistierenden Objekten resultiert immer ein FALSE. Der Objektverweis unterliegt den üblichen lexikalischen Schutz- und Anwendungsregeln; er kann aus Variablen und zitierten Befehlen substituiert werden:

```
$ test –f unsinn              $ test –d $HOME
$ echo $?                     $ echo $?
1                             0
```

```
$ test -d `pwd`          $ test -b /dev/tty
$ echo $?                $ echo $?
0                        1
```

In einem interaktiven Shell-Skript könnte das bedingte Ausdrucken einer Textdatei mit der folgenden Klausel beginnen:

```
...
echo "bitte Namen der Druckdatei eingeben ...\c"
read dateiname
if [ -f $dateiname ] ...
...
```

Statusprüfung bei Datenströmen

Die Bedingung wird nach dem folgenden Schema kodiert:

```
<Bedingung> : -t fd
```

wo 'fd' der *numerische* Objektbezeichner (file descriptor) eines Datenstroms ist, dessen Bindung an den Gerätekanal des jeweiligen TTY-Dienstports geprüft wird. Bei Auslassung von 'fd' wird die Normalausgabe vorausgesetzt, so daß die beiden folgenden Tests gleichwertig sind:

```
$ test -t                $ test -t 1
$ echo $?                $ echo $?
0                        0
```

In der Terminal-Shell ist die Bedingung immer TRUE für die Standard-Datenströme '0', '1', und '2'.

In einem Shell-Skript könnte eine vorhergehende Anbindung des Datenstroms '3' an den TTY-Dienstport mit einer Statusprüfung abgesichert werden:

```
...
exec 3>`tty`
if [ -t 3 ] ...
...
```

wobei der zitierte Aufruf von tty(1) den Verweis auf den Dienstport erzeugt.

Eine eingehende Besprechung der erweiterten E/A-Steuerung wurde bereits im Abschnitt 6.5.2 gegeben.

Attribute von Zeichenketten
Die Bedingung wird nach dem folgenden Schema kodiert:

<Bedingung> : –<Attribut> <Zeichenkette>

womit zwei Attribute geprüft werden können:

z	Leer	(void)
n	Nichtleer	(non-void)

Die Zeichenkette unterliegt den üblichen lexikalischen Schutz- und Anwendungsregeln; sie kann aus Variablen und zitierten Befehlen substituiert werden:

```
$ test –n $HOME          $ test –z 'pwd'
$ echo $?                $ echo $?
0                        1
```

Die Bedingung kann zum Statustest für Variable erweitert werden, wofür zwei Formen zur Verfügung stehen:

<Bedingung> : –<Attribut> "$<Variable>"
<Bedingung> : "$<Variable>"

Einfache Beispiele sind:

```
$ test "$HOME"           $ [ "$unsinn" ]
$ echo $?                $ echo $?
0                        1
```

Dabei bleibt allerdings offen, ob die Variable '$unsinn' nur leer ist oder überhaupt nicht existiert. In einem interaktiven Shell-Skript kann auf folgende Weise zwischen Eingabe und Leereingabe (Return) unterschieden werden, um unnötige Nachprüfungen gleich eingangs zu vermeiden:

```
 ...
echo "bitte Namen der Druckdatei eingeben ...\c"
read dateiname
if [ "$dateiname" ]
then
    if [ –f $dateiname ]
    then
          ...
    fi
fi
 ...
```

wobei allerdings eine gewisse Redundanz offensichtlich ist, was jedoch im folgenden noch verfeinert werden soll.

Vergleiche von Zeichenketten

Die Bedingungen werden nach den folgenden Schemata kodiert:

```
<Bedingung> : <Zeichenkette1> = <Zeichenkette2>
            : <Zeichenkette1> != <Zeichenkette2>
```

wobei das Gleichheitszeichen '=' symbolische Gleichheit und das Zeichenpaar '!=' symbolische Ungleichheit bedeutet:

```
$ test abc = xyz                $ test abc != xyz
$ echo $?                       $ echo $?
1                               0
```

Die Zeichenketten können aus Variablen und zitierten Befehlen substituiert werden, wobei die üblichen lexikalischen Anwendungsregeln gelten:

```
$ echo $HOME                    $ pwd
/Hubert/eigen                   /Hubert/arbeit

$ test $HOME = 'pwd'            $ [ 'pwd' != $HOME ]
$ echo $?                       $ echo $?
1                               0
```

Bei symbolischen Inhaltsvergleichen sollten umgebende Doppelzitate benutzt werden, um unnötige Fehlermeldungen bei leeren oder nichtexistierenden Variablen zu vermeiden:

```
<Bedingung> : "$<Variable1>" = "$<Variable2>"
            : "$<Variable1>" != "$<Variable2>"
            : "$<Variable>"  = <Zeichenkette>
            : "$<Variable>" != <Zeichenkette>
```

In unserem fortlaufenden Beispiel kann mit einigen weiteren Schritten festgestellt werden, ob eine Textdatei zum Drucken angegeben wurde:

```
...
echo "bitte Dateinamen eingeben ...\c"
read dateiname
if [ "$dateiname" ]
then
     if [ -f $dateiname ]
     then
          set 'file $dateiname'
          if [ "$3" = text ]
          then
               ...
          fi
     fi
fi
```

wobei die mit dem zitierten Aufruf von file(1) erzeugte Zeichenkette mit set(sh) über die latenten Variablen verteilt wird (Abschnitt 6.3.2).

Ein zusätzliche Paßwort-Abfrage könnte folgendermaßen eingeleitet werden:

```
 ...
echo "bitte Zusatzpasswort eingeben ...\c"
read passwort
if [ "$passwort" = "hallo" ] ...
 ...
```

Arithmetische Vergleiche

Diese Vergleiche sind nur mit signierten Ganzzahlen sinnvoll; bei Dezimalwerten wird die Fraktion nicht bewertet. Die Bedingung wird nach dem folgenden Schema kodiert:

```
<Bedingung> : <Wert1>  -<Operator> <Wert2>
```

wobei die bekannten arithmetischen Vergleichsoperatoren 'eq', 'ne', 'ge', 'gt', 'le' und 'lt' benutzt werden. Die Vergleichswerte dürfen weder zitiert noch mit dem Backslash abgedeckt werden, was auch unnötig wäre, da sie sich nur aus Ziffern und gegebenfalls einem Minuszeichen zusammensetzen können:

```
$ test 10 -eq 10                    $ [ -10 -eq 10 ]
$ echo $?                           $ echo $?
0                                   1
```

Die Bedingung kann auf arithmetische Inhaltsvergleiche von Variablen erweitert werden, wobei auch hier umgebende Doppelzitate benutzt werden sollten, um unnötige Fehlermeldungen bei leeren oder nichtexistierenden Variablen zu vermeiden:

```
<Bedingung> : "$<Variable1>" -<Operator> "$<Variable2>"
            : "$<Variable>" -<Operator> <Wert>
```

In Schleifenköpfen können auf diese Weise Zählervariable geprüft werden:

```
while [ "$schritte" -le 100 ] ...      until [ "$anzahl" -eq 0 ] ...
 ...                                    ...
```

Erweiterte Auswertung mit expr(1)
Die Vergleichsprüfungen können auf alle jenen Ausdrücke erweitert werden, die mit expr(1) (Abschnitt 6.7.3) ausgewertet werden können. Die folgenden Beispiele mögen dies veranschaulichen:

```
<Bedingung>: ‘expr $x + 1‘ –lt 100
<Bedingung>: ‘expr $z : '.*'‘ –ge 4
<Bedingung>: ‘expr $v : '.*\.c'‘ –gt 0
```

Im ersten Beispiel wird geprüft, ob die Variable '$x' beim Hochzählen um eins noch unter 100 bleibt; mit der zweiten wird geprüft, ob die Anzahl der in '$z' enthaltenen Zeichen mindestens 4 ist; und mit der dritten wird ein in '$v' enthaltener Basisname auf den Suffix 'c' geprüft.

Verknüpfen von Bedingungen
Einzelne, einfache Bedingungen können mit logischen Operatoren zu komplexen Bedingungen verknüpft werden:

```
<Bedingung>: !<Bedingung>                            (Negation)
<Bedingung>: <Bedingung> –a <Bedingung>              (AND)
<Bedingung>: <Bedingung> –o <Bedingung>              (OR)
```

wobei der AND-Operator 'a' den üblichen Vorrang vor dem OR-Operator 'o' hat, und der Negationsoperator '!' (NOT) über beide. Mit Rundklammern können Bedingungen gruppiert werden, um Distribution zu erzwingen, wie dieses Beispiel mit Gegenprobe zeigen mag:

```
$ [ –2 –gt 5 –a \( 5 –gt 2 –o 0 –lt 4 \) ]
$ echo $?
1
$ [ –2 –gt 5 –a 5 –gt 2 –o 0 –lt 4 ]
$ echo $?
0
```

wobei die Klammerschreibweise benutzt wurde. Die Rundklammern müssen an den Innenseite mit Leerzeichen "gepolstert" und einzeln mit dem Backslash abgedeckt werden, da sie ja gleichzeitig Syntaxelemente der Shell darstellen!

Bedingte Prüfung
Da test(1) den Status einer ausführbaren Anweisung hat, können einzelne Prüfungen zur bedingten Ausführung verknüpft werden (Abschnitt 5.2.6), wobei sowohl das Verb 'test' als auch eckige Klammern benutzt werden können:

```
... test <Bedingung>  && test <Bedingung>  || ...
... [ <Bedingung> ]  &&  [ <Bedingung> ]  || ...
```

wobei die Ausführung streng von links nach rechts fortschreitet. Die verknüpften Prüfungen können zusätzlich gruppiert werden:

```
if { [ <Bedingung> ]  && [ <Bedingung> ]  || ... ; }
if ( [ <Bedingung> ]  && [ <Bedingung> ]  || ... ; )
```

wobei die "geschweifte" Gruppe in der aktuellen Shell, und die Rundklammergruppe in einer Subshell ausgeführt wird.

Damit ergeben sich interessante Anwendungen. Zum Beispiel kann die Statusprüfung einer Datei, deren Verweis in einer Variablen enthalten ist, mit der Inhaltsprüfung der Variablen verknüpft werden:

```
...
echo "bitte Dateinamen eingeben ...\c"
read dateiname
if [ "$dateiname" ] && [ –f $dateiname ] ...
...
```

so daß der Statustest bei Leereingabe gar nicht erst stattfinden muß.

6.7.5.2.2 Bedingte Verzweigung

Das allgemeine Schema des 'if'-Paragraphen mit Komplementärzweig ist:

```
...
if [ <Bedingung> ... ]
then
        [Aktion bei <Bedingung>]
else
        [Aktion bei !<Bedingung>]

fi   [Umlenkung | Pipeline] [&]
...
```

Mit 'fi' wird der Paragraph abgeschlossen. E/A-Umlenkungsklauseln oder eine Pipeline können am Ende angebracht werden; die Wirkung erstreckt sich dann auf den ganzen Paragraphen. Mit dem optionalen Ampersand kann der Paragraph zur asynchronen Ausführung in einer Subshell freigesetzt werden.

Der Paragraph kann auf weniger Zeilen zusammengefaltet werden, wobei das Semikolon ';' nach den Instruktionen 'then' und 'else' gesetzt werden muß:

```
if [ <Bedingung> ... ]; then [Aktion bei <Bedingung>];
else [Aktion bei !<Bedingung>];
fi    [Umlenkung | Pipeline] [&]
```

was eine etwas umstrittene Form der Kodierung ist. Der Lesbarkeit halber soll im nachfolgenden die strukturierte Darstellung beibehalten werden.

Der Komplentärzweig kann weggelassen werden:

```
if [ <Bedingung> ]
then
        [Aktion bei <Bedingung>]
fi    [Umlenkung | Pipeline] [&]
```

Wie bei anderen Programmiersprachen kann auch hier eine Verschachtelung entlang der 'then'- und 'else'-Zweige erfolgen, wobei die übliche Assoziativ-Regel gilt, daß ein 'else'-Zweig den unmittelbar vorhergehenden 'then'-Zweig komplementiert, so daß Komplementär-Zweige von innen nach außen wie Klammerausdrücke paarweise assoziiert sind:

```
if [ <A> ]
then
     [Aktion bei <A>]
      ...
     if [ <B> ]
     then
        [Aktion bei <A> UND <B>]
     else
        [Aktion bei <A> UND !<B>]
     fi  [Umlenkung | Pipeline] [&]
      ...
else
     [Aktion bei !<A>]
fi   [Umlenkung | Pipeline] [&]
 ...
```

E/A-Umlenkungsklauseln oder Pipelines können innerhalb und am Ende von verschachtelten Paragraphen angebracht werden; ihre Wirkung erstreckt sich dann auf den jeweiligen Paragraphen einschließlich aller Verschachtelungen. Mit dem optionalen Ampersand kann der jeweilige Paragraph zur asynchronen Ausführung in einer weiteren Subshell freigesetzt werden.

Mit der Instruktion 'elif', die 'else' und 'if' zusammenfaßt, lassen sich bequem logische "Leitern" konstruieren, wobei eine automatische Verschachtelung entlang des 'if'-Zweiges stattfindet. Bild 6.1 zeigt das allgemeine Schema. Der einzige 'else'-Zweig am Fuß der Leiter ist optional; er stellt die gemeinsame Negation aller vorhergehenden Bedingungen dar. Die gesamte Leiter wird mit nur einem 'fi' abgeschlossen. E/A-Umlenkungsklauseln oder eine Pipeline können am Ende angebracht werden; deren Wirkung erstreckt sich dann auf die ganze Leiter. Mit dem optionalen Ampersand wird das ganze Konstrukt zur asynchronen Ausführung in einer Subshell freigesetzt.

Logische Leitern werden in prozedurellen Shell-Skripten zumeist da angewendet, wo eine gerichtete Folge von ungleich verteilten und sich gegenseitig ausschließenden Bedingungen zu erwarten ist. Die am häufigsten auftretende Bedingung wird dabei mit dem ersten 'if'-Zweig erfaßt; die zweithäufigste mit dem zweiten, und so weiter bis zum letzten 'if'-Zweig. Mit dem einzigen 'else'-Zweig am Fuß der Leiter werden schließlich alle nicht explizite gestellten Bedingungen pauschal erfaßt. Da der n-te Zweig nur nach n-1 Vorprüfungen erreicht werden kann, besteht eine sehr ungleiche Aufwandsverteilung.

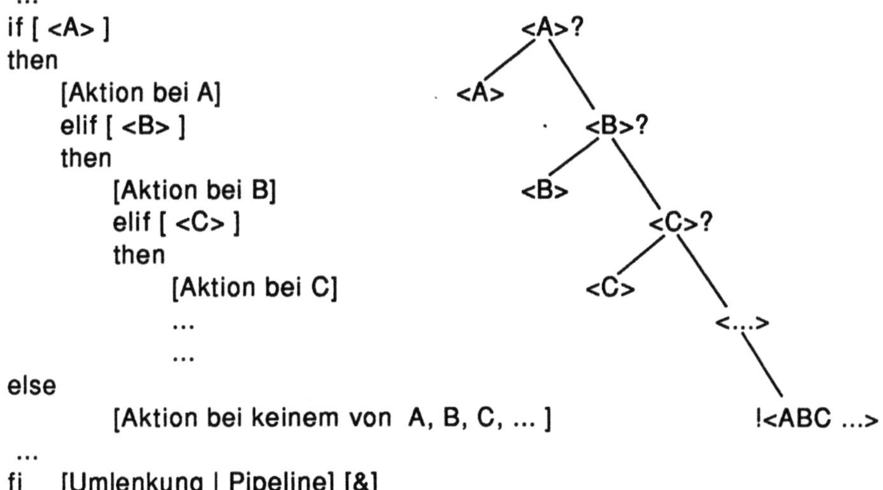

Bild 6.1: Schema einer logischen Leiter

Eine typische Anwendungsmöglichkeit besteht bei interaktiven Shell-Skripten mit befehlsartiger Eingabe, wobei der einzige 'else'-Zweig alle Falscheingaben erfaßt. Wenn die Bedingungen dabei jedoch nur aus einfachen lexikalischen Vergleichen ohne jegliche logische Verknüpfungen bestehen, dann stellt das im Abschnitt 6.7.5.3.1 besprochene 'case'-Konstrukt eine wesentlich effizientere Alternative dar.

6.7.5.2.3 Bedingte Schleifen

Zwei sich gegenseitig ergänzende Konstrukte stehen für die bedingte Iteration zur Verfügung: Die 'while'-Schleife und die 'until'-Schleife, wobei Affirmation und Negation der steuernden Bedingung einander entsprechen:

```
while [ <Bedingung> ]                until [ !<Bedingung> ]
```

Die Instruktionen 'while' und 'until' können nur am Kopf einer Schleife benutzt werden. Bild 6.2 zeigt das allgemeine Konstrukt der bedingten Schleife, wobei die Instruktionen 'do' und 'done' den eigentlichen Schleifenkörper abgrenzen. Mit optionalen 'if'-Klauseln und den zusätzlichen Instruktionen 'continue' und 'break' kann beim Eintreten subsidiärer Bedingungen zum Schleifenkopf zurückgesprungen beziehungsweise aus der Schleife herausgesprunngen werden. Im ersten Fall läuft die Schleife mit der nächsten fälligen Iteration weiter; im zweiten wird das erste, der Schleife unmittelbar folgende ausführbare Statement ausgeführt.

E/A-Umlenkungsklauseln oder eine Pipeline können am Fuß einer Schleife angebracht werden; ihre Wirkung erstreckt sich auf den ganzen Schleifenkörper, der dann allerdings synchron in einer Subshell abläuft! Mit dem optionalen Ampersand kann die ganze Schleife zur asynchronen Ausführung in einer Subshell freigesetzt werden.

```
...
while |until  [ <Bedingung> ] <-----
do                                  |
     [if [ <sub.Bedingung> ]; ...; continue]
     <Aktion bei <Bedingung> >
     [if [ <sub.Bedingung> ]; ...; break ]
     ...                            |
done  [Umlenkung | Pipeline]  [&]   |
<ausführbares Statement> <----------
...
```

Bild 6.2: Schema der bedingten Schleifen

Indeterminate Schleifen können einfachst mit den Pseudobefehlen **true(1)** und **false(1)** sowie mit der Nullanweisung **:(sh)** konstruiert werden:

```
while true          while :            until false
do                  do                 do
 ...                 ...                ...
if ... break ...    if ... exit ...    if ... break ...
 ...                 ...                ...
done                done               done
```

wobei im allgemeinen ein bedingtes 'break' oder 'exit' benutzt wird, um die Schleife beziehungsweise das Skript zu beenden.

Die üblichen Zählschleifen lassen sich auf einfachste Weise mit **expr(1)** (Abschnitt 6.7.3) konstruieren:

```
 ...                          ...
z=0                           z=100
while [ $z –lt 100 ]          until [ $z –gt 0 ]
do                            do
z='expr $z + 1'               echo "$z \c"
echo "$z \c"                  z='expr $z – 1'
done                          done
 ...                          ...
1 2 ... 100                   100 99 ... 1
```

Bei 'while'-Schleifen kann das Herunterzählen und das Prüfen im Schleifenkopf zusammengefaßt werden:

```
z=101
while { z='expr $z – 1'; }
do
    echo "$z \c"
done
...
100 99 ... 1
```

wobei *expr* beim Nullwert des ausgewerteten Ausdrucks den Exit-Kode auf '1' setzt.

Interaktive Eingabe-Schleifen können bequem mit der Anweisung **read(sh)** (Abschnitt 6.7.4) konstruiert werden:

```
 ...
while { echo "mehr...\c" ; read x; }
do
    [Aktion bei $x]
done
 ...
```

Eine Variante mit 'break' wäre:

```
...
while :
do
     echo "mehr...\c"
     read x || break
     [Aktion mit $x]
done
...
```

In beiden Fällen wird die Eingabe, und damit die Schleife, mit der aktuellen Tastenbelegung von *eof* — also normalerweise CTL_D — beendet.

"Hartnäckige" Prompter, die sich weder mit der Leereingabe noch mit CTL_D zufrieden geben, können einfachst mit *test* konstruiert werden. Ein typisches Beispiel wäre:

```
...
until { echo "?...\c" ; read x; [ "$x" ]; }
do
     [Aktion bei Leereingabe]
done
...
```

Mit der Anweisung **trap(sh)** können dazu noch die Interrupt- und Abbruch-Signale abgeblockt werden, so daß mit solchen Konstrukten eine nichtleere Eingabe (z.B. ein zusätzliches Paßwort) erzwungen werden kann. Dies wird im Abschnitt 6.7.5.4 noch einmal aufgegriffen.

Mit der Anweisung **shift(sh)** kann die gesamte Argumentliste einfachst durchlaufen werden:

```
...
while [ "$1" ]
do
     [Aktion beim jeweiligen Argumentwert in '$1']
     shift
done
...
```

Mit entsprechend konstruierten Schleifen können Textdateien zeilenweise eingelesen und Variablen zugewiesen werden. Bei globaler Umlenkung der Normaleingabe beim Skript-Aufruf entstehen dabei kaum Probleme. Bei lokaler Umlenkung innerhalb einer Schleife sind jedoch einige wichtige Einzelheiten zu beachten. Ein Gegenbeispiel mag die Problematik beim Einlesen einer Datei erhellen. Gegeben sei eine einfache Eingabedatei namens 'telefonliste',

```
$ cat   telefonliste
abba     111–1111
babba   222-2222
 ...        ...
zappa   999-9999
```

Die vielleicht naheliegende und syntaktisch durchaus korrekte lokale Umlenkung der Eingabe am Kopf der Schleife,

```
 ...
while read name nummer < telefonliste
do
    echo $name $nummer
done
 ...
```

liefert das im allgemeinen nutzlose Resultat:

```
abba     111-1111
abba     111-1111
 ...
```

d.h. nur die erste Zeile wird eingelesen und die Schleife läuft endlos weiter! Der Grund dafür ist, daß die Umlenkung lokal an *read* gebunden und somit transient ist. Bei jedem Aufruf von *read* wird die Datei erneut an die Normaleingabe gebunden, genau eine Zeile wird gelesen, worauf die Dateibindung wieder gelöst wird. Falls die Eingabedatei nicht zufällig leer ist, läuft die Schleife endlos weiter! Die korrekte Form wäre also in diesem Fall eine Umlenkung am Fuß der Schleife:

```
 ...
while read name nummer
do
    echo $name $nummer
done < telefonliste
```

```
mit dem Resultat:
abba     111–1111
babba   222-2222
 ...        ...
zappa   999-9999
```

Bei der Umlenkung am Schleifenfuß wird die Datei nur einmal für die gesamte Ablaufdauer der Schleife angebunden und dann fortlaufend eingelesen. Bei Dateiende terminiert die Schleife automatisch.

Bei der lokalen Umlenkung der Ausgabe würde eine analoge Situation entstehen. Eingabe und Ausgabe können jedoch *gleichzeitig* am Schleifenfuß umgelenkt werden:

```
 ...
while read name nummer
do
    echo $name $nummer
    ...
done < telefonliste > ausgabeliste
```

Allerdings laufen Schleifen bei diesen Formen der Umlenkung in Subshells ab, was wegen der Lokalität von Shell-Variablen unerwünscht sein kann. Dies kann mit der erweiterten E/A-Steuerung (Abschnitt 6.5.2) vermieden werden. Wenn in dem obigen Beispiel innerhalb der Schleife keine interaktive Eingabe und Ausgabe erfolgen muß, dann können die Normaleingabe und die Normalausgabe mit exec(sh) unmittelbar vor der Schleife direkt an die Eingabe- und die Ausgabedatei und unmittelbar nach der Schleife wieder an den Dienstport des Terminal gebunden werden:

```
...
exec 0<telefonliste 1>ausgabeliste
while read var
do
    [<irgendwelche Manipulationen>]
    echo $name $nummer
...
done
exec 0</dev/tty 1>/dev/tty
...
```

Bei interaktiven Shell-Skripten, wo die Standard-Datenströme auch innerhalb von Eingabe- oder Ausgabe-Schleifen freigehalten werden müssen, können die im Abschnitt 6.7.4 besprochenen Methoden der erweiterten E/A-Steuerung angewendet werden.

Interessante Anwendungsmöglichkeiten ergeben auch mit vorangestellten Pipelines, wobei der Datenstrom direkt in die Schleife eingespeist werden kann. Ein abschließendes Beispiel mag das Grundprinzip veranschaulichen:

```
...
ls -s | while read size name
do
    if [ $size -ge 10 ]
    then
        file $name
    fi
done | sort -1 +2 > dliste
...
```

```
$ cat dliste
abba        ascii text
...
babba       c program text
...
zappa       executable
...
```

Der von ls(1) mit der Option '-s' erzeugte Datenstrom — bestehend aus der Dateigröße und dem Bezeichner — wird zeilenweise in die 'while'-Schleife eingespeist und auf die Variablen '$size' und '$name' übertragen. Falls die Datei größer-gleich 10 Blöcke ist, wird mit file(1) der Typ festgestellt. Der dabei erzeugte Datenstrom wird in die nachfolgende Pipeline eingespeist und dann nach Typ sortiert in der Auffangdatei 'dliste' abgelegt. Das Beispiel zeigt, daß Schleifen unmittelbar in Pipelines eingefügt werden können. Das Prinzip kann in entsprechender Anpassung auf 'until'-Schleifen sowie auf die nachfolgend besprochenen 'for'-Schleifen angewandt werden.

'while'- und 'until'-Schleifen können beliebig miteinander und ineinander verschachtelt werden, wobei die beiden *kontextgebundenen* Instruktionen 'continue' und 'break' von besonderer Bedeutung sind, wie Bild 6.3 verdeutlichen mag. Wie das Schema zeigen soll, können mit dem nachgestellten Parameter 'n' in den Instruktionen '... continue n' und '... break n' n-1 umgebende Schleifen übersprungen werden, wobei die Ausführung unmittelbar am n-ten Schleifenkopf beziehungsweise unmittelbar nach der n-ten Schleife mit dem ersten nachfolgenden ausführbaren Statement wieder anknüpft. Ein verdeutlichendes Beispiel wird im Abschnitt 6.7.5.3.2 im Zusammenhang mit den 'for'-Schleifen gegeben.

```
...
while | until  [ <A> ] <-------------------------------+
do                                                      |
    <Aktion bei A>                                      |
    ...                                                 |
    while | until  [ <B> ] <-----------------------+    |
    do                                             |    |
        <Aktion bei A und B>                       |    |
        ...                                        |    |
        while | until  [ <C> ] <--------------+    |    |
        do                                    |    |    |
                                ...           |    |    |
                                ... ; continue;    |    |
                                    ...; continue 2;    |
                                         ...; continue 3;
        ...
        <Aktion bei A,B,C, ...>
        ...
                                              ...; break 3;
                                         ...; break 2;  |
                                    ...; break;    |    |
        ...                                   |    |    |
        done  [Umlenkung | Pipeline]  [&]     |    |    |
        <ausführbares Statement> <------------+    |    |
        ...                                        |    |
    done  [Umlenkung | Pipeline]  [&]              |    |
    <ausführbares Statement> <---------------------+    |
    ...                                                 |
done  [Umlenkung | Pipeline]  [&]                       |
<ausführbares Statement> <------------------------------+
...
```

Bild 6.3: Das Steuerschema verschachtelter Schleifen

E/A-Umlenkungsklauseln können am Ende, und Pipelines sowohl am Anfang als auch am Ende von verschachtelten Schleifen angebracht werden. Ihre Wirkung erstreckt sich dann nur auf den jeweiligen Schleifenkörper, der dann allerdings synchron in einer Subshell abläuft! Mit dem optionalen Ampersand kann die jeweilige Schleife zur asynchronen Ausführung in einer Subshell freigesetzt werden, wobei allerdings jegliche sequentielle Korrelation verlorengeht!

6.7.5.3 Gerichtete Ablaufsteuerung

Im Gegensatz zur bedingten Ablaufsteuerung, wo der Exit-Kode einer Argumentfunktion den Ablauf bestimmt, wird bei der *gerichteten* Ablaufsteuerung der Ablauf durch Werte bestimmt, die aus Variablen und zitierten Befehlen substituiert werden können. Die gerichtete Ablaufsteuerung ist daher in gewisser Hinsicht deterministischer als die bedingte.

6.7.5.3.1 Gerichtete Verzweigung

Das von anderen Programmiersprachen her bekannte 'case'-Konstrukt wird von der C-Shell mit beträchtlichen Erweiterungen unterstützt. Bild 6.4 zeigt das allgemeine Schema des 'case'-Paragraphen mit einer Steuervariablen.

Die Sprungmarken <S1>, <S2>, ... können sowohl einfache Zeichenketten als auch Metazeichen und lexikalische Vergleichsmuster sein. Sie können aus Variablen und zitierten Befehlen substituiert werden, womit ein sehr

```
...
case   $<Steuervariable>   in

<S1>)  [Aktion bei definierten Wert <S1>]
        ... ;;

<S2>)  [Aktion bei definierten Wert <S2>]
        ... ;;
...
'')     [Aktion bei leerer oder nichtexistierender Steuervariablen]
        ... ;;

*)      [Ersatzaktion bei nichtdefinierten Werten]
        ... ;;
esac    [Umlenkung | Pipeline]   [&]
...
```

Bild 6.4 : Schema des 'case'-Paragraphen

hoher Grad an Flexibilität für dynamisch-interpretative Anwendungen zur Verfügung steht! Jede Sprungmarke muß mit einer rechten Rundklammer ')', und jede 'case'-Klausel mit einem doppelten Semikolon ';;' abgeschlossen werden. Leere Einzelzitate ('') erfassen eine leere oder nichtdefinierte Steuervariable, während der Asterisk (*) alle bis dahin nichtdefinierten Werte und somit das logische Komplement der bereits definierten Fälle erfaßt. Das Anagramm 'esac' schließt den gesamten Paragraphen ab.

E/A-Umlenkungsklauseln oder eine Pipeline können am Ende eines 'case'-Paragraphen angebracht werden; ihre Wirkung erstreckt sich auf alle darin enthaltenen Klauseln, wobei der Paragraph dann allerdings synchron in in einer Subshell abläuft! Mit dem optionalen Ampersand wird der gesamte Paragraph zur asynchronen Ausführung in einer Subshell freigesetzt.

Mit lexikalischen Vergleichsmustern können ganze Klassen von Steuerwerten erfaßt werden, wobei die lexikalischen Leistungsmerkmale der Shell (Abschnitte 5.10 und 6.1) voll ausgenutzt werden können. Einige typische Beispiele sind:

```
[0-9])  [einzelne Ziffern]
        ... ;;
[!0-9]) [jedes ASCII-Zeichen, Ziffern ausgenommen]
        ... ;;
[A-Z])  [einzelne Großbuchstaben]
        ... ;;
 ?)     [genau ein ASCII-Zeichen]
        ... ;;
 ??)    [genau zwei ASCII-Zeichen]
        ... ;;
 *)     [eine beliebige ASCII-Zeichenkette]
        ... ;;
[A-Z] *) [eine Zeichenkette, die mit  einem Großbuchstaben beginnt]
        ... ;;
```

Bei rein symbolischer Verwendung von Sonderzeichen sowie der rechten Rundklammer in den Sprungmarken gelten die üblichen lexikalischen Schutzregeln. Alternation (logisches OR) zwischen verschiedenen Werten oder Mustern ist möglich:

```
A|a)    [ 'a' oder 'A' ]
        ... ;;
?|??)   [entweder genau ein oder genau zwei Zeichen]
        ... ;;
delete | eraser | loeschen)   [Synonyme]
                              ... ;;
```

Das Alternationssymbol '|' muß bei rein symbolischer Verwendung mit dem Backslash geschützt werden!

'case'-Konstrukte mit gleichen oder verschiedenen Steuervariablen können verschachtelt werden, was unter anderem zum "Faktorisieren" identischer Aktionen aus verschiedenen 'case'-Klauseln benutzt werden kann, wodurch eine sonst vielleicht unvermeidliche Redundanz vermieden werden kann. Ein typischer Ansatz mit Vorwahl, Prolog und Epilog wäre:

```
 ...
case $var in                                      # Vorwahl-Paragraph
[0-9])  <Prolog für Einzelziffern 0 bis 9>
        case $var in                              # Ziffernauswahl
        0) <Aktion bei '0'>;;                     # Teilklausel '0'
         ...
        9) <Aktion bei '9'>;;                     # Teilklausel '9'
        esac                                      # Ende Ziffernauswahl
        <Epilog für 0 bis 9>
        ;;                                        # Ende Ziffern-Paragraph
 ...
[A-Z])  <Prolog für Großbuchstaben A bis Z>
        case $var in                              # Großbuchstaben-Auswahl
        A) <Aktion bei 'A'>;;                     # Teilklausel 'A'
         ...
        esac
        ;;                                        # Ende Großbuchstaben
 ...
esac                                              # Ende Vorwahl-Paragraph
 ...
```

Ähnlich wie das 'switch-case'-Konstrukt in der C-Sprache und vergleichbaren Verteilern in anderen Programmiersprachen, ist das 'case'-Konstrukt der Shell im allgemeinen wesentlich effizienter als gestapelte oder verschachtelte 'if-else'-Klauseln mit wiederholten Bedingungsprüfungen. Beim 'case'-Konstrukt wird die Steuervariable jeweils nur einmal abgegriffen, worauf der Sprung auf die entspechende 'case'-Klausel berechnet werden kann. Im Gegensatz zu den verschachtelten Zweigen in 'elif'-Leitern werden die 'case'-Klauseln daher mit gleichverteilter Effizienz angesteuert. Zum anderen aber kann mit 'case'-Sprungmarken allein keine komplexe Bedingungslogik konstruiert werden.

'case'-Konstrukte werden häufig da bei interaktiven Shell-Skripten angewendet, wo mit Menue-Auswahl ohne komplexe Prüfbedingungen gearbeitet wird. Unter Ausnutzung der immensen lexikalischen Möglichkeiten, die mit den Sprungmarken gegeben sind, können sehr stabile Interpreter für neue

Anwendungssprachen und Emulatoren für andere Terminalsprachen konstruiert werden. Ein sehr einfacher Ansatz wäre:

```
$ cat  interpreter                                # Shell-Skript
 ...
case $0 in
anzeige)  cat $1;;                                # Fortsetzung
 ...
 datum)   date "+%a %d. %h 19%y"  ;;
 ...
kopiere)  cp $1 $2  ;;
 ...
loesche)  rm $1  ;;
 ...
esac

$ link interpreter anzeige
$ link interpreter datum
$ link interpreter kopiere
$ link interpreter loesche
 ...
$ datum
Mon 8. Jan 1990
 ...
usw. usw...
```

6.7.5.3.2 Listengsteuerte Schleifen

Bild 6.5 zeigt das allgemeine Schema der listengesteuerten 'for'-Schleife, wo der Index die Werte der Indexliste sequentiell durchläuft. Die Schleife läuft mit dem letzten Wert der Liste aus.

```
 ...
for <Index> in [ <Indexliste> ] <----------+
do                                         |
     [if [ <sub.Bedingung> ]; ...; continue]
     <Aktion bei <Bedingung> >
     [if [ <sub.Bedingung> ]; ...; break ]
      ...                                  |
done  [Umlenkung | Pipeline]  [&]          |
<ausführbares Statement> <-----------------+
 ...
```

Bild 6.5: Schema der listengesteuerten Schleife

Ebenso wie bei den bedingten Schleifen grenzen auch hier die Instruktionen 'do' und 'done' den eigentlichen Schleifenkörper ab, und der Sinn der optionalen 'if'-Klauseln mit den Instruktionen 'continue' und 'break' ist analog. Auch hier können E/A-Umlenkungsklauseln am Ende, und Pipelines sowohl am Anfang als auch am Ende der Schleife angebracht werden; die Wirkung erstreckt sich auf den ganzen Schleifenkörper, der dann allerdings synchron in einer Subshell abläuft! Mit dem optionalen Ampersand wird die Schleife zur asynchronen Ausführung in einer Subshell freigesetzt.

In der einfachsten Anwendungsform kann die Indexliste als eine Serie von Worten unmittelbar beigestellt werden:

```
...
for i in a 'b c' "d e" f\ g ...
do
    echo $i
    ...
done
...
a
b c
d e
f g
...
```

wobei die Standardtrennzeichen sowie die in '$IFS' enthaltenen alternativen oder zusätzlichen Trennzeichen die *Worttrennung* bestimmen. In der beigestellten Indexliste können — wie angedeutet — die Trennzeichen mit Einzel- oder Doppelzitaten oder dem Backslash geschützt werden. Im übrigen gelten die üblichen lexikalischen Schutzregeln.

Die Indexliste kann in einer Variablen angelegt werden:

```
...
indexliste='1 2 3 ...'
for i in $indexliste
do
    ...
done
```

wobei die Trennzeichen allerdings nicht geschützt werden können.

Mit Metazeichen und lexikalischen Mustern können Listen von Basisnamen im aktuellen Verzeichniskontext erzeugt werden; die Indexliste kann vollständig ausgelassen werden:

```
...
for i in *.c
do
    ...
done
```

```
...
for i
do
    ...
done
```

Bei Auslassung wird die Argumentliste $* (oder $@) als Indexliste angenommen; d.h. die Schleife durchläuft alle *trennbaren* Argumentwerte. Die Worttrennung in $* und in den Varianten "$*" und "$@" (beide doppelzitiert) soll durch die nachfolgenden Beispiele veranschaulicht werden.

Bei $* (oder $@) kann die Worttrennung überhaupt nicht außer Kraft gesetzt werden:

```
$ cat  loop1                                    # Skriptdatei
echo "Anzahl der Argumentwerte: "$#
for i in $*
do
     echo $i
done

$ loop1 aa bb 'cc dd'  "ee ff" gg\ hh           # Aufruf
Anzahl der Argumentwerte: 5
aa
bb
cc
dd
ee
ff
gg
hh
```

Das Beispiel zeigt, daß zwar nur 5 Argumente gezählt wurden, aber weder Einzel- oder Doppelzitate noch der Backslash die trennende Wirkung des Leerzeichens aufheben können.

Im Gegensatz dazu "konserviert" der doppelzitierte Variant "$@" die beabsichtigte Wirkung der Zitate und des Backslash:

```
$cat  loop2                                     # Skriptdatei
echo "Anzahl der Argumentwerte: "$#
for i in "$@"
do
     echo $i
done

$ loop2 aa bb 'cc dd' "ee ff" gg\ hh            # Aufruf
Anzahl der Argumentwerte: 5
aa bb
cc dd
ee ff
gg hh
```

Diese Eigenschaft übertragt sich analog auf die in '$IFS' enthaltenen zusätzlichen oder alternativen Trennzeichen.

Mit der doppelzitierten Varianten "$*" wird die Worttrennung schließlich vollkommen aufgehoben:

```
$ cat loop3                                  # Skriptdatei
echo "Anzahl der Argumentwerte: "$#
for i in  "$*"
do
     echo $i
done

$ loop2 aa bb 'cc dd' "ee ff" gg\ hh         # Aufruf
Anzahl der Argumentwerte: 5
aa bb cc dd ee ff gg hh
```

'for'-Schleifen können beliebig ineinander und mit bedingten Schleifen verschachtelt werden, wobei die beiden kontextgebundenen Instruktionen '... continue [n]' und '... break [n]' wiederum von besonderer Bedeutung sind. Als Beispiel sei das Shell-Skript mit drei verschachtelten 'for'-Schleifen zu betrachten:

```
$ cat schleife3                         # Skriptname
indliste='1 2 3'                        # gemeinsame Indexliste
echo $1 $2                              # symbolische Substitution
for i in $indliste      # Kopf der i-Schleife
do
     for j in $indliste                 # Kopf der j-Schleife
     do
          for k in $indliste            # Kopf der k-Schleife
          do
               if [ $k –eq $2 ]
               then
                    $1 $2               # symbolische Substitution
               fi
               echo $i-$j-$k
          done                          # Ende der k-Schleife
     done                               # Ende der j-Schleife
echo break                              # ausführbares Statement
done                                    # Ende der i-Schleife
```

Beim Aufruf ohne jegliche Argumente wird das dreifache kartesiche Produkt der Menge $\{1, 2, 3\}$ erzeugt, mit insgesamt $3^3 = 27$ Elementen. Die folgenden zwei Aufrufe zeigen die unterschiedliche Wirkung der Instruktionen mit einem Sprungparameter.

```
# Aufruf 1
$ schleife3  continue 2
continue 2
1-1-1
1-2-1
1-3-1
2-1-1
2-2-1
2-3-1
3-1-1
3-2-1
3-3-1
```

```
# Aufruf 2
$ schleife3  break 2
break 2
1-1-1
break
2-1-1
break
3-1-1
break
```

Beim ersten Aufruf wird die Instruktion 'continue 2' in die 'if'-Klausel substituiert, so daß bei k=2 die inneren Schleife verlassen und der Ablauf am Kopf der mittleren Schleifen wieder aufgenommen wird. Dabei wird die innere Schleife jedesmal erneut gestartet, wobei der Index 'k' den Wert '1' erneut annimmt. Die Indexe 'i' und 'k' durchlaufen dagegen die gesamte Indexliste.

Im Gegensatz dazu wird beim zweiten Aufruf die Instruktion 'break 2' in die 'if'-Klausel substituiert, so daß bei k=2 der weitere Ablauf mit dem ausführbaren 'echo'-Statement wieder aufgenommen wird, worauf die äußere Schleife weiterläuft. Die beiden inneren Schleifen werden dabei jedesmal erneut gestartet, wobei die Indexe 'j' und 'k' erneut den Wert '1' annehmen.

6.7.5.4 Asynchrone Ablaufsteuerung

Die im Vorgehenden besprochenen "klassischen" Arten der Ablaufsteuerung können als "synchron" in dem Sinn bezeichnet werden, daß ihre Entscheidungskonstrukte fest in die *Reihenfolge* der Programmbefehle eingebettet sind und bezüglich dieser Reihenfolge auch synchron ablaufen. Da die Prüfkonstrukte an *vorbestimmten* Stellen einprogrammiert und ausgeführt werden, haftet ihnen auch etwas *Räumliches* an. Man könnte deswegen auch von einer "spatialen" Ablaufsteuerung sprechen.

Im Gegensatz dazu besitzt die *asynchrone* Ablaufsteuerung keine Prüfkonstrukte, die an vorbestimmten Stellen einprogrammiert und ausgeführt werden können, da der genaue Zeitpunkt generell nicht im voraus bekannt ist, an dem die auslösende Bedingung eintritt! Die asynchrone Ablaufsteuerung kann lediglich Vorbereitungen für ein zu erwartendes Ereignis treffen; ob und wann es eintrifft läßt sich innerhalb der Befehlsfolge *nicht räumlich* lokalisieren. Man könnte hier auch von einer "temporalen" Ablaufsteuerung sprechen.

Unter UNIX steht die asynchrone Ablaufsteuerung mit ihren weitgehenden Anwendungsmöglichkeiten auf der allgemeinen Benutzerebene zur Verfügung. Neben der C-Sprache bietet auch die BOURNE-Shell die Möglichkeit, asynchron auftretende Ereignisse auf Signale abzubilden, deren Eintreffen dann vorprogrammierte Reaktion auslösen. Die dabei zugrundeliegenden Prinzipien des zwischenprozeßlichen Signalaustausches wurden bereits im Abschnitt 4.1.4.1 besprochen.

6.7.5.4.1 Ereignisse und Signale

Die asynchrone Ablaufsteuerung geht von zwei begrifflichen Kategorien aus:

- *Ereignisse* (events) sind Zustände, die außerhalb eines Prozesses auftreten, und auf die ein Prozeß reagieren kann. Ereignisse wirken über Signale auf Prozesse ein.
- *Reaktionen* (responses) sind programmierte Aktionsfunktionen, die beim Eintreffen von Signalen ausgeführt werden.

Typische Beispiele von Ereignissen sind: Das *plötzliche* Eingreifen eines Benutzers in den Ablauf eines Prozesses, wobei die vorprogrammierte Reaktion vom Verändern der Ablauffolge bis zum endgültigen Abbruch reichen kann; der *unerwartete* Abbruch der Terminalverbindung, wobei die Reaktionen der "verwaisten" Prozesse von E/A-Umlenkung zur Sicherung der fortgesetzten Ausgabe über ordnungsgemäßes Terminieren bis zum

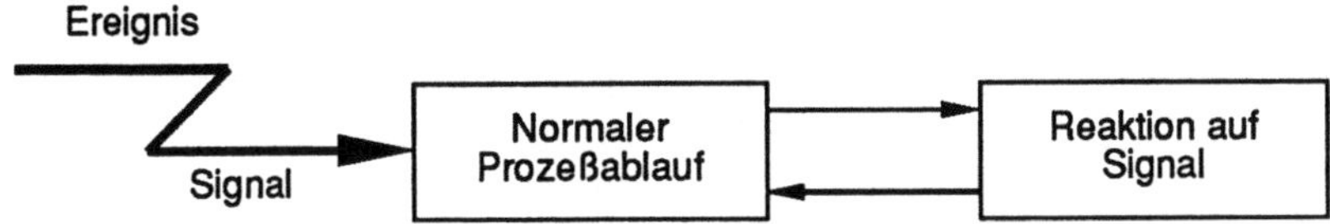

Bild 6.6: Das Grundschema der asynchronen Ablaufsteuerung

Panikabbruch reichen kann; das *sporadische* Einsetzen der Datenübertragung von peripheren Geräten, wobei der angesprochene Prozeß vom Wartezustand in einen Arbeitszustand springt; usw. Bild 6.6 zeigt das solchen Anwendungen gemeinsame Grundschema der asynchronen Ablaufsteuerung.

Neben solchen externen Ereignissen, die als Wechselwirkung zwischen dem System und der Umwelt gesehen werden können, entstehen interne Ereignisse, die ihren Ursprung in Prozessen haben und über Signale auf den Ablauf anderer Prozesse einwirken können. Bewegt sich die Wechselwirkung dabei innerhalb eines vorbestimmten Schemas, so spricht man von einem *Protokoll zwischen kooperierenden Prozessen* — ein Thema, das in den Bereich der *interprocess communication* (IPC) fällt. Die Anwendungen der IPC reichen von der Datenkommunikation bis zur Echtzeit-Steuerung von komplexen Prozessen und Geräten mit multiplen Freiheitsgraden.

Tabelle 6.1 listet die Teilmenge der Signale auf, die unter dem System V in der BOURNE-Shell sinnvoll für die asynchrone Ablaufsteuerung in Shell-Skripten benutzt werden können. Der Satz der generischen UNIX-Signale wird unter signal(2)/PHB beschrieben; die Gesamtmenge aller für das jeweilige System definierten Signale kann in der C-Zusatzdatei '/usr/include/signal.h' eingesehen werden.

(Status)	Kürzel	Nummer	Bedeutung
(Interaktive Shells)			
	SIGINT	2	Interrupt (intr)
	SIGQUIT	3	Abbruch (quit)
(Jede Shell)		0	Pseudo-Signal: Ende des Shell-Skriptes
	SIGHUP	1	Exit des Leitprozesses
	SIGKILL	9	bedingungsloser Abbruch
	SIGTERM	15	Terminierung
	SIGUSR1	16	erstes Benutzer-Signal
	SIGUSR2	17	zweites Benutzer-Signal

Tabelle 6.1: In der BOURNE-Shell zulässige Signale

Die jeweilige Anwendbarkeit dieser Signale hängt von der Art der Ausführung des Shell-Skriptes ab. Im Hintergrund sowie andere asynchron ablaufende Skripte werden von der Terminal-Shell beziehungsweise der ausführenden Subshell gegen die Signale SIGINT (2) und SIQUIT (3) abgeschirmt, können aber mit den anderen Signalen angesprochen werden. Im Vordergrund unter Terminaleinwirkung ablaufende Shell-Skripte können vom Terminal aus nur mit den Signalen SIGINT (2) und SIQUIT (3) über die mit stty(1) designierte Interrupt- beziehungsweise Abbruch-Taste gesteuert werden (Abschnitte 2.3.3 und 5.12). Allerdings erzeugt das Tastatur-Signal SIGQUIT (3) jedesmal eine Ablagedatei des jeweils im Arbeitsspeicher ablaufenden Ausführkodes (core dump), was sich nur durch Abstellen des Signals vermeiden läßt. Dies wird nachfolgend weiter unten besprochen.

In allen anderen Situationen muß der Befehl kill(1) benutzt werden, um Shell-Skripte durch Signale zu steuern:

```
kill [-<Signalnummer>] <PID> [<PID> ... ]
```

wobei die jeweils ausführenden Subshells selektiv über ihre PIDs angesprochen werden können. Beim Auslassen der Signalnummer wird das Signal SIGTERM (15) substituiert. Die anderen Aufrufsformen von kill(1) wurden bereits im Abschnitt 5.7.4 im Zusammenhang mit der allgemeinen Hintergrundverarbeitung besprochen.

Bei der asynchronen Ablaufsteuerung von Shell-Skripten muß zwischen der ausführenden Subshell, den einzelnen Skript-Befehlen und anderen ausführbaren Statements unterschieden werden. Ein etwas künstliches Beispiel mag dies gleich eingangs veranschaulichen:

```
$ cat skript                              # Skriptdatei
echo aaaaaaa
sleep 30
echo bbbbbbb
sleep 30
echo cccccc

$ skript &                                # Hintergrund-Aufruf
372
aaaaaaa
$ kill 372                                # ausführende Subshell
372 Terminated                            # angesprochen

$ skript &                                # Hintergrund-Aufruf
378 aaaaaaa
```

```
$ ps -f                                  # Prozeßquerschnitt
... PID   PPID ...  COMMAND
    ...        ...
    93       1 ...  sh                   # Terminal-Shell
...
    378     93 ...  sh                   # ausführende Subshell
    379    378 ...  sleep 30             # ablaufender Befehl
...

$ kill 379                               # Befehl angesprochen
skript: 379 Terminated
bbbbbbb                                  # nächster Befehl ausgeführt
...
```

Nach dem ersten Aufruf von 'skript' wurde mit 'kill 372' die ausführende Subshell terminiert, so daß keiner der nach 'echo aaaaaa' folgenden Skript-Befehle mehr ausgeführt werden konnte. Im Gegensatz dazu wurde nach dem zweiten Aufruf 'kill 379' nur der gerade ablaufende Befehl 'sleep' mit dessen PID terminiert, worauf der unmittelbar nachfolgende Befehl 'echo' von der unbeschadet weiterlaufenden Subshell ausgeführt wurde. Das Beispiel zeigt damit auch die einfachste Form des asynchronen Benutzereingriffes.

6.7.5.4.2 Aktionsfunktionen

Mit Ausnahme des Pseudosignales '0', das beim Ende eines Shell-Skriptes automatisch von der ausführenden Subshell erzeugt wird, sowie der beiden Benutzer-Signale '16' und '17', brechen die in Tabelle 6.1 aufgelisteten Signale die Ausführung eines Shell-Skriptes ab. Das Signal '9' (SIGKILL) erzwingt den bedingungslosen Abbruch; es kann weder blockiert noch abgefangen werden. Die Wirkung der übrigen Signale kann mit der Anweisung **trap(sh)** in Shell-Skripten modifiziert werden. Das allgemeine Aufrufschema ist:

```
trap  [<Aktionsfunktion>]  [<Signalliste>]
```

wo die Aktionsfunktion eine Zeichenkette ist, die beim Eintreffen eines in der Signalliste aufgeführten Signals als Befehlszeile ausgeführt wird. Für die Zeichenkette gelten die üblichen lexikalischen Regeln; sie kann ganz oder teilweise aus Variablen oder zitierten Befehlen substituiert werden. Mit Ausnahme von SIGKILL (9) können alle in Tabelle 6.1 enthaltenen Signale mit *trap* abgefangen werden. Die Anweisung hat den Status eines ausführbaren Statements und kann überall und wiederholt mit veränderten Argumenten gesetzt werden, um die Signalwirkung abschnittsweise zu variieren.

Die einfachste Anwendung bei interaktiven Shell-Skripten besteht darin, bei Vordergrundausführung das Interrupt- und bei Hintergrundausführung das Terminier-Signal abzufangen:

```
$ cat Hallo1                                    # Skriptdatei
trap 'echo "Au!, das tat weh!!!!"; exit'  2  15
while :
do
   sleep 1
   echo Hallo
done

$ Hallo1                                        # Vordergrund-Aufruf
Hallo
Hallo
 ...
[DEL]                                           # Interrupt
Au!, das tat weh!!!!
$                                               # Reaktion
$ Hallo1 &                                      # Hintergrund-Aufruf
541                                             # PID der Subshell
$ Hallo
Hallo
 ...
$ kill 541                                      # Signal '15'
Au!, das tat weh!!!!                            # Reaktion
$
```

Ohne die Anweisung **exit(sh)** in der Aktionsfunktion könnte das Skript nicht mit den Signalen '2' und '15' terminiert werden; nach der Meldungsausgabe würde die Schleife einfach weiterlaufen!

Das erweiterte Aufrufschema von trap(sh) ist:

```
trap '<Befehl> [<Argumente>]; ... ; \
      <Befehl> [<Argumente>]; ... ;  [exit k]'   n   m ...
```

wobei die mit Einzel- oder Doppelzitaten umgebene Befehlskette beim Eintreffen eines der Signale 'n', 'm', ... asynchron ausgeführt wird. Längere Befehlsketten können mit dem Backslash über mehrere Zeilen fortgesetzt werden. Die Anweisung *exit* muß nur dann gesetzt werden, wenn das Skript mit den aufgeführten Signalen terminiert werden soll. Anderenfalls wird die Ausführung unmittelbar nach dem unterbrochenen Skript-Befehl mit dem nächsten ausführbaren Statement wiederaufgenommen.

Komplexere Aktionen können in Shell-Funktionen zusammengefaßt oder in untergeordnete Shell-Skripte ausgelagert werden. Für den interaktiven

Gebrauch im Vordergrund könnte das obige Beispiel erweitert werden:

```
$ cat Hallo2                                    # Skriptdatei
interrupt()
{
    echo "unterbrochen, beenden mit 'x'...\c"
    read xx
    if [ "$xx" = x ]
    then
        echo "Auf Wiedersehen..."
    exit
    fi
}
trap 'interrupt'  2                             # Fortsetzung
while :
do
    sleep 1
    echo Hallo
done

$ Hallo2                                        # Vordergrund-Aufruf
Hallo
Hallo
 ...
[DEL]                                           # Interrupt
unterbrochen, beenden mit 'x'...x [RET]
Auf Wiedersehen...
$
```

Die Shell-Funktion 'interrupt' könnte übrigens auch in die aktuelle Shell ausgelagert werden (Abschnitt 6.4).

Bei hochstrukturierten Anwendungen mit einer Vielzahl von zweckgebundenen Shell-Skipten können die Aktionsfunktionen in ein konsolidiertes Aktionsskript ausgelagert werden, das dann mit *trap* nach einem einheitlichen Schema aufgerufen werden kann. Das vorhergehende Beispiel könnte dahingehend modifiziert werden:

```
$ cat Hallo3                                    # Skriptdatei
trap "sigaktion  2  $$" 2
while :
do
    sleep 1
    echo Hallo
done
```

```
$ cat sigaktion                                # Aktionsskript
case $1 in
1)  echo "hangup: 'date'" >> meldungen
    ;;
2)  echo "unterbrochen, beenden mit 'x'...\c"
    read xx
    if [ "$xx" = x ]
    then
       echo "Auf Wiedersehen..."
       kill -9 $2
    else
       echo "weiter geht's..."
    fi
    ;;
3)  [Reaktion bei SIGQUIT]
    ;;
15) [Reaktion bei SIGTERM]
    ;;
 *) echo "Unbekanntes Signal"
    ;;
esac

$ Hallo3                                       # Vordergrund-Aufruf
Hallo
Hallo
[DEL]                                          # Interrupt
unterbrochen, beenden mit 'x'...[RET]          # Reaktion
weiter geht's ...
Hallo
Hallo
...
```

Zu beachten in diesem Beispiel ist, daß sowohl die Signalnummer als auch die PID der ausführenden Subshell an das Aktionsskript übergeben werden, damit diese dann mit dem Befehl kill(1) terminiert werden kann. Die Anweisung *exit* wäre hier wirkungslos, da sie lediglich das Aktionsskript, nicht aber das aufrufende Skript terminieren würde!

Mit der einzigen Ausnahme von SIGKILL (9) können alle in Tabelle 6.1 enthaltenen Signale außer Kraft gesetzt werden, wozu die Nullkette mit zwei unmittelbar aufeinanderfolgenden Einzel- oder Doppelzitaten als Aktionsfunktion kodiert wird:

```
trap '' n [ m ... ]
```

Wird das Signal SIGQUIT (3) auf diese Weise abgestellt, so entfällt zugleich der sonst unvermeidliche *core dump*.

Auf gleiche Weise können Shell-Skripte auch abschnittsweise gegen Signaleinwirkung abgeschirmt werden. Bei interaktiven Skripten kann zum Beispiel verhindert werden, daß ein Benutzer sich mit den Tastatursignalen an einer vorgegebenen Abfrage (z.B. ein zusätzliches Paßwort) "vorbeimogeln" kann. Ein wirklich "hartnäckiger" Prompter könnte also folgendermaßen programmiert werden:

```
 ...
trap '' 1 2 3
until [ "$eingabe " ]
do
     echo "bitte eingeben ..."
     read eingabe
done
trap ' ... ' 1 2 3
 ...
```

Der Prompter kann auch durch Abbrechen der Terminalverbindung nicht zur Aufgabe gezwungen werden!

Mit Ausnahme von SIGKILL (9), das ja mit *trap* nicht abgefangen werden kann, sowie der beiden Benutzersignale SIGUSR1 (16) und SIGUSR2 (17), die keine voreingestellte Wirkung haben, können die in Tabelle 6.1 aufgeführten Signale auf ihre voreingestellte Wirkung zurückgesetzt werden, wozu das erste Argument von *trap* ausgelassen wird:

```
trap  n  [m ... ]
```

Zum Beispiel kann die vorbelegte Abbruchswirkung der wichtigsten Signale wiederhergestellt werden:

```
trap 1 2 3 15
```

Beim Aufruf ohne jegliche Argumente wird eine Liste der jeweils aktiven Signalbelegungen (traps) ausgegeben:

```
$ cat Hallo3                          # Skriptdatei
trap "sigaktion 2 $$" 2               # Signalbelegung
trap "sigaktion 15 $$" 15             # Signalbelegung
trap                                  # keine Argumente
 ...

$ Hallo3                              # Aufruf
2:   sigaktion 2 683
15:  sigaktion 15 683
 ...
```

Bei vielen Anwendungen der asynchronen Ablaufsteuerung spielen Zeit- und Taktgeber eine besondere Rolle. Ein abschließendes Beispiel mag das allgemeine Konstrukt eines Zeitgebers (timer) veranschaulichen:

```
$ cat tymer                                # Zeitgeber
sleep $3
kill -$1 $2

$ cat  Hallo4                              # Skript
trap  'echo "Zeit abgelaufen"; exit'  16
tymer  16  $$  $1 &
while :
do
      echo Hallo
      sleep 1
done

$ Hallo4  10  &                            # Hintergrund-Aufruf
521                                        # mit 10 Sek. Laufzeit
Hallo
Hallo
 ...
Zeit abgelaufen
```

Der Zeitgeber 'tymer' wird mit 3 Argumenten aufgerufen: die auslösende Signalnummer, die PID der anzusprechenden Subshell und die Anzahl der Sekunden.

Das Skript 'Hallo4' wird mit der vorgegebenen Laufzeit von 10 Sekunden zum Hintergrundablauf aufgerufen; es führt zuerst die 'trap'-Anweisung für das Signal '16' aus und ruft dann den Zeitgeber zur asynchronen Ausführung auf, wobei die Signalnummer '16', die PID der ausführenden Subshell '$$', und die Anzahl der Sekunden '10' als Aufrufargumente mitgegeben werden. Nach Ablauf der vorgegebenen Zeitspanne wird die 'while'-Schleife unterbrochen und das Skript mit einer Meldung terminiert.

Zeit- und Taktgeber müssen immer als asynchrone Prozesse hinsichtlich des Zielprozesses (master process) ablaufen. Solche "Dienstprozesse" (demons, slave processes) können sowohl innerhalb als auch außerhalb des jeweiligen Shell-Skriptes asynchron aufgerufen werden. In Abwandlung des obigen Beispiels könnten auch getaktete Bildschirmuhren programmiert werden. Auf derselben Basis können auch einfachere Echtzeit-Steuerungen konstruiert werden, deren Genauigkeit allerdings im Sekundenbereich endet.

6.7.5.4.3 Die Weitergabe von Tastatur-Signalen

Die von der Tastatur mittelbar über den Gerätetreiber des TTY-Dienstportes erzeugten Interrupt- und Abbruch-Signale werden von der Terminal-Shell beziehungsweise einer interaktiven aktuellen Shell unmittelbar an die ausführende Subshell eines im Vordergrund ablaufenden Shell-Skriptes weitergeleitet. Beim Empfang eines Signals suspendiert die Subshell vorerst ihre eigene Reaktion und reicht das Signal unmittelbar an den jeweils synchron ablaufenden Befehlsprozeß weiter, der dann auf seine Weise auf das Signal reagieren kann. Erst danach führt die Subshell die für das jeweilige Signal vorbelegte oder in dem Shell-Skript mit *trap* vorprogrammierte Aktion aus.

Falls der Befehl, der innerhalb des ersten Skriptes synchron abläuft, wiederum ein Shell-Skript ist, empfängt dessen ausführende Subshell, die eine Subshell der ersten Subshell ist, das Signal und leitet es an den in ihr jeweils synchron ablaufenden Befehlsprozeß weiter. Bei verschachtelten Shell-Skripten durchläuft das Signal also alle ausführenden Subshells bis zu dem untersten synchron ablaufenden Befehl, der dann entweder ein Binärprogramm oder eine Shell-Anweisung sein muß. Erst nach dessen Reaktion setzen die Reaktionen der verschachtelten Subshells im Rücklauf (walkback) ein. Ein einfaches Beispiel mag dies veranschaulichen:

```
$ cat skript1             $ cat skript2             $ cat skript3
trap 'echo  111'  2       trap 'echo  222'  2       trap 'echo  333'  2
skript2                   skript3                   echo "in skript3"

$ skript1                 # Aufruf
in skript3
[DEL]                     # Interrupt
333
222
111
```

Zwei Sonderfälle sind zu beachten. Erstens, um die Weitergabe der beiden Tastatur-Signale an die nächste Subshell zu erzwingen, ohne daß beim Rücklauf in die aktuelle Shell eine Reaktion stattfinden muß, kann die Nullanweisung benutzt werden:

```
trap ':' 2 [ 3 ]
```

Zweitens, um die Weitergabe an die nächste Subshell zu blockieren, muß das Signal außer Kraft gesetzt werden

```
trap '' 2 [ 3 ]
```

Letztendlich können die Tastatur-Signale natürlich auch mit dem Befehl stty(1) vollkommen abgestellt werden, was durch eine Leerzuweisung der entsprechenden Parameter bewirkt werden kann:

```
$ stty intr ""                  # keine Tastenbelegung von SIGINT
$ stty quit ""                  # keine Tastenbelegung von SIGQUIT
```

6.7.5.5 Synchronisierung in Shell-Skripten

Mit der Shell-Anweisung **wait(sh)** kann die Ablauffolge eines Skriptes mit dem Exit asynchron ablaufender Tochterprozesse synchronisiert werden:

```
wait [<PID>]
```

Bei Auslassung der optionalen PID wird der Exit aller in der aktuellen Shell asynchron ablaufenden Tochterprozesse abgewartet, wobei die aktuelle Shell suspendiert wird. Mit dem Exit des letzten Prozesses gibt *wait* die synchrone Ausführung in der aktuellen Shell wieder frei. Der Exit-Kode wird dabei immer auf '0' gesetzt, unabhängig vom Status des letzten Prozesses.

Durch Setzen der PID kann ein entsprechender Prozeß selektiv abgewartet werden, wobei dessen Exit-Kode auf '$?' übertragen wird. Ein einfaches interaktives Beispiel mag dies illustrieren:

```
$ (sleep 10; echo fertig; exit 11) & 389
$ wait  $!
 ...                            # Terminal-Shell suspendiert
fertig
$ echo $?                       # Terminal-Shell wieder aktiv
11
```

Bei der Unterbrechung des Wartezustandes in Shell-Skripten ist wiederum zwischen Vordergrundausführung in der Terminal-Shell und synchroner Ausführung in einer interaktiven Subshell einerseits und Hintergrundausführung und asynchroner Ausführung andererseits zu unterscheiden, wobei mit Ausnahme von SIGQUIT das Schema der Tabelle 6.1 für die Unterbrechung des Wartezustandes durch Signale gilt.

Bei der Unterbrechung von *wait* in Shell-Skripten setzt die für das jeweilige Signal voreingestellte Signalwirkung ein, also normalerweise Abbruch der Skriptausführung am Punkt der Unterbrechung. Bei SIGQUIT tritt die Signalwirkung erst nach Ablauf des Wartezustandes ein. Mit Ausnahme von SIGKILL kann die Signalwirkung mit der Anweisung trap(sh) modifiziert oder außer Kraft gesetzt werden.

Die Ablauffolge innerhalb eines Shell-Skriptes kann durch strategisch plazierte Prüf- und Synchronisationsklauseln mit dem Exit von asynchron ablaufenden Befehlsprozessen synchronisiert werden. Ein typisches Anwendungsszenario wäre:

```
...
<Befehl> ... &                  # ein bestimmter asynchroner Befehl,
pidvar=$!                       # PID an Variable zuweisen;
 ...                            # andere synchron ablaufende
 ...                            # Skript-Befehle
 ...
if { kill -0 $pidvar; }         # Synchronisationsklausel: Wenn
then                            #  der asynchrone Befehl noch läuft,
      wait $pidvar              # dann Exit abwarten,
      ec=$?                     # Exit-Kode sichern
      if [ $ec –ne 0 ]          # und prüfen ob '0';
      then
            ...                 # Aktion falls abnormal;
      fi                        # Ende der Prüfklausel;
 else                           # der asynchrone Befehl
       ...                      # war bereits terminiert;
 fi                             # Ende der Synchronisationsklausel
 ...
```

Mit kill(1) und dem Pseudosignal '0' kann selektiv geprüft werden, ob ein bestimmter Prozeß noch läuft und zugleich der aktuellen UID angehört:

```
kill -0 <PID>
```

wobei ein Exit-Kode von '0' (TRUE) resultiert, wenn die Bedingung noch erfüllt ist. Die Prüfung mit *kill* kann als Bedingung in einer 'if'-Klausel gesetzt werden, mit welcher ein aktiver Prozeß abgewartet und sein Exit-Kode abgegriffen werden kann.

6.7.5.6 Synchrone Terminierung und Exit-Kodes

Die Ausführung eines Shell-Skriptes endet normalerweise synchron mit der Ausführung des letzten Statements in der Skriptdatei oder der Anweisung exit(sh). In beiden Fällen erzeugt die ausführende Subshell das Pseudosignal '0', das noch innerhalb des Skriptes mit trap(sh) abgefangen werden kann, um eine vorprogrammierte Aktion vor dem endgültigen Skript-Exit auszuführen:

```
trap <Exit-Aktion> 0
```

Mit dem Skript-Exit wird die Ablaufkontrolle normalerweise an die übergeordnete Shell der ausführenden Subshell zurückgegeben. Ausnahmen entstehen nur, wenn das Skript mit der "Punkt"-Anweisung **.(sh)** in der aktuellen Shell ausgeführt oder wenn beim Skriptaufruf mit **exec(sh)** die aktuelle Shell in eine ausführende Subshell umgewandelt wird. Wird dabei noch die eigentliche Terminal-Shell umgewandelt, so terminiert die aktuelle Session beim Skript-Exit.

Bei allen Ausführungsarten von Shell-Skripten kann das Ausloggen mit dem Befehl kill(1) und der PID der Terminal-Shell erzwungen werden. Wird die PID in einer Environmentvariablen abgelegt, so kann das Ausloggen auf jeder Verschachtelungsebene erfolgen, ohne daß ein Rücklauf notwending wäre. Dabei ist jedoch zu beachten, daß die Terminal-Shell als Leitprozeß beim Exit das Signal SIGHUP an alle noch laufenden Prozesse der TTY-Gruppe sendet, die dann terminiert werden, falls das Signal nicht mit trap(sh) oder nohup(1) abgefangen wird.

Mit der Anweisung **exit(sh)** kann ein vorbestimmter Exit-Kode als Ganzzahl von 16 Bits an die Supershell zurückgegeben werden:

```
exit [n]
```

der dann zur weiteren Ablaufsteuerung in der aufrufenden Shell benutzt werden kann. Der Wert kann aus Shell-Variablen und zitierten Befehlen substituiert werden. Bei Auslassung wird der Exit-Kode des zuletzt synchron ausgeführten Befehls zurückgegeben.

Die üblichen Konstrukte der bedingten Ablaufsteuerung können benutzt werden, um Shell-Skripte mit vorgegebenen Exit-Kodes zu terminieren:

```
...
if [ <Bedingung> ]
then
      ...
      exit 9                              # bedingter Exit
fi
...
exit 0                                    # normaler Exit
...
```

Exit-Kodes können zur Rücklauf-Steuerung (walkback control) bei verschachtelten Shell-Skripten benutzt werden, wobei die Skript-Aufrufe als unmittelbare Argumente in den Instruktionen 'if', 'while' und 'until' gesetzt werden können. Mit '$?' kann der zurückgegebene Exit-Kode als Steuerwert in 'case'-Paragraphen benutzt werden.

6.8 Zusammenfassung der Shell-Anweisungen "(sh)"

:

Nullbefehl mit Exit-Kode '0'.

. <Skript>

Das aufgerufene Skript wird in der aktuellen Shell ausgeführt.

cd [<Verweis>]

Die Anweisung legt das durch den Verweis angegebene Verzeichnis als aktuelles Arbeitsverzeichnis fest, wobei die Zugriffsberechtigung 'x' bestehen muß. Ohne Argument wird das Eigenverzeichnis festgelegt (Abschnitt 3.7.3). Mit der Standardvariablen '$CDPATH' können Suchverweise definiert werden, so daß lediglich der Basisname eines Verzeichnisses angegeben werden muß. '$CDPATH' sollte zumindest den Doppelpunkt ':' enthalten, damit bei Unterverzeichnissen die Basisnamen benutzt werden können.

echo [<Argumente>]

Die Shell-Variante des Ausgabebefehls echo(1), die normalerweise Vorrang über '/bin/echo' hat (Abschnitt 2.5.2).

eval $<Variable1> $<Variable2> ...

Die aufgeführten Variablen werden zu einer Befehlszeile zusammengesetzt, um dann von der Shell interpretiert zu werden (Abschnitt 6.3.6)

exec <Befehl> [<Argumente>] ...
exec <E/A-Steuerungsklausel> ...

Bei Anwendung auf Befehle, die *ausführbare Dateien* aufrufen, wandelt sich der aktuelle Shell-Prozeß unter Beibehaltung des Environments und der Attribute in den Befehlsprozeß um. Die Anweisung ist nicht sinnvoll bei Shell-Funktionen und -Anweisungen (Abschnitt 5.6.3). E/A-Steuerklauseln werden immer in der aktuellen Shell ausgeführt (Abschnitt 6.5.2).

exit [n]

Synchrone Terminierung des ausführenden Shell-Prozesses, wobei der optionale Exit-Kode an den Mutterprozeß — also die aufrufende Shell — zurückgegeben wird. Bei Auslassung wird der Exit-Kode des zuletzt synchron ausgeführten Befehls zurückgegeben. In der Terminal-Shell bewirkt *exit* ein unverzügliches Ausloggen (Abschnitt 6.7.5.6).

export [<Variable> ...]
Die aufgeführten Variablen werden in das Shell-Environment befördert, um allen nachfolgenden Tochterprozessen zur Verfügung zu stehen. Die Anweisung kann nur auf Benutzer- und Standardvariable angewendet werden. Beim Aufruf ohne Argumente wird die aktuelle Liste der jüngst exportierten Variablen ausgegeben (Abschnitt 6.3.8).

hash [–r] [<Befehl> ...]
Mit der Anweisung kann festgestellt werden, ob der durch seinen Basisnamen angegebene Befehl über die Suchverweise in der Standardvariablen '$PATH' gefunden werden kann. Ohne jegliche Argumente wird eine Tabelle der bisher über die Suchverweise gefundenen Befehle ausgegeben, wobei die bisherige Anzahl der Aufrufe (hits), die Suchleistung (costs) und die absoluten Verweise aufgelistet werden. Die Tabelle kann mit der Option 'r' für einzeln aufgeführte Befehle oder bei Auslassung insgesamt zurückgesetzt werden (Abschnitt 6.2).

newgrp [<Gruppenname>]
Shell-Variante des Befehls newgrp(1), die normalerweise in der Shell Vorrang über '/bin/newgrp' hat. Mit der Anweisung kann die aktuelle Gruppen-Kennung (EGID) verändert werden (Abschnitt 3.8.4).

pwd
Shell-Variante der Anweisung pwd(1), die normalerweise Vorrang über '/bin/pwd' hat. Mit der Anweisung wird der absolute Verweis des aktuellen Arbeitsverzeichnisses ausgegeben.

read <Variable> ...
Anweisung zum Übertragen der Normaleingabe auf eine oder mehrere Variable, wobei die Worttrennung die Verteilung bei mehreren Variablen bestimmt (Abschnitt 6.7.4).

readonly [<Variable> ...]
Anweisung zum Schützen von Benutzer- und Standardvariablen gegen Löschen und Überschreiben. Beim Aufruf ohne Argumente werden die geschützten Variablen aufgelistet.

return [n]
Synchrone Terminierung von Shell-Funktionen, wobei ein optionaler Exit-Kode an die ausführende Shell zurückgegeben wird. Bei Auslassung wird der Exit-Kode des zuletzt synchron ausgeführten Befehls zurückgegeben (Abschnitt 6.4).

set –|+<Shell-Option>
set <Liste von Argumentwerten>
set

Die Anweisung dient drei verschiedenen Zwecken. Erstens können damit außer 'c', 'i' und 's' alle Shell-Optionen angestellt (–) und abgestellt (+) werden (Abschnitt 6.9). Zweitens können damit die latenten Variablen belegt werden (Abschnitte 6.3.2 und 6.7.2.2). Drittens werden beim Aufruf ohne jegliche Argumente alle lokalen Variablen aufgelistet.

shift [n]

Die aktuellen Werte der numerierten latenten Variablen und Argumentvariablen werden um 'n' Stellen nach links verschoben, wobei die ersten 'n' Werte verlorengehen. Bei Auslassung von 'n' wird um eine Stelle verschoben (Abschnitte 6.3.2 und 6.7.2.2).

test <Bedingung> oder [<Bedingung>]

Prüfanweisung, wobei der Exit-Kode auf '0' (TRUE) oder '>< 0' (FALSE) gesetzt wird. Die Anweisung kann als Verb oder mit eckigen Klammern kodiert werden (Abschnitt 6.7.5.2.1).

trap <Aktionsfunktion> <Signalliste>
trap '' |"" <Signalliste>
trap <Signalliste>
trap

Bei der ersten Form wird die als Zeichenkette kodierte Aktionsfunktion beim Eintreffen eines der aufgeführten Signale ausgeführt. Mit der zweiten Form (leere Einzel- oder Doppelzitate, Nullfunktion) werden die aufgeführten Signale außer Kraft gesetzt. Mit der dritten Form wird die voreingestellte Wirkung wieder hergestellt. Beim Aufruf ohne jegliche Argumente werden die aktuellen Signalbelegungen aufgelistet (Abschnitt 6.7.5.4.2).

times

Die Anweisung gibt die während der aktuellen Session bisher verbrauchten CPU-Zeiten und Ausführungszeiten als kumulative Summen von Minuten und Sekunden aus (Abschnitt 2.4.2).

type <Befehlsname> ...

Die Anweisung beschreibt die aufgeführten Befehlsnamen als ausführbare Datei, Shell-Anweisung oder Shell-Funktion (Abschnitt 6.2).

ulimit [b]
Die Anweisung legt die Maximalgröße aller Dateien fest, die durch Tochterprozesse der aktuellen Shell neu angelegt oder überschrieben werden, wobei mit 'b' die Anzahl der Datenblöcke (1024 Bytes) angegeben wird. Beim Aufruf ohne Argument wird das aktuelle Limit angezeigt.

umask [ijk]
Die Anweisung dient zur Voreinstellung der Zugriffsrechte bei neu angelegten Dateien und Verzeichnissen. Beim Aufruf ohne Argument wird die aktuelle Voreinstellung angezeigt (Abschnitt 3.8.3).

wait [<PID>]
Die Anweisung suspendiert die synchrone Ausführung der aktuellen Shell bis zum Exit eines asynchron ablaufenden Tochterprozesses. Beim Aufruf ohne Argument werden alle asynchron ablaufenden Tochterprozesse der aktuellen Shell abgewartet (Abschnitte 5.7.2 und 6.7.5.5).

6.9 Zusammenfassung der Shell-Optionen

Beim Aufruf der Shell müssen zwei oder mehr Optionen als zusammenhängende Zeichenkette mit einem vorangestellten Minuszeichen kodiert werden:

sh [–ae ...] [<Shell-Parameter>] ...

wobei die Reihenfolge der einzelne Optionsbuchstaben keine Rolle spielt. Die eigentlichen Shell-Parameter müssen den Optionen folgen.

Werden die Optionen 'c' und 's' *nicht* gesetzt, dann stellt der erste nachfolgende Parameter den Verweis auf ein Shell-Skript dar, das von der Shell interpretiert werden soll, und als dessen Argumente die restlichen Parameter in der Befehlszeile interpretiert werden (Abschnitt 6.7.1.1).

Mit der Option 'c' kann eine zitierte Befehlszeile zur unmittelbaren Ausführung vorgegeben werden,

sh –[ae...]c '<Befehl> [<Argumente>] ... ; ... '

nach deren Ausführung die Shell sofort terminiert. Bei der Befehlsliste sind die üblichen lexikalischen Schutzregeln zu beachten. Die Liste kann mit dem Backslash über mehrere Zeilen fortgesetzt werden (Abschnitt 6.1).

Mit der Option 's' (standard input) erfolgt die weitere Befehlseingabe über die Normaleingabe der Shell. Alle dem Optionsbuchstaben 's' nachfolgenden positionalen Parameter werden dann den numerierten latenten Variablen '$1, $2, ... ' als Argumentwerte zugewiesen:

sh –[ae...]s <Wert1> <Wert2> ...

Bei der Option 'c' kann mit 's' zusätzlich die Vorbelegung der numerierten latenten Variablen erzwungen werden:

sh –[ae...]c '<Befehl> ... ' –s <Wert1> <Wert2> ...

oder

sh –[ae...]cs '<Befehl> ... ' <Wert1> <Wert2> ...

Bei allen drei Aufrufsformen müssen neben den üblichen lexikalischen Schutzregeln auch die Regeln der Argument-Interpretation beachtet werden (Abschnitt 6.7.2.1).

Außer 'c', 'i' und 's' können alle Shell-Optionen mit der Anweisung **set(sh)** dynamisch angestellt (+) und abgestellt (–) werden:

set [–|+ae...]

Die Systemvariable '$–' enthält die jeweiligen Optionen der aktuellen Shell.

Die Bedeutungen der übrigen Shell-Optionen sind:

a Alle neudefinierten Variablen werden automatisch als Environmentvariable angelegt.

e Die aktuelle Shell terminiert beim ersten Exit-Kode '>< 0'.

f Die lexikalische Interpretation von Metazeichen und lexikalischen Mustern ist außer Kraft gesetzt.

h Die Bezeichner von Shell-Funktionen werden gleich beim Anlegen in die interne Suchtabelle für Befehlsnamen (hash table) eingetragen, anstelle erst nach dem ersten Aufruf.

i Die Shell wird als interaktive Shell aufgerufen, wobei die Signale SIGTERM (15), SIGINT (2) and SIGQUIT (3) an synchron ablaufende Tochterprozesse weitergeleitet werden (Abschnitt 6.7.5.4).

k Zuweisungsparameter (keyword parameter) können beim Befehlsaufruf als transiente Shell-Variable gesetzt werden (Abschnitt 6.2).

n Die Shell-Eingabe wird lediglich interpretiert, ohne daß eine Ausführung stattfindet (Abschnitt 6.7.1.1).

r Die Shell läuft als restriktierte Shell, rsh(1).

t Die Shell liest eine Befehlszeile über die Normaleingabe und terminiert sofort nach deren Ausführung. Die Befehlszeile kann mit dem Backslash über mehere Eingabezeilen fortgesetzt werden.

u Beim Abgreifen von nichtdefinierten Variablen entsteht ein Fehlerzustand mit Exit-Kode '1'.

v Die interpretierten Befehlszeilen werden vor der eigentlichen Ausführung
x ohne (v) beziehungsweise mit (x) symbolischen Substitutionen über die Fehlerausgabe ausgegeben.

7 Die C-Shell

In diesem Kapitel sollen jene Eigenschaften und Besonderheiten der C-Shell vorgestellt werden, die über die bereits im Kapitel 5 beschriebenen gemeinsamen Leistungsmerkmale und Anwendungsregeln der beiden UNIX-Shells hinausgehen. Die nachfolgende Beschreibung bezieht sich auf jene Grundversion der C-Shell, die unter SVR3 mitausgeliefert wird, und deren Leistungsmerkmale hinsichtlich der zahlreichen BSD- und OEM-Erweiterungen eine aufwärts kompatible Teilmenge darstellen.

In den Abschnitten 7.1 - 7.6 werden jene Arbeitshilfen und Funktionen der C-Shell ausführlich besprochen, die sowohl dem interaktiven Gebrauch als auch der Shell-Programmierung zugrundeliegen. Im Abschnitt 7.7 werden dann die Grundlagen der eigentlichen Shell-Programmierung eingehend behandelt. Das Kapitel schließt mit den Zusammenfassungen der Shell-Anweisungen und -Optionen.

Bei anwendungsorientierten Systemen mit diversen Benutzergemeinschaften und entsprechend diversen Interessen wird die C-Shell selten als die allgemeine Login-Shell benutzt. Systemverwalter und -programmierer ziehen indes die C-Shell oft wegen ihrer besonderen Leistungsmerkmale als Arbeits- und Entwicklungsshell vor. Da wo die Shell als Login-Shell benutzt werden soll, muß der Verweis auf die Ausführdatei (normalerweise '/bin/csh') im Login-Programm-Feld der Paßwortdatei '/etc/passwd' eingetragen werden. Dieser Eintrag darf keinerlei Shell-Optionen oder andere Shell-Argumente enthalten.

Nach der Login-Phase (Abschnitt 4.5) führt die Login-Shell zuerst die Einlog-Steuerdatei '.login' und dann die Aufruf-Steuerdatei '.cshrc' aus, die sich im Eigenverzeichnis des Benutzers befinden müssen. Keine der beiden Steuerdateien ist zum Einloggen zwangsläufig notwendig, und jede kann unabhängig von der anderen ausgelassen werden. Im Gegensatz zur BOURNE-Shell besitzt die C-Shell keine globale Einlog-Steuerdatei.

Da die Einlog-Steuerdatei nur einmal bei Beginn der Session ausgeführt wird, sollten in ihr alle zusätzlichen Übertragungsparameter und Terminalvereinbarungen mit stty(1) festgelegt (Abschnitt 5.12) sowie die allgemeingültigen Environmentvariablen angelegt werden. Ein Beispiel einer typischen Einlog-Steuerdatei wäre:

```
% cat .login
# Ausführung in der C-Shell
umask 022
 ...
set path=(. /bin /etc /usr/bin /Hubert/befehle )
```

```
set mail=(60 /usr/mail/'logname')                # Fortsetzung
setenv  TZ  "MEZ-1"
 ...
stty  kill "^x"  erase "^h" ixon ixoff
 ...
if ( -f /usr/mail/'logname' ) echo "mail wartet"
 ...
echo "C-Shell Login"
```

Im Gegensatz zur Einlog-Steuerdatei wird die Aufruf-Steuerdatei '.cshrc' bei jedem Aufruf der C-Shell erneut ausgeführt; insbesondere auch dann, wenn die C-Shell als interaktive Subshell oder als Skript-Interpreter von der BOURNE-Shell aus aufgerufen wird. Mit der Aufrufsoption 'f' (fast) kann die Ausführung von '.cshrc' unterbunden werden, wodurch ein schnellerer Aufruf erfolgt. In der Aufruf-Steuerdatei werden hauptsächlich lokale Standardvariable und Befehl-Aliase angelegt. Ein einfacheres Beispiel von dieser Steuerdatei wäre:

```
% cat .cshrc
#  Ausführung in der C-Shell
set path=($path /Huber/aufrufe)
set cdpath=(/Hubert/arbeit/cobol /Hubert/arbeit/fortran)
set ignoreeof
set prompt='\!:'
set history=24
alias al alias
al hi history
al lst 'ls -bCF'
echo "C-Shell hier"
```

Die Ausführung der beiden Steuerdateien kann mit der Interrupt-Taste abgebrochen werden, was jedoch mit der Anweisung **onintr(csh)** abgeblockt werden kann. Die Abbruch-Taste ist hier wirkunglos (Abschnitt 7.7.5.4).

Die Auslog-Steuerdatei '.logout' wird nur beim Aufruf der Anweisung **logout(csh)** ausgeführt, was wiederum nur in der Login-Shell möglich ist. Falls die aktuelle Terminal-Shell keine Login-Shell mehr ist (Abschnitt 4.3.1), muß das Ausloggen mit der Anweisung **exit(csh)** erfolgen, wobei die Auslog-Steuerdatei jedoch nicht ausgeführt wird. Eine Minimalversion der Auslog-Steuerdatei wäre:

```
% cat .logout
tput clear date
echo "C-Shell ausgeloggt"
```

Die Ausführung der Auslog-Steuerdatei kann unter keinen Umständen mit der Interrupt-Taste abgebrochen werden. Diese Eigenheit erlaubt es, sehr effektive Auslog-Kontrollen in diese Steuerdatei einzuprogrammieren.

Die Shell kann aus jeder Terminal-Shell — also auch aus einer Instanz der BOURNE-Shell — als interaktive Subshell aufgerufen werden:

```
$ csh  –i[<andere Shell-Optionen>]
```

wobei das aktuelle Shell-Environment unverändert übernommen wird.

In der C-Shell können die Ausführungs- und Arbeitsoptionen sowohl beim Aufruf als auch durch Optionsvariable bestimmt werden. Letztere können in der aktuellen Shell mit den Anweisungen set(csh) und unset(csh) dynamisch gesetzt und gelöscht werden, was im Abschnitt 7.3.4.2 weitergeführt wird.

7.1 Lexikalische Grund- und Zusatzregeln

Die in den Abschnitten 5.1.3 und 5.11 besprochenen lexikalischen Regeln sollen hier noch einmal spezifisch für die C-Shell zusammengefaßt und hinsichtlich der Besonderheiten erweitert werden.

In der Shell bestehen fünf grundsätzliche, aber sich teilweise überlappende Kategorien von Sonderzeichen:

- Die eigentlichen Syntaxelemente der C-Shell:

  @ $ & | ^ { } [ ] ( ) < > ; #

- Die Standardtrennzeichen (white spaces):
  Das Leerzeichen SP (040) (space, blank), das Tabulator-Zeichen HT (09) (tab character) sowie der Backslash '\' unmittebar gefolgt von einem Zeilenvorschub LF (012) (linefeed).

- Die lexikalischen Wirkzeichen: * ? [...] { ... } ~

- Die lexikalischen Schutzzeichen: " ... " ' ... ' \

- Die bereits "herkömmlichen" Substitutionseffektoren: $ ` ... `

- sowie schließlich noch das Ausrufungszeichen '!', das Substitution aus dem Befehlspuffer (history buffer) bewirkt.

Beim rein symbolischen Gebrauch muß jedes Sonderzeichen entweder individuell mit dem Backslash abgedeckt oder die umschließende Zeichenkette je nach Inhalt entweder mit Einzel- oder Doppelzitaten umgeben werden. Mit Ausnahme des Ausrufungsgzeichens '!' und der Einzelzitate selbst, können mit umgebenden Einzelzitaten alle anderen Sonderzeichen geschützt werden. Außerhalb von Zitaten schützt der Backslash stellenweise alle Zeichen einschließlich sich selbst.

Im Gegensatz zur BOURNE-Shell heben Doppelzitate in der C-Shell die Wirkung des Backslash jedoch weitgehend auf; d.h. symbolische Konstante der Form " ... \" ..." verursachen entweder eine Fehlermeldung oder werden nicht im beabsichtigten Sinne interpretiert:

```
% echo "? Doppelzitat: \", und Backslash: \"
? Doppelzitat: \, und Backslash: "
```

wobei der zweite Backslash sich effektiv außerhalb der Doppelzitate befand und somit das dritte Doppelzitat abdeckte.

Innerhalb von Doppelzitaten ist der Backslash gegen das Dollarzeichen und die Ausführungszitate wirkungslos:

```
% echo "\$HOME"                % echo "\`pwd\`"
/Hubert/arbeit                 /Hubert/cshell
```

Beim rein symbolischen Gebrauch muß das Ausrufungszeichen auch innerhalb von Einzel- und Doppelzitaten zusätzlich mit dem Backslash geschützt werden:

```
% echo "\!"                    % echo '\!'
!                              !
```

Die Funktion des Ausrufungszeichen wird im Abschnitt 7.4.2 im Zusammenhang mit dem Befehlspuffer besprochen.

Fortsetzung von Befehlszeilen

Befehls- und Programmzeilen können mit dem Backslash unmittelbar gefolgt vom Zeilenvorschub über mehrere Zeilen fortgesetzt werden, wobei jedoch eine Worttrennung stattfindet, da die Shell das Leerzeichen substituiert. Bezeichner und zusammenhängende Zeichenketten können daher nicht auf einer nachfolgenden Zeile fortgesetzt werden.

Im Gegensatz zur BOURNE-Shell lösen zitierte Eingabe und Rundklammer-Gruppen in der C-Shell keinen automatischen Fortsetzungsprompt, sondern lediglich eine Fehlermeldung aus, wie zum Beispiel in:

```
% echo "eine unendliche Geschichte ... [RET]
Unmatched ".
```

Bei zitierten Zeichenketten und Rundklammer-Gruppen muß daher die Zeilenfortsetzung mit dem Backslash erzwungen werden:

```
% echo "eine unendliche Geschichte ... \ [RET]
 ... mit Ende"[RET]
eine unendliche Geschichte ...
 ... mit Ende
```

Worttrennung in Befehlszeilen

Neben dem Leerzeichen LF und dem Tabulatorzeichen HT, die als Standardtrennzeichen fungieren, bewirkt der Backslash unmittelbar gefolgt vom Zeilenvorschub eine Worttrennung, wobei das Leerzeichen substituiert wird. Zusätzliche oder alternative Trennzeichen können in der C-Shell jedoch nicht definiert werden.

Kommentar-Regeln

Im Gegensatz zur BOURNE-Shell erlaubt die C-Shell keine Kommentare in interaktiven Befehlszeilen. In Befehlsdateien und Shell-Skripten können Kommentare jedoch mit dem Dur-Zeichen '#' (sharp sign) nach den im Abschnitt 5.1 aufgeführten Regeln gesetzt werden.

Eine besondere Bedeutung kommt dem Dur-Zeichen jedoch in der ersten Spalte der ersten Zeile einer Befehlsdatei oder eines Shell-Skriptes zu, da damit die Ausführung in der C- Shell erzwungen werden kann. Dies wird im Abschnitt 7.7.1 weitergeführt.

Die Anweisungen echo(csh) und glob(csh)

Hinsichtlich der Interpretation von Metazeichen und lexikalischen Mustern unterscheidet sich die *Shell-Anweisung* **echo(csh)** nicht von dem *Befehl* **echo(1)**. Der Unterschied besteht darin, daß echo(csh) zwar das Tabulatorzeichen und den mit dem Backslash abgedeckten Zeilenvorschub innerhalb von zitierter Zeichenketten widerspiegelt, jedoch keine symbolischen Steuerzeichen wie '\n' und '\t' interpretiert (Abschnitt 2.5.2). Ein Gegenbeispiel mag dies verdeutlichen:

```
% echo "erste Zeile\nzweite Zeile\tTabulator"
erste Zeile\nzweite Zeile\tTabulator

% /bin/echo "erste Zeile\nzweite Zeile\tTabulator"
erste Zeile
zweite Zeile		Tabulator
```

Der Befehl echo(1) muß mit dem absoluten Verweis '/bin/echo' aufgerufen werden!

Die Anweisung **glob(csh)** ähnelt *echo* insofern, daß mit ihr ebenfalls Zeichenketten und Variable ausgegeben sowie lexikalische Muster interpretiert werden können. Der Unterschied ist, daß *glob* alle Trennzeichen durch das NUL-Zeichen ersetzt, so daß ein zusammenhänger "Zeichenklumpen" (glob) ausgegeben wird. Die folgenden Gegenbeispiele mögen dies veranschaulichen:

```
% echo aa     [TAB] \ [RET]
Zeilenvorschub        [RET]
aa tab        Zeilenvorschub
```

```
% echo *
abba babba ... zappa
```

```
% glob aa     [TAB] \ [RET]
Zeilenvorschub        [RET]
aatabZeilenvorschub
```

```
% glob *
abbababba...zappa
```

glob wird zumeist da bei lexikalischen Manipulationen benutzt, wo Leer- und Tabulatorzeichen sowie der Zeilenvorschub aus Zeichenketten entfernt werden müssen.

Zusätzliche lexikalische Leistungsmerkmale

Die erweiterten lexikalischen Leistungsmerkmale der C-Shell gehen über die im Abschnitt 5.10 vorgestellten gemeinsamen lexikalischen Leistungsmerkmale hinaus und unterscheiden sich auch erheblich von denen der BOURNE-Shell. Allerdings steht die Exklusion von Zeichenklassen nach dem Muster [!...] in der C-Shell nicht zur Verfügung.

Die Shell besitzt als zusätzliches Metazeichen das Wellenzeichen '~' (wavy, tilde), das in freistehender Position den absoluten Verweis des Eigenverzeichnisses des jeweiligen Benutzers darstellt:

```
% echo ~
/Hubert/eigen
```

```
% echo ~Umberto
/Umberto/travail
```

was in gewisser Hinsicht der Standardvariablen '$HOME' entspricht. Die Tilde ist allerdings keine Variable, sondern eben ein Metazeichen und somit ein lexikalisches Element. In Verbindung mit einer Login-Kennung stellt sie den Verweis des dazugehörigen Eigenverzeichnisses dar. In diesen beiden Anwendungssituationen muß die Tilde dann auch mit dem Backslash oder umgebenden Einzel- oder Doppelzitaten geschützt werden, falls eine rein symbolische Verwendung beabsichtigt ist. In allen anderen Positionen stellt die Tilde sich selbst als gewöhnliches Zeichen dar.

Lexikalisches *Faktorisieren* (lexical factoring) stellt eine Erweiterung der Zeichenklassen-Substitution in dem Sinne dar, daß anstelle von jeweils nur einem Zeichen ganze Worte substituiert werden können. Zum Beispiel kann bei Bezeichnern mit gemeinsamen Präfix und Suffix der Infix als Wortklasse substituiert werden:

```
% echo  s.{main,sub1,sub2, ... }.c
s.main.c  s.sub1.c  s.sub2.c  ...
```

d.h. der gemeinsame Präfix und Infix wurden wie links- und rechtsseitige Multiplikatoren herausfaktorisiert. Das Komma fungiert dabei als Trennzeichen innerhalb der geschweiften Klammern und muß mit dem Backslash oder umgebenden Einzel- oder Doppelzitaten geschützt werden, falls es rein symbolisch als Teil eines Wortes interpretiert werden soll. Ein Gleiches gilt für geschweifte Klammern.

Die Interpretation von Metazeichen und lexikalischen Mustern wird in der aktuellen Shell durch Setzen und Löschen der Optionsvariablen '$noglob' (kein Verklumpen) außer Kraft gesetzt beziehungsweise wieder hergestellt:

```
% set noglob                                % unset noglob
```

7.2 Befehlsaufruf und -ausführung

Im interaktiven Gebrauch zeigt die Shell ihre Dienstbereitschaft mit dem Prozentzeichen '%' als Befehlsprompt an. Der Prompt kann durch Zuweisung an die Promptvariable '$prompt' nach Belieben verändert werden.

```
% set prompt=<Zeichen oder Zeichenkette>
```

Bei Sonderzeichen gelten die lexikalischen Schutzregeln. Eine interessante Variante ist, die laufende *Eventnummer* als Prompt auszugeben:

```
set prompt='\!:'
65: pwd
/Hubert/arbeit
66: ...
```

was im Abschnitt 7.4.2 seine Erklärung findet. Im Abschnitt 7.4.1 wird außerdem eine Möglichkeit aufgezeigt, den Verweis des aktuellen Arbeitsverzeichnisses als Prompt auszugeben.

In der C-Shell muß beim Befehlsaufruf zwischen ausführbaren Dateien, Shell-Anweisungen und Aliasen unterschieden werden. Letztere sind funktionsähnliche Befehlskonstrukte, welche mit der Anweisung alias(csh) vorprogrammiert werden können, was im Abschnitt 7.4.1 weitergeführt wird.

Bei Namensgleicheit haben die Aliase absoluten Aufrufvorrang über Shell-Anweisungen, welche wiederum Vorrang über ausführbare Dateien haben. Bei den Aliasen können Namenskonflikte bewußt vermieden werden; bei ausführbaren Dateien kann der Vorrang über Shell-Anweisungen durch Angabe des absoluten oder relativen Verweises erzwungen werden. Eine Zusammenfassung der Shell-Anweisungen wird im Abschnitt 7.8 gegeben.

Bei Abwesenheit von Namenskonflikten können die sich im aktuellen Arbeitsverzeichnis befindlichen ausführbaren Dateien mit ihren Basisnamen aufgerufen werden. Bei häufig benutzten Dateien können die absoluten Verweise der Verzeichnisse in der Standardvariablen '$path' als Suchverweise abgelegt werden, so daß die Dateien aus jedem anderen Verzeichnis mit den Basisnamen aufgerufen werden können. Dies wird im Abschnitt 7.3 noch einmal aufgegriffen.

Mit der bereits im Abschnitt 5.6.3 besprochenen Anweisung **exec(csh)** kann die aktuelle Shell in einen Befehlsprozeß umgewandelt werden, wobei sowohl das aktuelle Shell-Environment als auch die aktuellen Prozeßattribute unverändert erhalten bleiben. Wird dabei die Terminal-Shell umgewandelt, so erfolgt ein automatisches Ausloggen nach dem Exit des Befehlsprozesses. Im Gegensatz zur BOURNE-Shell stellt die C-Shell keine erweiterte E/A-Steuerung zur Verfügung, die mit *exec* ausgeführt werden könnte.

Die C-Shell stellt jedoch drei sehr nützliche Arbeitshilfen zur Verfügung: Die Anweisung **repeat(csh)** zur Befehlswiederholung; die Anweisung **alias(csh)** zur Befehlskonstruktion; und einen *Befehlspuffer*, der die eingegebenen Befehlszeilen laufend abspeichert und zum erneuten Aufruf zur Verfügung stellt. Diese Arbeitshilfen werden in den nachfolgenden Abschnitten eingehend besprochen.

7.2.1 Exit-Kodes

Die allgemeinen Gesichtspunkte der Exit-Kodes (Abschnitt 5.2.2) sollen hier für die C-Shell weitergeführt werden. Die Shell legt den Exit-Kode des zuletzt synchron ausgeführten Befehls in der Systemvariablen '$status' ab, die bei Bedarf allerdings unverzüglich abgegriffen werden muß, da auch hier schon der nächste Befehl den Exit-Kode neu bestimmt.

Ebenso wie in der BOURNE-Shell bedeutet auch in der C-Shell der Wert '0' immer eine normale und im weitgehenden Sinne erfolgreiche Ausführung eines UNIX-Befehls oder einer Shell-Anweisung. Jeder andere Wert bedeutet zumindest einen davon abweichenden Zustand, wobei zwischen normaler Terminierung mit erfolglosem Ausgang oder bedingten Resultat und ausgesprochen abnormaler Terminierung unterschieden werden muß. Bei abnormaler Terminierung überlagert die Shell den Exit-Kode mit dem Oktalwert '0200' (jedoch nicht bei Unterbrechung oder Abbruch mit den Tastatur-Signalen). In Shell-Skripten kann der Exit-Kode mit der Anweisung exec(csh) als ganzzahliger Wert von 8 Bits gesetzt werden. Dies wird im Abschnitt 7.7.5.6 weitergeführt.

Mit dem Pseudobefehl **true(1)** sowie der Null-Anweisung **:(csh)** kann der Exit-Kode auf '0' und mit dem Pseudobefehl **false(1)** auf '1' gesetzt werden:

% true	% :	% false
% echo $status	% echo $status	% echo $status
0	0	1

Im Gegensatz zur BOURNE-Shell, und in Anlehnung an die Programmiersprache C, interpretiert die C-Shell den Wert '0' als *logische Negation* (FALSE) und jeden von Null verschiedenen Wert als *logische Affirmation* (TRUE), wovon auch die bedingte Ablaufsteuerung ausgeht (Abschnitt 7.7.5.2).

Der Exit-Kode eines Befehls kann mit der Anweisung **@(csh)** logisch invertiert und einer Variablen zugewiesen werden:

```
@ rc = { <Befehl> ... }                 % @ rc = { false }
                                        % echo $status $rc
                                        1 0
```

was auch auf Befehlsfolgen und -gruppen sowie auf Shell-Pipelines angewendet werden kann. Die 'at'-Anweisung wird im Abschnitt 7.7.3 eingehend besprochen.

7.2.2 Terminaleinwirkung

Im Gegensatz zur BOURNE-Shell kann in der C-Shell weder das Interrupt- noch das Abbruch-Signal durch eine Anweisung in der Terminal-Shell abgefangen oder außer Kraft gesetzt werden. Die Shell leitet diese Signale unmittelbar an den jeweils im Vordergrund ablaufenden Befehlsprozeß weiter, der dann auf seine eigene, vorprogrammierte Weise darauf reagieren kann. Im Hintergrund ablaufende Prozesse werden von der Shell gegen die beiden Tastatur-Signale abgeschirmt.

In Shell-Skripten kann mit der Anweisung **onintr(csh)** nur das Interrupt-Signal, nicht aber das Abbruch-Signal, abgefangen oder völlig außer Kraft gesetzt werden. Dies wird im Abschnitt 7.7.5.4 weitergeführt. Die beiden Tastatur-Signale können jedoch mit dem Befehl stty(1) durch Null-Belegung von *intr* und *quit* abgeblockt werden (Abschnitt 5.12.1).

7.2.3 Befehlsfolgen und -gruppen

Die Shell unterstützt Befehlsfolgen, wobei das Semikolon als Trennzeichen zwischen abgeschlossenen Befehlsaudrücken gesetzt werden muß:

```
<Befehl> [<Argumente>] ... [&]; <Befehl> [<Argumente>] ... [&]
```

Ohne jegliches Ampersand laufen die Befehle synchron von links nach rechts als eine Folge unabhängiger Prozesse in der aktuellen Shell ab. Der Exit-Kode wird auch hier vom zuletzt ausgeführten Befehl bestimmt.

Das Ampersand zur asynchronen Ausführung kann hinter jedem Befehl gesetzt werden, wobei jedoch ein Gruppierungseffekt entsteht, der sich bis zum vorhergehenden Ampersand beziehungsweise bis zum Zeilenanfang erstreckt. Die Teilfolgen werden dann gruppenweise zur asynchronen Ausführung in *verschiedenen* Subshells freigesetzt. Ein Beispiel mag die Wirkung veranschaulichen:

```
% pwd; sleep 20 &; pwd; sleep 30 & ps
213  214
/Hubert/arbeit /Hubert/arbeit

PID PPID      ...   COMMAND
93  ...       ...   csh                        Terminal-Shell
    ...       ...
213 93        ...   csh                        erste Subshell
218 213       ...   sleep 20                   erste Teilfolge
    ...       ...
214 93        ...   csh                        zweite Subshell
219 214       ...   sleep 30                   zweite Teilfolge
    ...       ...
```

In der C-Shell können Befehlsgruppen nur mit Rundklammern, nicht aber mit geschweiften Klammern, definiert werden:

```
(<Befehl> [<Argumente>] ... ; <Befehl> [<Argumente>] ... ) ... [&]
```

wodurch die Befehlsfolge von links nach rechts synchron in einer Subshell ausgeführt wird, wobei jedoch die *lokalen Variablen* der aktuellen Shell zur Verfügung stehen. Der Exit-Kode wird vom zuletzt synchron ausgeführten Befehl bestimmt. Ampersands und E/A-Umlenkungsklauseln können sowohl befehlsbezogen innerhalb als auch gruppenbezogen außerhalb der Klammern angebracht werden. Durch ein äußeres Ampersand wird ein asynchroner Ablauf der ausführenden Subshell relativ zur aktuellen Shell erzwungen. Die Gruppierung kann mit dem Backslash unmittelbar gefolgt von einem Zeilenvorschub über mehrere Zeilen fortgesetzt werden, wobei die Trennung zweckmäßig nach einem Semikolon erfolgt.

Befehlsgruppen können wie einzelne Befehle mit den logischen Shell-Operatoren '&&' (AND) und '||' (XOR) zur bedingten Ausführung verknüpft werden und können auch solche Verknüpfungen enthalten (Abschnitt 5.2.6). Durch Verschachtelung lassen sich komplexe Ausführungsschemata konstruieren. [1]

Befehlsgruppierung wird häufig zur Bündelung der Standard-Datenströme bei der E/A-Umlenkung und der Einspeisung in Pipelines benutzt. Durch Verschachtelung kann die Fehlerausgabe von multiplen Befehlen von deren Normalausgabe getrennt und gebündelt werden. Dies wird in den Abschnitten 7.5 und 7.6 sowie 7.7.4 noch einmal aufgegriffen.

7.2.4 Befehlswiederholung

Mit der Anweisung **repeat(csh)** können einzelne Befehle mit einer vorgegebenen Anzahl von identischen Wiederholungen ausgeführt werden:

```
repeat n <Befehl> [<Argumente>] [<E/A-Umlenkung>|<Pipeline>] [&]
```

wobei der Parameter 'n' die Anzahl der Wiederholungen bestimmt. Zum Beispiel kann ein Datenstrom mit einer genau festgelegten Anzahl von vorgegebenen Zeichen erzeugt und umgelenkt oder in eine Pipeline eingespeist werden:

```
% repeat 20 glob abcd > dateix
% cat dateix abcdabcdabcdabcdabcd ...          # genau 80 Zeichen

% repeat 20 glob abcd | wc -c
80
```

wobei der Befehl **wc(1)** (word count) die Zeichen zählte.

---

1. In einigen älteren Versionen der C-Shell, die unter SVR3 mitausgeliefert wurden (ca. 1985), erfolgt dabei allerdings eine gegenläufige Auswertung der Exit-Kodes.

Beim Befehlsaufruf mit *repeat* wird zuerst eine Subshell angelegt, in welcher jede Befehlswiederholung einen neuen, synchron ablaufenden Tochterprozeß erzeugt, wobei die letzte Wiederholung den Exit-Kode bestimmt. Mit dem optionalen Ampersand werden lediglich die ausführende Subshell, nicht aber die wiederholten Befehle, zur asynchronen Ausführung freigesetzt. *repeat* kann nicht auf Befehlsfolgen oder -gruppen angewendet werden.

7.3 Shell-Variable

In der C-Shell sind drei Status-Kategorien von Variablen zu betrachten:

1. Systemvariable, die ausschließlich von der Shell verwaltet werden.
2. Lokale Variable, die in folgende Typenklassen eingeteilt werden:
   - Latente Variable und Argumentvariable;
   - Options- und Steuervariable;
   - Zweckgebundene Standardvariable;
   - Freiverfügbare Benutzervariable.

3. Environmentvariable, wobei unterschieden wird zwischen:
   - Zweckgebundenen Standardvariablen;
   - Freiverfügbaren Benutzervariablen.

Dabei wird der Verwendungszweck dem Status teilweise untergeordnet. Der Grund für diese Unterteilung liegt nicht nur im Unterschied zwischen dem lokalen und dem globalen Zugriffsstatus, sondern auch in der unterschiedlichen Zuweisungssyntax und Inhaltsform, was in den nachfolgenden Abschnitten weitergeführt wird.

Die Shell gibt beim Abgreifen einer nichtexistenten Variablen eine Fehlermeldung aus und setzt den Exit-Kode auf '1':

```
% echo  $unsinn                     % echo $status
unsinn: Undefined variable          1
```

7.3.1 Systemvariable

Die C-Shell besitzt nur zwei Systemvariable:

$$ Die PID der aktuellen Shell.

$status Der Exit-Kode des in der aktuellen Shell *zuletzt synchron* ausgeführten Befehls.

Die beiden Systemvariablen werden *exklusiv* von der jeweils aktuellen Shell verwaltet und können vom Benutzer nur abgegriffen, nicht aber belegt oder gelöscht werden. Die Systemvariablen gehören *nicht* dem Environment an.

Im Gegensatz zur BOURNE-Shell stellt die C-Shell keine Systemvariable für die PID des jüngst asynchron augerufenen Befehls zur Verfügung.

7.3.2 Lokale Variable

Lokale Variable sind als *Vektoren* zu verstehen, auf deren *Elemente* (oder Komponenten) individuell zugegriffen werden kann. Im folgenden soll der Terminus "Rang" (rank) die Anzahl der Elemente bezeichnen. Eine Variable deren Rang gleich 1 ist, soll als "Skalar" (scalar) bezeichnet werden. Leere Variable haben den Rang 0 und werden als "Symbole" (token) bezeichnet; sie dienen zumeist rein semaphorischen Zwecken.

Die lokalen Variablen werden ausschließlich mit der Shell-Anweisung **set(csh)** nach den folgenden Zuweisungsschemata angelegt:

```
set <Bezeichner> [<Bezeichner> ... ]
set <Bezeichner>=<Wert>  [<Bezeichner>=<Wert> ... ]
set <Bezeichner>=(<Wert1> <Wert2> ... ) ...
```

wobei der Bezeichner aus maximal 20 alphamerischen Zeichen — also nur Buchstaben, Ziffern und dem Unterstrich '_' — bestehen darf und mit einem Buchstaben oder dem Unterstrich anfangen muß. Ohne jegliche Zuweisung wird die Variable als Symbol mit dem Rang 0, und beim Zuweisen eines Wertes als Skalar mit Rang 1 angelegt. Der Rang einer bereits existierenden Variablen wird bei erneuter Zuweisung entsprechend adjustiert.

Multiple Werte müssen mit Rundklammern umschlossen werden; die Variable wird dann als echter Vektor mit entsprechendem Rang >1 angelegt. Bereits bestehende Variablen werden entsprechend umdefiniert. Die einzelnen Werte werden wie Worte durch die Standardtrennzeichen getrennt, und die Zuweisung kann an Wortgrenzen mit dem Backslash gefolgt vom Zeilenvorschub über mehrere Zeilen fortgesetzt werden:

```
% set var1=(aa bb\[RET]          % echo $var1
cc dd)                           aa bb cc dd
```

Bei Sonderzeichen müssen die üblichen lexikalischen Schutzregeln beachtet werden. Insbesondere müssen Metazeichen und lexikalische Muster sowie die Substitutionseffektoren entweder durch umgebende Einzelzitate oder individuelles Abdecken mit dem Backslash geschützt werden, da sonst eine sofortige Substitution erfolgt, was mit *set* ohne jegliche Argumente einfachst nachgeprüft werden kann:

```
% set varx=*
% set
...
av  abba babba ...
% set av='*'
% set
...
varx  *
```

```
% set vary="$HOME"
% set
...
/Hubert/eigen
% set bv=\$HOME
% set
...
vary  $HOME
```

Durch zitierten Ausführung kann die Normalausgabe eines Befehls einer lokalen Aufnahmevariablen zugewiesen werden:

```
set var=‘<Befehl> [<Argumente>] ... [&]‘
```

Das Ampersand kann innerhalb der Ausführungszitate gesetzt werden, wodurch der gesamte Zuweisungsprozeß zur asynchronen Ausführung freigesetzt wird, wobei allerdings die Terminal-Shell für die Dauer der Ausführung suspendiert wird. E/A-Umlenkung und Pipelines sind innerhalb der Ausführungszitate zulässig, was im Abschnitt 7.6 weitergeführt wird.

Einträge (events) aus dem *Befehlspuffer* können nach den folgenden Schemata auf auf lokale Variable übertragen werden:

```
set <Variable>=(!!)
set <Variable>=(!<Index>)
set <Variable>=(!?<Suchmuster>?)
```

was jedoch erst im Abschnitt 7.4.2 weitergeführt werden kann.

Ganze Eingabezeilen können unmittelbar lokalen Variablen zugewiesen werden, wobei die Zeichenkombination '$<' benutzt wird:

```
% set  zeile=$< [RET]
Eine ganze Eingabezeile mit Asterisk * und mehr ... [RET]
% echo  "$zeile"
Eine ganze Eingabezeile mit Asterisk * und mehr ...
```

wobei die eigentliche Eingabe nach dem ersten Zeilenvorschub beginnt und mit dem zweiten abgeschlossen wird. Da die Eingabe keine Befehlszeile darstellt, besteht keinerlei Substitutions- oder Wechselwirkung von Sonderzeichen. Variable, die Sonderzeichen enthalten, müssen allerdings bei der Weitergabe geschützt werden, wie hier bei der Ausgabe mit *echo*. Bei dieser Form der unmittelbaren Eingabezuweisung wird die Aufnahmevariable immer als Skalar angelegt, selbst bei Worttrennung in der Eingabezeile. Die Möglichkeit einer nachträglichen *Vektorisierung* wird im nachfolgenden Abschnitt 7.3.2.4 besprochen. Die Zuweisung mit gleichzeitiger Auswertung von arithmetischen und logischen Ausdrücken wird im Abschnitt 7.5.3 im Zusammenhang mit der Auswertungsanweisung @(csh) besprochen.

Lokale Variable können mit der Anweisung **unset(csh)** gelöscht werden:

```
unset <Bezeichner> [<Bezeichner> ... ]
unset <lexikalisches Muster>
unset *
```

wobei sowohl Bezeichner als auch die üblichen lexikalischen Muster benutzt werden können. Mit dem Asterisk werden daher alle lokalen Variablen gelöscht, was zu unerwarteten Nebenwirkungen führen kann! Die C-Shell stellt keine Schutzmöglichkeit gegen Löschen und Überschreiben — etwa im Sinne von readonly(sh) in der BOURNE-Shell — zur Verfügung.

Für lokale Variable steht ein ausgefeiltes Zugriffschema zur Verfügung:

$?<Variable>	0-1 Existenztest
$#<Variable>	Rang: Anzahl der Elemente
$<Variable>	Die Variable als Vektor
$<Variable>[<Selektor>]	Einzelne Elemente

Mit dem Selektor können einzelne Elemente nach den folgenden Schemata aus Vektorvariablen abgegriffen werden:

k	Das k-te Element, k=1, ..., Rang
h–k	Die Folge von Elementen h, ..., k
–k	Die Folge von Elementen 1, ..., k
k–	Die Folge von Elementen k, ..., Rang
*	Alle Elemente

Selektorvariable können zum indirekten Abgriff einzelner Elemente oder ganzer Folgen von Elementen benutzt werden:

```
$<Variable>[$<Selektorvariable>]
```

Bei nichtdefinierten Vektor- oder Selektorvariablen entsteht ein Fehlerzustand mit Exit-Kode '1'.

Die Elemente einer existierenden Variablen können neu belegt werden,

```
set <Variable>[k]=<Wert>
```

vorausgesetzt, daß 1 <= k <= Rang. Andernfalls entsteht ein Fehlerzustand.

Eine existierende Variable kann als vollständiger Vektor auf eine andere Variable übertragen werden:

```
set <Variable2>=($<Variable1>)
```

Teilfolgen von Elementen können mit Selektoren zugewiesen werden:

```
set <Variable2>=($<Variable1>[<Selektor>])
```

Bei Vektoren und Folgen von Elementen müssen umgebende Rundklammern gesetzt werden, da sonst nur das jeweils erste Element übertragen wird. Einzelne Elemente können ohne Rundklammern zugewiesen werden:

```
set <Variable2>=$<Variable1>[<Selektor>]
```

Eine bereits bestehende Variable kann mit zusätzlichen Elementen ein- oder zweiseitig erweitert oder mit zusätzlichen Werten analog auf eine andere Variable übertragen werden:

```
set <Variable>=(<Wert> $<Variable>)
set <Variable>=($<Variable> <Wert>)
set <Variable>=(<Wert1> $<Variable> <Wert2>)
```

Zwei oder mehr bereits existierende Variable können bei der Zuweisung verkettet werden:

```
set <Variable>=($<Variable1> $<Variable2> ... )
```

Bei diesen und anderen Zuweisungsvarianten mit multiplen Elementen müssen Rundklammern benutzt werden, da sonst nur das jeweils erste Element zugewiesen wird.

Mit der Anweisung **shift(csh)** kann die Folge der Elemente um eine Stelle nach links verschoben werden:

```
shift <Variable>
```

wobei das erste Element verloren geht und der Rang sich um Eins verringert. Bei Rang 0 entsteht dann ein Fehlerzustand.

Als ein erstes Beispiel wäre die Standardvariable '$path' zu betrachten, welche die Suchverweise für ausführbare Dateien enthält und zumeist in der Einlog-Steuerdatei '.login' angelegt wird:

```
set path=(. /bin /etc /usr/bin /Hubert/befehle )
```

Der Existenz- und der Rangtest ergeben dann:

```
% echo  $?path
1
```

```
% echo $#path
5
```

Das erste und das letzte Element dieser echten Vektorvariablen sind:

```
% echo $path[1]
.
```

```
% echo $path[$#path]
/Hubert/befehle
```

Die Variable kann nachfolgend in der Aufruf-Steuerdatei '.cshrc' erweitert werden:

```
set path=($path /Huber/aufrufe)
```

Bei interaktiver Veränderung von '$path' sollte die Anweisung **rehash(csh)** benutzt werden, um die interne Suchtabelle mit den neuen Suchverweisen zu aktualisieren.

Weitere instruktive Beispiele

```
% unset var1
% echo $?var1
0
```

```
% set var1=(aa bb cc dd ee)
% echo $?var1
1
```

```
% echo $#var1
5
```

```
% echo $var1
aa bb cc dd ee
```

```
% echo $var[-3]
aa bb cc
```

```
% echo $var1[2-4]
bb cc dd
```

```
% set var1[4]=xx
% echo $var1
aa bb cc xx ee
```

```
% set var2=$var1
% echo $var2
aa
```

```
% set var3=($var1 yy)
% echo $var3
aa bb cc xx ee yy
```

```
% echo $var3[$#var1]
ee
```

```
% shift var3
% echo $var3
bb cc xx ee yy
```

```
% echo $#var3
5
```

7.3.2.1 Latente Variable

Die durchnumerierten Variablen '$1, $2, ... ' sind in dem Sinne *latent*, daß sie zwar immer definiert sind, aber nicht zwangsläufig belegt sein müssen. Falls die lokale Variable '$argv' existiert und mit multiplen Werten belegt ist, dann beziehen sich die latenten Variablen in einer entsprechenden Reihenfolge auf ihre Elemente:

```
$1        $2        ...       $k
argv[1]   argv[2]   ...       argv[k]                k = $#argv
```

wobei 'k' gleich dem Rang von '$argv' ist. Wird '$argv' gelöscht, so sind die latenten Variablen zwar leer, bleiben aber weiterhin definiert und verursachen beim Abgriff keinen Fehlerzustand.

Die Vektorvariable '$argv' selbst wird beim Aufruf der Shell automatisch angelegt und kann mit der Shell-Option 's' dabei auch vorbelegt werden:

```
csh –[<andere Shell-Optionen>]s  <Wert1>  <Wert2> ...
```

In der aktuellen Shell kann '$argv' jederzeit insgesamt oder selektiv neubelegt werden:

```
set argv=(<Wert1>  <Wert2> ... )
set argv[k]=<Wert>
```

wobei jedoch k <= $#argv sein muß ; d.h. eine Element-Zuweisung kann nur innerhalb des bereits bestehenden Ranges erfolgen.

Beim Aufruf ohne jegliches Argument wirkt die Anweisung **shift(csh)** exklusiv auf '$argv':

```
% echo $#argv                     % echo $argv
4                                 aa bb cc dd
% shift
% echo $#argv                     % echo $argv
3                                 bb cc dd
```

wobei der Wertevektor unter Aufgabe des jeweils ersten Elementes um eine Stelle nach links verschoben und der Rang verringert wird. Bei fortgesetztem Verschieben ensteht ab Rang 0 ein Fehlerzustand mit Exit-Kode '1'.

Mit der Anweisung **unset(csh)** kann '$argv' in der aktuellen Shell jederzeit gelöscht werden:

```
% unset  argv             % echo $?argv
                          0
```

Die latenten Variablen werden davon nicht betroffen. Sie werden jedoch im Zusammenhang mit '$argv' zumeist als Argumentvariable in Shell-Skripten benutzt, was im Abschnitt 7.7.2 weitergeführt wird.

7.3.2.2 Lokale Standardvariable

Die lokalen Standardvariablen werden in der C-Shell ausnahmslos durch Kleinbuchstaben gekennzeichnet. Wo angezeigt, ist der Inhalt mit den eingeklammerten Environmentvariablen identisch.

$cdpath	Die Vektorvariable enthält die absoluten Suchverweise für die Shell-Anweisung cd(csh).
$cwd	Der absolute Verweis auf das aktuelle Arbeitsverzeichnis (current working directory).
$histchars	Die alternativen Zeichen für die Sonderzeichen '!' und '^', die im Zusammenhang mit dem Befehlspuffer benutzt werden (Abschnitt 7.4.2).
$history	Ein ganzzahliger Wert, der die Größe des Befehlspuffers bestimmt (Abschnitt 7.4.2).
$home	($HOME) Der absolute Verweis auf das jeweilige Eigenverzeichnis (home directory).
$mail	Die Vektorvariable enthält als erstes Element das Zeitintervall (Sek.) in dem die Ablagedatei von mail(1) auf Neueingänge überprüft wird, und als zweites Element den absoluten Verweis auf die Ablagedatei.
$path	Die Vektorvariable enthält die Reihe der absoluten Suchverweise für Befehlsverzeichnisse.
$prompt	Die Promptvariable mit den Vorbelegungen '%' und '#' für allgemeine Benutzer beziehungsweise den Superuser.
$savehist	Die Anzahl der Events, die beim Ausloggen in der Ablagedatei '.history' abgespeichert werden (Abschnitt 7.4.2).
$shell	Der absolute Verweis auf die binäre Ausführdatei der C-Shell (normalerweise '/bin/csh').
$term	($TERM) Der Typenbezeichner des Benutzerterminals.
$user	($LOGNAME, $USER) Die Login-Kennung des Benutzers.

Die Variablen '$home', '$shell', '$term' und '$user' werden beim Einloggen automatisch vorbelegt, wobei die Werte den eingeklammerten Environmentvariablen entsprechen und der Paßwortdatei '/etc/passwd' und der TTY-Steuerdatei '/etc/gettydefs' entnommen werden. Die Variable '$cwd' wird durch die Anweisung **cd(csh)** automatisch belegt.

Die restlichen Variablen werden zumeist in der Einlog-Steuerdatei '.login' individuell angelegt:

```
set cdpath=(/Hubert/arbeit /Hubert/projekt1 ... )
set mail=(120 /usr/mail/HUbert)
set history=20
set savehist=$history
```

Beim Aufruf einer C-Subshell werden die lokalen Standardvariablen automatisch durchgereicht, obgleich sie keine Environmentvariablen sind.

7.3.2.3 Options- und Steuervariable

Die Optionsvariablen werden als lokale Symbole ohne jegliche Wertzuweisung gesetzt. Die Shell prüft lediglich, ob eine solche Variable existiert, und modifiziert oder steuert ihr Verhalten entsprechend. Die Symbole können mit den Anweisungen **set(csh)** und **unset(csh)** jederzeit gesetzt beziehungsweise gelöscht werden:

```
set | unset <Optionsvariable> [<Optionsvariable> ... ]
```

wodurch die Optionen an- beziehungsweise abgestellt werden. Die folgenden Optionsvariablen stehen dafür zur Verfügung:

$echo Die interpretierten Befehlszeilen werden unmittelbar vor der Ausführung mit symbolischen Substitutionen zum Terminal zurückgespiegelt (was der Aufrufsoption 'x' entspricht).

$ignoreeof Die aktuelle Shell kann nicht mit der jeweiligen Belegung von *eof* — normalerweise CTL_D — terminiert werden, was unabsichtliches Ausloggen verhindert. Eine interaktive Subshell kann dann nur noch mit **exit(csh)** und die Terminal-Shell nur noch mit **logout(csh)** terminiert werden.

$noclobber Schützt bestehende Dateien gegen Überschreiben bei Umlenkung der Befehlsausgabe.

$noglob Setzt die Interpretation von Metazeichen und lexikalischen Mustern außer Kraft.

$nonomatch Lexikalische Muster mit leerer Klassendarstellung verursachen keinen Fehlerzustand (no no-matching error). Syntaxfehler sind davon nicht betroffen.

$verbose Die interpretierten Befehlszeilen werden unmittelbar vor der Ausführung ohne symbolische Substitutionen zum Terminal zurückgespiegelt, was der Aufrufsoption 'v' entspricht.

Mit der lokalen Variablen '$time' kann ein Überwachungsschwellwert für die CPU-Laufzeit von Befehlen gesetzt werden:

time=<Sekunden>

bei dessen Überschreitung automatisch eine Ressourcen-Aufrechnung des betroffenen Befehls ausgegeben wird.

7.3.2.4 Lexikalische Modifikationen

Variable, die Verweise und Bezeichner enthalten, können nach den folgenden Schemata modifiziert werden:

$<Variable>:<Modifikator>
$<Variable>[<Selektor>]:<Modifikator>

wobei der Selektor mit eckigen Klammern umgeben werden muß. Die Ausdrücke haben unmittelbare Substitutionswirkung.

Die erste Gruppe von Modifikatoren wird auf Verweise angewendet, wobei die folgenden beiden Konstrukte zugrundeliegen:

<Verweis> : <Weiser>/<tail>
<Bezeichner> : <radix>.<extension>

Die Modifikatoren werden durch Einzelbuchstaben angegeben:

h Entfernen des tail unter Erhaltung des Weisers.
t Erhaltung des tail unter Entfernung des Weisers.
r Entfernen der extension unter Erhaltung des radix.
e Erhaltung der extension unter Entfernung des radix.
g Zusatzoption für globale Modifikation.

Nur ein einziger Modifikator kann jeweils angewendet werden und wirkt nur auf das jeweils erste Element der Zielvariablen. Mit der Zusatzoption 'g' kann die Modifikation auf alle Elemente ausgedehnt werden. Ein durchgehendes Beispiel mag die Wirkung der Modifikatoren veranschaulichen:

```
% set verweise=(/Hubert/fort/prog1.ftn  /Hubert/cobol/pgm.cob)

% set weiser=($verweise:gh)
% echo $weiser
/Hubert/fort  /Hubert/cobol

% set basisnamen=($verweise:gt)
% echo $basisnamen
prog1.ftn  pgm.cob

% set radixe=($basisnamen:gr)
% echo $radixe
prog1  pgm

% set suffixe=($basisnamen:ge)
% echo $suffixe
ftn   cob
```

Die zweite Gruppe von Modifikatoren bezieht sich die Interpretation von Metazeichen und lexikalischen Mustern:

q Schutzwirkung (quote): Die Interpretation von Metazeichen und lexikalischen Mustern wird beim Abgriff der Variablen außer Kraft gesetzt.

x (*expand and quote*) Neben der Wirkung von 'q' wird der Inhalt gemäß Worttrennung in Elemente zerlegt.

Wird zum Beispiel eine Variable mit einem geschützten Metazeichen als Inhalt angelegt, so erfolgt zwar keine Substitution bei der Zuweisung, wohl aber beim Abgriff:

```
% set var='*'
% echo $#var
1

% echo $var
abba babba ... zappa
```

Der Modifikator 'q' hat dann dieselbe Wirkung wie umgebende Doppelzitate:

```
$ echo $var:q
*

% echo "$var"
*
```

Der Modifikator 'x' hat einerseits dieselbe Wirkung wie 'q' bezüglich Metazeichen und lexikalischen Mustern, bewirkt aber andererseits auch gleichzeitig eine "Vektorisierung" gemäß der Worttrennung durch die Standardtrennzeichen. Wird zum Beispiel mit Einzelzitaten eine Skalar-Zuweisung über eine Worttrennung hinweg erzwungen, so hat die Variable zwar einerseits den Rang 1,

```
% set var1='aa bb cc *'
% echo $#var1
1
```

wird aber andererseits bei Zuweisungen wiederum lexikalisch interpretiert:

```
% set var2=($var1)
aa bb cc
```

```
% echo $var2
abba babba ... zappa
```

Das zweifache Problem, einerseits eine Worttrennung zwischen den ursprünglichen Werten zu erzwingen und andererseits die lexikalische Interpretation zu verhindern, wird mit dem Modifikator 'x' gelöst:

```
% set var3=($var:x)
% echo $#var3
4
```

```
% echo $var
aa bb cc *
```

Umgekehrt kann mit Doppelzitaten eine Vektorvariable mit Rang > 1 zu einem Skalar mit Rang 1 reduziert werden:

```
set <Variable>="$<Variable>"
```

was dann mit 'x' bequem wieder rückgängig gemacht werden kann, wobei die Rundklammern zwangsläufig erforderlich sind:

```
set <Variable>=($<Variable>:x)
```

Skalarvariable und abgreifbare Skalarwerte von Vektorvariablen können links-, rechts- und beiderseitig einfach oder modifiziert mit Zeichenketten verknüpft werden:

```
<Zeichenkette>{$?<Variable>}<Zeichenkette>
<Zeichenkette>{$#<Variable>}<Zeichenkette>
<Zeichenkette>{$<Variable>}<Zeichenkette>
<Zeichenkette>{$<Variable>[<Selektor>]}<Zeichenkette>
<Zeichenkette>{$<Variable>[<Selektor>]:<Modifikator>}<Zeichenkette>
```

wobei die geschweiften Klammern die Zugriffs- und Modifikationsausdrücke von den angrenzenden Zeichenketten trennen. Die Ausdrücke haben unmittelbare Substitutionswirkung. Die folgenden Beispiele mögen dies erhellen:

```
% echo $verw1
/cobol/pgm.cob
```

```
% set verw2={$verw1:r}.for
% echo $verw2
/cobol/pgm.for
```

```
% set verw3=/plic/{$verw2:t}
% echo $verw3
/plic/pgm.for
```

```
% set verw4=/bck/{$verw3}.dup
% echo $verw4
/bck/plic/pgm.for.dup
```

7.3.3 Environmentvariable

Im Gegensatz zu den lokalen Variablen, deren Geltungsbereich sich nur auf die aktuelle Shell erstreckt, stehen die Environmentvariablen in allen von der aktuellen Shell ausgehenden Subshells zur Verfügung und können von Shell-Skripten und C-Programmen abgegriffen werden (Abschnitt 5.3.6). Wie in der BOURNE-Shell können auch in der C-Shell nur Benutzer- und Standardvariable als Environmentvariable fungieren, wobei allerdings erhebliche Unterschiede zwischen den beiden Shells bestehen.

Im Gegensatz zur BOURNE-Shell besitzt die C-Shell keine Anweisung, wie export(sh) mit der Variable nachträglich in das Environment befördert werden können; anstelle dessen müssen die dafür bestimmten Variablen unmittelbar als Environmentvariable angelegt werden.

Eine wichtige und stets zu beachtende Eigenheit der C-Shell ist, daß lokale Variable und Environmentvariable mit identischen Bezeichnern koexistieren können, ohne daß irgendwelche Wechselwirkungen zwischen gleichnamigen Variablen entstehen. Zwar können gleichnamige Variable unabhängig voneinander angelegt, belegt und gelöscht werden, aber beim Abgreifen entsteht dann das Problem, daß bei völliger Namensgleicheit nur die lokale Variable abgegriffen wird. Aus diesem Grund entsteht auch die Empfehlung, nur Großbuchstaben für die Bezeichner von Environmentvariablen zu benutzen, was für die Standarvariablen quasi-verbindlich ist.

Mit dem Befehl **env(1)**, ohne jegliche Argumente, können alle in der aktuellen Shell definierten Environmentvariablen mit ihren jeweiligen Werten aufgelistet werden. Die dem Environment zugeordneten Standardvariablen werden im zweiten Unterabschnitt zusammengefaßt.

7.3.3.1 Allgemeine Benutzervariable

In der C-Shell werden Environmentvariable unmittelbar mit der Anweisung **setenv(csh)** angelegt:

```
setenv <BEZEICHNER> [<Zeichenkette>]
```

wobei jedoch jeweils nur eine Skalarvariable angelegt werden kann. Beim Auslassen der Zeichenkette wird die Variable leer angelegt. Für den Bezeichner gelten die bereits im Abschnitt 7.3.2 aufgeführten lexikalischen Regeln; er darf insbesondere keinerlei Sonderzeichen enthalten und sollte sich nur aus Großbuchstaben zusammensetzen.

Die zugewiesene Zeichenkette unterliegt den üblichen lexikalischen Schutzregeln; insbesondere müssen Trennzeichen durch umgebende Einzel-

oder Doppelzitate oder individuell mit dem Backslash geschützt werden, da die aufnehmende Variable ja nur ein Skalar sein kann!

Die Zuweisung kann durch Substitution aus einer anderen Variablen, aus der Normalausgabe eines zitierten Befehls sowie aus dem Befehlspuffer erfolgen. Letzteres wird im Abschnitt 7.4.2 weitergeführt. Bei allen Substitutionen muß jedoch im Auge behalten werden, daß die aufnehmende Environmentvariable ein Skalar ist. Spendervariable mit einem Rang > 1, zitierte Befehle und Befehlspuffer-Abrufe, die mehrere Worte ausgeben, müssen daher mit Doppelzitaten umgeben werden, um die Worttrennung abzufangen:

```
setenv <VARIABLE> "$<Spendervariable>"
setenv <VARIABLE> "`<Befehl> ...`"
setenv <VARIABLE> "!<Event> ... "
```

Doppelzitate müssen insbesondere dann verwendet werden, wenn eine Spendervariable Metazeichen oder lexikalische Muster enthält, die rein symbolisch zugewiesen werden sollen.

Skalarvariable sowie einzelne Elemente von Vektorvariablen können unmittelbar auf Environmentvariable übertragen werden:

```
setenv <VARIABLE>  $<Variable>
setenv <VARIABLE>  $<Variable>[<Selektor>]
```

Vektorvariable können mit Doppelzitaten "skalarisiert" zugewiesen werden:

```
setenv <VARIABLE> "$<Variable>"
```

wobei alle Elemente zu einem Skalar "verschmolzen" werden.

Umgekehrt können jedoch Environmentvariable gemäß Worttrennung als lokale Variable "vektorisiert" werden:

```
% setenv VAR1  'aa bb cc dd'          % echo $#var1
% set var1=($VAR1)                    4
```

Die im Abschnitt 7.3.2.4 beschriebenen lexikalischen Modifikationen können bei der Zuweisung von lokalen Variablen auf Environmentvariable unmittelbar angewendet werden:

```
setenv <VARIABLE> "$<Variable>:<Modifikator>"
setenv <VARIABLE> "$<Variable>[<Selektor>]:<Modifikator>"
```

wobei die Doppelzitate nur bei skalaren Zuweisungen weggelassen werden können. Die lexikalischen Modifikationen sind generell nur bei lokalen Variablen, nicht aber bei Environmentvariablen anwendbar!

Ganze Eingabezeilen können unmittelbar mit der Zeichenkombination '$<' zugewiesen werden:

```
% setenv ZEILE $<[RET]
Eine ganze Eingabezeile mit Asterisk * und mehr ...[RET]
% echo "$ZEILE"
Eine ganze Eingabezeile mit Asterisk * und mehr ...
```

wobei die eigentliche Eingabe nach dem ersten Zeilenvorschub beginnt und mit dem zweiten abgeschlossen wird. Da die Eingabe keine Befehlszeile darstellt, besteht keinerlei Substitutions- oder Wechselwirkung von Sonderzeichen. Variable, die Sonderzeichen enthalten, müssen allerdings bei der Weiterverwendung geschützt werden, wie hier bei der Ausgabe mit *echo*.

Environmentvariable können nur mit der Anweisung **unsetenv(csh)** einzeln gelöscht werden:

```
unset <VARIABLE>
```

wovon eventuell bestehende lokale Namensvettern nicht betroffen werden. Eine Schutzmöglichkeit gegen das unabsichtliche Löschen oder Überschreiben von Environmentvariablen besteht in der C-Shell nicht.

7.3.3.2 Standardvariable

Die mit einen Asterisk '*' gekennzeichneten Standardvariablen werden beim Einloggen automatisch vorbelegt, wobei die Werte der Paßwortdatei und der Steuerdatei '/etc/gettydefs' entnommen werden.

$HOME (*) Der absolute Verweis auf das Eigenverzeichnis des jeweiligen Benutzers.

$LOGNAME $USER (*) Die Login-Kennung des jeweiligen Benutzers.

$MAIL Der absolute Verweis auf die von mail(1) benutzte Ablagedatei.

$PATH Die absoluten Suchverweise auf Befehlsverzeichnisse.

$SHELL (*) Der absolute Verweis auf die binare Ausführdatei der Login-Shell (in diesem Fall '/bin/csh').

$TERM	(*) Der Typenbezeicher des Terminals.
$TERMCAP	Der absolute Verweis auf die in BSD-Systemem benutzte Terminal-Stammdatei. Eine Beschreibung wird zumeist unter btermcap(5)/PHB gegeben.
$TZ	Die Definition der aktuellen Zeitzone.

Die Variable '$PATH' wird beim Aufruf der C-Shell automatisch aus der lokalen Variablen '$path' übernommen. Die übrigen Variablen werden zumeist in den Steuerdateien '.login' und '.cshrc' gesetzt. Die Definition der Zeitzone '$TZ' wurde bereits im Abschnitt 5.3.3 beschrieben.

7.4 Spezielle Einrichtungen

Gestandene Fachleute der interaktiven Programmierung stimmen zumeist darin überein, daß eine positionsfreie Befehlssprache (free-field command language) mit einer regulären Syntax und einem möglichst wortkargen Vokabular wohl immer noch die effizienteste Form des interaktiven Befehls- und Programmierdialoges mit einem modernen Betriebssystem darstellt. Dem steht gegenüber, daß es wohl kaum eine interaktive Befehlssprache gibt, welche die zahlreichen und grundverschiedenen Anforderungen aller potentiellen Benutzer mit den unterschiedlichsten Anwendungsgebieten voll befriedigen kann. Dazu kommt, daß dem zeitgenössischen Allgemeinbenutzer kaum noch jenes Maß an Anpassung abverlangt werden kann, das vor 10 Jahren noch als selbstverständlich betrachtete wurde.

Einstellbarkeit, oder besser noch, *Anpassungsfähigkeit* (adaptability), ist daher eines jener Kriterien, die das "Mehrwert"-Potential einer interaktiven Befehls- und Programmiersprache bestimmen. Die C-Shell kommt mit einem hohen Grad von Anpassungsfähigkeit den unterschiedlichsten Dialog-Anforderungen entgegen; ihr "Mehrwert"-Potential ist dementsprechend sehr hoch. Zwei spezielle Einrichtungen stehen dabei im Vordergrund:

- Das Erstellen von neuen Befehlskonstrukten mit der Anweisung alias(csh).
- Das automatische Abspeichern von Befehlszeilen in einem Befehlspuffer, dessen Einträge abgegriffen, modifiziert und erneut aufgerufen werden können.

Mit der ersten Einrichtung kann der Befehlsvorrat der Shell an die sprachlichen Eigenheiten von diversen Benutzern angepaßt und für besondere Anwendungsgebiete erweitert werden. Stabile Emulatoren anderer Befehlssprachen können ebenfalls damit konstruiert werden.

Die zweite Einrichtung protokolliert und legt den Befehlsdialog in einen gleitenden Befehlspuffer von einstellbarer Größe ab, aus dem die Befehlszeilen identisch oder modifiziert abgerufen werden können. Wenn langwierige Befehlszeilen oft und in irregulärer Reihenfolge und dazu noch mit Variationen wiederholt werden müssen, dann stellt diese Einrichtung eine beträchtliche Arbeitserleichterung dar. Auf der Grundlage des Befehlspuffers und dessen Modifikationsmöglichkeiten lassen sich zudem Terminalsprachen mit korrigierbarer und modifizierbarer Befehlswiederholung aufbauen, was bisher nur bei sehr exklusiven Systemen möglich war.

7.4.1 Befehlskürzel

In der einfachsten Anwendung können mit der Anweisung **alias(csh)** Kürzel — oder "Aliase" — von längeren Befehlszeilen angelegt werden:

```
alias <Bezeichner> <Befehl> [<Befehlsargumente>] ...
```

wobei der Bezeichner sich nur aus Buchstaben, Ziffern und dem Unterstrich '_' zusammensetzt, mit einem Buchstaben oder dem Unterstrich anfangen muß und nicht mit den Worten "unalias" oder "alias" identisch sein darf. Der Bezeichner sollte sich von den Namen von Anweisungen und Befehlen unterscheiden, da Aliase beim Aufruf absoluten Vorrang haben. Aliase können in jeder Subshell angelegt werden.

Dem Befehl können Argumente und E/A-Umlenkungsklauseln nachgestellt werden; Befehlsfolgen und -gruppen sowie Pipelines können als Aliase angelegt werden. Bei Sonderzeichen muß der gesamte Befehlsausdruck durch umgebende Einzel- oder Doppelzitate geschützt werden. Einzelne Sonderzeichen können mit dem Backslash abgedeckt werden.

Die einfachsten Anwendungen sind Befehle mit längeren Verweisen oder festliegenden Optionen,

```
% alias  v   cd /Hubert/arbeit/programme/c_quellen
% alias  l1  ls -Calt
% alias  da date "+%a %d. %h 19%y"
```

die dann bequem aufgerufen werden können,

```
% da
Tue 9. Jan 1990
```

Ein Alias von *alias* kann definiert werden:

```
% alias  al  alias
```

Beim Aufruf ohne jegliche Argumente werden die aktuellen Definitionen in einer modifizierten Form aufgelistet:

```
% al
al   alias
da   date "+%a %d. %h 19%y"
l1   (ls -Calt)
v1   (cd /Hubert/arbeit/programme/c_quellen)
 ...
```

Aliase können einzeln bei Angabe des Bezeichners aufgelistet werden:

```
$ al da
date "+%a %d. %h 19%y"
```

Durch Umlenkung der Normalausgabe von *alias* können die Definitionen in einer Auffangdatei abgelegt werden, aus der ein Wiederherstellen möglich ist, wobei allerdings im allgemeinen ein Nacheditieren vorgenommen werden muß, um die ursprünglichen Definitionsformen wiederherzustellen. Eine Datei mit Alias-Definitionen kann mit der Anweisung **source(csh)** in der aktuellen Shell aufgerufen werden.

Aliase können mit der Anweisung **unalias(csh)** einzeln und gruppiert sowie kollektiv als lexikalische Klassen gelöscht werden:

```
unalias <Bezeichner> [<Bezeichner> ... ]
unalias <lexikalisches Muster>
unalias *
```

wobei die letzte Variante ein *tabula rasa* garantiert.

Der *Geltungsbereich* von Aliasen erstreckt sich nur auf die aktuelle Shell, in der diese angelegt wurden; die Aliase gehen beim Exit der aktuellen Shell unwiderruflich verloren. Aliase werden deshalb zumeist in der Steuerdatei '.cshrc' angelegt, um beim Aufruf einer Subshell jeweils erneut und identisch zur Verfügung zu stehen.

Beim Aufruf wird ein Alias zuerst durch seine Befehlsdefinition ersetzt, die dann wie jede andere Befehlszeile interpretiert und bei Akzeptanz ausgeführt wird. Aliase können sowohl asynchron aufgerufen werden als auch asynchrone Aufrufe enthalten, wobei das Ampersand mit umgebenden Einzelzitaten geschützt werden muß.:

```
% alias sl sleep 20                % alias sl 'sleep 20 &'
% sl &                             % sl
351                                 362
```

Besondere Beachtung ist Metazeichen und lexikalischen Mustern sowie den Substitutionseffektoren zu schenken, wobei die beabsichtigte Wirkung in Betracht zu ziehen ist. Zum Beispiel können Aliase mit bereits substituierten Argumenten angelegt werden:

```
% alias lsa ls –lu *.c             % alias lsb –al $HOME

% alias lsa                        % alias lsb
ls –lu abba.c ... zappa.c          ls –al /Hubert/eigen
```

Die lexikalische Interpretation beziehungsweise die Substitution kann mit umgebenden Einzelzitaten oder dem Backslash verhindert werden kann,

```
% alias lsa 'ls -lu *.c'          % alias lsb -al \$HOME
% alias lsa                       % alias lsb
ls -lu *.c                        ls -al $HOME
```

Es sei daran erinnert, daß Einzel- und Doppelzitate sich hinsichtlich ihrer Schutzwirkung bei Shell-Variablen und zitierten Befehlen unterscheiden:

```
% set varx=Hallo
% alias e1 "echo $varx"           % alias e2 'echo $varx'
% alias e1                        % alias e2
echo Hallo                        echo $varx
```

Das Ausrufungszeichen '!' fungiert als Substitutionseffektor für den Befehlspuffer und kann bei rein symbolischer Verwendung nur mit dem Backslash geschützt werden. Ein vorauseilendes Beispiel (Abschnitt 7.4.2) mag dies kurz andeuten. Es sei der Befehl date(1) eingegeben,

```
% date
Wed Jan 10 11:55:19 MEZ 1990
```

der mit '!!' unmittelbar wiederholt werden kann,

```
% !!
Wed Jan 10 ...
```

Weder Doppel- noch Einzelzitate schützen gegen die Substitutionswirkung des '!':

```
% alias e1 echo "!!"              % alias e2 echo '!!'
% alias e1                        % alias e2
echo date                         echo date
```

sondern eben nur der Backslash:

```
% alias e3 echo \!\!              % e3
% alias e3                        e3
echo !!
```

Alias-Aufrufe werden ohne Substititution des Befehlsausdrucks im Befehlspuffer abgelegt.

Die Definition eines Alias kann über mehrere Zeilen fortgesetzt werden, wobei jedoch zwei Backslashes gesetzt werden müssen, jeder unmittelbar gefolgt von einem Zeilenvorschub, wie das folgende Beispiel zeigen mag:

```
% alias lecho 'echo aaaaaaaaaa;\\
echo bbbbbbbbbb;\\
 ...
echo zzzzzzzzzz'
```

```
% alias lecho                      % lecho
lecho echo aaaaaaaaaa;\            aaaaaaaaaa
echo bbbbbbbbbb;\                  bbbbbbbbbb
 ...                                ...
echo zzzzzzzzzz                    zzzzzzzzzz
```

Aliase können verschachtelt werden — also andere Aliase aufrufen, wie dieses zusammenhängende Beispiel zeigt:

```
% alias al1 'alias al1; al2'       % alias al2 'alias al2; al3'
% alias al3 'alias al3; al4'       % alias al4 alias al4
```

```
% al1
alias al1; al2
alias al2; al3
alias al3; al4
alias al4
```

Unmittelbare Rekursion sowie geschlossene Schleifen werden jedoch von der Shell erkannt. Wird mit dem Alias 'al4' im obigen Beispiel eine Schleife geschlossen,

```
% alias al4 'alias al4; al1'
```

dann erkennt dies die Shell sofort beim Aufruf,

```
% al1
Alias loop.
```

und setzt den Exit-Kode auf '1'.

Argumente, E/A-Umlenkungsklauseln sowie Pipelines können bei Aliasen nachgestellt werden, soweit dies von der Definition her sinnvoll ist. Zum Beispiel kann eine langwierige Aufrufsversion des Formatierbefehls pr(1) als Alias angelegt werden:

```
% alias form pr -n -o4 -l999 -t
```

so daß die folgenden Aufrufsformen dann sinnvoll sind:

```
% form pgm.c > /dev/lp              % form pgm.c | lpr ...
```

Die E/A-Umlenkung und die Pipeline können in den Alias integriert werden, wobei die üblichen lexikalischen Schutzregeln zu beachten sind:

```
% alias form1   pr –n –o4 –l999 –t pgm.c \> /dev/lp
% alias form2  'pr –n –o4 –l999 –t pgm.c | lpr ... '
```

In dem Beispiel ist der Dateiname 'pgm.c' jedoch "festverdrahtet", was die Allgemeinverwendbarkeit der beiden Aliase stark einschränkt. Es entsteht daher die Notwendigkeit, Argumente innerhalb eines Alias zu substituieren, wobei auf dem Befehlspuffer Bezug genommen werden muß. Die dabei zugrundeliegenden Prinzipien werden nachfolgend im Abschnitt 7.4.2 besprochen; hier soll nur die Anwendung vorgestellt werden. In unserem fortgesetzten Beispiel kann der Dateiname durch folgende Erweiterung substituiert werden:

```
% alias form1  'pr –n –o4 –l999 –t \!* > /dev/lp'
% alias form2  'pr –n –o4 –l999 –t \!*  |  lpr ... '
```

so daß die Aliase jetzt mit jedweden und sogar mehreren Dateinamen aufgerufen werden können:

```
% form1  main.c ...                    % form2  main.c ...
```

Übrigens kann auf diese Weise eine populäre Form des Befehlsprompts implementiert werden:

```
% alias cd 'cd \!* ; set prompt="`pwd`: "'
```

so daß nach jedem Aufruf des Alias 'cd' der Prompt als Verweis auf das aktuelle Arbeitsverzeichnis ausgegeben wird:

```
% cd verzeichnis1
/Hubert/arbeit/verzeichnis1: cd
/Hubert/eigen: ...
```

was sich noch dahingehend verfeinern läßt, daß nur der Basisname des Arbeitsverzeichnisses ausgegeben wird. Auf ähnliche Weise kann auch das Datum (jedoch weniger sinnvoll die Uhrzeit) als Prompt ausgegeben werden.

Für den allgemeinen Alias-Aufruf mit Argumenten,

```
<Alias-Bezeichner>  <Wert_1 >  <Wert_2>  ... <Wert_n>
```

stehen die folgenden Substitutionen zur Verfügung:

\!:1 Erster Argumentwert, <Wert_1>
\!:^ Ditto
\!:k k-ter Argumentwert, <Wert_k>
...

\!:n Letzter Argumentwert, <Wert_n>
\!:$ Ditto
\!:* Die gesamte Argumentliste
\!:0 Der Bezeichner des Alias

wobei das Ausrufungszeichen ausnahmslos mit dem Backslash geschützt werden muß. Ein Beispiel mag die Substitutionswirkung veranschaulichen:

```
% alias eko 'echo  \!:3 \!:2  \!:1 \!:0'
% eko aa bb cc                     % eko aa
cc bb aa eko                       Bad ! arg selector.
```

Allerdings müssen in dem Beispiel beim Aufruf mindestens 3 Argumentwerte angegeben werden, wie die Fehlermeldung zeigt. Überzählige Argumentwerte werden indes einfach ignoriert.

Die Kurzform der 'if'-Klausel (Abschnitt 7.5.4.1) kann in Aliasen zur bedingten Ausführung benutzt werden. Zum Beispiel kann der Exit-Kode des zuletzt synchron ausgeführten Befehls bequem abgefragt werden:

```
% alias beftest 'if($status) echo \!-1, Exit-Kode:$status'
```

was sogleich mit den Pseudobefehlen true(1) und false(1) getestet werden kann:

```
% true                             % false
% beftest                          % beftest
%                                  false, Exit-Kode:1
```

Bei einzelnen Befehlen und kürzeren Befehlsfolgen ohne komplexe Ablaufsteuerung sind Aliase wesentlich effektiver als ein- oder zweizeilige Befehlsdateien, die ja erst vom Plattenspeicher aufgerufen werden müssen. Aliase werden dagegen in einen internen Puffer abgelegt und sind daher beim Aufruf sofort gegenwärtig. Dazu kommt, daß Aliase in der aktuellen Shell ausgeführt werden, wobei natürlich auch die lokalen Variablen unmittelbar zur Verfügung stehen.

Dem steht gegenüber, daß eine sehr große Anzahl von Aliasen das Antwortverhalten der Shell erheblich beeinträchtigt, da jede Befehlseingabe ja erst mit den Einträgen im Alias-Puffer verglichen werden muß.

7.4.2 Der Befehlspuffer

Die C-Shell unterhält bei interaktiver Ausführung einen gleitenden Befehlspuffer (history buffer) in dem alle interaktiv eingegebenen Befehlszeilen fortlaufend als "Ereignisse" (events) gespeichert werden. Die *Events* können als Befehlszeilen erneut aufgerufen und als Zeichenketten substituiert und manipuliert werden.

Der Puffer ist als FIFO-Silo von einstellbarer Länge organisiert und kann mit der Shell-Anweisung **history(csh)** aufgelistet werden:

```
% history
53  cd /Hubert/arbeit
 ...
61  rm  unsinn
 ...
65  date
66  alias  ls -Calt
67  pwd
...   ...
72  history
```

Von offensichtlichen Syntaxfehlern abgesehen, ist aus der Auflistung des Befehlspuffers im allgemeinen nicht ersichtlich, ob ein Befehl fehlerfrei ausgeführt wurde. Zum Beispiel ist das Event 61 zwar syntaktisch korrekt, schlug aber in der Ausführung fehl, da eine Datei namens 'unsinn' nicht existierte.

Die Größe des Befehlspuffers wird durch die lokale Standardvariable '$history' bestimmt:

```
% echo $history                          % set  history=15
20
```

Durch jede neue Befehlseingabe wird das jeweils "älteste" Event verdrängt. Nach dem obigen zwei Befehlen würde der Puffer also so aussehen:

```
% history
61  rm  unsinn
 ...
66  alias  ls –Calt
 ...
72  history
73  echo $history
74  set history=15
75  history
```

da mit dem Event 74 die Pufferlänge auf 15 Einträge reduziert wurde.

Die sich jeweils noch im Puffer befindlichen Events können mit den folgenden Ausdrücken erneut als Befehle aufgerufen oder als Zeichenketten substituiert werden:

#	Das aktuelle Event.	n	Das Event mit Index 'n'.
!	Das jüngste Event.	–k	Das k-te vorhergehende Event.

!
!<Suchmuster>
Das jüngste Event, das mit dem Suchmuster anfängt.

!?<Suchmuster>?
Das jüngste Event, welches das angegebene Suchmuster enthält.

wobei das *aktuelle Event* die sich jeweils gerade in der Eingabe befindliche Befehlszeile und das *jüngste Event* die zuletzt eingegebene Befehlszeile darstellt. Das aktuelle Event wird weiter unten im Zusammenhang mit dem Zugriffsschema für Elemente wieder aufgegriffen.

Zum Beispiel ergibt sich hinsichtlich des oben gezeigten Befehlspuffers:

```
% !!                  % !65               % echo !65
history               date                echo date
 ...                  We Jan 10 ...       date
76 history

% set ev65=!65        % !!                % echo !!
% echo $ev65          echo $ev65          echo echo $ev65
date                  date                echo date
```

Beim Event-Aufruf aus dem Befehlspuffer wird die Befehlssubstitution automatisch zum Terminal zurückgespiegelt, was auch durch Löschen der Optionsvariablen '$verbose' nicht abgestellt werden kann.

Die Events können durch Suchmuster abgerufen werden:

```
% !h                  % !?ist?            % !e
history               history             echo echo $ev65
 ...                   ...                 ...
```

wobei auf das jeweils jüngste Event zugegriffen wird, das mit dem angegebenen Zeichenmuster anfängt beziehungsweise es enthält.

Jedes erneut aufgerufene Event wird als substituierte Befehlszeile mit allen nachträglichen Argumenten, E/A-Klauseln sowie Modifikationen erneut im Befehlspuffer eingetragen. Aliase werden nicht substituiert, sondern mit ihren Bezeichnern und nachträglichen Argumenten und Klauseln eingetragen.

Die Events können beim Aufruf nachträglich mit Argumenten, E/A-Umlenkungsklauseln, Pipelines und dem Ampersand ergänzt werden. Zum Beispiel kann das folgende Event,

```
% history
...
83  pr -n -o4 -l999 -t
```

beim erneuten Aufruf ergänzt werden:

```
!83 programm.c > /dev/lp          !83 programm.c | lpr -m
...                               ...
!83 programm.c > dateix &         ...
```

Dabei werden die erweiterten Aufrufe erneut in den Puffer eingetragen. Allerdings besteht bei den Events keine Möglichkeit der unmittelbaren Argument-Substitution. Eine vergleichbare Wirkung kann jedoch mit den Event-Modifikatoren erziehlt werden, was nachfolgend besprochen wird.

Befehlsfolgen und -gruppen werden in der ursprünglichen Form abgespeichert; bei asynchronen Aufrufen wird das Ampersand mitabgelegt. Umgekehrt können Events zu Folgen und Gruppen zusammengestellt werden. Zum Beispiel können mit den folgenden Events:

```
% history
...
86  date
87  ps
88  pwd
```

die folgenden Eventfolgen und -gruppen zusammengestellt werden:

```
% !88; !86; !87                   % (!87; !88; !86) &
pwd; date; ps                     ( ps; pwd; date ) &
...                               ...
```

die dann auch dementsprechend im Befehlspuffer abgelegt werden:

```
% history
...
87  ps
88  pwd
89  pwd; date; ps
90  ( ps; pwd; date ) &
```

Die Events stellen *Vektoren* dar, deren *Elemente* adressierbare, durch Leerzeichen getrennte Worte sind, die von links nach rechts, beginnend mit 0, durchnumeriert sind; wie zum Beispiel in:

```
93  pr   -n   -o4  -l999  -t   main.c   >   /dev/lp
    0     1    2     3     4   5        6   7
```

Die Elemente werden einzeln oder als Folgen nach dem folgenden Schema adressiert, wobei 'n' das jeweils letzte Element in einen Event darstellt:

0	Das erste Element;
k	Das k–te Element, k=0, 1, ... ;
k–m	Die Folge von Elementen k, ..., m;
–m	Die Folge von Elementen 0, ..., m;
k*	Die Folge von Elementen k, ..., n;
k–	Die Folge von Elementen k, ..., n–1;
*	Die Folge von Elementen 1, ..., n;
–	Die Folge von Elementen 1, ..., n–1;
$	Das letzte Element;
%	Das erste Element welches das '?<Suchmuster>?' enthält.

Einzelne Elemente oder Folgen von Elementen können unter Bezugnahme auf die Events nach dem folgenden Schema unmittelbar aus dem Befehlspuffer abgegriffen werden:

<Event>:<Elemente>
!! :<Position | Folge>
!:<Index> :<Position | Folge>
!<Suchmuster>? :<Position | Folge>
!?<Suchmuster>? :<Position | Folge>

wobei zuerst auf ein Event durch Index oder Suchmuster und dann auf die Elemente innerhalb des Events zugegriffen wird. Ein Doppelpunkt trennt die beiden Verweise. Zum Beispiel können dann hinsichtlich des oben gezeigten Events 93 die folgenden Abgriffe und Zuweisungen gemacht werden:

```
% echo !93:5                    % set his93_5=!93:5
echo main.c%                    echo $his93_5
main.c                          main.c

% echo !?main?:7                % echo !?main?:
% echo /dev/lp                  echo main.c
/dev/lp                         main.c
```

Folgen von Elementen können aus Events abgegriffen und mit Zusätzen erneut als Befehl aufgerufen werden:

```
% !93:-4 programm.cob > /dev/lp
pr -n -o4 -l999 -t programm.cob  > /dev/lp
```

```
% !?main?:–4 subroutine.for | lpr –m
pr –n –o4 –l999 –t subroutine.for | lpr –m
```

Geschweifte Klammern müssen jedoch benutzt werden, falls der Zusatz unmittelbar an das letzte Zeichen des Events angehängt werden soll:

```
% !{?/dev/lp/?}02
pr –n –o4 –l999 –t programm.cob > /dev/lp02
```

Teilfolgen aus verschiedenen Events können zu einer neuen Befehlszeile zusammengesetzt werden:

```
% !?sub?:–6 !?prog?:7* &
pr –n –o4 –l999 –t subroutine.for > /dev/lp &
```

Metazeichen, lexikalische Muster sowie Shell-Variable und zitierte Befehle werden ohne lexikalische Interpretation beziehungsweise Substitution im Befehlspuffer abgelegt:

```
% ls  *.c                 % echo $HOME             % set var=‘pwd‘
% history
 ...
103 ls  *.c
104 echo $HOME
105 set var=‘pwd‘
106 history
```

Bei ungeschützten Abgriffen und Zuweisungen ensteht dann eine Substitutionswirkung:

```
% set var=(!103)          % echo !104              % echo !?pw?
echo $var                 echo echo $HOME          echo set var=‘pwd‘
ls abba.c ... zappa.c     echo /Hubert/eigen       set var=/Hubert/arbeit
```

die nur durch umgebende Einzelzitate verhindert werden kann:

```
% set var='(!103)'        % echo '!104'            % echo '!?pw?'
echo $var                 echo 'echo $HOME'        echo 'set var=‘pwd‘'
ls *                      echo $HOME               set var=‘pwd‘
```

Doppelzitate wären hier wirkungslos. Die Substitutionswirkung des Ausrufungszeichens kann wiederum nur mit dem Backslash außer Kraft gesetzt werden:

```
% set var=\!103           % echo \!104             % echo '\!?pw?'
echo $var                 !104                     !?pwd?
!103                      %                        %
```

Elemente, die Syntaxelemente enthalten, müssen bei Abgriffen und Zuweisungen durch umgebende Einzel- oder Doppelzitate geschützt werden. Gegeben sei das fast triviale Event,

```
115 echo Hallo Freunde > /dev/tty
```

Der Unterschied ist offensichtlich:

```
% echo "!115:2*"
echo "Freunde >/dev/tty"
Freunde > /dev/tty
```

```
% echo !115:2*
echo Freunde > /dev/tty
Freunde
```

Beim Zugriff auf das jüngste Event kann bei Elementverweisen, die mit den Zeichen '$', '*', '%' oder '–' beginnen, ein Ausrufungszeichen weggelassen werden:

```
% echo !!:$
echo /dev/tty
/dev/tty
```

```
% echo !:$
echo /dev/tty
/dev/tty
```

Das aktuelle Event soll an dieser Stelle wieder aufgegriffen werden. Es stellt die sich gerade in der Eingabe befindliche Befehlszeile dar, wobei die bereits eingegebenen Elemente einzeln oder als Folgen abgegriffen werden können. Mit dem Dur-Zeichen '#' kann der bereits eingegebene Teil einer Befehlszeile selektiv erfaßt und rekursiv substituiert werden:

```
% echo Hallo Freunde guten Tag !#:3– !#:1–2
echo Hallo Freunde guten Tag guten Tag Hallo Freunde
Hallo Freunde guten Tag guten Tag Hallo Freunde
```

Die sich im Befehlspuffer befindlichen Events und deren Elemente können nach dem folgenden Schema modifiziert werden:

```
                  <Event>[:<Element> ... ]:<Modifikation>
----------------------------------------------------------
                   !![:<Position | Folge>]:<Modifikation>
            !<Index>[:<Position | Folge>]:<Modifikation>
      !<Suchmuster>?[:<Position | Folge> ]:<Modifikation>
     !?<Suchmuster>?[:<Position | Folge> ]:<Modifikation>
```

Das Resultat einer Modifikation kann erneut als Befehl aufgerufen, als Zeichenkette substituiert oder zugewiesen oder aber mit der Zusatzoption 'p' ohne Aufruf unmittelbar im Befehlspuffer abgelegt werden. Eine fehlgeschlagene Modifikation verursacht die Fehlermeldung "Modifier failed", und einen Exit-Kode von '1'. Fehlgeschlagene Modifikationen werden aber trotzdem im Befehlspuffer abgelegt.

Eine Modifikation besteht aus einer editierähnlichen Substitution nebst Zusatzoptionen nach den folgenden Schemata:

<Modifikation>: [[g]s/<Z1>/<Z2>/][:<Option>][:<Option> ...]
<Modifikation>: <Modifikator>][:<Modifikator> ...][:<Option> ...]

Die erste Form stellt eine Art des Editierens dar, wobei in einem Event beziehungsweise in dessen Elementen die Zeichenkette 'Z1' durch die Zeichenkette 'Z2' ersetzt wird. Dabei wird vorausgesetzt, daß 'Z1'echt in dem Element enthalten ist. Der abgrenzende Schrägstrich '/' kann durch ein anderes Zeichen ersetzt werden, das weder in 'Z1' noch in 'Z2' vorkommen darf. Sonderzeichen, der Schrägstrich oder der jeweilige Begrenzer sowie insbesondere das Ausrufungszeichen '!', müssen individuell mit dem Backslash geschützt werden, der sich hier übrigens auch selbst schützt.

Wird 'Z1' ausgelassen, wie in '... s//<Z2>/ ...', dann wird das 'Z1' der vorhergehenden Substitution oder die Zeichenkette des vorhergehenden Zugriffs mit '? ...' benutzt. Die Modifikation wird normalerweise nur an dem ersten mit 'Z1' gefundenen Element ausgeführt; mit der vorgestellten Option 'g' (global) wird sie auf alle Elemente ausgedehnt, die 'Z1' echt enthalten. Der Doppelpunkt trennt die nachgestellten Optionen.

In der zweiten Form werden die im Abschnitt 7.3.2.4 behandelten lexikalischen Modifikatoren benutzt.

Die folgenden Optionen stehen zur Verfügung:

& Identische Wiederholung der vorhergehenden Substitution.

q (quote) Schützt die Elemente gegen Substitutionen.

x (expand and quote) Neben der Wirkung von 'q' werden Zeichenketten gemäß Worttrennung in Elemente zerlegt.

p (print) das Resultat der Modifikation wird ohne Aufruf zurückgespiegelt und im Befehlspuffer abgelegt.

Die folgenden Beispiele mögen das Quasi-Editieren von Events veranschaulichen. Eingegeben sei die Befehlszeile:

```
% echo aa bb cc !#:1-
echo aa bb cc aa bb cc
```

und als jüngstes Event im Befehlspuffer abgelegt:

```
124 echo aa bb cc aa bb cc
```

Gelungene Modifikationen werden dann unmittelbar als Befehl ausgeführt.

In den folgenden Befehlszeilen ist die Reihenfolge der Event-Abgriffe zu beachten:

```
% !!:s/aa/AA/
echo AA bb cc aa bb cc
AA bb cc aa bb cc

% !?aa?:s//QQ/
echo QQ bb aa bb
QQ bb aa bb

% !!:q
echo QQ bb QQ bb
QQ bb QQ bb
```

```
% !124:gs/cc//
echo aa bb aa bb
aa bb aa bb

% !!:&
echo QQ bb QQ bb
QQ bb QQ bb

%!!:&
Modifier failed.
```

Mit der vorletzten Modifikation wurde das Event schließlich mit der Option 'q' gegen weitere Modifikation geschützt, so daß die letzte Modifikation in einem Fehlerzustand endete, ohne daß das Event ausgeführt wurde.

Für das jüngste Event steht eine Kurzform der Substitution zur Verfügung, wobei das Caret '^' benutzt werden muß,

```
% ^Z1^Z2^[:<Option>][:<Option> ... ]
```

was der Substitution entspricht:

```
% !:s/Z1/Z2/[:<Option>][:<Option> ... ]
```

Als Fortsetzung des obigen Beispiels ergibt sich dann:

```
% ^bb^BB^
echo QQ BB QQ bb
QQ BB QQ bb
```

```
% ^^WW^
echo QQ BB QQ WW
QQ BB QQ WW
```

Mit der Option 'p' kann ein Event modifiziert und ohne Ausführung erneut in dem Befehlspuffer eingetragen werden:

```
% !124:s/bb//:p
echo aa cc aa bb cc
```

```
% !!:s/aa/AA/:&:p
echo AA bb cc AA bb cc
```

wobei der letzte Abgriff auch die Substitutionswiederholung mit '&' zeigt.

Befehlszeilen können ohne Ausführung direkt im Puffer abgelegt werden:

```
% !#:p echo aa 'bb cc' "dd ee"
echo aa 'bb cc' "dd ee"
```

um später abgerufen zu werden:

```
% !! echo aa 'bb cc' "dd ee"
echo aa bb cc dd ee
```

Der jüngste Teil des Befehlspuffers enthält dann:

```
% history
...
145 echo aa 'bb cc' "dd ee"
146 echo aa 'bb cc' "dd ee"
147 history
```

wobei die in den Elementen 2 und 3 enthaltenen Leerzeichen durch die umgebenden Einzel- und Doppelzitate geschützt sind:

```
% echo !146:2
echo 'bb cc'
bb cc
```

```
% echo !146:3
echo "dd ee"
dd ee
```

Mit der Option 'x' können die umgebenden Zitate aufgebrochen werden:

```
% !146:x
echo aa 'bb cc' "dd ee"
echo aa bb cc dd ee
```

wobei eine erweiterte Elementfolge entsteht:

```
% echo !!:2
echo 'bb
'bb
```

```
% echo !-2:$
echo ee"
"ee
```

Verweise können in einem Event mit den lexikalischen Modifikatoren editiert werden (Abschnitt 7.3.2.4). Gegeben sei das Event:

```
157 echo /aa/bb/cc/xxx.yyy
```

Dann ergeben die vier Modifikatoren:

```
% echo !157:1:h
echo /aa/bb/cc
/aa/bb/cc
```

```
% echo !157:1:t
echo xxx.yyy
xxx.yyy
```

```
% echo !157:1:e
echo yyy
yyy
```

```
% echo !157:1:r
echo /aa/bb/cc/xxx
/aa/bb/cc/xxx
```

Allerdings kann dabei weder die Globaloption 'g' noch eine Substitutionswiederholung mit '&' angewendet werden.

Mit der lokalen Standardvarablen '$histchars' können der mit dem Ausrufungszeichen '!' vorbelegte Substitutionseffektor des Befehlspuffers sowie das Caret '^' in der Kurzform von Substitionen durch andere Zeichen ersetzt werden:

```
set histchars=<z1><z2>                 %set histchars=.,
```

wie zum Beispiel mit dem Punkt '.' anstelle des '!', und dem Komma anstelle des *caret*,

```
% .ec                                  % ,aa,AA,
echo aa bb cc                          echo AA bb cc
aa bb cc                               AA bb cc
```

Im allgemeinen würde man bei intensiver interaktiver Arbeit jene Zeichen wählen, die einerseits auf der gegebenen Tastatur bequem zur erreichen sind und andererseits selten genug gebraucht werden.

Durch Setzen der lokalen Standardvariablen '$savehist',

```
% set savehist=20                      % set savehist=$history
```

wird eine vorgegebene Anzahl von jüngsten Events beziehungsweise der gesamte Pufferinhalt beim Ausloggen in der Textdatei '$HOME/.history' abgelegt. Der Befehlspuffer wird dann automatisch beim nächsten Einloggen teilweise beziehungsweise ganz wiederhergestellt. Die Standardvariablen '$savehist' und '$histchars' werden zumeist in der Einlog-Steuerdatei '$HOME/.login' beziehungsweise in der Aufruf-Steuerdatei '$HOME/.cshrc' angelegt.

Der Befehlspuffer kann durch Umlenkung der Normalausgabe von **history(csh)** in einer Befehlsdatei abgelegt werden:

```
% history [–hr] [n] > <Befehlsdatei>
```

Bei jüngeren Versionen der C-Shell kann mit der Option 'h' die Ausgabe der Event-Indexe abgestellt und mit 'r' die Reihenfolge der Events umgekehrt werden. Mit 'n' kann die Anzahl festgelegt werden, wobei immer von dem jüngsten Event ausgegangen wird.

Mit der Anweisung **source(sh)** kann der Inhalt einer Befehlsdatei ohne Ausführung unmittelbar auf den Befehlspuffer übertragen werden:

```
% source -h <Befehlsdatei>
```

wobei allerdings die Option 'h' zur Verfügung stehen muß.

7.5 E/A-Umlenkung

In der einfachen Umlenkung der Normaleingabe und -ausgabe unterscheidet sich die C-Shell nicht von der BOURNE-Shell (Abschnitt 5.4). Der grundsätzliche Unterschied liegt jedoch darin, daß die Datenströme nicht mit numerischen Bezeichnern assoziiert werden können. Die Standard-Datenströme werden durch die Umlenkungssymbole selbst bezeichnet; eine erweiterte E/A-Steuerung steht in der C-Shell nicht zur Verfügung.

In den grundlegenden Formen der Umlenkung,

```
<Befehl> [<Argumente>]  < <Eingabedatei>
<Befehl> [<Argumente>]  > <Ausgabedatei>
<Befehl> [<Argumente>]  >> <Ausgabedatei>
```

bezieht sich das Symbol '<' immer auf die Normaleingabe, und die beiden Symbole '>' und '>>' immer auf die Normalausgabe, wobei letzteres bewirkt, daß die Normalausgabe an den bereits bestehenden Inhalt der Auffangdatei angehängt wird, anstelle diesen zu überschreiben. Umlenkung der Ein- und Ausgabe kann in einer Befehlszeile kombiniert werden:

```
<Befehl> [<Argumente>]  < <Eingabedatei> > <Ausgabedatei>
```

Neue Dateien werden auf jeden Fall durch Umlenkung mit '>' angelegt, selbst wenn der Befehl abnormal terminiert:

```
% unsinn > datei1                    % ls datei1
unsinn: Command not found.           datei1
```

Durch Setzen der Optionsvariablen '$noclobber' werden zwei sich logisch ergänzende Schutzwirkungen in Kraft gesetzt:,

```
% set noclobber
```

- Bereits existierende Dateien werden gegen Überschreiben durch '>', nicht aber gegen Anhängen durch '>>' geschützt.
- Neue Dateien werden nur durch '>', nicht aber durch '>>' angelegt.

Mit '$noclobber' ergibt sich zum Beispiel:

```
% ps -ef  > datei1                   % ps -ef  > > datei2
datei1: File exists.                 datei2: No such file ...
```

Der Dateischutz kann selektiv außer Kraft gesetzt werden:

```
% ps -ef >!  datei1                  % ps -ef >>!  datei2
```

wobei das Ausrufungszeichen von mindestens einem Trennzeichen gefolgt werden muß, da sonst eine Substitutionswirkung aus dem Befehlspuffer entsteht. Der Dateischutz wird durch Löschen der Optionsvariablen wieder abgestellt:

```
% unset noclobber
```

Im Gegensatz zur BOURNE-Shell kann in der C-Shell die Fehlerausgabe nicht getrennt von der Normalausgabe umgelenkt werden; sie kann jedoch mit dieser zusammengelegt werden:

```
<Befehl> [<Argumente>]  >&  <Ausgabedatei>
<Befehl> [<Argumente>]  >>&  <Ausgabedatei>
```

wobei das Ampersand den Umlenkungssymbolen unmittelbar folgen muß. Soll dazu noch der Dateischutz außer Kraft gesetzt werden, so muß das Ausrufungszeichen dem Ampersand unmittelbar folgen und selbst von einem Leerzeichen gefolgt werden:

```
% ls unsinn.x  *.c   >&!  liste
```

```
% cat liste
unsinn.x not found
abba.c babba.c ... zappa.c
```

Getrennte Umlenkung kann jedoch durch Gruppierung erzwungen werden:

```
% ( ls unsinn.x *.c > liste )  >&  fehler
```

mit dem Resultat:

```
% cat liste
abba.c babba.c ... zappa.c
```

```
% cat fehler
unsinn.x not found
```

was sich durch Verschachtelung auch auf Befehlsgruppen erweitern läßt.

Bei Befehlsgruppen können die Umlenkungsklauseln sowohl befehlsbezogen innerhalb als auch gruppenbezogen außerhalb der Rundklammern gesetzt werden, wobei die ersteren Vorrang über die letzteren haben. Eine typische Anwendung ist das Bündeln der Normalausgabe mehrerer Befehle, wie zum Beispiel bei der Echtzeit-Ausgabe von Gerätesteuerzeichen:

```
% ( \bin\echo "\012\0nn...\c"; \bin\echo "\n\t'date'\n\n"\;\[RET]
cat datei; ... \; echo "\012\0kk...\c"; ...; ) > /dev/lp
```

wobei übrigens die binäre Version echo(1) zur Interpretation der oktalkodierten Steuerzeichen benutzt werden muß.

Bei interaktiven Befehlen, Anweisungen und Programmen wird die Normaleingabe mit der aktuellen Belegung von *eof* — also normalerweise CTL_D — terminiert, was dem Dateiende EOF entspricht. Im interaktiven Gebrauch sowie hauptsächlich in Shell-Skripten kann ein mitfließender Eingabestrom (instream data) durch einen Delimiter begrenzt werden (Abschnitt 5.4.2). Das für die C-Shell gültige Schema ist:

```
<Befehl> <<[\][Delimiter][LF]
 ...
 ...                                        (Eingabedaten)
 ...
[\][Delimiter][LF]
```

wobei beide Instanzen des Delimiters unmittelbar vom Zeilenvorschub gefolgt werden müssen. Der abschließende Delimiter muß dazu noch genau am Anfang der letzten Zeile stehen. Ohne den optionalen Backslash in der Befehlszeile erfolgt Substitution aus Shell-Variablen und zitierten Befehlen in den Eingabezeilen, was durch umgebende Einzelzitate oder mit dem Backslash individuell verhindert werden kann. Substitution aus dem Befehlspuffer findet jedoch nicht statt, so daß das Ausrufungszeichen nicht geschützt werden muß. Der Delimiter selbst darf nicht ungeschützt am Anfang einer Eingabezeile vorkommen.

Die Substitutionswirkung von Shell-Variablen und zitierten Befehlen kann jedoch außer Kraft gesetzt werden, indem der Delimiter in der Befehlszeile mit dem Backslash oder durch umgebende Einzel- oder Doppelzitate gekennzeichnet wird. Allerdings muß der abschließende Delimiter dann eine identische Form haben.

Im Gegensatz zur BOURNE-Shell kann in der C-Shell der Delimiter nicht aus Variablen oder zitierten Befehlen dynamisch substituiert werden. Innerhalb von Befehlsgruppen sind mitfließende Daten unzulässig.

7.6 Shell-Pipelines

Das im Abschnitt 5.5.1 vorgestellte Konzept der Shell-Pipeline überträgt sich in seiner Grundform unverändert auf die C-Shell:

```
<Befehl1> [<Argumente1>]  | <Befehl2> [<Argumente2>] ... [&]
```

womit die Normalausgabe des ersten Befehls in die Normaleingabe des zweiten eingespeist wird. Die Fehlerausgaben können nicht lokal umgelenkt werden und bleiben normalerweise an das Terminal gebunden.

Mit einem dem Pipe-Symbol '|' unmittelbar folgenden Ampersand kann die Fehlerausgabe des einspeisenden Befehls jedoch mit dessen Normalausgabe zusammengelegt werden:

```
<Befehl> [<Argumente>]  |& <Befehl> [<Argumente>] ... [&]
```

In dem folgenden Beispiel wird die Ausgabe von ls(1) nach Dateigröße mit sort(1) sortiert:

```
% ls -l *.c unsinn |& sort +3 -4
unsinn not found
-rwxr-xr-x 1 Hubert     10  ... abba.c
-rwxr-xr-x 1 Hubert    100  ... babba.c
...
-rwxr-xr-x 1 Hubert   1000  ... zappa.c
```

wobei die Fehlermeldung jedoch miteingespeist wurde. In solchen und ähnlichen Fällen kann durch Gruppierung mit Rundklammern eine getrennte Umlenkung der Fehlerausgabe in eine Auffangdatei erzwungen werden:

```
% (ls -l *.c unsinn | sort +3 -4 >/dev/tty ) >& fehler
-rwxr-xr-x 1 Hubert     10  ... abba.c
...
-rwxr-xr-x 1 Hubert   1000  ... zappa.c

% cat fehler
unsinn not found
```

wobei allerdings auch die Normalausgabe des letzten Befehls in der Pipeline umgelenkt werden muß; in diesem Falle zum Gerätekanal des virtuellen Terminals (Abschnitt 3.5.3.4). Die Umlenkungen können natürlich auch im umgekehrten Sinn erfolgen:

```
% (ls -l *.c unsinn | sort +3 -4  > liste) >& /dev/tty
unsinn not found
```

```
% cat liste
-rwxr-xr-x 1 Hubert     10  ... abba.c
 ...
-rwxr-xr-x 1 Hubert   1000  ... zappa.c
```

Durch Gruppierung kann die Normalausgabe von mehreren Befehlen gebündelt in eine Pipeline eingespeist werden:

```
% ( \bin\echo "\012\0nn...\c"; \bin\echo "\n\t'date'\n\n";\[RET]
cat datei; ... \; echo "\012\0kk...\c"; ...; ) | lpr -m ...
```

Erweiterung der zitierten Befehlsausführung

Auch in der C-Shell wird mit den zitierten Aufrufen,

```
set <Variable>=('<Befehl> [<Argumente>]')
setenv <VARIABLE> "'<Befehl> [<Argumente>]'"
```

lediglich die Normalausgabe in den Auffangvariablen abgelegt; die Fehlerausgabe bleibt normalerweise an das Terminal gebunden. Ein Zusammenlegen der beiden Datenströme ist bei der Zuweisung nicht möglich:

```
% set liste=('ls *.c  unsinn')          % echo $liste
unsinn not found                        abba.c babba.c ... zappa.c
```

Durch eine Pseudo-Pipeline können die beiden Datenströme jedoch innerhalb der Ausführungszitate zusammengelegt und somit gemeinsam einer Variablen zugewiesen werden:

```
% set liste=('ls *.c unsinn |& cat')    % echo $liste
unsinn not found                        abba.c babba.c ... zappa.c
```

Eine noch größere Verrenkung ist notwendig, um lediglich die Fehlerausgabe in einer Variablen aufzufangen:

```
% set fehler=('(ls *.c unsinn > /dev/tty)  |& cat')
abba.c babba.c ... zappa.c

% echo $fehler
unsinn not found
```

7.7 Grundlagen der Shell-Programmierung

Die eigentliche Programmiersprache der C-Shell ist im wesentlichen der Programmiersprache C entlehnt, was schon durch den Namen angedeutet wird. Sie stützt sich sowohl auf die erweiterten Eigenschaften der Shell-Variablen als auch auf einen Vorrat von Instruktionen und Operatoren, deren Syntax weitgehend dem C ähnelt. Die Programmiersprache der Shell kann interaktiv benutzt werden:

```
% foreach i (*.c)
? echo "Zweitkopie von $i ist ${i}.dup"
? cp $i ${i}.dup ?
end

Zweitkopie von abba.c ist abba.c.dup
Zweitkopie von babba.c ist abba.c.dup
 ...
```

wobei die Shell mit dem Fragezeichen bis zur vollständigen Eingabe des Ablaufkonstruktes auffordert.

Die Programmiersprache wird jedoch zumeist in Shell-Skripten benutzt, da auch in der C-Shell die Dialog-Programmierung mühsam und fehleranfällig ist. Interaktiv eingegebene Programme können auch hier weder erneut aufgerufen noch abgespeichert oder korrigiert werden.

Shell-Skripte, die Elemente der eigentlichen Programmiersyntax der C-Shell enthalten, können nicht in der BOURNE-Shell ausgeführt werden und umgekehrt. Ausgenommen davon sind lediglich Befehlsdateien mit einfachen Befehlsausdrücken, die nicht über die gemeinsame Befehlssyntax der beiden Shells hinausgehen (Abschnitt 5.2.7).

7.7.1 Shell-Skripte

Shell-Skripte müssen als reguläre Textdateien angelegt werden (Abschnitt 3.5.1.1), wozu einer der UNIX-Editoren ed(1) und ex(1)/vi(1) oder jeder andere ASCII-Texteditor benutzt werden kann.

Auch in der C-Shell gilt, daß Shell-Skripte, die als Befehle aufgerufen werden sollen, zuvor mit **chmod(1)** ausführbar gemacht werden müssen:

```
% chmod +x <Skript> ...
```

Shell-Skripte, die in der C-Shell als Befehle aufgerufen werden, laufen normalerweise in einer Instanz der BOURNE-Shell ab. Skripte, die nur für die C-Shell programmiert sind und nur in ihr ablaufen sollen, müssen mit einem Dur-Zeichen in der ersten Position der ersten Zeile gekennzeichnet sein:

```
% cat c_skript
# erzwingt Ausführung in der C-Shell
glob C-Shell || echo "Nicht in der C-Shell" && exit 9 ...
```

wobei die zweite Zeile eine zusätzliche Absicherung gegen einen versehentlichen Aufruf in der BOURNE-Shell darstellt. Anstelle von glob(csh) könnte auch eine andere, exklusiv der C-Shell angehörende Anweisung benutzt werden.

Shell-Skripte können zur *unmittelbaren Interpretation* und Ausführung in eine C-Subshell eingegeben werden:

```
% csh [<Shell-Optionen>] \[RET]
        <C-Skript> [<Skript-Argumente>] [<E/A-Umlenkung>] [&]
```

Die optionale E/A-Umlenkung bezieht sich global auf die ausführende Subshell und alle darin ablaufenden Skript-Befehle. Sie kann jedoch innerhalb des Skriptes durch lokale Umlenkung außer Kraft gesetzt werden. Mit dem optionalen Ampersand wird die Subshell und der von ihr ausgehende Prozeßbaum zur asynchronen Ausführung freigesetzt.

Die am häufigsten benutzten Shell-Optionen für die unmittelbare Interpretation und Ausführung durch die C-Shell sind:

- e Die Subshell termiert sobald ein von Null verschiedener Exit-Kode auftritt.
- f Die Aufruf-Steuerdatei '.cshrc' wird nicht ausgeführt.
- n Das Skript wird lediglich interpretiert, ohne daß eine Ausführung erfolgt, wobei der Quelltext und eventuelle Fehlermeldungen über die Fehlerausgabe ausgegeben werden. Diese Option wird zumeist zum Testen und Entfehlern benutzt.
- v
x Der ablaufende Skripttext wird ohne (v) beziehungsweise mit (x) symbolischer Substitution vor der eigentlichen Ausführung über die Fehlerausgabe ausgegeben.

Eine Zusammenfassung der Shell-Optionen wird im Abschnitt 7.9 gegeben. Die aktuellen Optionen für die jeweilige Version der C-Shell sind unter csh(1) im Benutzer-Handbuch aufgeführt.

7.7.1.1 Das Testen von Shell-Skripten

Mit der Optionskombination 'nv' können Shell-Skripte ohne Ausführung getestet werden:

```
% csh –nv <Skript> [<Argumente>] >& <Listdatei> [&]
```

wobei die Fehlerausgabe mit der Normalausgabe zusammengelegt und in einer Listdatei aufgefangen wird. Die Interpretation wird beim ersten Syntaxfehler abgebrochen; potentielle Ausführungsfehler können bei der Interpretation jedoch nicht erkannt werden.

Ablauftests können mit der Option 'x' durchgeführt werden, wobei der interpretierte Quellkode nach symbolischen Substitutionen, aber noch vor der eigentlichen Ausführung über die Fehlerausgabe ausgegeben wird:

```
% csh –x[f] <Skript> [<Argumente>] >& <Gesamtausgabedatei> [&]
% (csh –x[f] <Skript>[<Argumente>] > <Ausgabedatei>) >& <Listdatei> [&]
```

In der ersten Form wird die Fehlerausgabe mit der Normalausgabe zusammengelegt; in der zweiten werden die beiden Datenströme getrennt umgelenkt. Mit der Option 'f' wird die Ausführung der Aufruf-Steuerdatei '.cshrc' unterbunden.

Innerhalb eines Skriptes können einzelne Abschnitte durch Setzen von Optionsvariablen fortschreitend überprüft werden, wobei mit den Anweisungen **set(csh)** und **unset(csh)** die einzelnen Optionen oder Optionskombinationen angestellt beziehungsweise abgestellt werden können. Die Ausgabe des interpretierten Quellkodes und der Fehlermeldungen erfolgt dabei ebenfalls über die Fehlerausgabe:

```
unset echo      # Prüfung abstellen für bereits
 ...            # ablauffähige Abschnitte
 ...
set echo        # Prüfung anstellen für
 ...            # den kritischen Abschnitt
 ...
unset echo      # Prüfung wieder abstellen für
 ...            # die restlichen Abschnitte
 ...
```

7.7.1.2 Ausführung in der aktuellen Shell

Mit der Anweisung **source(csh)** können Shell-Skripte in der aktuellen Shell ausgeführt werden, wobei alle lokalen Shell-Variablen und Aliase sowie der aktuelle Befehlspuffer dem Skript zur Verfügung stehen, und alle innerhalb des Skriptes angelegten oder modifizierten lokalen Variablen und Aliase beim Exit von der aktuellen Shell übernommen werden:

```
% source <Skript>
```

Argumente können bei dieser Form des Aufrufs nicht eingegeben werden, und nachgestellte E/A-Umlenkungsklauseln sind wirkungslos. Ein Ampersand wäre hier sinnlos, da das Skript dann doch in einer Subshell ausgeführt werden würde.

7.7.2 Argument- und Skriptvariable

Shell-Skripte können als Befehle mit einer fast beliebigen Anzahl von nachgestellten Argumenten aufgerufen werden, die nur durch die maximale Zeilenlänge begrenzt ist:

```
% <Skript> <Argument1> <Argument2> ...
```

wobei die Argumente durch die Standardtrennzeichen getrennt werden. Die Argumente werden von der Shell als *symbolische Konstante* behandelt und sind daher den lexikalischen Anwendungs- und Schutzregeln unterworfen (Abschnitte 5.11 und 7.1).

Innerhalb eines Shell-Skriptes stehen die folgenden Argumentvariablen als lokale Variable zur Verfügung:

$argv Die Argumentliste als Vektorvariable;
$* Kurzform derselben.

$#argv Die Anzahl der Argumentwerte;

$0 Der jeweilige Verweis unter dem das Skript aufgerufen wurde.

$argv[k] Der k-te Argumentwert als k-tes Element des Argumentvektors, k=1, ..., $#argv.

$1, $2, ... Die durchnumerierten latenten Variablen.

Die numerierten Variablen '$1, $2, ... ' überdecken sich mit den vorhandenen Elementen von '$argv' bis zu dessen Rang und bleiben darüber hinaus leer. Während beim Abgriff der nichtbelegten Elemente von '$argv' ein Fehlerzustand mit Exit-Kode auf '1' entsteht, erfolgt bei den numerierten Variablen lediglich eine Leersubstitution mit Exit-Kode '0'.

Die Argumentvariable '$argv' besitzt alle Eigenschaften einer lokalen Variablen und kann entsprechend manipuliert werden. Insbesondere können ihre Elemente mit dem Selektorschema (Abschnitt 7.3.2) abgegriffen und mit lexikalischen Modifikatoren (Abschnitt 7.3.2.4) verändert werden.

Der Geltungsbereich von '$argv' und der assoziierten latenten Variablen ist auf die ausführende Subshell beschränkt; insbesondere gehen die jeweiligen Werte bei deren Exit unwiderruflich verloren. Mit der Anweisung **setenv(csh)** kann die Argumentliste jedoch ganz oder teilweise in das von der ausführenden Subshell ausgehende Environment übertragen werden, um als Environmentvariable den in nachfolgenden Subshells ablaufenden Befehlen und verschachtelten Shell-Skripten zur Verfügung zu stehen:

```
% setenv ARGV "$argv"
% setenv ARGV1_4 "$argv[1-4]"
```

wobei die Doppelzitate sicherstellen, daß nur skalare Werte zugewiesen werden.

Der gesamte Argumentvektor sowie Elementfolgen und einzelne Elemente können unmittelbar als Argumente in Befehlszeilen innerhalb des Skriptes gesetzt werden:

```
<Befehl> $argv
<Befehl> $argv[1-4]
<Befehl> $argv[1] $argv[2] ...
```

wobei jedoch die Interpretation von Argumenten in Befehlszeilen in Betracht zu ziehen ist. Auf diese Weise können insbesondere die ursprünglichen Argumentwerte unverändert über verschachtelte Skriptaufrufe hinweg einfach "durchgereicht" werden.

Mit der Anweisung **shift(csh)** kann die Folge der Argumentwerte um eine Position nach links verschoben werden, wobei der jeweils erste Argumentwert verloren geht und der Rang von '$argv' um Eins verringert wird. Bei fortgesetzten "Shiften" entsteht ab Rang 0 ein Fehlerzustand mit Exit-Kode '1'. Die beiden folgenden Aufrufsformen sind äquivalent:

```
shift                                    shift argv
```

Die C-Shell stellt keine Vorbelegungsfunktionen für Argumentvariable zur Verfügung; anstelle dessen kann die Kurzform des 'if'-Konstruktes (Abschnitt 7.7.5.2) zusammen mit einem Existenztest zur bedingten Vorbelegung benutzt werden:

```
if( ! $?argv ) set argv=(<Wert1> ... )
```

Die jeweilige Argumentliste kann ganz oder teilweise ersetzt werden:

```
set argv=(<Wert1> <Wert2> ...)
set argv[k]=<Wert>wobei k=1, 2, ...., $#argv
```

Mit der Anweisung **unset(csh)** kann die gesamte Argumentliste gelöscht werden:

```
unset argv
```

wobei die durchnumerierten latenten Variablen leer weiterbestehen.

Mit zwei Abweichungen gelten die bereits im Abschnitt 6.7.2.1 für die BOURNE-Shell beschriebenen Regeln für die Interpretation von Argumenten in Befehlszeilen mit denen Shell-Skripte aufgerufen werden. Erstens wird in der C-Shell die Wirkung des Backslash von umgebenden Doppelzitaten weitgehend aufgehoben; insbesondere kann mit dem Backslash die Substitutionswirkung von Shell-Variablen und zitierten Befehlen innerhalb von Doppelzitaten nicht außer Kraft gesetzt werden. Zweitens kann der Substitutionseffektor des Befehlspuffers — normalerweise das Ausrufungszeichen (!) — nur mit dem Backslash geschützt werden, was sowohl innerhalb als auch außerhalb von umgebenden Einzel- und Doppelzitaten gilt.

Benutzervariable können als Skriptvariable innerhalb eines Shell-Skripts nach Bedarf sowohl als *lokale Variable* mit **set(csh)** als auch als *Environmentvariable* mit **setenv(csh)** angelegt, und mit **unset(csh)** beziehungsweise **unsetenv(csh)** gelöscht werden. Bei Namensgleichheit mit den "ererbten" Environmentvariablen haben die innerhalb des Skriptes definierten Variablen Vorrang. Environmentvariable sollten auch in Shell-Skripten durch Großbuchstaben gekennzeichnet werden. Die innerhalb eines Skriptes definierten lokalen Variablen und Environmentvariablen können mit der Anweisung set(csh) beziehungsweise mit dem Befehl env(1) durch Aufruf ohne jegliche Argumente aufgelistet werden.

7.7.3 Die Auswertung von Ausdrücken und Bedingungen

Die im Abschnitt 6.7.3 beschriebenen Auswertungsmöglichkeiten mit dem Befehl **expr(1)** können auf die C-Shell übertragen werden, wobei jedoch die invertierte logische Bedeutung des Exit-Kodes sowie die Besonderheiten der Shell-Variablen in Betracht gezogen werden müssen. Die Resultate einer Auswertung mit *expr* können lokalen Variablen und Environmentvariablen durch zitierten Aufruf zugewiesen werden:

```
set <Variable>=( 'expr <Ausdruck>' )
set <Variable>=" 'expr <Ausdruck>' "
set <Variable>[k]=" 'expr <Ausdruck>' "

setenv <VARIABLE>=" 'expr <Ausdruck>' "
```

wobei mit Doppelzitaten eine skalare Zuweisung erzwungen wird. expr(1) wird in der C-Shell zumeist nur für jene lexikalischen Auswertungen und Manipulationen verwendet, die mit den integrierten Operatoren nicht ausgeführt werden können.

Im Gegensatz zur BOURNE-Shell, wo zur Auswertung eben eigens expr(1) als Befehl aufgerufen werden muß, stellt die C-Shell einen vollständigen Satz von integrierten Operatoren zur Auswertung der folgenden Arten von Ausdrücken und Bedingungen zur Verfügung:

- Arithmetische und bit-bezogene Ausdrücke.
- Logische (Bool'sche) Ausdrücke und Bedingungen.
- Relationale (vergleichende) Ausdrücke und Bedingungen.
- Status- und Existenzprüfungen.
- Befehlsauswertung.

Die Interpretation und Auswertung von Ausdrücken (expressions) erfolgt unmittelbar innerhalb der Shell und ist entsprechend schnell und effizient. Die Ausdrücke können als Argumente in den Instruktionen 'if' und 'while' der bedingten Ablaufsteuerung benutzt werden, was im Abschnitt 7.7.5.2 weitergeführt wird.

Ausdrücke setzen sich generell aus *Operatoren, Operanden und Begrenzern* (delimiters) zusammen, die ihrerseits durch *Standardtrennzeichen* voneinander getrennt werden müssen. Ebenso wie die Programmiersprache C unterstützt die C-Shell keine unmittelbare Auswertung von Vektorvariablen: Die Operationen sind auf *skalare Werte* beschränkt, die als symbolische Konstante gesetzt oder aus Variablen und zitierten Befehlen sowie aus dem Befehlspuffer substituiert werden können.

Das *Vorrangs- und Verknüpfungsschema* der Operatoren ist identisch der C-Sprache entlehnt. Eine verbindliche Beschreibung ist unter dem Eintrag "C Language" im Leitfaden für Programmierer zu finden. Eine sehr originäre und pragmatische Einführung in die Programmiersprache wird von KERNIGHAN and RITCHIE (1978 et seq.) gegeben.

Die nachfolgende Tabelle 7.1 listet die Operatoren nach absteigenden Vorrang (descending precedence, priority) auf. Bei gleichrangigen Operatoren wird die Reihenfolge der Auswertung durch links- oder rechtsseitige Verknüpfung (oder Assoziation) bestimmt, was in den nachfolgenden Abschnitten weitergeführt wird. Alle in der Tabelle aufgeführten Operatoren sind auf skalare Operanden mit einen ganzzahligen Wertbereich beziehungsweise eine Wortgröße von 32 Bits beschränkt.

<table>
<tr><th>Operator</th><th>Bedeutung</th></tr>
<tr><td>(...)</td><td>Rundklammern zum Begrenzen von Ausdrücken;</td></tr>
<tr><td>~</td><td>Bit-bezogenes Einserkomplement;</td></tr>
<tr><td>-</td><td>arithmetische Zeichenumkehrung;</td></tr>
<tr><td>++</td><td>Unmittelbar (postfix) nachfolgendes Hochzählen,</td></tr>
<tr><td>—</td><td>und Herabzählen um Eins;</td></tr>
<tr><td>!</td><td>Logische Negation (NOT);</td></tr>
<tr><td>* / %</td><td>Multiplikation, Division und Divisionsrest (residue);</td></tr>
<tr><td>+ -</td><td>Addition und Subtraktion;</td></tr>
<tr><td><< >></td><td>Links- und rechtsseitige Bit-Verschiebung (bit shift);</td></tr>
<tr><td>< > <= >=</td><td>Rein arithmetische Vergleiche;</td></tr>
<tr><td>== !=</td><td>Allgemeine Gleichheit und Ungleichheit;</td></tr>
<tr><td>=~ !~</td><td>Rein lexikalische Vergleiche;</td></tr>
<tr><td>&</td><td>Bit-bezogenes AND;</td></tr>
<tr><td>|</td><td>Bit-bezogenes OR;</td></tr>
<tr><td>^</td><td>Bit-bezogenes XOR;</td></tr>
<tr><td>&&</td><td>Logisches AND;</td></tr>
<tr><td>| |</td><td>Logisches OR;</td></tr>
<tr><td>*= /= %=</td><td>Multiplikative dyadische Zuweisungsoperatoren;</td></tr>
<tr><td>+= -=</td><td>Additive dyadische Zuweisungsoperatoren;</td></tr>
</table>

Tabelle 7.1: Integrierte Auswertungsoperatoren der C-Shell

Das Resultat einer Auswertung kann mit der Anweisung @(csh) unmittelbar einer lokalen Variablen oder einem Element zugewiesen werden:

```
@ <Variable> = <Ausdruck>
@ <Variable>[k] = <Ausdruck>
```

wobei das Zeichen '@' in der ersten Position gesetzt und von mindenstens einen Leerzeichen gefolgt werden muß. Ohne die nachgestellte Zuweisung listet '@' lediglich die lokalen Variablen auf. [2]

2. Das 'at'-Zeichen, auch als "Klammeraffe" bekannt, substituiert die englische Präposition 'at', wie bei @ $ 5.00 in Preisschildern.

7.7.3.1 Arithmetische und bit-bezogene Auswertung

Alle arithmetischen und bit-bezogenen Operationen sind auf ganzzahlige Werte beschränkt und erzeugen nur solche Werte. Die Werte können als rein numerische Zeichenketten zusammen mit den Vorzeichen '+' und '–' unmittelbar als Konstante gesetzt oder aus skalaren Variablen oder Elementen von Vektorvariablen substituiert werden. Die Shell unterstützt keine Vektoroperationen.

Die einfachsten und grundlegenden arithmetischen Ausdrücke sind nichtzitierte numerische Konstante und Variable:

```
<Ausdruck>: <Wert>
<Ausdruck>: $<Variable>
<Ausdruck>: $<Variable>[k]
```

wobei Leerzeichen, leere Zeichenketten und Variable als Nullwert (0) interpretiert werden. Alle anderen arithmetischen und bit-bezogenen Ausdrücke bauen sich mit unären und binären Operatoren rekursiv darauf auf.

Das Ausdrucksschema für die unären Operationen ist:

```
<Ausdruck>: <uop> <Ausdruck>
<uop>: ~    (tilde) Bit-bezogenes Einserkomplement ;
       –    Arithmetische Zeichenumkehrung;
```

Als erste Beispiele wären zu betrachten:

```
% @ x = ~ 1          % @ y = ~ $x          % @ z = – $x
% echo $x            % echo $y             % @ echo $z
–2                   1                     –1
```

Hinsichtlich des Einserkomplements gilt also: x + ~ x = –1

Das Ausdrucksschema für die binären Operationen ist:

```
<Ausdruck>: <Ausdruck> <bop> <Ausdruck>
<bop>: *  /  % Multiplikative Aritmetik;
       +  –    Additive Arithmetik;
```

Mit Rundklammern kann die Reihenfolge der Auswertung bestimmt werden:

```
% @ x = 2 + 3 * 4            % @ y = (2 + 3) * 4
% echo $x                    % echo $y
14                           20
```

Für den Divisonsrest gilt sinngemäß a = b mod (c) gleich a = b % c . Mit den bereits gegebenen Werten von '$x' und '$y' ergibt sich also:

```
% @ p = $x  % 5                 % @ q = $y % $x
% echo $p                       % echo $q
4                               0
```

Die gleichrangigen multiplikativen Operatoren sind rechtsseitig assoziiert (d.h. die Auswertung verläuft von rechts nach links), so daß auch hier Rundklammern benützt werden müssen, um eine abweichende Reihenfolge zu erzwingen:

```
% @ x = 3 * 4 / 5               % @ y = (3 * 4) / 5
% echo $x                       % echo $y
0                               2
```

Die dyadischen Operatoren können nur im Sinne von Zuweisungen an skalare Variable und Elemente benutzt werden. Es gelten die folgenden Schemata:

```
@ <Variable> <dop> <Ausdruck>
@ <Variable>[k] <dop> <Ausdruck>
<dop>: *=   /=   %=   Multiplikative Arithmetik;
            +=   -=   Additive Arithmetik;
```

```
% set  a = 2            % set  b = 10           % set  c = 12
% @ a  *= 3             % @ b  /= $a            % @x %= 5
% echo $a               % echo $b               % echo $c
6                       1                       2

% a += $b               % @ b -= $c             % @ c += $b + 1
% echo $a               % echo $b               % echo $c
7                       -1                      0
```

Die Postfix-Operatoren sind auf *singuläre Ausdrücke* beschränkt:

```
@ <Variable>++          Unmittelbares Hochzählen um Eins.
@ <Variable>[k]++

@ <Variable>--          Unmittelbares Herabzählen um Eins.
@ <Variable>[k]--
```

```
% set x = 1             % @ x++                 % @ x--
                        % echo $x               % echo $x
                        2                       1
```

Weitere Beispiele

```
% @ z = ((3 * (1 + 4)) / 5)
% echo $z
3
```

```
% @ r = 21 % 4
% echo $r
1
```

```
% set x = (-2 -1 0 1 2 3)
```

```
% @ y = ($x[5]  * (($x[1] + $x[2]))
% echo $y
-6
```

```
% @ z = ($x[4]/2)
% echo $z
0
```

```
% @ w = ($x[6]/2)
% echo $z
1
```

```
% @ x[3] += $x[5]
% echo $x[3]
2
```

```
%  @ x[2]++
% echo $x[2]
0
```

```
% @ u = ($x[5] << 4)
% echo $u
32
```

```
% @ v = (5 ^ 2)
% echo $v
7
```

```
% @ s = (4 | 2)
% echo $s
6
```

```
% @ t = (3 & 6)
% echo $s
2
```

```
% @ c = (~ 0)
% echo $c
-1
```

```
% @ c = (- $c)
% echo $c
1
```

7.7.3.2 Logische Auswertung

Das Resultat einer logischen Auswertung ist entweder 1 (TRUE) oder 0 (FALSE); andere Werte werden nicht erzeugt. Bei den logischen Operationen muß zwischen dem *Wertevorrat* (range) und dem *Wertebereich* (domain) unterschieden werden. Der Wertevorrat ist lediglich die Menge {0,1}, wogegen der Wertebereich sich auf alle signierten Ganzzahlen erstreckt; also auf die Menge { ... -2, -1, 0, 1, 2, ... }. Im Wertebereich gilt die erweiterte Dichotomie 0 (FALSE): >< 0 (TRUE). Dieses Prinzip ist der Programmiersprache C entlehnt und ermöglicht eine unmittelbare Verknüpfung von logischen und arithmetischen Ausdrücken, was insbesondere bei vergleichsbedingten Zuweisungen gelegentlich sehr nützlich ist, weil dabei das 'if'-Konstrukt vermieden werden kann.

Das Ausdrucksschema für die binären logischen Operationen ist:

```
<Ausdruck>: (<Ausdruck> && <Ausdruck>)          (AND)
<Ausdruck>: (<Ausdruck> || <Ausdruck>)          (OR)

<Ausdruck>: (<Ausdruck> && (<Ausdruck> || <Ausdruck>) )
```

wobei die äußeren Rundklammern syntaktisch notwendig sind, um die logische Auswertung von der logischen Befehlsverknüpfung (Abschnitt 5.2.6) zu unterscheiden. Mit weiteren Rundklammern kann die Distribution des AND über das OR erzwungen werden.

Das Ausdrucksschema für die unäre Negation ist:

```
<Ausdruck>: ! <Ausdruck>          (NOT)
```

wobei mindestens ein Leerzeichen Operator und Operanden trennt. Der Operator ist idempotent modulo 2,

```
<Ausdruck> = ! ! <Ausdruck> = ! ! ! ! <Ausdruck> ...
```

Der Negationsoperator hat Vorrang über den AND-Operator, der seinerseits Vorrang über den OR-Operator hat. Rundklammern müssen daher benutzt werden, wenn der beabsichtigte Sinn einer Auswertung vom natürlichen Vorrang der Operatoren abweicht.

Weitere Beispiele:

```
% set bv=(0 1 1 0 1)                    (Bool'scher Vektor)

% @ bs1 = ($x[1] && $x[2] || $x[3])
echo $bs1
1

% @ bs2 = ($x[1] && ($x[2] || $x[3]))
% echo $bs2
0

% @ ws = (-3 && 3)                      % @ ws = (5 || 0)
% echo $ws                              % echo $ws
1                                       1

% @ ws = (! 5)                          % @ ws = (! ! -5)
% echo $ws                              % echo $ws
0                                       1
```

```
% @ ws = (! 0 && 0)
echo $ws
0
```

```
% @ ws = (! (0 && 0))
echo $ws
1
```

Die de Morgan'schen Sätze:

```
% @ ws = (! 0 && ! 0)
% echo $ws
1
```

```
% @ ws = (! (0 || 0))
% echo $ws
1
```

```
% @ ws = (! 1 && ! 1)
echo $ws
0
```

```
% @ ws = (! (1 && 1))
echo $ws
0
```

7.7.3.3 Relationale (vergleichende) Auswertung

Relationale Ausdrücke erzeugen die Bool'schen Werte 0 und 1 und können daher unmittelbar als Operanden in arithmetischen und logischen Ausdrücken verwendet werden.

Das Ausdrucksschema für arithmetische Vergleiche ist:

```
<Ausdruck>: (<Ausdruck> <avop> <Ausdruck>)
<avop>:  <   >   <=   >=   ==   !=
```

mit der herkömmlichen Bedeutung der arithmetische Vergleichsoperatoren. Nur solche Ausdrücken können sinnvoll verglichen werden, die selbst ganzzahlige Werte erzeugen. Die relationalen Ausdrücke müssen ebenfalls mit Rundklammern umgeben werden, da die zu verwendenden Symbole zugleich Syntaxelemente der Shell darstellen. Als erste Beispiele wären zu betrachten:

```
% @ x = (1 < 0)
% echo $x
0
```

```
% @ y = ($x <= 0)
% echo $y
1
```

```
% @ z = ($x > $y)
% echo $z
0
```

Die gleichrangigen Vergleichsoperatoren sind ebenfalls rechtsseitig assoziiert (d.h. die Auswertung verläuft auch hier von rechts nach links), so daß wiederum Rundklammern benützt werden müssen, um eine abweichende Reihenfolge zu erzwingen. Zwei weitere Beispiele mögen dies erhellen:

```
% @ x = (1 < 2 < 3)
% echo $x
0
```

```
% @ y = ((1 < 2) < 3)
% echo $y
1
```

Bei wertbedingten Zuweisungen können die langatmigen 'if-else'-Konstrukte häufig durch multiplikative Verknüpfungen von Vergleichen und Differenz-Konstanten ersetzt werden:

```
@ <Variable> = <Basiswert>  + <Differenz1> * (<Vergleich1>)
                            + <Differenz2> * (<Vergleich2>) ...
```

wie zum Beispiel in

```
% set x=0                      % set x=1
% @ y = 3 + 4  * ($x > 0)      % @ y = 3 + 4  * ($x > 0)
% echo $y                      % echo $y
3                              7
```

Das Ausdrucksschema für rein symbolische Vergleiche von Zeichenketten ist:

```
<Ausdruck>: <Zeichenkette> == <Zeichenkette>     (Gleichheit)
            <Zeichenkette> != <Zeichenkette>     (Ungleichheit)
```

wobei die Zeichenketten unmittelbar als symbolische Konstante gesetzt oder aus Shell-Variablen, zitierten Befehlen sowie dem Befehlspuffer substituiert werden können. Die folgenden Beispiele mögen dies veranschaulichen:

```
% @ a = (xyz == abc)           % @ b = (abc != abc)
% echo $a                      % echo $b
0                              0

% cd
% @ c = ($HOME == 'pwd')       % @ d = ('!-3' == cd)
% echo $c                      % echo $d
1                              1
```

Bei Abgriffen aus dem Befehlspuffer (wie '!–3') müssen Einzel- oder Doppelzitate verwendet werden!

Das Ausdrucksschema für lexikalische Vergleiche von Zeichenketten und Mustern ist:

```
<Ausdruck>: <Zeichenkette> =~ "<Muster>"     (Kongruenz)
            <Zeichenkette> !~ "<Muster>"     (Inkongruenz)
```

(oder in umgekehrter Reihenfolge) wobei die Zeichenketten ebenfalls unmittelbar als symbolische Konstante gesetzt oder aus Shell-Variablen, zitierten Befehlen sowie dem Befehlspuffer substituiert werden können. In den bisherigen SVR3-Versionen der C-Shell mußte das lexikalische Muster noch mit Doppelzitaten oder dem Backslash geschützt werden, was auch für die folgenden Beispiele noch gezeigt wird.

```
% @ a = (xyz =~ "x*"                    % @ b = (abc !~ "*b*")
% echo $a                               % echo $b
1                                       0

% echo $HOME
/HUbert/eigen
% @ c = ($HOME =~ "*eig*")              % @ d = ('!-3' =~ "H*")
% echo $c                               % echo $d
1                                       1
% cd                                    % @ e = (‘pwd‘ !~ \*eig\*)
                                        % echo $e
usw.                                    0
```

7.7.3.4 Objektbezogene Bedingungen

Die Attribute und der Zugriffsstatus von Objekten können nach dem folgenden Schema als Bedingung ausgewertet werden:

<Bedingung> : –<Attribut | Status> <Verweis>

wobei der Bool'sche Wert '1' (TRUE) erzeugt wird, wenn das Objekt existiert und das abgefragte Attribut beziehungsweise der Status bestätigt wird. Die Attribute werden mit Buchstaben kodiert:

```
d  Verzeichnis                 (directory)
e  Expliziter Existenztest     (existence test)
f  Reguläre Datei              (regular file)
z  Leere Datei                 (empty file)
```

Als Zugriffsstatus wird abgefragt, ob die aktuelle Benutzer-Kennung

```
o  der Eigner-Kennung gleicht  (owner ID)
r  das Leserecht hat           (readable)
w  das Schreibrecht hat        (writeable)
x  das Ausführungsrecht hat    (executable)
```

Einfache Bedingungen können mit logischen Operatoren zu komplexen Bedingungen verknüpft werden. Gegeben sei:

```
% whoami                  % ls –l  dateix
Hubert                    –rwxr–xr–x  ...  Umberto  ...  103 ... dateix
```

dann wird mit

```
% @ t = ((–r dateix) && (–f dateix) && ! (–z dateix))
% echo $t
1
```

geprüft, ob die Datei 'dateix', deren Eigentümer 'Umberto' ist, unter der aktuellen Benutzer-Kennung 'Hubert' gelesen werden kann und eine sowohl reguläre als auch nichtleere Datei ist.

7.7.3.5 Befehlsauswertung

Befehle können als Ausdrücke aufgerufen werden, wobei der Exit-Kode logisch invertiert als Bool'scher Wert zurückgegeben wird:

```
{ <Befehl> [<Argumente>] [<E/A-Umlenkung>] ... }
```

Der Befehl nebst Argumenten und eventuellen E/A-Umlenkungsklauseln muß dazu mit geschweiften Klammern umgeben werden. Die Klammern müssen an den Innenseiten mit mindestens je einem Leerzeichen "gepolstert" sein. Befehlsfolgen und -gruppen sowie Pipelines können ebenfalls mit den Klammern ausgewertet werden, wobei der zuletzt synchron ausgeführte Befehl den Exit-Kode und somit den Rückgabewert bestimmt.

Der Klammerausdruck invertiert die funktionale Dichotomie der Exit-Kodes 0 (normal): >< 0 (abnormal) zu der in der C-Shell verbindlichen logischen Dichotomie 1 (TRUE) : 0 (FALSE). Zum Beispiel ergibt sich mit den Pseudobefehlen **true(1)** und **false(1)**:

```
% @ x = { true }
% echo $status $x
0 1
```

```
% @ y = { false }
% echo $status $y
1 0
```

Der Klammerausdruck kann unmittelbar mit anderen Ausdrücken verknüpft werden:

```
% @ z = 5 * { true }
% echo $status $z
0 5
```

```
% @w = { true } * { false }
% echo $status $w
1 0
```

Das zweite Beispiel zeigt übrigens auch, daß die multiplikative Auswertung von links nach rechts verläuft.

7.7.4 E/A-Steuerung in Shell-Skripten

Ebenso wie in der BOURNE-Shell werden in der C-Shell die drei Standard-Datenströme beim Skriptaufruf automatisch in die entsprechenden Datenströme der ausführenden Subshell eingebunden, falls keine explizite Umlenkung in der Befehlszeile erfolgt. Die individuellen Datenströme von Befehlen und Anweisungen innerhalb eines Skriptes sind wiederum automatisch in dessen Datenströme eingebunden, falls keine lokale, befehlsgebundene Umlenkung erfolgt.

Allerdings stellt die C-Shell keine erweiterte E/A-Steuerung zur Verfügung, so daß lediglich die drei Standard-Datenströme umgelenkt werden können, und zwar nur lokal und befehlsbezogen oder global beim Skript-Aufruf. Ebenfalls im Gegensatz zur BOURNE-Shell kann bei den Konstrukten der Ablaufsteuerung keine E/A-Umlenkung angebracht werden, was im Abschnitt 7.7.5 im jeweiligen Zusammenhang noch einmal aufgegriffen wird.

Für die globale Umlenkung beim Skript-Aufruf sowie bei befehlsbezogenen lokalen Umlenkungen innerhalb eines Skriptes gelten die im Abschnitt 7.5 besprochenen Prinzipien.

Die C-Shell stellt keine explizite Eingabeanweisung wie read(sh) zur Verfügung; anstelle dessen können die Direktzuweisungen mit **set(csh)** und **setenv(csh)** an lokale Variable beziehungsweise Environmentvariable benutzt werden:

```
set zeile=$<                              setenv ZEILE $<
```

wobei die Eingabe jedoch über die Normaleingabe erfolgen muß und auch nicht lokal umgelenkt werden kann.

Zuweisungen mit lokaler Umlenkung bedürfen zitierter Befehlsausführung, wobei zumeist die Befehle **line(1)** und **cat(1)** benutzt werden:

```
set zeile = (‘line < <Verweis>‘)
set zeile =" ‘line < <Verweis>‘ "

setenv ZEILE " ‘line < <Verweis>‘ "
```

wobei sich der Verweis auf eine reguläre Datei oder einen Datenkanal beziehen kann. Allerdings wird dabei jeweils nur eine beziehungsweise die erste Eingabzeile zugewiesen, was bei Eingabedateien zu Problemen führen kann. Eine vorgegebene kleinere Anzahl von Zeilen kann durch Gruppierung eingelesen werden:

```
set zeilen = (‘ (line; line; ... ) < <Verweis>‘ )
setenv ZEILEN " ‘(line; line; ... ) < <Verweis>‘ "
```

Kleinere Dateien (< 5120 Bytes) können mit **cat(1)** zugewiesen werden:

```
set datvar = (‘cat <Verweis>‘)
set datvar = " ‘cat <Verweis>‘ "

setenv  DATVAR  " ‘cat <Verweis>‘ "
```

Auf ähnliche Weise kann auch der Sortierbefehl **sort(1)** zur sortierten Zuweisung kleinerer Dateien benutzt werden (Abschnitt 6.7.4).

Da die lokale befehlsbezogenen Umlenkung Vorrang über die globale skriptbezogene Umlenkung hat, kann die Ausgabe von Meldungen an das Terminal durch lokale Umlenkung auf den virtuellen Terminalkanal '/dev/tty' trotz globaler Umlenkung erwungen werden. Bei Vordergrundausführung kann dazu noch die Eingabe vom Terminal aufrecht erhalten werden. Ein zusammenfassendes Beispiel mag dies veranschaulichen:

```
% cat kopier_3                                    # Skriptdatei
# sichert Ausfuehrung in C-Shell
echo "Bitte erste Zeile eingeben:"  > /dev/tty
set zeile1=" ‘line  < /dev/tty‘ "
set zwei_zeilen=( ‘(line; line)‘ )
echo "$zeile1"
echo "$drei_zeilen[1]"
echo "$drei_zeilen[2]"
echo "fertig"   > /dev/tty

% cat eingabe                                     # Eingabedatei
Wir wuenschen Euch
viel Erfolg

% kopier_3  <  eingabe  > ausgabe                 # Skript-Aufruf
Bitte erste Zeile eingeben:
Hallo Freunde
fertig

% cat ausgabe                                     # Ausgabedatei
Hallo Freunde
Wir wuenschen Euch
viel Erfolg
```

7.7.5 Ablaufsteuerung in Shell-Skripten

Die Instruktionen und Konstrukte der Ablaufsteuerung der C-Shell ähneln weitgehend denen der Programmiersprache C und unterscheiden sich beträchtlich von denen der BOURNE-Shell. Auch hier sind vier Hauptkategorien zu betrachten, wovon die ersten drei "klassischen" als "synchron" zu bezeichnen wären:

- Bedingungsfreie Ablaufsteuerung
- Bedingte Ablaufsteuerung
- Gerichtete Ablaufsteuerung
- Asynchrone Ablaufsteuerung

Einfachere Konstrukte der synchronen Ablaufsteuerung können interaktiv benutzt werden:

```
% set i=3
% while $i
? glob "Iteration: $i "
? @ i—
? end
Iteration: 1 Iteration: 2 Iteration: 3
```

wobei die C-Shell mit dem Fragezeichen bis zur vollständigen Eingabe des Ablaufkonstruktes auffordert.

Abgesehen vom gelegentlichen interaktiven Gebrauch durch versierte Benutzer liegt die Hauptanwendung der Ablaufsteuerung in der Programmierung von Shell-Skripten.

7.7.5.1 Bedingungsfreie Ablaufsteuerung

Die C-Shell unterstützt die drei "klassischen" Arten der bedingungsfreien Ablaufsteuerung:

- Kontextfreie Verzweigung
- Kontextgebundene Verzweigung
- Bedingungsfreies Transfer

Mit der ersten Art steht das umstrittene 'goto' den Renegaden der Fachwelt auch weiterhin zur Verfügung. Für den Pragmatiker ergeben sich jedoch nützliche Anwendungen mit interessanten Variationen.

Kontext- und bedingungsfreie Verzweigung:

Die Grundform des vielgeschmähten Konstruktes ist:

```
 ...
goto <Sprungmarke>
 ...
<Sprungmarke>: [# <Kommentar>]
 ...
```

wobei die Sprungmarke (label) unmittelbar vom Doppelpunkt und einem optionalen Kommentar gefolgt wird; Befehle und Instruktionen werden ignoriert. Die jeweilige Sprungmarke muß innerhalb des Skriptes einzigartig sein; es gelten die lexikalischen Regeln für Bezeichner von Variablen, was auch die üblichen lexikalischen Schutzregeln einschließt.

Mit 'goto' kann aus jeglichen Schleifen sowie aus dem 'switch-case'-Paragraphen herausgesprungen werden. Im Gegensatz zur C-Sprache kann in der C-Shell jedoch nicht in abgeschlossene Konstrukte hineingesprungen werden (was in den Augen der Puristen wenigstens das Schlimmste verhütet).

Die der Instruktion 'goto' als Argument nachgestellte Sprungmarke kann aus Shell-Variablen und zitierten Befehlen substituiert werden. Mit einer skalaren Steuervariablen kann das 'switch-case'-Konstrukt nachempfunden werden:

```
 ...
 ... goto ${auswahl}X
 ...
AAX:  echo "bei AA"
       ...
      goto FIN
 BBX: echo "bei BB"
       ...
      goto FIN
 X:   echo "Vorbelegung X"
       ...
 ...
FIN:  echo "FIN"
 ...
```

wobei 'X' den Auslassungswert (default) der Steuervariablen '$auswahl' darstellt. Die Schwachstelle ist, daß ein Fehlerzustand eintritt, wenn die Steuervariable Werte enthält, die nicht als Sprungmarken definiert sind. Die Anwendung dieses Konstruktes wird im Abschnitt 7.7.5.4 im Zuammenhang mit der asynchronen Ablaufsteuerung noch einmal aufgegriffen.

Eine rein pragmatische Betrachtung

Es ist zuweilen schwer einzusehen, warum langlaufende Arbeits- oder Zustandsschleifen, die entweder nur asynchron oder nur nach subsidiäreren Auswertungen abgebrochen werden sollen, durch proforma 'while'-Konstrukte mit konstanten oder zumindest quasi-konstanten Bedingungen angetrieben werden müssen, deren Auswertung bei jeder Iteration erneut erfolgen muß. Das Desideratum der strukturierten Programmierung wird in solchen Fällen nicht selten zum Dogma auf Kosten der Effizienz. Der *common sense approach* würde in solchen Fällen eine 'goto'-Schleife ohne unnötige "Reibungsverluste" nahelegen, was wohl auch der technisch ehrlichere Ansatz wäre.

Kontextgebundene bedingungsfreie Verzweigung

Kontextgebundene bedingungsfreie Verzweigung steht mit den Instruktionen 'break' und 'continue' innerhalb von Schleifen und mit 'breaksw' innerhalb des 'switch-case'-Konstruktes zur Verfügung. Dies wird in den entsprechenden Unterabschnitten weitergeführt.

Bedingungsfreies Transfer des Ablaufes

Innerhalb eines Shell-Skriptes erfolgt ein bedingungsfreies Transfer des Ablaufs beim Aufruf eines anderen Skriptes zur synchronen Ausführung. Innerhalb eines synchron ablaufenden Skriptes wird mit der Anweisung exit(csh) der Ablauf an die aufrufende Instanz zurückgegeben, also an das jeweils aufrufende Skript, und letztendlich an die Terminal-Shell. Diese Aspekte werden im Abschnitt 7.7.5.6 im Zusammenhang mit der synchronen Terminierung weitergeführt.

7.7.5.2 Bedingte Ablaufsteuerung

Im Gegensatz zur BOURNE-Shell, wo der Exit-Kode als Steuerwert benutzt wird, geht die bedingte Ablaufsteuerung in der C-Shell von skalaren Werten aus. Die beiden Shell-Instruktionen 'if' und 'while' übertragen die erweiterte Dichotomie 0 (FALSE) : ><0 (TRUE) ihres Argumentwertes auf bedingte Aktionen. In der einfachsten Anwendungsform können die Argumentwerte als unmittelbare Konstante gesetzt oder aus Variablen substitutiert werden:

```
...                              ...
if $<Variable> then              while 3
...                              ...
endif                            end
...                              ...
```

wobei das 'while'-Konstrukt als indeterminate Schleife ein Beispiel ist, das im Sinne der obigen "pragmatische Betrachtung" kaum zu empfehlen wäre.

Im Prinzip könnten die Argumente von 'if' und 'while' auch aus zitierten Befehlen substituiert werden, was jedoch selten Anwendung findet.

In der allgemeinen Anwendung können auswertbare Ausdrücke (Abschnitt 7.7.3) als Bedingungen in Rundklammern gesetzt werden:

```
if($varx == "abc") then ...                while($zahl < 100) ...
```

Einzelne Befehle, Befehlsfolgen und -gruppen und Pipelines sowie insbesondere der Auswertungsbefehl expr(1) (Abschnitt 6.7.3) können in geschweiften Klammern aufgerufen werden, wobei der Exit-Kode sinngemäß auf bedingte Aktion übertragen wird:

```
if { <Befehl> [<Argumente>]; ... } then ...
 ...
endif

while { expr <Ausdruck> }
 ...
end
```

7.7.5.2.1 Bedingte Verzweigung

Die allgemeine Schema des 'if'-Paragraphen mit Komplementärzweig ist:

```
 ...
if (<Bedingung>) then
     [<Aktion bei  <Bedingung>]
else
     [<Aktion bei  NOT <Bedingung>]
endif  [&]
 ...
```

Mit der Instruktion 'endif' wird der Paragraph abgeschlossen. Im Gegensatz zur BOURNE-Shell kann bei den unter SVR3 bestehenden Versionen der C-Shell weder eine E/A-Umlenkung noch eine Pipeline am 'if'-Paragraphen angehängt werden. Mit dem optionalen Ampersand kann jedoch der gesamte Paragraph zur asynchronen Ausführung in einer Subshell freigesetzt werden.

Der gesamte Paragraph kann auf weniger Zeilen zusammengefaltet werden, wobei das Semikolon unmittelbar nach den Instruktionen 'then' und 'else' gesetzt werden muß:

```
...
if (<Bedingung>) then; [<Aktion bei <Bedingung>]
else; [<Aktion bei NOT <Bedingung>]
endif [&]
```

Der Komplementärzweig kann weggelassen werden:

```
...
if (<Bedingung>) then
     [<Aktion bei <Bedingung>]
endif [&]
...
```

Falls die bedingte Aktion nur aus einem Befehl, einer Befehlsfolge oder -gruppe oder nur einer Pipeline besteht, können die vereinfachten Formen unter Auslassung des 'then' benutzt werden:

```
if (<Bedingung>) <Befehl> [<Argumente>] ...
if (<Bedingung>) (<Befehl> [<Argumente>]; <Befehl> [<Argumente>]; ... )
if (<Bedingung>) <Befehl> [<Argumente>] | <Befehl> [<Argumente>] ...
```

Längere Befehlsausdrücke können mit dem Backslash unmittelbar gefolgt von einen Zeilenvorschub über mehrere Zeilen fortgesetzt werden. Der vereinfachte 'if'-Paragraph endet mit dem ersten ungeschützten Zeilenvorschub.

'if'-Paragraphen können entlang der 'then'- und 'else'-Zweige beliebig verschachtelt werden, wobei die übliche Assoziativ-Regel hinsichtlich der Zuordnung der 'else'-Zweige gilt. Logische "Leitern" müssen entlang des 'else'-Zweiges konstruiert werden, da die Instruktion 'elif' in der C-Shell nicht zur Verfügung steht.

Die "klassische" Form der bedingten Verzweigung mit 'if' und 'goto' lebt trotz aller Verfemdung auch in der C-Shell fort:

```
...
if(<Bedingung>) then; goto <Sprungmarke>
...
else; goto <Sprungmarke2>
...
endif
...
<Sprungmarke1>: ...
...
<Sprungmarke2>: ...
...
```

7.7.5.2.2 Bedingte Schleifen

Die C-Shell stellt lediglich die kopfgesteuerte 'while'-Schleife zur Verfügung. Bild 7.1 zeigt das allgemeine Schema.

```
...
while (<Bedingung>)
     ...
     [if (<sub.Bedingung>); ... ; continue ]
     [<Aktion bei <Bedingung>]
     ...
     [if (<sub.Bedingung>); ... ; break ]
end [&]
<ausführbares Statement>
...
```

Bild 7.1: Schema der bedingten Schleife

Die Instruktionen 'while' und 'end' grenzen den Schleifenkörper ab. Mit den Instruktionen 'continue' und 'break' kann beim Eintreten subsidiärer Bedingungen zum Schleifenkopf zurückgesprungen beziehungsweise aus der Schleife herausgesprungen werden. Im ersten Fall läuft die Schleife mit der nächsten fälligen Iteration weiter; im zweiten wird das erste ausführbare Statement nach der Schleife ausgeführt. Mit dem optionalen Ampersand kann der gesamte Paragraph zur asynchronen Ausführung in einer Subshell freigesetzt werden. Weder E/A-Umlenkung noch Pipelines können am Fuß beziehungsweise am Kopf oder am Fuß einer Schleife angebracht werden, was nachfolgend noch einmal aufgegriffen wird.

Die üblichen Zählschleifen lassen sich mit arithmetischen Ausdrücken (Abschnitt 7.7.3) konstruieren:

```
...                          ...
set z = 1                    set z = 100
while ($z < 100)             while($z)
     glob "$z "                   glob "$z "
@ z++                        @ z--
end                          end
...                          ...
1 2 ... 100                  100 99 ... 1
```

Interaktive Eingabe-Schleifen können mit Direktzuweisung oder dem Befehl line(1) (Abschnitt 7.7.4) konstruiert werden:

```
 ...
set zeile=anfang
while (($zeile != "") && { echo "mehr...\c" })
set zeile=$<
      [<Aktion bei nichtleerer Eingabezeile>]
end
 ...
```

Eine Variante mit **line(1)** ist:

```
 ...
set zeile=anfang
while (($zeile != "") && { echo "mehr...\c" })
      set zeile = "`line`"
      [<Aktion bei nichtleerer Eingabezeile>]
end
 ...
```

In beiden Fällen wird die Schleife mit der Leer-Eingabe [RET] beendet. Hartnäckige Prompter, die sich nicht mit einer Leereingabe begnügen, können durch Umkehrung der Bedingung konstruiert werden. Mit der Anweisung **onintr(csh)** kann dazu noch das Interrupt-Signal abgeblockt werden, um eine nichtleere Eingabe (z.B. ein zusätzliches Paßwort) zu erzwingen. Dies wird im Abschnitt 7.7.5.4 weitergeführt.

Die gesamte Argumentliste kann unter Bezug auf '$argv' mit der Anweisung **shift(csh)** einfachst durchlaufen werden:

```
 ...
while($#argv)
      [<Aktion beim aktuellen Wert von $argv[1] >]
      shift
end
 ...
```

Anstelle von '$argv[1]' könnte hier auch '$1' benutzt werden.

Die Schleifeninstruktion 'until' ist in der C-Shell zwar nicht vorhanden, ihre Wirkung kann durch die logische Negation einer affirmativen Bedingung jedoch nachempfunden werden:

```
 ...
while(! <Bedingung>)
      [<Aktion bei NOT <Bedingung>]
end
 ...
```

Das in der C-Sprache vorhandene 'do-while'-Konstrukt kann mit dem etwas profaneren 'goto'-Konstrukt emuliert werden:

```
...
<Sprungmarke>:
 ...
    [<wiederholte Aktion bei <Bedingung>]
 ...
if(<Bedingung>) goto <Sprungmarke>
 ...
```

Da E/A-Umlenkung bei 'while'-Schleifen in der C-Shell unwirksam ist, können Textdateien nur durch globale Umlenkung beim Skriptaufruf zeilenweise eingelesen oder ausgegeben werden. Zwei gegenläufige Beispiele mögen die Problematik erhellen:

```
% kopier1                                    # Skriptdatei
# Ausfuehrung in der C-Shell
set z=$1
while ($z)
    set zeile=`line < $2`
    echo "$z $zeile" > $3
    @ z--
end
echo fertig

% cat datei1                                 # Eingabedatei
aaaaaaaaaaaaaa
bbbbbbbbbbbbbb
cccccccccccccc
 ...
% kopier1 3 datei1 datei2                    # Skriptaufruf
fertig
% cat datei2                                 # Ausgabedatei
3 aaaaaaaaaaaaaa
```

Bei der lokalen Umlenkung innerhalb der Schleife werden die beiden Dateien 'datei1' und 'datei2' bei jedem Durchgang erneut geöffnet, wobei jeweils nur die erste Zeile eingelesen beziehungsweise mit dem laufenden Index ausgeschrieben wird. Bei der Ausgabe würde auch Anhängen mit '>>' das Problem nur verändern, aber nicht lösen: die erste Zeile würde lediglich identisch wiederholt werden. In der C-Shell kann dieses Problem nur durch globale Umlenkung beim Skriptaufruf behoben werden:

```
% cat kopier2                                # Skriptdatei
# Ausfuehrung in C-Shell
set z=$1
while ($z)
    set zeile=`line`
    echo "$z $zeile"
    @ z--
end
echo fertig
```

```
% kopier2  3  < datei1 > datei2                  # Skriptaufruf
fertig

% cat datei2                                     # Ausgabedatei
1  aaaaaaaaaaaaaa
2  bbbbbbbbbbbbbb
3  ccccccccccccccc
...
```

'while'- Schleifen können beliebig ineinander verschachtelt werden, wobei der Ablauf über mehrere Schleifen hinweg mit den kontextgebundenen Instruktionen 'break' und 'continue' gesteuert werden kann, was durch eine entsprechende Anzahl von Wiederholungen bewirkt wird:

```
... break; [break; ... ]
... continue; [continue; ... ]
```

Bild 7.2 stellt das Steuerschema dar.

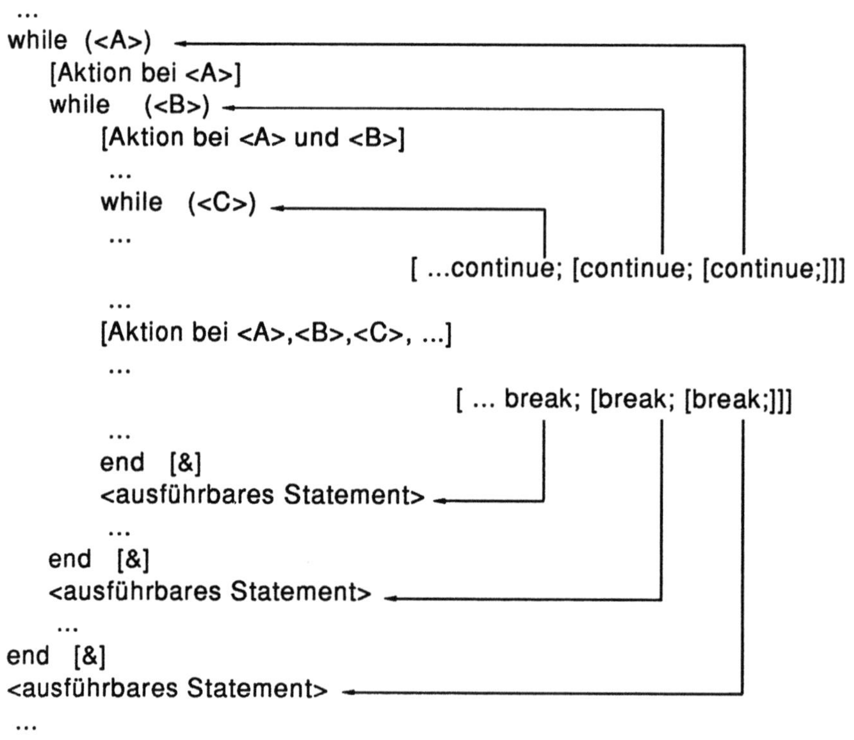

```
...
while  (<A>)
    [Aktion bei <A>]
    while   (<B>)
        [Aktion bei <A> und <B>]
        ...
        while   (<C>)
        ...
                                     [ ...continue; [continue; [continue;]]]
        ...
        [Aktion bei <A>,<B>,<C>, ...]
        ...
                                        [ ... break; [break; [break;]]]
        ...
        end  [&]
        <ausführbares Statement>
        ...
    end  [&]
    <ausführbares Statement>
    ...
end  [&]
<ausführbares Statement>
...
```

Bild 7.2: Das Steuerschema verschachtelter Schleifen

7.7.5.3 Gerichtete Ablaufsteuerung

Auch in der C-Shell wird bei der gerichteten Ablaufsteuerung der Ablauf durch Werte bestimmt, die aus Variablen und zitierten Befehlen substituiert werden können. Das deterministische Merkmal ist dabei also wesentlich ausgeprägter als bei der bedingten Ablaufsteuerung.

7.7.5.3.1 Gerichtete Verzweigung

Bild 7.3 zeigt das im wesentlichen der C-Sprache entlehnte allgemeine Schema des 'switch-case'-Paragraphen mit einer skalaren Steuervariablen. Die 'case'-Sprungmarken werden unmittelbar von dem Doppelpunkt und einem optionalen Kommentar gefolgt; Befehle und Instruktionen werden in dieser Zeile ignoriert. Jede 'case'-Klausel kann optional mit der Instruktion 'breaksw' von der nachfolgenden Klausel getrennt werden, wobei die

```
...
switch($<Steuervariable>)
case <S1>: [#<Kommentar>]
           ...
           [Aktion bei definiertem Steuerwert <S1>]
           ...
           [breaksw] ──────────────────────────────┐
case <S2>: [#<Kommentar>]                          │
           ...                                     │
           [Aktion bei definiertem Steuerwert <S2>]│
           ...                                     │
           [breaksw] ──────────────────────────────┤
           ...                                     │
case '':   [#<Kommentar>]                          │
           ...                                     │
           [Aktion bei leerer Steuervariable]      │
           ...                                     │
           [breaksw] ──────────────────────────────┤
default:   [#<Kommentar>]                          │
           ...                                     │
           [Aktion bei undefinierten Steuerwerten] │
           ...                                     │
endsw  [&]                                         │
<ausführbares Statement> ◄─────────────────────────┘
...
```

Bild 7.3: Steuerschema der gerichteten Verzweigung

Ausführung mit dem ersten ausführbaren Statement nach 'endsw' fortgesetzt wird. Ohne das trennende 'breaksw' läuft die Ausführung in die unmittelbar nachfolgende Klausel hinein und dann weiter bis zum ersten nachfolgenden 'breaksw' oder bis zum Ende des gesamten Paragraphen. Diese Eigenheit entstammt ebenfalls der Programmiersprache C.

Die eigentlichen Sprungmarken <S1>, <S2>, ... können sowohl einfache Zeichenketten als auch Metazeichen und lexikalische Vergleichsmuster sein. Die Sprungmarken können aus Variablen und zitierten Befehlen substituiert werden, womit ein hoher Grad an dynamischer Flexibilität gewährleistet wird.

Mit leeren Einzelzitaten ('') als Sprungmarke kann der Fall einer leeren Steuervariablen getrennt von dem unbestimmten 'default'-Fall abgefangen werden, der seinerseits wiederum die bis dahin nichtdefinierten Steuerwerte erfaßt und deshalb immer als letzte Klausel gesetzt werden sollte.

E/A-Umlenkungsklauseln oder eine Pipeline können nicht am Fuß eines 'switch-case'-Paragraphen angebracht werden. Mit dem optionalen Ampersand kann jedoch der ganze Paragraph zur asynchronen Ausführung in einer Subshell freigesetzt werden.

Mit lexikalischen Vergleichsmustern können ganze Klassen von Steuerwerten erfaßt werden, wobei die lexikalische Interpretation der C-Shell (Abschnitte 5.10 und 7.1) gilt. Typische Beispiele sind:

```
...
case [0–9]:       [einzelne Ziffern]
case [A–Z]:       [einzelne Großbuchstaben]
case ?:           [genau ein ASCII-Zeichen]
case ??:          [genau zwei ASCII-Zeichen]
...               usw.
case *:           [beliebige ASCII-Zeichenketten]
case [A–Z]*:      [eine Zeichenkette, die mit einem Großbuchstaben beginnt]
case *[0–9]:      [eine Zeichenkette, die mit einer Ziffer endet]
case ?*:          [mindestens ein ASCII-Zeichen]
...               usw.
```

Bei rein symbolischer Verwendung von Sonderzeichen sowie von Doppelpunkten in den Sprungmarken müssen die üblichen lexikalischen Schutzregeln beachtet werden!

Alternation (logisches OR) zwischen verschiedenen Werten oder Mustern kann durch das "Stapeln" von Sprungmarken erreicht werden:

```
...
case AA:
case Aa:
case aA:
case aa: [#<Kommentar>]
         [<Aktion bei einem von 'AA', 'Aa', 'aA', 'aa'>]
         [breaksw]
...
```

'switch-case'-Paragraphen mit gleichen oder verschiedenen Steuervariablen können verschachtelt werden, was unter anderem zum "Faktorisieren" gleichartiger Aktionen benutzt werden kann. Das im Abschnitt 6.7.5.3.1 aufgeführte Schema kann sinngemäß in der C-Shell angewendet werden.

Die ebenfalls im Abschnitt 6.7.5.3.1 gegebenen Betrachtungen zur Effizienz des 'case'-Konstruktes in der BOURNE-Shell gelten analog für das 'switch-case'-Konstrukt der C-Shell. Auch in der C-Shell können unter Ausnutzung der lexikalischen Möglichkeiten, die durch die Sprungmarken gegeben sind, stabile Interpreter für neue Anwendungssprachen sowie Emulatoren für andere Terminalsprachen konstruiert werden.

7.7.5.3.2 Listengesteuerte Schleifen

Bild 7.4 zeigt das allgemeine Schema der 'foreach'-Schleife, wobei der Index die Werte der Indexliste sequentiell durchläuft. Die Schleife läuft mit dem letzten Wert der Liste aus. Die Instruktionen 'foreach' und 'end' begrenzen den eigentlichen Schleifenkörper. Auch hier kann mit den Instruktionen 'continue' und 'break' zum Schleifenkopf zurück- beziehungsweise aus der Schleife herausgesprungen werden, was zumeist mit subsidiären Bedingungen erfolgt. Mit dem optionalen Ampersand kann die gesamte Schleife zur asynchronen Ausführung in einer Subshell

```
...
foreach <Index> (<Indexliste>)
        ...
        [if (<sub.Bedingung>); ... ; continue ]
        [Aktion bei <Index>]
        ...
        [if (<sub.Bedingung>); ... ; ... break ]
end [&]
<ausführbares Statement>
...
```

Bild 7.4: Schema der listengesteuerten Schleife

freigesetzt werden. Weder E/A-Umlenkung noch Pipelines können am Fuß beziehungsweise am Kopf oder Fuß der Schleife angebracht werden. Die Problematik beim zeilenweisen Einlesen und Ausgeben von Dateien entspricht analog der bei 'while'-Schleifen (Abschnitt 7.7.5.2.2).

In der einfachsten Anwendungsform kann die Indexliste als eine Reihenfolge von Worten unmittelbar beigestellt werden:

```
...
foreach i   (a 'b c' "d e" f\ g h ... )
    echo $i
     ...
end
...
a
b c
d e
f g
h
...
```

wobei die Standardtrennzeichen die Worttrennung bestimmen. In der beigestellten Indexliste können — wie angedeutet — die Trennzeichen mit Einzel- oder Doppelzitaten sowie dem Backslash geschützt werden. Im übrigen gelten die üblichen lexikalischen Schutzregeln.

Die Indexliste kann als Vektor in einer lokalen Variablen abgelegt werden:

```
...
set indexliste=(a 'b c' "d e" f\ g ... )
...
foreach i ($indexliste:q)
     ...
end
...
```

wobei mit dem optionalen Modifikator 'q' (Abschnitt 7.3.2.4) die Standardtrennzeichen durch umgebende Einzel- oder Doppelzitate sowie mit dem Backslash geschützt werden können. Ohne den Modifikator erfolgt auch innerhalb der Zitate und selbst bei Abdecken mit dem Backslash eine Worttrennung.

Bei Environmentvariablen muß die gesamte Indexliste von Einzel- oder Doppelzitaten umgeben werden,

```
setenv  indexliste "aa bb cc ..."
```

Mit Metazeichen und lexikalischen Mustern können Indexlisten von Basisnamen in einem gegebenen Verzeichniskontext erzeugt werden; wie zum

Beispiel für das aktuelle Arbeitsverzeichnis:

```
...
foreach i (*.c)
    glob "$i "
end
...
abba.c babba.c ... zappa.c
```

Die gesamte Argumentliste kann unter Bezug auf '$argv' oder '$*' durchlaufen werden,

```
...                                 ...
foreach i ($argv)                   foreach i ($*)
    ...                                 ...
end                                 end
```

Auch hier ist wiederum in Betracht zu ziehen, ob die Aufrufargumente eventuell Standardtrennzeichen enthalten dürfen, was mit dem optionalen Modifikator 'q' gewährleistet werden kann:

```
% cat loop                          # Skriptdatei
# Ausfuehrung in C-Shell
foreach i ($argv:q)
    echo $i
end

% loop a 'b c' "d e" f\ g h         # Skriptaufruf
a
b c
d e
f g
h
```

'foreach'-Schleifen können beliebig miteinander und mit 'while'-Schleifen verschachtelt werden, wobei die Instruktionen 'continue' und 'break' ihre Wirkung auch über verschiedene Schleifentypen hinweg behalten. In diesem Zusammenhang sei auch auf das Beispiel im Abschnitt 6.7.5.3.2 verwiesen.

7.7.5.4 Asynchrone Ablaufsteuerung

Die im Abschnitt 6.7.5.4 vorgestellten Prinzipien der asynchronen Ablaufsteuerung gelten zwar sinngemäß für C-Shell, können in ihr aber nur sehr eingeschränkt angewendet werden, da lediglich das Interrupt-Signal zur asynchronen Steuerung in Shell-Skripten benutzt werden kann. Die C-Shell unterscheidet sich in dieser Hinsicht weitgehend von der BOURNE-Shell. Nichtsdestoweniger sind auch hier die Minimalvoraussetzungen für die Interrupt-Steuerung in interaktiven Shell-Skripten gegeben.

Shell-Skripte, die im Vordergrund unter Terminaleinwirkung oder synchron in einer interaktiven Subshell ablaufen, können über die gemäß stty(1) als *intr* und *quit* definierte Tastenbelegung mit dem Signal SIGINT (2) beziehungsweise SIGQUIT (3) angesprochen werden und empfangen beim Abbruch der Terminalverbindung automatisch das Signal SIGHUP (1).

Skripte, die im Hintergrund oder asynchron in einer Subshell ablaufen, können über den Befehl kill(1) mit den Signalen SIGINT (2), SIGQUIT (3), SIGKILL (9) und SIGTERM (15) nach dem im Abschnitt 5.7.4 beschriebenen Aufrufschema einzeln oder gruppiert angesprochen werden.

Unabhängig vom Ausführungsmodus bezüglich der aktuellen Shell empfängt jedes Skript das Signal SIGINT, wenn ein synchron ablaufender Tochterprozeß durch ein SIGINT terminiert wird.

Die Voreinstellung in der C-Shell ist, daß die fünf Signale die Ausführung eines Shell-Skriptes bedingungslos abbrechen. Bei SIGQUIT wird dabei noch automatisch eine Ablagedatei des gerade im Arbeitsspeicher ablaufenden Ausführkodes erzeugt (core dump). Alle übrigen Signale werden von der Shell abgeblockt, insbesondere also auch die beiden Benutzersignale SIGUSR1 (16) und SIGUSR2 (17).

Lediglich das Interrupt-Signal SIGINT (2) und das 'hangup'-Signal SIGHUP (1) können in C-Shell-Skripten außer Kraft gesetzt werden. Mit der Anweisung **nohup(csh)** können sowohl einzelne Befehle als auch der jeweils verbleibende Restabschnitt eines Skriptes gegen SIGHUP geschützt werden:

```
nohup  <Befehl> [<Argumente>] ...
nohup
 ...
```

Nach dem erstmaligen Setzen von *nohup* ohne Argumente kann die Wirkung von SIGHUP nicht nachträglich wiederhergestellt werden. Skripte, die mit *nohup* geschützt sind, laufen nach Abbruch der Terminalverbindung unbeirrt weiter und können unter Umständen ein erneutes Einloggen über den jeweiligen TTY-Dienstport verhindern. Nur der Superuser kann dann den "Irrläufer" mit kill(1) noch terminieren.

Das Signal SIGINT kann mit *onintr* innerhalb eines Skriptes abgefangen oder außer Kraft gesetzt werden. Eine Reaktion auf das abgefangene Signal kann nach dem folgenden Schema vorprogrammiert werden, wobei zugleich die Abbruchswirkung außer Kraft gesetzt wird:

```
...
onintr <Sprungmarke>
...
<Sprungmarke>: [#<Kommentar>]
               ...
               [<Reaktion auf SIGINT>]
               ...
               [ ... goto ... ]
...
```

Für die Sprungmarken gelten die Regeln des 'goto'-Konstruktes (Abschnitt 7.7.5.1). Insbesondere kann das Argument von *onintr* aus Shell-Variablen, und im Prinzip auch aus zitierten Befehlen substituiert werden. Die Anweisung kann mit variiertem Argument beliebig oft innerhalb eines Skriptes gesetzt werden, um das Signalverhalten abschnittsweise zu bestimmen.

Beim Eintreffen des Signals SIGINT wird der synchrone Ablauf des Skriptes unterbrochen und asynchron an der Sprungmarke fortgesetzt, wobei die vorprogrammierte Reaktion auf das Signal ausgeführt wird. Das Problem bei diesem vorgegebenen Schema ist, daß weder eine automatische Rückführung zum Ausgangspunkt der Unterbrechung stattfindet, noch eine Rückkehranweisung (etwa wie ein 'resume') zur Verfügung steht. Falls nach der Unterbrechung die Ausführung innerhalb des Skriptes fortgesetzt werden soll, muß die Instruktion 'goto' mit strategisch plazierten Sprungmarken benutzt werden. Eine abschnittsweise Rückführung kann nach dem folgenden Schema konstruiert werden:

```
...
onintr  interrupt
...
ABS1:        # Rückführ-Abschnitt 1
set intr_var=ABS1
...
ABS2:        # Rückführ-Abschnitt 2
set intr_var=ABS2
...
onintr -     # geschützter Abschnitt
...
onintr       # unterbrechbarer Abschnitt mit Abbruch
...
```

```
              # Fortsetzung
interrupt:    # Interrupt-Routine am Skript-Ende
              [<unmittelbare Reaktion auf SIGINT>]
               ...
              goto $intr_var
```

Mit dem Minuszeichen als einziges Argument,

```
onintr –
```

wird das Interrupt-Signal SIGINT völlig außer Kraft gesetzt, und dessen Weitergabe an synchron ablaufende Tochterprozesse blockiert.[3] Shell-Skripte, die im Vordergrund oder synchron in einer interaktiven Subshell ablaufen, können dann nur noch mit dem Abbruch-Signal SIGQUIT über die entspechende Tastenbelegung von *quit* abgebrochen werden — falls diese nicht mit stty(1) abgeschaltet wurde!

Ohne jegliches Argument wird die voreingestellte Unterbrechungswirkung von SIGINT wieder hergestellt:

```
onintr
```

Ein sehr hartnäckiger Eingabe-Prompter, aus dem man weder mit Leereingabe "davonkommen", noch mit Tastatur-Signalen oder durch Unterbrechung der Terminalverbindung "herausspringen" kann, hätte etwa die folgende Form:

```
 ...
stty quit ""       # Tastatur-Abbruch abschalten
onintr -           # Tastatur-Interrupt außer Kraft setzen
nohup              # 'hangup'-Signal außer Kraft setzen
 ...
set zeile=
while($zeile == "")
       echo "Bitte ... eingeben: \c"
end
echo Danke
onintr             # Tastatur-Interrupt wieder herstellen
stty quit "^|"     # Tastatur-Abbruch wieder herstellen
 ...
```

Mit 'onintr –' können die beiden Steuerdateien '.login' und '.cshrc' gegen unerwünschte Unterbrechung geschützt werden. Die Auslog-Steuerdatei

3. Bei einigen unter SVR3 ausgelieferten Versionen der C-Shell wird SIGQUIT mit 'onintr -' ebenfalls außer Kraft gesetzt.

'.logout' ist automatisch gegen Unterbrechungen geschützt, was auch nicht mit 'onintr' aufgehoben werden kann. In interaktiven Shells und insbesondere in der Terminal-Shell kann das Interrupt-Signal mit onintr(csh) nicht abgeblockt werden.

Bei Shell-Skripten, die im Vordergrund unter Terminaleinwirkung oder synchron in einer Subshell ablaufen, werden die Tastatur-Signale SIGINT und SIGQUIT normalerweise unverzüglich an den jeweils synchron ablaufenden Tochterprozeß weitergeleitet, der dann seine eigene und vorprogrammierte Reaktion ausführen kann. Bei synchroner Ausführung von verschachtelten Shell-Skripten durchlaufen die Signale also alle ausführenden Subshells bis zur untersten Shell-Ebene, wo die Signalwirkung zuerst einsetzt. Erst danach erfolgt der Rücklauf, wobei entweder die voreingestellte Abbruchswirkung eintritt, oder aber die mit *onintr* vorprogrammierten Reaktionen in umgekehrter Reihenfolge ausgeführt werden. [4]

7.7.5.5 Synchronisierung in Shell-Skripten

Die Synchronisierung der Ablauffolge innerhalb eines Shell-Skriptes mit dem Exit von asynchron ablaufenden Tochterprozessen erfolgt ähnlich wie bei der BOURNE-Shell (Abschnitt 6.7.5.5) mit der Anweisung **wait(csh)**:

```
...                                         # Skript-Kode
<Befehl1> [<Argumente1>] ... &
<Befehl2> [<Argumente2>] ... &
...
wait                                        # Synchronisationspunkt
...                                         # innerhalb des Skriptes
```

wobei alle jeweils asynchron ablaufenden Tochterprozesse abgewartet werden müssen. Die aktuelle Shell suspendiert dabei die synchrone Ausführung bis zum Exit des letzten asynchronen Prozesses. Bei Abwesenheit asynchroner Tochterprozesse bleibt *wait* ohne jegliche Wirkung. Im Gegensatz zur BOURNE-Shell besteht in der C-Shell keine Möglichkeit, Prozesse mit vorgegebenen PIDs selektiv abzuwarten.

In einer interaktiven Shell kann der Wartezustand nur mit dem Interrupt-Signal, nicht aber mit dem Abbruch-Signal unterbrochen werden, wobei eine Liste der jeweils asynchron ablaufendenen Prozesse ausgegeben und der Exit-Kode auf '1' gesetzt wird:

---

4. Bei einigen unter SVR3 ausgelieferten Versionen der C-Shell war diese Form des geordneten Rücklaufes nicht gewährleistet.

```
...
341                                   # asynchrone PIDs
343
...
[CTL_C]                               # Interrupt
<Befehl1> 341
<Befehl1> 343
...          ...
wait: Interrupted
% echo $status
1
```

Die Befehlsprozesse laufen dabei unbeschadet weiter!

In Shell-Skripten wird bei der Unterbrechung von *wait* auch zugleich die Ausführung des Skriptes abgebrochen, was auch durch Belegung von onintr(csh) mit einer Sprungmarke nicht verhindert werden kann. Ein Beispiel mag dieses etwas inkonsistente Verhalten veranschaulichen:

```
% cat waiter                          # Skriptdatei
# Ausfuehrung in der C-Shell
onintr unterbrochen                   # Sprungmarke
echo "asynchrones sleep 10 gestartet"
sleep 10 &
echo "waiting ..."                    # Fortsetzung
wait echo "waiting beendet, synchrones sleep 10"
sleep 10
exit
unterbrochen:                         # Sprungmarke
echo "Unterbrechung !!!"

% waiter                              # Erster Aufruf
asynchrones sleep 10 gestartet
341
waiting ...
[CTL_C]                               # Interrupt
341 sleep
wait: Interrupted
%

% waiter                              # Zweiter Aufruf
asynchrones sleep 10 gestartet
341
waiting ...
waiting beendet, synchrones sleep 10
[CTL_C]                               # Interrupt
Unterbrechung !!!
%
```

Nach dem ersten Aufruf wurde *wait* vom Interrupt-Signal getroffen, worauf die Meldung " ... wait interrupted" ausgegeben und die weitere Ausführung abgebrochen wurde. Nach dem zweiten Aufruf wurde das synchrone *sleep* unterbrochen, wobei die mit *onintr* gesetzte Sprungmarke angesprungen wurde.

Wird innerhalb eines Shell-Skriptes das Interrupt-Signal mit 'onintr –' außer Kraft gesetzt, so kann bei synchroner Ausführung der Wartezustand mit diesem Signal nicht mehr unterbrochen werden. Bei asynchroner Ausführung kann der Wartezustand sowohl mit SIGINT als auch mit SIGTERM unterbrochen werden, wobei zugleich die weitere Ausführung des Skriptes abgebrochen wird. [5]

7.7.5.6 Synchrone Terminierung und Exit-Kodes

Auch in der C-Shell endet die Ausführung eines Shell-Skriptes synchron mit dem Exit des letzten ausführbaren Statements am Ende der Skriptdatei. Im Gegensatz zur BOURNE-Shell wird dabei jedoch kein Pseudosignal erzeugt.

Mit der Anweisung **exit(csh)** kann die Ausführung innerhalb von Shell-Skripten synchron beendet werden, was sowohl bedingungsfrei als auch bedingt mit 'if'-Konstrukten geschehen kann. Bei Skripten, die im Vordergrund oder synchron in einer Subshell ablaufen, erfolgt dabei ein synchrones Transfer des Ablaufs an die aufrufende Shell, wobei ein numerischer Exit-Kode von 8 Bits in der Statusvariablen '$status' abgelegt werden kann:

```
exit  [n]
exit  $<Variable>
exit  [(<Ausdruck>)]
```

Auswertbare Ausdrücke (Abschnitt 7.7.3) müssen mit Rundklammern umgeben werden. Bei Überschreitung der Größenordnung wird der Exit-Kode modulo 256 reduziert. Bei Auslassung des Argumentes wird der Exit-Kode des jüngst synchron abgelaufenen Befehls substituiert.

Bei asynchron ablaufenden Shell-Skripten geht der Exit-Kode normalerweise verloren. Mit Hilfskonstrukten wie

```
% (<Skript> ... ; echo $status  > <Datei>) &
```

kann der Exit-Kode jedoch in einer Datei abgelegt werden.

5. Bei einigen unter SVR3 ausgelieferten Versionen der C-Shell ist ein davon abweichendes Verhalten in Betracht zu ziehen.

Beim Skript-Aufruf mit der Anweisung **exec(csh)**,

```
% exec <Skript> [<Skript-Argumente>] ...
```

wird die jeweils aktuelle Shell in eine ausführende Subshell umgewandelt und beim Skript-Exit terminiert, wobei der Ablauf an die übergeordnete Instanz zurückgegeben wird. Wird dabei die Terminal-Shell umgewandelt, so erfolgt beim Skript-Exit oder bei exit(csh) ein automatisches Ausloggen.

Beim Aufruf mit der Anweisung **source(csh)**, wobei das Skript in der aktuellen Shell ausgeführt wird, wird mit *exit* lediglich die Ausführung, nicht aber die aktuelle Shell terminiert. Bei Skripten, die mit *source* in der Terminal-Shell ausgeführt werden, kann das Ausloggen jedoch zusätzlich mit der Anweisung logout(csh) erzwungen werden.

Unabhängig vom Ausführungsmodus kann innerhalb eines Shell-Skriptes das Ausloggen mit dem Befehl kill(1) und der PID der Terminal-Shell erwungen werden. Die PID muß dazu in einer Environmentvariablen zur Verfügung stehen. Allerdings muß auch hier beachtet werden, daß beim Exit der Terminal-Shell als Leitprozeß der TTY-Gruppe das Signal SIGHUP (1) automatisch an alle noch laufenden Tochterprozesse gesendet wird, die damit terminiert werden, falls das Signal nicht in Shell-Skripten mit der Anweisung nohup(csh) oder auf der Shell-Ebene mit dem Vorschaltbefehl nohup(1) blockiert wird.

7.8 Zusammenfassung der Shell-Anweisungen "(csh)"

#

(sharp sign) Das Zeichen muß in der ersten Position der ersten Zeile eines Shell-Skriptes gesetzt werden, um die Ausführung in der C-Shell zu erzwingen.

:

(colon) Nullbefehl mit Exit-Kode '0'.

@

(at-sign) Auswertungsanweisung für Ausdrücke mit Zuweisung an lokale Shell-Variable (Abschnitt 7.7.3).

alias [<Bezeichner> [<Befehlsausdruck>]]

Der nachgestellte Befehlsausdruck kann mit dem Bezeichner (zumeist ein Kürzel) aufgerufen werden (Abschnitt 7.4.1). Ohne jegliche Argumente werden die aktuellen Definitionen aufgelistet.

unalias <Liste von Bezeichnern>
unalias <Lexikalische Muster>

Die mit der Liste oder dem Muster erfaßten Bezeichner werden als Aliase gelöscht.

cd [<Verweis>]
chdir [<Verweis>]

Die Anweisungen legen das angegebene Verzeichnis als aktuelles Arbeitsverzeichnis fest, wobei die Zugriffsberechtigung 'x' bestehen muß. Ohne Argument wird das Eigenverzeichnis festgelegt (Abschnitt 3.7.3). Mit der lokalen Standardvariablen '$cdpath' können Suchverweise festgelegt werden, so daß lediglich der Basisname angegeben werden muß (Abschnitt 3.6.4).

echo [–n] [<Argumente>]

Shell-Variante des Ausgabebefehls echo(1), die normalerweise Aufrufvorrang hat, sich aber von diesem erheblich unterscheidet (Abschnitte 2.5.2 und 7.1). Mit der Option 'n' wird der Zeilenvorschub ausgelassen.

exec <Befehl> [<Argumente>] ...

Der aktuellen Shell-Prozeß wandelt sich in einen Befehlsprozeß um, der dabei das aktuelle Environment und die Prozeßattribute "ererbt" (Abschnitt 5.6.3). Die Anwendung ist nur bei binären Ausführdateien und bei Shell-Skripten, nicht aber bei Shell-Anweisungen sinnvoll!

exit [n]
exit [(<Ausdruck>)]

Der ausführende Shell-Prozeß wird synchron terminiert. Bei synchron ablaufenden Prozessen wird dabei der optionale Exit-Kode an die übergeordnete Shell zurückgegeben. Bei Auslassung wird der Exit-Kode des zuletzt synchron ausgeführten Befehls zurückgegeben (Abschnitt 7.7.5.6).

glob < Zeichenkette>
Eine Variante von echo(csh), die Leer- , Tabulator- sowie Zeilenvorschubzeichen bei der Ausgabe von Zeichenketten herausfiltert (Abschnitt 7.1).

history [-hr] [n]
Die Anweisung listet den aktuellen Inhalt des Befehlspuffers in chronologischer Reihenfolge auf (Abschnitt 7.4.2). Bei jüngeren Versionen der C-Shell stehen dazu noch die folgenden Optionen zur Verfügung:

h Die Ausgabe erfolgt ohne Event-Indexe, so daß eine durch Umlenkung erzeugte Pufferdatei unmittelbar mit der Anweisung source(csh) wieder in den Befehlspuffer eingespeist werden kann.

r (reversed) Die Ausgabe erfolgt in umgekehrter Reihenfolge.

n Die 'n' jüngsten Events werden ausgegeben.

login [<Login-Kennung>]
Die Anweisung kann nur in der Login-Shell benutzt werden, um unmittelbar eine neue Session mit dem Login-Prozeß zu starten (Abschnitt 4.3), wobei die gegenwärtige Session automatisch terminiert wird, ohne daß dabei jedoch die Auslog-Steuerdatei '.logout' ausgeführt wird. Bei Angabe der Login-Kennung entfällt der Login-Prompt.

logout
Die Anweisung kann ebenfalls nur in der Login-Shell benutzt werden, um die gegenwärtige Session zu beenden. Die Auslog-Steuerdatei '.logout' wird dabei ausgeführt.

nice [+|–n] [<Befehl> ...]
Shell-Variante des Befehls nice(1). Ohne jegliche Argumente wird die Ausführungspriorität der aktuellen Shell nur mäßig (nicely) reduziert. Die Wirkung der Parameterwerte wurde im Abschnitt 5.7.1 besprochen.

nohup [<Befehl> ...]
Die Shell-Variante des Befehls nohup(1), mit der Befehle gegen das Signal SIGHUP beim Ausloggen oder bei Abbruch der Terminalverbindung abgeschirmt werden können. Ohne Argumente setzt *nohup* das Signal innerhalb eines Shell-Skriptes unumkehrbar außer Kraft (Abschnitt 7.7.5.4).

onintr
onintr –
onintr <Sprungmarke>

Ohne jegliche Argumente wird die voreingestellte Abbruchswirkung des Interrupt-Signals SIGINT wieder hergestellt. Mit dem Minuszeichen wird das Signal außer Kraft gesetzt. Mit einer nachgestellten Sprungmarke kann eine vorprogrammierte Reaktion angesteuert werden, wobei die Abbruchwirkung außer Kraft gesetzt wird (Abschnitt 7.7.5.4).

rehash
Anweisung zur sofortigen Aktualisierung der internen Suchtabelle (hash table) nach Zufügen oder Löschen von Suchverweisen in der lokalen Standardvariablen '$path'.

unhash
Die interne Suchtabelle wird abgeschaltet; die Suche nach den Befehlsverzeichnissen erfolgt linear entlang der Verweiskette in '$path'.

repeat n <Befehl> ...
Anweisung zur n-maligen identischen Wiederholung des nachgestellten Befehls (Abschnitt 7.2.4).

set <Variable>=[<Zuweisungsausdruck>]
set

Zuweisungsanweisung für lokale Shell-Variable. Ohne jegliche Argumente werden alle lokalen Variablen aufgelistet (Abschnitt 7.3.2).

unset <Liste von Variablen>
unset <Lexikalisches Muster>
unset *

Die in der Liste aufgeführten, beziehungsweise die mit dem Muster erfaßten, beziehungsweise alle (*) lokalen Variablen werden gelöscht (Abschnitt 7.3.2).

setenv <VARIABLE> [<Zuweisungsausdruck>]
unsetenv <VARIABLE>

Zuweisungs- beziehungsweise Löschanweisung für Environmentvariable (Abschnitt 7.3.3).

shift [<Variable>]
Anweisung zur linksseitigen Verschiebung für lokale Vektorvariable, wobei das jeweils erste Element entfernt wird und die nachfolgenden Elemente um je eine Stelle nach links aufrücken. Ohne Angabe eines Bezeichners wird die Argumentvariable '$argv' verschoben (Abschnitt 7.3.2).

source [–h] <Skript>
Das Shell-Skript wird in der aktuellen Shell ausgeführt (Abschnitt 7.7.1.2). Bei jüngere Versionen der C-Shell kann mit der Option 'h' eine Befehlsdatei unmittelbar und ohne Ausführung in den Befehlspuffer übertragen werden (Abschnitt 7.4.2).

time [<Befehl> ...]
Die Shell-Version des Befehls time(1). Nach dem normalen Exit des Befehlsprozesses wird eine Aufrechnung der verbrauchten CPU-Sekunden getrennt nach Benutzermode und Systemmode (Abschnitt 4.1.3) sowie die Echtzeitdauer und der relative CPU-Anteil des Befehlsprozesses ausgegeben. Ohne jegliche Argumente wird eine kumulative Aufrechnung für die bisherigen Prozesse ausgegeben.

umask [ijk]
Die Anweisung dient zu Voreinstellung der Zugriffsrechte für neu angelegte Dateien und Verzeichnisse. Beim Aufruf ohne Argument wird die aktuelle Voreinstellung angezeigt (Abschnitt 3.8.3).

wait
Die Anweisung suspendiert die synchrone Ausführung der aktuellen Shell bis zum Exit aller jeweils asynchron ablaufenden Tochterprozesse (Abschnitte 5.7.2 und 7.7.5.5).

7.9 Zusammenfassung der C-Shell-Optionen

Beim Aufruf der C-Shell *können* zwei oder mehr Optionen als zusammenhängende Zeichenkette mit einem vorangestellten Minuszeichen kodiert werden:

```
csh [ –ae ... ] [<C-Shell-Parameter>] ...
```

wobei die Reihenfolge der einzelne Optionsbuchstaben keine Rolle spielt. Die eigentlichen Shell-Parameter müssen jedoch den Optionen folgen.

Werden die Optionen 'c' und 's' *nicht* gesetzt, dann stellt der erste nachfolgende Parameter den Verweis auf ein Shell-Skript dar, das von der Shell interpretiert werden soll, und als dessen Argumente die restlichen Parameter in der Befehlszeile interpretiert werden (Abschnitt 7.7.1.1).

Mit der Option 'c' kann eine zitierte Befehlsliste zur unmittelbaren Ausführung vorgegeben werden,

```
csh –[ae...]c '<Befehl> [<Argumente>] ... ; ... '
```

nach deren Ausführung die Shell sofort terminiert. Bei der Befehlsliste sind die üblichen lexikalischen Schutzregeln zu beachten. Die Liste kann mit dem Backslash über mehrere Zeilen fortgesetzt werden (Abschnitt 7.1).

Mit der Option 's' (standard input) erfolgt die weitere Befehlseingabe über die Normaleingabe der C-Shell. Alle dem Optionsbuchstaben 's' nachfolgenden Parameter werden dann der Argumentvariablen '$argv', und somit den latenten Variablen '$1, $2, ... ' zugewiesen:

```
csh –[ae...]s <Wert1> <Wert2> ...
```

Die Bedeutung der übrigen Aufruf-Optionen ist:

e Terminierung der aktuellen Shell beim ersten Exit-Kode >< 0.

f Die Ausführungssteuerdatei '.cshrc' wird nicht ausgeführt, was eine schnellere Bereitschaft (fast startup) der Shell gewährleistet.

i Die Shell wird zur interaktiven Ausführung aufgerufen, wobei der Prompt selbst dann über die Normalausgabe ausgegeben wird, wenn die Standard-Datenströme der Shell nicht an einen TTY-Port gebunden sind. Mit dieser Option wird zugleich die Weitergabe der Tastatur-Signale SIGINT und SIGQUIT in Kraft gesetzt (Abschnitt 7.7.5.4).

n Das Skript wird lediglich interpretiert, ohne daß eine Ausführung erfolgt (Abschnitt 7.7.1.1).

v Der ablaufende Skripttext wird ohne (v,V) beziehungsweise mit (x,X)
V symbolischer Substitution vor der eigentlichen Ausführung über die
x Fehlerausgabe zurückgespiegelt; mit X werden die Optionen bereits in
X Kraft gesetzt, bevor die Aufruf-Steuerdatei '.cshrc' ausgeführt wird.

t Die Shell liest nur eine einzige Befehlszeile über die Normaleingabe und terminiert sofort nach deren Ausführung. Die Befehlszeile kann mit dem Backslash über mehrere Eingabezeilen fortgesetzt werden.

Literaturhinweise

Bach, M.J., *The Design of the UNIX Operating System*, Prentice-Hall Inc., Eaglewood Cliffs, NJ, 1986.

Bourne, S.R.,"The UNIX Time-Sharing System: The UNIX Shell,"*Bell Systems Technical Journal*, Vol.57, No.6/2, 1978, pp. 1971-1990.

Bourne, S.R., *The UNIX System*, Addison-Wesely, Reading MA, 1983 et seq.

Egan, J.I., Teixera, J.T., *Writing a UNIX Device Driver*, John Wiley & Sons, New York, 1988.

Joy, W., *An Introduction to the C-Shell*, Computer Science Division, University of California, Berkely, 1983.

Kernighan, B.W., Pike, R., *The UNIX Programming Environment*, Prentice-Hall Inc., Eaglewood Cliffs, NJ, 1984 et seq.

Kernighan, B.W., Ritchie, D.M., *The C Programming Language*, Prentice-Hall Inc., Eaglewood Cliffs, NJ, 1978.

McGilton, H., Morgan, R., *Introducing the UNIX System*, McGraw-Hill, New York, NY, 1983 et seq.

Ralston, A., Meek, C.L., Editors, *Encyclopedia of Computer Science*, Petrocelli/Charter, New York, NY, 1976.

Ritchie, D.M., Thompson, K., "The UNIX Time-Sharing Sytem,"*Bell Systems Technical Journal*, Vol.57, No.6/2, 1978, pp. 1905-1930.

Ritchie, D.M., "A Retrospective,"*Bell Systems Technical Journal*, Vol.75, No.6/2, 1978, pp. 1947-1970.

Rochkind, M.J., *Advanced UNIX Programming*, Prentice-Hall, Eaglewood Cliffs, 1985.

Tompson, K., "UNIX Implementation," *Bell Systems Technical Journal*, Vol.75, No.6/2, 1978, pp. 1931-1946.

English Core Terminology

Generische UNIX-Bezeichner und -Schlüsselworte

Shell-Variable

Kürzel und Schlüsselworte, Shell-Instruktionen

Systemverzeichnisse und -dateien

Generische UNIX-Verweise

UNIX-Befehle und Shell-Anweisungen, System- und Bibliotheksaufrufe sowie allgemeine Systemverweise.

S

T

U

V

W

X

Y

Allgemeine Begriffe: Deutsch-Englisch

Bei gleicher Schreibweise in beiden Sprachen sind die Termini nur jeweils einmal aufgeführt.

A

ASCII; *American Standard Code for Information Interchange* : siehe ascii(5)
—, **-Datei**; — *file* : siehe Textdatei
—, **-Norm**; — *standard*: 28, 30ff
—, **-Steuerzeichen**; — *control codes* : 16, 27ff, 45
—, **-Terminal** : 27ff, 31, 242
—, **-Zeichen**; —, *character* : 20, 80 106, 232, 258
—, **-Zeichensatz**; *ASCII character set* : 12, 27ff, 41, 80, 229
ANSI; *American National Standards Institute* : 5, 13
Abbilden, von Teilbäumen, Dateisystem; *replicating directory subtrees* : 120,128ff
Abbruch, asynchron; *abort, quit, asynchronous* : siehe Signal
Abfall, Zugriffsleistung, Dateisystem; *access performance degradation, file systems* : 70
Ablagedatei, bei Abbruch; *core dump, at quit* : 31, 206, 336, 434
—, transient, im Arbeitsspeicher; *core, memory file* : 85, 91
—, von mail(1); *mail holding file* :186, 215ff, 258, 371
Ablaufsteuerung; *flow of control*
—, asynchron; *asynchronous* — : 334ff, 342, 352, 434
—, bedingungsfrei; *unconditional* — : 309, 420ff
—, bedingt; *conditional* — : 310, 326, 346, 408, 422, 429
—, gerichtet; *directed* — : 326ff, 429ff
—, synchron; *synchronous* — : 308, 420
abnormal, Befehlsterminierung; *abnormal command termination* : 170, 177ff, 250, 282, 361, 397, 417
adressierbar; *addressable*
—, Sektor; —, *sector* : 52, 68
—, Datenblock, — *data block* : 79
—, Element, Event, Befehlspuffer; — *element, event, history buffer* : 389
Affirmation, logische (TRUE); *logical affirmation* : 179, 251, 310, 320, 361
Aktionsfunktion : siehe Signal
aktiv : siehe Prozeß
aktuell; *current*
—, Arbeitsverzeichnis: sieheVerzeichnis
—, Shell : siehe Shell
Alias-Funktion, Befehlskürzel; *alias function, command token* : 360, 381ff
Ampersand, & : 179ff
Anbinden, Dateien; *opening files* : siehe Dateibindung
Anfangsadresse, Datenbereich; *starting address, data region* : 55
Anhalten, Ausgabe, auch Ausgabe-Stop; *suspending output* : 30
Anpassung,Terminal; *matching terminal capabilities* : 237, 240
Antwortzeit, Dialogbetrieb; *interactive response time* : 137, 214
Anweisung: siehe Shell- Anweisung sowie Indexgruppen "(sh)" und "(csh)"
Arbeitsebene, mehrfach, siehe auch shl(1); *shell layer, multiple* : 220, 221, 223
Arbeitsverzeichnis; *working directory* : siehe Verzeichnis
Architektur, Dateisystem; *architecture, file system* : 50, 70ff
Archivprogramm, siehe auch ar(1); *archive program* : 96, 144, 176
Archivierung, siehe auch tar(1) und cpio(1); *archiving* : 128, 131ff,
Argument; *argument* :
—, Befehlszeile; — *command line* : 26, 177, 228, 288
—, lexikalische Interpretation; —, *lexical interpretation* : 227, 288, 292, 433
—, **-Option** : 103, 175ff
—, **-liste**; *arglist, jargon* : 287, 322, 331, 385, 405ff, 426, 433
—, **-variable** : siehe Shell- Variable
—, **-zeiger**, C-Programm; *argument pointer* : 190
Assembler, einheimisch; *resident assembler* : 81ff, 92, 96
assoziative Struktur-Überlagerung: siehe Dateisystem
Asterisk, * , lexikalische Bedeutung; *lexical significance* : 44, 97, 101, 172, 224ff, 327, 366, 378
asynchron; asynchronous
— : siehe Ablauf steuerung :
— : siehe Ausführung :
— : siehe Prozeß

'at'-Zeichen, @ ; *'at' sign* : 29, 361, 409
Attribut; *attribute*
— : siehe Prozeß
— : siehe Objekt
Aufbereitung, Tastatureingabe; *preprocessing, keyboard input* : 169
Auffangdatei, bei Umlenkung; *holding file, at redirection* : 42, 127, 136,192, 197, 201, 233, 268, 271ff, 279, 304, 324, 382, 397, 400,
Auffangvariable, Aufnahmevariable, Zuweisung, siehe auch Spendervariable; *recipient variable, assignment* : 196, 306ff, 401
Aufrechnung, Systemressourcen; *accounting, system ressources* : 9, 13, 202, 207ff, 214, 373, 444
Aufruf; *call* :
—, **System-**, siehe auch Indexgruppe "(2)"; *system call, syscall, jargon*: 11, 85, 88, 90ff, 98, 141ff, 149ff, 159ff, 178, 192, 214, 238, 272, 276, 279, 282, 310
—, **Bibliotheks-**, siehe auch Indexgruppe "(3)"; *library call, libcall, jargon* : 11, 190, 192, 276
—, **Befehls-** : siehe Befehl
—, **-Steuerdatei** : siehe Steuerdatei
—, **-vorrang** : siehe Befehl
aufsetzbar : siehe Dateisystem
Aufteilung, logische, Plattenspeicher; *logical disk partitioning* : 51, 55, 66
Auftragsnummer; *job number* : 42, 217ff
Aus- und Einlagern
— :siehe Dateisystem
—, Programme; *program paging* : 142
—, Prozesse; *process swapping* : 117, 148
ausführbar; *executable*
— :siehe Datei
— :siehe Statement
Ausführberechtigung; *execution permission* : 115, 178, 311, 416
Ausführung : siehe Befehl
Ausführungsphase, Anlegen, Dateisystem; *creation phase* : 68
—, **-priorität**, Dringlichkeit; *priority* : siehe Prioritiät
—, **-umgebung**; *execution environment* 152, 165, 168, 189ff, 202
—, **-zitate** : siehe Zitate :
—, **-zustand**; *run state* : 142, 208
Ausgabe, Eingabe : siehe E/A
Ausgleichsalgorithmus; *fair share algorithm* : 141, 153
Auslassungswerte; *defaults* : 26, 421
Auslastung, CPU; *— utilization*: 36,153
Auslastungs- und Kapazitätsdaten; *usage and availability information* : 53
—, **-prinzip**; *standby principle* : 219
Auslog-; *logout*
—, **-Kontrolle**; *logout control* : 355
—, **-Steuerdatei** : siehe Steuerdatei
Ausschlußprinzip, lexikalisch; *lexical exclusion principle* : 248
Ausweichtabelle; *bad block table* : 69, 71
Auswertung; *evaluation*
—, Ausdrücke, Bedingungen; *expressions and conditions* : 297ff, 407, 409
—, Anweisung, @(csh); *—, directive* : 409
—, Befehl, expr(1); *—, command* : 297ff, 316, 408
—, Exit-Kodes; 181ff, 310
—, objektbezogene Bedingungen; —, *file status conditions* : 311, 416
—, arithmetisch; *arithmetic —* : 298ff, 410ff
—, bit-bezogen; *bitwise* —: 408, 410ff
—, lexikalisch; *lexical —* : 300
—, logisch; *logical —* : 299, 412
—, vergleichend; *relational —* : 300, 414

B

Backslash, \ , lexikalische Bedeutung; —, *lexical significance* : 171, 229ff, 233ff, 245ff, 355ff
—, siehe auch Zeilenfortsetzung
—, siehe auch Fluchtzeichen
Bandkassette; *streaming tape* : 75ff, 134, 136
Basisname; *basename* : 54, 58, 60, 62, 83ff, 93ff, 121ff, 155, 174ff, 224, 228, 234, 241, 249, 257, 316, 347ff, 360
Baud, Übertragungsgeschwindigkeit; *transmission rate* : 28, 238
Baumstruktur, Dateisystem; *tree structure, file system* : 50ff, 57ff, 62ff, 156
bedingt ; *conditional*
— : siehe Ablausteuerung
— : siehe Befehlsausführung
— : siehe Zuweisung
Bedingungsprüfung: siehe Auswertung
Befehl, UNIX, generisch; *— command* : siehe auch Indexgruppe "(1)"
—, **Kopier-**; *copy —* : siehe cp(1), cpio(1), tar(1)
—, **List-**; *list —* : siehe ls(1)
—, **Lösch-**; *delete —* : siehe rm(1), rmdir(1)
—, **Such-**; *search —* : siehe find(1)

Befehlsaufruf; *command invocation* : 174, 249ff, 359ff
—, Grundsyntax; *basic — syntax* : 25, 174
—, Vorrang; — *precedence* : 174, 206, 249, 267, 347ff, 360, 381, 441
Befehlsausführung, -ablauf; *command execution* : 174, 249ff, 359ff
—, asynchron; *asynchronous* — : 179, 181, 184, 192, 196, 198,200, 203ff, 206ff, 244, 252, 267, 270ff, 282, 284, 318ff, 326ff, 330, 344, 362, 364, 366, 403, 423, 425, 430ff, 439
—, bedingt; *conditional* — : 181ff, 253, 363
—, Hintergrund; *background* — : 162ff, 179
—, synchron; *synchronous* — : 163, 343ff, 350, 422, 437, 444,
—, Vordergrund; *foreground* — : 162ff, 177
—, zitiert, siehe auch Ausführungszitate; *quoted* — : 195ff, 280ff, 401
Befehls-
—, **-datei** : siehe Datei
—, **-eingabe** : siehe Normaleingabe
—, **-folge**; *command sequence* : 180ff, 209ff, 252ff, 362ff
—, **-gruppe**; *command group* :
—, Rundklammern (...); *parenthesized* —: 180ff, 193, 195ff, 199, 208ff, 246, 252ff, 267, 271, 273, 275, 309, 362ff, 398
—, geschweifte Klammern { ... }; *braced* — : 181, 252ff, 275, 282, 317
—, **-kürzel**, Variable; *command token variable* : 260ff
—, alias(csh); *command alias* : 381ff
—, **-prompt**; *command prompt, primary prompt, shell prompt* : 24, 31, 172, 258, 269, 359, 385
—, **-puffer**; *history buffer* : 174, 380, 383, 385, 387ff
—, **-substitution**: siehe -kürzel, -puffer
—, **-syntax**; *command syntax* : 25ff, 168, 175, 183, 402
—, **-typ**, siehe auch type(sh); *command type* : 249
—, **-verknüpfung**, logisch; *conditional command invocation* : 181, 251, 309, 413
—, **-verzeichnis**; *command directory* : 174, 249, 371, 378, 443
—, **-wiederholung**, siehe auch repeat(csh); *command repeat* : 360, 363ff
Begrenzer, siehe Delimiter :
Benutzer, allgemeine Definition : *user, general definition* : 8, 17, 21ff
Benutzer
—, **-dialog**, generell; *user dialog* : 6, 138, 160, 168
—, **-eingriff**; *user intervention* : 23, 169, 337
—, **-eintrag**, Paßwortdatei : *user entry, password file* : 17, 21ff, 33, 114, 160
—, Prozeßverwaltung : siehe Prozeß
—, **-gemeinschaft**; *user community* : 23, 33, 70, 105, 107, 113, 116, 206, 214, 353
—, **-gruppe**, Dateisystem; *user group, file system* : 108, 111, 113, 156
—, **-Kennung**, **UID**; *user ID* : 20ff, 98, 103, 105, 112, 114, 116, 215, 417
—, —, effektive, EUID; *effective user ID* : 153, 156ff, 212, 214
—, —, tatsächliche, RUID; *real user ID* : 148, 156ff, 212, 214
—, **-prozeß** : siehe Prozeß
—, **-signal** : siehe Signal
—, **-tabelle**, Prozeßverwaltung; *user area, u-area, process management*: 148, 151ff, 156ff
—, **-terminal**; *user terminal* : 17, 29, 35, 138, 150, 161, 205, 237
—, Typbezeichner, siehe auch $TERM; *terminal type descriptor* : 258, 371
—, **-variable** : siehe Shell-Variable
beschädigt : siehe Dateisystem
Betriebssystem, allgemein; *operating system, general* : 1ff, 13, 23, 47, 66, 70, 72ff, 97, 136ff, 148ff, 165, 380
Betriebszustände; *run states, levels* : 150, 158, 242
Bezeichner; *identifier, descriptor*
—, UNIX-Dokumentation : 10ff
—, Datenstrom, siehe auch Objektbindungen; *file descriptor* : 192, 280, 282, 304, 397
—, Objekt; *file identifier* : 25, 93ff, 127
—, Extension; 373ff
—, Klassen, lexikalische Darstellung; *classes of identifiers, lexical representation* : 44, 100ff, 124, 225ff, 248, 291ff, 359
—, lexikalische Regeln; *lexical rules* : 94ff, 170, 224, 229, 232ff, 247, 301, 356
—, Präfix, Infix, Suffix : 95, 97, 101, 224, 359
—, Radix; 373ff
—, Shell-Variable: 255, 258ff, 262ff, 294, 296, 365, 367, 376, 421
Bibliotheksaufruf, -funktion: siehe Aufruf
Blockadresse, Inode; *block address, inode* : 54, 56, 60, 71, 79

Blockkopierbefehl, dd(1); *block copy command*: 69, 80
BOURNE-Shell, Überblick; *overview*: 166
—, gemeinsame Leistungsmerkmale; *common capabilities*: 168ff
—, eigene —; *intrinsic* —: 243ff
BSD-System; *Berkely Systems Distribution*: 1ff, 167, 258, 353, 379
Bündelung, bei E/A-Umlenkung; *combining data streams, at I/O redirection*: 193, 271, 273, 274, 363, 398

C

C, Programmiersprache; 'C' Language : 7,13, 45, 82,85, 92, 96, 142, 167ff, 179, 190, 240, 276, 298, 300, 328, 334, 361, 402, 408, 412 421, 426, 429ff
—, Bibliotheken : 'C' libraries : 11ff, 190, 192
—, Kompiler, cc(1) : 96ff, 144, 176ff
—, Programme; *C programs* : 146, 154, 156, 178, 190, 192, 201, 228, 238, 272, 276, 282, 310, 376
—, Programmierung; *C programming* : 143, 145ff, 211
—, Zusatzdateien; *'C' include files, header files* : 53ff, 82, 84, 96ff, 146, 148, 198ff, 212, 238, 335
CCITT-Norm, -Standard V.24 : 85ff, 239
CPU, Zentraleinheit, Rechenwerk; *central processing unit*: 137, 140ff, 205
—, **-Auslastung**; — *utilization*: 36, 153
—, **-Befehl**; *machine instruction*: 142ff
—, **-Laufzeit**, -Zeit; — *time* : 35ff, 202, 207ff, 349, 373, 444
—, **-Dienstleistung**; — *service* : 153, 205
—, **-Register** : 142ff
—, **-Task** : 138ff
—, **-Zeitaufteilung**; — *time slicing* : 140ff,
—, **-Zuteilung**; — *scheduling*: 148
C-Shell, Überblick; — *overview*: 167
—, gemeinsame Leistungsmerkmale; *common capabilities*: 168ff
—, eigene Leistungsmerkmale; *intrinsic capabilities*: 353ff
C-Subshell; *c-subshell*: 184, 372, 403

D

Datei, engerer Sinn; *file, narrow sense* : 77ff
—, ausführbar; *executable* — : 26, 82, 107, 113, 115ff, 174ff, 204, 234, 347, 349, 360, 369
—, **Befehls-**; *command* — : 109, 169, 175, 183ff
Datei; *file:*
—, **Binär-**, generisch; *binary file* : 40ff, 79, 82
—, —, ausführbar; *binary programfile*: 44, 69, 79, 97, 105, 109, 113, 115ff, 127, 149, 153, 158, 160, 174ff, 228
—, —, binäre Daten; *binary data* file : 82ff, 241
—, **-Bindung**; *open file, descriptor*: 55, 151, 162, 192, 204, 270, 272, 280, 304, 323,
—, **-Ende**, siehe auch EOF-Bedingung; *end of file condition*:
—, Erzeugungsdatum; *creation date* : 54
—, Existenztest : *existence test*: 311, 414
—, reguläre, generisch; *regular file* : 40, 56, 77, 79ff, 83, 91,93, 105, 126, 131, 146ff, 175, 270, 278, 418
—, Textdatei, auch ASCII-Datei; *text file, ASCII file* : 40, 42ff, 49, 79ff, 170, 175, 183, 192, 196, 200, 203ff, 214, 241, 271, 283, 314, 322, 396, 402, 427
—, Sichern; *backup, archiving*: 131ff, 135
Dateisystem, generisch; *file system* : 50ff
—, abnehmbar; — *unmountable, removable*: 51ff
—, Anlegen; — *creation*: 55, 60, 68ff
—, —, Prüf- und Korrekturphase; *certification phase*: 69, 71
—, Archivieren, Auslagern : *archiving, dumping* — : 131ff
—, assoziative Struktur-Überlagerung: *associative structure extension,* : 59, 63ff
—, beschädigt, zersetzt; *damaged, corrupted* — : 70, 72ff
—, eingeschraubt; *permanently mounted* — : 51, 66
—, einhängbar, einhängen; *mountable, mounting,* — : 8, 51, 53, 66, 69
—, einheimisches; *resident* — : 8, 51, 53, 55, 66ff, 72ff, 91, 147, 149
—, Einlagern, Wiederherstellen; *restoring,* — : 73ff, 76, 131ff, 135ff, 202
—, Grundstruktur; *basic structure,* — : 51ff, 56ff, 64, 68
—, porös; *degraded,* — : 56, 72, 74ff
—, Pflege und Reparatur, siehe auch fsck(1m); *maintenance and repair*: 70ff, 123
—, —, Korrekturschritt; —, *corrective step*: 72

Dateisystem; *file system*
—, Sichern, Sicherung; *backup, archiving,* — : 70ff, 73ff, 100, 104, 214
—, Teilbaum, Verzeichnisse; *directory subtree* : 58, 66, 70, 83, 103ff, 123, 125, 128ff, 132, 134, 155, 204
—, Verwaltungsverluste; —, *overhead*: 56
—, Zugriffsleistung; —, *access performance* : 56, 70, 72
Daten- und Signalaustausch : siehe Signal- und Datenaustausch
Daten; *data*
—, **-bereich**; *data region*
—, —, Disk, Datenblöcke : 55ff, 79
—, —, Arbeitsspeicher : 151
—, **-block**, Dateisystem; *data block* : 53ff, 62, 69ff, 79ff, 205, 208, 350
—, **-kanal**; *special file* : 8, 40, 84, 90, 191ff, 197ff, 224, 270, 275ff, 311, 418
—, **-sicherheit**; *data security* : 113, 155, 192
Datenstrom, generisch; *data stream*; 77, 84, 88, 191 197ff, 199, 201, 271ff, 280, 304, 311ff
—, Standard-; *standard* — : 191ff, 205, 215, 217, 220, 270ff, 275ff, 279, 303, 324, 363, 397, 401, 404, 418
—, —, Fehlerausgabe; *standard error* : 191ff, 197, 208ff, 260, 270ff, 276,278ff, 284ff, 297, 304, 352, 363, 398, 400ff, 404
—, —, Normalausgabe; *standard output* : 191ff, 195, 197ff, 207ff, 215, 257, 263,270ff, 276, 278, 280ff, 290, 303ff, 312, 324, 363, 366, 377, 382, 396ff,400ff, 404
—, —, Normaleingabe; *standard input* : 191ff, 194, 198, 200ff, 215ff, 218, 270, 274, 276ff, 281ff, 304ff, 322ff, 348, 350, 352, 397, 399ff, 418, 445
Delimiter, Begrenzer, mitfließende Daten; *delimiter, instream data* :194ff, 274ff, 399
deterministisch, Aspekt; *deterministic, pedictable aspect*: 4, 140, 326, 429
Dialogbereitschaft, Prompt, Shells; *readiness, prompting* : 18, 24, 31, 172
Dialogbetrieb, Mehrbenutzer; *interactive processing, time-sharing* :18, 137ff, 168, 172ff
Dichotomie, logische; *logical dichotomy* : 181, 251, 298ff, 309, 412, 417, 422
Dienstleistung, Shell, Kernel, System; *services*, —, —, — : 6, 138, 140, 142, 150, 160
Dienstport, siehe auch TTY; *tty port* : 19, 28ff, 35ff, 89, 150, 159, 161ff, 164, 169,172, 191ff, 205, 215ff, 218, 220, 232, 237, 239, 271, 312, 324, 343, 435
Dienstprogramm; *utility program* : 6ff, 9, 17, 19, 72, 74, 96, 115ff, 120, 128, 131, 168
Dienstprozeß; *demon, jargon* : 20, 42, 115ff, 158, 342
Dienstzeit : siehe Laufzeit
Disk-Inode : 54, 105
Diskette; —, *floppy disk* : 51, 66ff, 72, 74, 86ff, 131, 133ff
Doppelzitate : siehe Zitate
Dringlichkeit : siehe Priorität
Druckauftragsverwalter, siehe auch lp(1); *line printer spooling system* : 13, 42ff, 115, 150, 198

E

E/A, Eingabe/Ausgabe; *I/O, input/output*
E/A-Umlenkung; I/O redirection : 40, 42, 49, 127, 132, 147, 164ff, 175, 179ff,191ff, 197, 204, 206ff, 215ff, 219, 224, 237, 246, 253, 260ff, 267, 270ff,279, 297, 303ff, 306, 309, 317ff,322ff, 326ff, 330, 334, 363, 366, 372,381ff, 384ff, 389, 396ff, 400, 403, 405, 417ff, 423, 425, 427, 430, 432,442
—, Vorrang; —, *precedence* : 271, 273, 284, 398, 419
E/A-Steuerung; *I/O control*: 166ff, 191, 205, 270, 273, 275ff, 280, 282ff,286, 303, 312, 324, 347, 397
—, erweiterte; *extended* — : 275ff
—, Shell-Skript : 303ff, 418ff
Echtzeit; *real-time* : 208, 444
—, Anwendung, System; — *application, system* : 4, 90, 144, 201, 335. 342
—, Austausch, Meldungen; — *message exchange* : 33, 37ff
—, Disponierug; *scheduling* : 214ff, 217
—, Kontinuum, Verteilung, CPU; — *time continuum, distribution* : 140ff
eckige Klammern: siehe Klammern
Editor, UNIX, ASCII : 14, 31, 46ff, 81, 176ff, 183, 242, 258
—, Dualmode, siehe auch ex(1)/vi(1); *dual mode editor* : 46, 48, 81, 258, 283, 402
—, Vollschirm, siehe auch vi(1); *full screen* : 49, , 182, 240
—, Zeilen, siehe auch ed(1), ex(1); *line editor* : 48, 81
Eigenverzeichnis : siehe Verzeichnis
Eigner, Objekte; *owner, files* : 107ff, 110, 112, 116
—, Prozesse; — , *prozesses* : 156

Eigner-Kennung : siehe Kennung
Eingabe, Ausgabe: siehe E/A
—, Tastatur; *keyboard input* : 29, 31, 169ff, 179, 192
—, Umlenkung : siehe E/A-Umlenkung
—, Zuweisung, Variable; *input assignment, variable* : 304, 366, 378, 418
Eingabestrom : siehe Datenstrom
Eingriffsrecht, Prozesse; *controlling authority, processes* : 20, 22
Einloggen, Session; *login, session* : 17ff, 22ff, 39, 58, 114, 150, 158ff, 168ff, 186, 189, 191, 205, 237, 243, 280, 353, 372, 378, 396, 434
Einlog-, siehe auch Login- :
—, -Aufforderung; *login prompt* : 17ff
—, -Prozedur; *login procedure* : 159
—, -Steuerdatei : siehe Steuerdatei
—, -Versuch; *login attempt* : 18
—, -Zeiten; *login times* : 35
Eintragspaar, Prozeß; *process entry pair* : 148
Einzelbenutzer-System; *single-user system* : 8
Einzelbetriebszustand; *single user mode* : 35, 72ff
Einzelzitate: siehe Zitate
Endblock, Datei; *last block, file* : 56
Entity, abstrakt : 8, 17
Environmentvariable : siehe Shell-Variable
EOF-Bedingung, Dateiende; *End-Of-File condition* : 32, 90, 215, 217, 270, 323, 399
Ereignis : siehe Event
ererbt; *inherited*
—, Prozeßattribute, *process attributes* : 153ff, 160, 204, 441
—, Prozeßumgebung; —, *process environment* : 151, 190, 407
Event
—, Ereignis, asynchron; *asynchronous* — : 141,
—, Befehlspuffer, *history buffer* : 359, 387ff, 442
Exit, Ende
—, Befehl, Prozeß, Shell: 43, 88, 117, 147ff, 151, 159, 163, 186, 188, 197, 199, 207, 209ff, 244, 255, 268, 278ff, 282, 287, 344ff, 350, 360, 382, 405ff, 437, 439, 444
—, Leitprozeß : 213
—, Shell- Skript : 285, 295, 346, 440
Exit-Kode : 178ff, 196, 199, 212ff, 250, 253ff, 257, 259, 261, 265, 267, 282, 284, 293ff, 296ff, 305ff, 309ff, 321, 326, 344ff, 351,ff, 360ff, 367, 370,384, 386, 392, 403, 405ff, 417, 422ff, 437, 439, 441ff, 445
Exklusion, lexikalisch, Zeichenklassen; *lexical exclusion, character classes* : 248, 358
Extension : siehe Bezeichner

F

FIFO, Warteschlangen, Kanal; *First-In-First-Out queues, pipes* : 78, 85, 88, 219, 387
Faktorisieren; *factoring*
—, lexikalisch, *lexical* : 359
—, von Aktionen, 'case'-Konstrukt : *factorizing actions* : 328, 431
Fehlerausgabe : siehe Datenstrom
Fehlerzustand; *error condition* : 68, 143, 170, 212, 254ff, 257, 259, 265, 294, 352, 367ff, 370, 373, 394, 405ff, 421
Festplatte, Plattenlaufwerk, -speicher; *hard disk, winchester, disk unit* : 12, 50ff, 66, 69ff, 72, 76ff, 84, 86ff, 117, 131, 133ff, 142, 386
Fluchtzeichen; *escape character* :
—, ASCII : 16, 27
—, universell; *universal* — : 96, 171, 225
—, siehe auch Backslash
—, siehe auch lexikalische Schutzzeichen
Flußsteuerzeichen; *transmission control codes* : 27, 30, 233
Formatierphase; *formatting phase* : 69
Fortsetzungsprompt; *continuation, secondary prompt* : 24ff, 173, 246, 258, 267, 283, 308, 356,
Freisetzen, Datei; *closing files* : 191
Funktionstasten; *function keys* : 27, 48, 240
Fälligkeitsschema, Datensicherung, siehe auch fdump(1m); *dump level backup scheme* : 74

G

Gefahrenquellen, Dateisystem; *problem areas, file system* : 70
Geltungsbereich, Shell-Variable; scope, shell variable : 184, 188, 255, 265, 287, 295, 376, 406
—, Alias : 382
—, Shell-Funktionen : 268
Gerätekanal; *device file* : 12, 50, 66ff, 73, 75ff, 84ff, 89ff, 131ff, 134ff, 158, 161ff, 191ff, 220, 237, 239, 271ff, 274, 280ff, 312, 400
—, virtuell; *virtual* — : 220
—, Haupt- und Nebenwert; —, *major and minor device number* : 85ff, 92, 105

Gerätesteuerung; *device control* : 27, 282
Gerätesteuerzeichen, Ausgabe; *device control codes, output* : 45, 274, 398
Gerätetreiber; *device driver* : 14, 29, 31, 53, 86, 91, 136, 143, 164, 169,172, 232, 343
geschweifte Klammern : siehe Klammern
Gleichzeitigkeit, scheinbare; *simultaneity, apparent* : 140ff
globale Variable : siehe Shell-Variable
Gruppen, Verwaltung, Dateisystem; *group administration, file system* : 113ff
—, Zugriffsrecht; *group access permission*
—, Login-Gruppe, siehe auch LGID; *login group* : 113ff
—, Host-Gruppe, siehe auch HGID; *host group* : 105, 108, 113ff
—, Befehle : siehe Befehlsgruppen

H
Hakenverzeichnis; *mount point directory* : 51, 66ff, 75ff, 103
Hauptzustände, Prozesse; *principal process states* : 141
Hilfsbefehl, vorschaltbar; *prepended auxiliary command* : 202ff, 206ff, 213, 229, 249
Hintergrund, Definition; *background* : 163
—, Ausführung : siehe Befehlsausführung
Hochfahren, Betriebssystem : siehe Systemstart

I
IEEE-Norm, -Standard, *Institute of Electrical and Electronic Engineers* : 4, 85, 88
IPC : siehe Prozeßkommunikation
Infix : siehe Bezeichner
Initialzustand; *initial state* : 149
Inode, Objektzeiger : *index node* : 53, 62, 71, 79ff, 83ff, 91, 108, 115, 124, 126, 152
—, Index : 60, 93, 98, 105, 107, 123, 155
— , Inhaltsschema; — , *layout* : 54
— , Liste : — , *list* : 53ff, 69
— , Links : siehe Namensbindung
Instanz, ablaufendes Programm, Shell; *instance, executing program, shell* : 129ff, 139, 142, 149, 151ff, 157ff, 184, 190, 205, 211, 215, 220, 244, 309, 355, 402, 422, 444
Instruktion; *instruction* :
—, Programm; *program* : 143ff
—, Shell : 168, 246, 283, 298, 306, 308ff, 318ff, 325, 330, 332ff, 346, 402, 408, 420ff, 428ff, 431, 433, 435
Interrupt, asynchrone Unterbrechung; *interrupt, asynchronous event* :
—, -Routine : 436
—, -Signal, -Taste, -Zeichen : siehe Signal
IPC, *Interprocess Communication* : siehe Signal- und Datenaustausch

K
Karteileiche, beendeter Prozeß, Jargon; *zombie process, jargon* : 142
Katalog, Dateisystem; *catalog, file system* : 56ff
Kennung; *identification, ID* :
—, **Benutzer-** , UID; *user ID* : 20ff 35ff 98, 104ff, 112ff, 148, 153, 155ff, 212, 214, 345
—, —, effektive EUID, *effective user ID*: 116, 153, 155, 156, 157, 212, 214
—, — , tatsächliche RUID; *real user ID* : 148, 153, 156, 157, 212, 214
—, **Gruppen-**, GID; *group ID* : 20ff, 35, 105, 108, 112, 114ff, 153ff 213 348
—, —, effektive, EGID; *effective group ID* : 22, 116, 153, 157, 348
—, —, tatsächliche, RGID; *real group ID* : 114, 153, 156, 157
—, **Login-**, LID; *login ID* : 20, 22, 34, 35, 37, 38, 112, 114, 156, 184, 215
—, **Login-Gruppen-**, LGID : *login group ID* : 20ff, 35, 105, 108, 114ff
—, **Host-Gruppen-**, HGID : *host group ID* : 108, 114ff
Kernel, Betriebssystem, engerer Sinn; *operating system, narrow sense* : 6, 23, 29, 31, 53, 55, 69ff, 83, 85, 88, 91ff, 141ff, 145ff, 148ff, 154, 160, 165, 189, 208
Kernel-Schnittstelle; *kernel interface* : 11, 36, 140
Klammern.
—, eckige, [...]; *square brackets* : 15ff, 172, 248, 310, 317, 349, 373
—, geschweifte, { ... }; *braces* : 181, 235ff, 252ff, 262, 267, 275, 282, 317, 359, 362, 375, 417, 423
—, Rund-, (...); *parentheses* : 129, 180ff, 193, 210, 252ff, 267, 273, 275, 282, 298ff, 316ff, 327, 356ff, 362, 365, 368, 375, 398, 400, 410ff,413ff, 423,
—, spitze, <...>; *angular brackets* : 15

Knoten; *node*
—, Verzeichnisbaum; *directory tree* — : 57ff
—, Prozeßbaum; — , *process tree* : 156
kollektiv; *collective*
—, erfassen, manipulieren, Objekte; — *manipulation, files* : 93, 100, 126, 154, 156, 224
—, steuern, Prozesse; — *control, processes* : 163, 212ff
Kommentar-Regeln; *comment rules* : 173, 247, 357
komplementär, Zweig, 'if-else'-Konstrukt; *complementary branch* : 317ff, 423ff
komprimieren, Dateisystem; *compressing, file system* : 56, 72, 74ff
Konfiguration, Terminals; *terminal configuration* : 150, 158, 237
Korrekturfunktion, Eingabe; *corrective function, input* : 29, 33, 169

L

latent : siehe Shell- Variable
Laufbereitschaft, Prozeß; *ready-to-run state, process* : 141ff, 148ff
Laufwerk, Platten-, Band; *drive, disk, tape* : 66, 72, 75, 86, 131ff
Laufzeit
—, Dienstzeit, Betriebssystem; *service period, operating system* : 148, 150
—, Prozeß; *life time, process* : 151, 153, 342, 373
Laufzustände, Prozeß; *active process states* : 141, 149
Leitprozeß : siehe Prozeß
lexikalisch, Interpretation; *lexical interpretation, expansion* :
—, Metazeichen; *metacharacters* : 44, 288, 292, 375, 383
—, Muster; *lexical patterns* : 100, 103, 124, 126, 132, 171, 227ff, 231, 248, 256, 284, 291, 302, 357ff, 367, 373ff, 377, 391
—, Leistungsmerkmale, Shells; *lexical capabilities* : 7, 9, 47, 49, 167, 224, 225,
—, Schutzregeln; *lexical protection rules* : 229ff, 259, 286, 289, 301, 330, 350ff, 365, 385, 432, 445
—, Schutzzeichen; *protective characters* : 170, 230, 245, 247, 355
Link-Zähler, Inode, Namensbindungen; *link counter* : 54, 62, 64, 71, 105
Login
—, **-Kennung**, LID : siehe Kennung
—, **-Paßwort** : 18, 21ff, 33
—, -Phase : 158ff, 243, 353
—, **-Programm** : 20ff, 243, 353
—, **-Prozeß** : 158ff, 186, 442
—, **-Shell** : siehe Shell
—, **-Steuerdatei** : siehe Steuerdatei
—, **-Zyklus**; *login cycle* : 18, 158ff, 161
logische Aufteilung, Disk; *logical partitioning, disk* : 51, 55, 66
Logout-Steuerdatei : siehe Steuerdatei
lokale Variable : siehe Shell-Variable
Löschzeichen: siehe *erase, kill,* stty(1)

M

MODEM, serielle Übertragung; *serial transmission* : 20, 48, 85ff, 239, 279
Mehrbenutzer-; *multi-user*
—, **- betrieb**; — *operation* : 8, 48, 70, 80, 113, 116, 150, 156, 158, 202, 214
—, **-umgebung**; — *environment* : 17ff, 33, 42
—, **-struktur**; — *structure* : 156ff
Metazeichen, lexikalisch; *metacharacter, lexical* : 44, 93, 100, 102ff, 124, 126, 132, 134, 171ff, 205, 224ff, 228ff, 231, 234, 248, 256, 284, 288, 291ff,326, 330, 351, 357ff, 365, 373ff, 377, 382, 391, 430ff
Mitfließende Daten; *instream data* : 194, 274ff, 399
Mißbrauch, versch.; *abuse, misuse, miscell.* : 22, 38, 113, 116, 153
Modifikator, lexikalisch; *modifier, lexical* :373ff, 377, 389, 393, 395, 406, 432ff
Multiprozeß- vs. *Multi-Tasking* : 138
—, **-betrieb**, -System; *multiprogramming system*: 137, 139ff, 142, 144, 156, 160, 209
—, **-struktur**; *process control structure* : 156ff
—, **-umgebung**; *multiprogramming environment* : 31
Mutation : siehe Prozeß, Umwandlung
Mutter-; *parent*
—, **-prozeß** : siehe Prozeß
—, **-verzeichnis** : siehe Verzeichnis

N

Nachbilden, Teilbaum, Dateisystem; *duplicating directory subtree* : 120, 125, 128ff, 131
Namensbindung, Inode; *link* : 54, 60, 62ff, 70ff, 80, 83ff, 93, 105ff, 120ff, 128ff, 131, 133, 287
—, mehrfache; *multiple links* : 62ff, 121
Namenskonflikt; *naming conflict* : 242, 360
Nebenkennung : siehe Gerätekanal

Prozeß
—, Erzeugung; — *creation, spawning* : 149, 151ff, 158ff
—, **'getty'**- : 150ff, 158
—, **-gruppe**; — *group* : 152, 154, 156ff, 159ff
—, —, TTY-Gruppe : siehe TTY-
—, —, **-Kennung**, PGID; — *group ID* : 54, 156, 157, 159, 160, 213
—, **-kanal**, siehe auch Pipeline ; *pipe* : 40ff, 77, 85, 128ff, 142ff, 146ff, 153
—, —, permanent; *named pipe* : 77, 88ff, 91ff, 103, 105, 146, 197, 200ff
—, —, transient, siehe auch pipe(2) und Shell-Pipe; *transient, internal shell pipe* : 128, 147, 165
—, Kategorien : — *categories* : 150
—, **-Kennung**, -Nummer, PID; — *ID* : 36, 145, 149ff, 154ff, 157, 161,184ff, 200, 204, 210ff, 254, 261ff, 336ff, 340, 342, 344ff, 362, 364ff, 437ff, 440
—, Kommunikation, IPC; *interprocess communication* : 9, 31, 142, 144, 211, 334
—, Leit-, siehe auch Prozeßgruppe; — *group leader* : 154, 157, 160ff, 205, 212ff, 346, 352, 440
—, **Mutter**-; *parent* — : 36, 148, 151ff, 347, 160, 199, 282
—, —, **-Kennung**, -Nummer, PPID; *parent process ID* : 36, 148, 152, 160ff, 337, 362
—, Mutter-Tochter-Verhältnis; *parent-child relationship* : 152, 156
—, permanent, siehe auch Systemprozeß : 149ff, 158, 215
—, **-querschnitt**, siehe auch ps(1); *process cross-section* : 36, 193, 337
—, **-steuerung**; — *control* : 31, 144, 156ff, 165, 201, 213
—, **-struktur**; — *structure* : 156ff, 213
—, synchron ablaufend; *synchronously executing* — : 343, 351, 364, 434, 436ff, 442
—, Synchronisation : siehe wait(1)
—, **System**- : 22, 142, 149ff, 186
—, **-tabelle**; — *table* : 142, 148, 151
—, **-teilbaum**; — *subtree* : 160
—, **Terminal**- : 157ff, 205, 209
—, **Tochter**-; *child* — : 147, 151ff, 160ff, 177, 184, 188, 213, 220, 223, 251, 295, 344, 348, 350ff, 364, 434, 436ff, 440, 444
—, transient : 150, 158
—, **-umgebung**; — *environment* : 8, 31, 139, 151ff
—, **-umwandlung**, Mutation, siehe auch exec(sh), exec(csh) : 152, 204
—, **Ursprungs**-; *ancestor* — : 149ff
—, **-verwaltung**; — *management* : 148, 152, 156ff
—, **-zustände**; — *states* : 139ff, 149
Präfix : siehe Bezeichner
Pseudobefehl, siehe auch true(1), false(1); *pseudo command* : 178, 251, 308, 310, 321, 361, 386, 417

Q

Quellen, Senken von Datenströmen: *sources and sinks of data streams* : 77ff, 85, 191

R

Radix : siehe Bezeichner
Rang, Shell-Variable; *rank, shell variable* : 365, 367ff, 374ff, 377, 405ff
Reaktion : siehe Signal
Rechenleistung, CPU; *CPU usage, computing power* : 35, 116, 202, 207ff
regulär : siehe Datei
Rekursiv-Muster : *recursive scheme*
—, Weiser, Verweis; , — *path, pathname* : 59, 62, 93
—, arithmetische Ausdrücke; —, *arithmetic expressions* : 298, 410
Root-Verzeichnis : siehe Verzeichnis

S

Schadenszone, Dateisystem, siehe auch fsck(1m); *damage area, file system* : 71
Schlafzustand : siehe Prozeßzustände
Schreibrecht : siehe Zugriffsrecht
Sektor, Festplatte; *sector, physical block, disk* : 52ff, 68ff
Selbsteintrag, Verzeichnisdatei; *self-referencing entry, directory file* : 60, 84, 106
Selektor : siehe Shell-Variable
Semikolon, ';' : siehe Trennzeichen
senil, Betriebssystem; *senile, corrupted operating system* : 70
Senken : siehe Quellen und Senken
seriell, Datenübertragung, Port : siehe TTY
Session, Definition : 17ff
—, Abbruch; —, *abnormal termination, abort* : 17, 154,
—, aktuelle, Verlauf; *current, —, duration* : 22, 35, 43, 161, 191, 200, 237, 349
—, Beginn; —, *begin, start* 18, 22, 34, 159, 169, 353, 442
—, Ende, Terminierung; —, *end, termination* : 20, 32, 34, 244, 346

Signal
—, Wiederherstellung, vorbelegte Wirkung; —, *restoring defaults* : 341, 349, 434, 436, 442ff
—, Belegung; *signal assignment* : 341, 349
—, **Benutzer-**, siehe auch SIGUSR; *user signal* : 177, 341, 434
—, Hangup : siehe SIGHUP
—, Interrupt, siehe auch SIGINT : 31, 145ff, 164, 169, 212, 251, 322, 336, 338, 343, 361, 426, 434ff, 439, 443, 445 434, 437, 439, 443
—, Interrupt-Taste; *interrupt key* : 75ff, 123, 211, 239, 246, 250, 354ff
—, Interupt-Zeichen, intr; *interrupt character* : 28ff, 236, 238
—, Nummer; — *number* : 145, 212ff, 251, 336, 340, 342
—, Schema; — *scheme* : 145
—, Tabelle; — *table* : 212, 335
—, **Terminier-**; termination — : siehe SIGTERM
—, vorprogrammierte Reaktion; *programmed response* : 31, 144ff, 164, 251, 334, 338, 340, 343, 352, 435ff, 443
skalar, Wert, Variable; *scalar, value, variable* : 188, 365, 367, 374ff, 406, 408ff, 421ff, 429
Sondertaste; *dedicated key* : 16, 27, 240
Sonderzeichen; *special character* : 15, 30, 34, 96, 106, 170ff, 225, 229ff, 236, 245, 264, 300, 305ff, 327, 355ff, 359, 365, 367. 371, 376, 378, 381, 393, 430
Spendervariable, bei Zuweisungen, siehe auch Auffangvariable; *donor variable, at assignments* : 261ff, 294ff, 377
Sperrfeld, in Inode; *file lock field* : 55
Standard-Datenstrom: siehe Datenstrom
Standardtrennzeichen : siehe Trennzeichen, auch $IFS
Standardvariable : siehe Shell-Variable
Statement, ausführbar; *executable statement* : 283, 320, 324ff, 332ff, 336ff, 345, 425, 430, 439
Status-Kode, bei Interrupt, Abbruch; *status code, at interrupt, quit* : 251
Statusvariable : siehe $? und $status sowie Systemvariable
Steuerdatei; *control file* :
—, **Aufruf-**; *run control file* : 97, 169, 352ff, 369, 403ff, 445
—, **Auslog-**; *logout control, session wrap-up, file* : 97, 169, 354ff, 436, 442
Steuerdatei
—, **Einlog-**; *login control, session startup, file* :23, 97, 99, 160, 168ff, 186, 237, 243, 252, 266, 269, 280, 353ff, 372, 396
—, **Zustands-**; siehe auch '/etc/inittab'; *run level control file* : 150, 158
Steuertaste, siehe auch CTL; *control key* : 16, 20, 27, 240
Steuervariable, 'case'- und 'switch'-Konstrukt; *control variable* : 326ff, 421, 429ff
Steuerzeichen, ASCII; *control character* : 16, 20, 27, 29ff, 45
—, **Geräte-**, Terminal; *device control code* : 45, 240ff, 274, 398
—, symbolisch; *symbolic control code* : 45, 357, 398
—, TTY, siehe auch stty(1) : 164, 169, 172, 232ff,
Stornieren, Auftrag; *cancelling, job, run* : 137, 217
Streuung, Datenblöcke; *scattering, data blocks* : 56, 70
Strukturlinien; *structure lines*:
—, Dateisystem; *file system* : 64
—, Prozeßbaum; *process tree* — : 156
Subshell : 99, 162, 174ff, 180ff, 184, 188, 190, 192, 196, 199, 209ff, 244, 251ff, 265ff, 266, 268, 279, 282, 284ff, 295, 305ff, 317ff, 324, 326ff, 330, 336ff, 340, 342ff, 354ff, 362ff, 372, 376, 381ff, 403, 405ff, 418, 423, 425, 430ff, 434, 436ff, 439ff
Substitutionseffektor; *substitution effector* : 172, 184, 195, 232ff, 245ff, 264, 274, 292, 355, 366, 382ff, 396, 407
Substitutionswirkung; *substitution effect* : 171, 195ff, 229, 232, 234, 262, 264, 288, 291, 373, 375, 383, 386, 391, 398ff, 407
Suchbefehl : siehe Befehl
Suchfolge, $PATH; *searching order* : 175
Suchpuffer, $PATH; *hash table* : 249
Suchrecht, in Verzeichnissen; *search permission* : 62, 109, 120
Suchverweis, siehe auch $PATH und $CDPATH; *search path* : 98ff, 174, 186, 244, 249, 257, 262, 347ff, 360, 369, 371, 378, 441, 443
Suffix : siehe Bezeichner
Superblock, Dateisystem : 53ff, 69
Superuser : 21, 24, 33, 35, 38, 42, 69, 107, 110, 112ff, 116, 118ff, 123,191, 206, 215ff, 218, 252, 435
—,**-Befehl**; — *command* : 12, 67ff, 74, 88, 92, 121ff, 125, 150,158, 200

symbolisch, rein —, Gebrauch, Interpretation, Zeichen; *purely literal use, interpretation, characters* : 170, 229, 232ff, 245, 247ff, 259, 264, 327ff, 356, 358ff, 377, 383, 415, 430
Syntax, Schreibweise : siehe Shell-Syntax
Systemaufruf : siehe Aufruf
Systembibliothek; *system, link library, syslib, linklib, jargon* : 144
Systemgenerierung; *system generation, sysgen, jargon* : 151
Systempflege; *system maintenance* : 12, 70
Systemprogrammierung; *system programming* : 85, 91, 143, 146
Systemprozeß : siehe Prozeß
Systemstart, Hochfahren; *booting, system startup* : 51, 53, 55, 149ff, 158
Systemvariable : siehe Shell-Variable
Systemverzeichnis : siehe Verzeichnis

T

Tastatur-Signal : siehe Signal
Tastatureingabe; *keyboard input* : 29, 31, 164, 168ff, 179, 192 199
Teilbaum : siehe Prozeß, Verzeichnis
Telekommunikation, Anwendung : 144, 157, 275, 279
Terminal
—, **-eingabe**: siehe Tastatureingabe
—, **-einwirkung**; *terminal control* : 138, 164, 179, 251, 336, 361, 434, 437
—, **-Konfiguration** : 158
—, **-Monitor**, -Programm : 160, 165
—, **-prozeß** : siehe Prozeß
—, **-Shell** : siehe Shell
—, **-Stammverzeichnis**; *terminal capability database* : 241, 258, 379
—, **-knoten**, Verzeichnis, Dateisystem; *terminal node directory, file system* : 58
—, **-verbindung**; *terminal connection* :
—, Übertragungsrate ; —, *transmission rate, line speed* : 28, 48, 85, 238
—, Übertragungsvereinbarung; —, *line protocol* : 28, 158, 237, 239
—, Verarbeitungsvereinbarung; —, *line discipline* : 28
Textdatei : siehe Datei
Texteditor : 46, 168, 221
Tochterprozeß : siehe Prozeß
Tochterverzeichnis; siehe Verzeichnis
topologisch, Struktur, Dateisystemi; *topological structure, file system* : 51ff, 69, 75, 82
Trennzeichen, *separator* :
—, **Standard-**, siehe auch $IFS; *standard field separators, white spaces*: 172ff, 231ff, 245, 247, 264, 286, 288, 290, 305, 330, 355, 357, 365, 374, 405, 408, 432ff
—, Semikolon, ';', Befehlsausdrücke;
—, *command statements* : 180, 253, 267, 318, 362ff, 423
—, ';;', 'case'-Paragraph : 327
TTY, Kürzel, Fernschreiber, serielle Datenübertragung; *tty, acronym, teletype, serial data transmission*
—, **-Prozeßgruppe**; *tty group* : 154, 159ff, 205, 209, 213, 440
—, **-Port**, -Dienstport, Terminal; *tty port*: 19, 28, 30, 35, 86, 91, 150, 158ff, 162, 164, 169, 191, 205, 237, 239, 279, 312, 343, 435, 440, 445
—, **-Steuerzeichen**; *tty control characters* : 232

U

Übergangszustand, Prozeß; *transition state, process* : 141, 149
Überschreiben, Datei; *overwriting* : 133, 193, 348, 367, 372, 378, 397,
Übertragungsrate, **-vereinbarung** : siehe Terminalverbindung
Umlenkung, Eingabe, Ausgabe : siehe E/A-Umlenkung
Unterbrechen : siehe Interrupt
Unterverzeichnis : siehe Verzeichnis
Ursprungsprozeß: siehe Prozeß
Urstartblock; *boot block* : 53, 69, 149
Urstartprogramm; *initial system loader, ISL* : 149

V

Vektorisieren, Shell-Variable; *unquoting, shell variable* : 374
Vektorvariable : 188, 367, 369ff, 375, 377, 405, 408, 410, 443
Verarbeitungsvereinbarung, Eingabe : siehe Terminalverbindung
verschlüsselt, Paßwort; *encrypted password* : 21, 33
Versetzen, Objekt; *moving, renaming file* : 100, 120, 124ff
verwaist, Objekte; *orphaned object* : 71, 123, 125
—, Prozeß; *orphaned process* : 152, 334
Verweis, Definition; *pathname* : 62, 93ff
—, absolut; *absolute* — : 93ff, 102, 122, 160
—, allgem. Gebrauch; *general usage* : 44, 67, 89, 100, 109ff

Verweis
—, Arbeitsverzeichnis, siehe auch pwd(1), pwd(sh) : 36,
—, Eigenverzeichnis, siehe auch $HOME: 20ff, 98
—, Erzeugung; *generating* — : 100, 103ff
—, implizite; *implicit reference* : 59, 83, 99
—, relativ; *relative* — : 93ff, 102, 155
Verweisschema, UNIX-Dokumentation; *referencing scheme* : 10ff, 12
Verzeichnis; *directory* :
—, **Arbeits-**; *working* — : 19ff, 36ff, 58ff, 93ff, 98, 106, 110, 121, 124ff, 129, 133ff, 152, 155, 174, 196, 227ff, 248, 269, 347ff, 371, 385, 433, 441
—, **Eigen-**; *home* — : 20ff, 23, 34, 37, 58, 98, 169, 186, 207, 226, 228, 243, 347, 353, 358, 378, 441
—, **Enkel-**; *grandchild* — : 228
—, **Mutter-**; *parent* — : 57ff, 64, 84, 95, 98, 106, 120, 122, 125ff, 129
—, **Tochter-**, auch Unterverzeichnis; *child* — : 57ff, 63ff, 94, 99, 125
—, **Unter-**; *subdirectory* : 19, 57, 67, 94ff, 98, 113, 134ff, 220, 228, 241, 248, 257, 347
—, **Root-** : 57ff, 67ff, 94ff, 103, 125, 132, 152, 155
—, **Schwester-**; *sibling directories* : 59, 95, 125ff
—, **System-**; *system* — : 26, 66, 73, 82, 90, 103, 155, 200, 215, 218ff, 228
Verzeichnisbaum; — *tree* : 56, 64
—, Teilbaum; — *subtree* : 58, 66, 70, 83, 103ff, 123, 125, 128ff, 132, 134, 155, 204
Verzeichnisdatei; *directory file* : 56, 60, 63, 77, 83, 93, 105, 120ff, 124
Verzeichniseintrag : siehe Namensbindung
virtuell; *virtual*
—, Adresse; — *address* : 91
—, Dateisystem; — *file system* : 155
—, Gerätekanal; — *device file* : 12, 84ff, 92, 220ff
—, Gleichzeitigkeit; — *simultaneity* : 141
—, Terminalkanal, siehe auch '/dev/tty'; — *terminal file* : 89, 270, 303, 400, 419
Volumen, Datenträger; *volume, mass-storage unit* : 75ff
—, Kopierprogramm: siehe volcopy(1m)
—, **-verzeichnis**, VTOC, Dateisystem; *volume table of contents* : 50, 56

W

wahlfrei, adressierbar, Blöcke, Sektoren; *random access, blocks, sectors* : 52, 68
Wechselwirkung, lexikalisch; *interaction, lexical* : 264, 305ff, 367, 376, 378
Weiser, Definition; *path* : 59ff
—, absolut; *absolute* — : 62, 64, 67
—, allgem. Gebrauch; *general usage* : 62, 65, 67, 95, 120
—, relativ; *relative* —: 60, 64, 155
—, Verweis; —, *pathname* : 62, 93ff, 373
Wortklasse, lexikalische Substitution; *word class, lexical substitution* : 359
Worttrennung, lexikalisch; *field separation, lexical* :

Z

Zeichen, lexikalische Substitution; *character, lexical substitution* : 225ff, 248ff, 358ff
Zeichenkorrektur, -löschen, Eingabe, siehe auch erase, stty(1); *character correction, input* : 29
Zeichensatz : siehe ASCII, ascii(5)
Zeichenübertragung; *character transmission* : 28, 86, 239
Zeileneditor : siehe Editor
Zeilenfortsetzung; *line continuation* : 24, 180, 264, 357
Zeilenkorrektur, Löschen, Eingabe; *line kill* : 29
Zeitaufteilung : siehe CPU
Zeitzone, Definition, siehe auch '$TZ'; *time zone definition* : 186ff, 258, 379
Zentralrechner, Mainframe : 137ff
Zersetzung : siehe Dateisystem
Zitate; *quotes* :
—, **Ausführungs-**, '...' ; *exec quotes* : 172, 195ff, 229, 232, 274, 280, 289, 356, 366, 401
—, **Doppel-**, "..."; *double quotes* : 24, 30, 35, 45, 96, 103, 171, 173ff, 178, 223, 229ff, 234ff, 238, 245ff, 256, 260, 262ff, 274, 287ff, 302, 307, 314ff,330ff, 338, 340, 356, 358ff, 374ff, 377, 381, 383, 390ff, 395, 399, 406ff, 415, 421, 432
—, **Einzel-**, '...'; *single quotes* : 30, 171, 195, 229ff, 232, 235, 291, 302, 327, 356, 366, 374, 382ff, 391, 399, 430
zitiert, Befehlsausführung: siehe Befehl
Zugriff; *access* :
—, Befehlspuffer; *history buffer* : 388
—, Vektorvariable; *refer encing vector variables* : 367, 375

Zugriffs-
—, **-datum**, Objekte; *access date, files* : 54, 105
—, **-ebene**; *access level* : 108ff, 115, 118ff
—, **-recht**, Objekte; *access permission, files* : 8ff, 20, 22, 50, 54ff, 58, 67, 83, 95, 98, 105, 107, 110ff, 116ff, 125ff, 151ff, 155, 174, 215, 347, 350, 441
—, **-methode**, -vereinbarung, Objekte; *access method, convention, files* : 77, 79, 85, 93
—, **-weg**, Objekte; *access path* : 57, 59, 63
Zusammenlegen, Datenströme; *merging data streams* : 197, 208, 272, 401
Zustandsdaten, -tabelle, System; *diagnostics area, system* : 53
Zustandssteuerdatei : siehe Steuerdatei
Zuweisung, Shell-Variable; *assignment, shell variable* : 24, 99, 186ff, 196, 231, 247, 255, 258ff, 261ff, 264, 280, 287, 292, 294ff, 305ff, 359, 364ff, 370, 374ff, 377, 390ff, 401, 408ff, 411, 413, 415, 418ff, 441, 443
—, Zeileneingabe, an Shell-Variable, siehe auch read(sh); *input line assignment, to shell variable* : 304, 321, 366, 378, 418, 426
Zuweisungsparameter : siehe Parameter
Zwischenverzeichnis; *intervening directory* : 59, 62, 95, 120, 128, 133, 135, 155

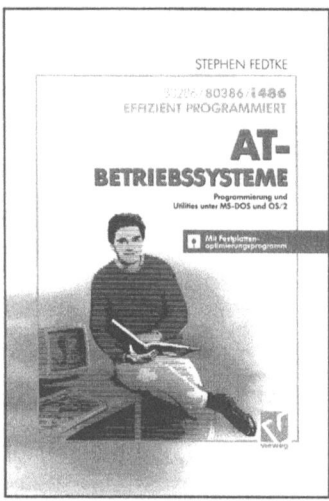

MIX
Papier aus verantwortungsvollen Quellen
Paper from responsible sources
FSC® C105338

If you have any concerns about our products,
you can contact us on
ProductSafety@springernature.com

In case Publisher is established outside the EU,
the EU authorized representative is:
Springer Nature Customer Service Center GmbH
Europaplatz 3, 69115 Heidelberg, Germany

Printed by Libri Plureos GmbH
in Hamburg, Germany